Weiber
Diffusion von Telekommunikation

Rolf Weiber

Diffusion von Telekommunikation

Problem der Kritischen Masse

SPRINGER FACHMEDIEN WIESBADEN GMBH

Die Deutsche Bibliothek – CIP-Einheitsaufnahme

Weiber, Rolf:
Diffusion von Telekommunikation : Problem der kritischen
Masse / Rolf Weiber.
    (Neue betriebswirtschaftliche Forschung ; 101)
    Zugl.: Münster (Westfalen), Univ., Habil.-Schr., 1992
    ISBN 978-3-409-16014-8   ISBN 978-3-663-09799-0 (eBook)
    DOI 10.1007/978-3-663-09799-0
NE: GT

© Springer Fachmedien Wiesbaden 1992
Ursprünglich erschienen bei Betriebswirtschaftlicher Verlag Dr. Th. Gabler GmbH,
  Wiesbaden 1992

Lektorat: Ingeborg Brandt

ISBN 978-3-409-16014-8

Geleitwort

Diffusionsprozesse haben seit jeher einen zentralen Stellenwert im Rahmen der Wirtschaftswissenschaft gehabt. Dabei hat die absatzwirtschaftliche Diffusionsforschung einen Schwerpunkt ihrer Bemühungen nicht zuletzt auf die *Modellierung von Diffusionsprozessen* gelegt. Von wenigen Ausnahmen abgesehen hat jedoch stets die Analyse der Diffusionsprozesse von Singulärgütern eine Rolle gespielt. Zunehmend läßt sich jedoch beobachten, daß die Bedeutung von Singulärgütern zugunsten von Netzeffekt- bzw. Systemgütern zurücktritt. Zumindest läßt sich behaupten, daß diese Güter eine zunehmende Rolle im Wirtschaftsprozeß spielen. Kernüberlegung der Untersuchung des Verfassers ist es herauszuarbeiten, worin Besonderheiten dieser neuen Güterkategorien liegen, welche Auswirkungen diese auf die Diffusionsprozesse haben und welche Konsequenzen das für die Modellierung von Systemen mit Kritischer Masse hat.

Die Ausführungen belegen, daß die aus der klassischen Diffusionstheorie bekannten Charakteristika des relativen Vorteils, der Kompatibilität, der Komplexität, der Kommunizierbarkeit und der Erprobbarkeit bei Kritische Masse-Systemen tendenziell so ausgeprägt sind, daß sie in der Anfangsphase die Diffusionsgeschwindigkeit von Kritische Masse-Systemen herabsetzen. Der Verfasser zieht aus dieser Erkenntnis die Schlußfolgerung, daß die Diffusionskurve bei Kritische Masse-Systemen einen linksschiefen Verlauf aufweisen müßte, was auch durch auftretende Rückkopplungseffekte verstärkt wird.

Daneben werden weitere wesentliche Unterschiede zwischen den Aussagen der klassischen Diffusionstheorie und der Diffusion von Kritische Masse-Systemen herausgearbeitet. Als zentrale Unterscheidungsmerkmale stellt der Verfasser den bei Kritische Masse-Systemen veränderten Adoptionsbegriff, die Dichotomie der Marktstabilität und die erweiterte Bedeutung der Kaufbereitschaft heraus.

Während in der klassischen Diffusionstheorie von einer Adoption dann gesprochen wird, wenn ein Kauf erfolgt ist, sieht es der Verfasser bei Kritische Masse-Systemen als zentral an, daß das System auch zur Kommunikation genutzt wird. Damit zergliedert er die Adoption in drei Teilakte: den Kaufakt, den Anschlußakt und den Nutzungsakt. Bei Kritische Masse-Systemen kann von Adoption nur dann gesprochen werden, wenn der Anschluß an ein System erfolgt ist. Bilden aber die Anschlußzahlen die Basis zur Erstellung der Diffusionskurve, so sind auch Adoptionsrückgänge möglich, da Anschlüsse wieder abgemeldet werden können. Für die Diffusionskurve von Kritische Masse-Systemen folgt daraus, daß sie sich auch rückläufig entwickeln kann, während nach den Überlegungen der klassischen Diffusionstheorie die Diffusionsfunktion *immer* einen monoton steigenden Verlauf nehmen muß.

Aus der Möglichkeit von Adoptionsrückgängen folgert der Verfasser weiter die Existenz zwei stabiler Marktstadien: Entweder kann die Kritische Masse überschritten werden und es stellt sich ein langfristiger Markterfolg ein oder die Kritische Masse wird nicht erreicht und das System wird keine langfristige Marktexistenz erzielen. Der letzte Fall führt dazu, daß die Teilnehmeranschlüsse wieder auf Null absinken. Das bedeutet aber, daß das Diffusionsniveau sich auf Null zurück bildet, während nach den Aussagen der klassischen Diffusionstheorie die einmal erreichte Erstkäuferzahl immer Bestand hat und sich niemals verringern kann.

Das dritte zentrale Unterscheidungsmerkmal der Diffusion von Kritische Masse-Systemen im Vergleich zur klassischen Diffusionstheorie sieht der Verfasser in der erweiterten Bedeutung der Kaufbereitschaft, wobei er den Begriff der Kaufbereitschaft durch den der Teilnahmebereitschaft ersetzt. Aufgrund seiner vorausgegangenen Überlegungen sieht er es als plausibel an, daß die Teilnahmebereitschaft nicht in einer linearen, sondern in einer nicht-linearen Beziehung zur Installierten Basis steht und eine progressive Entwicklung nehmen muß.

Die Überlegungen des Verfassers münden in ergänzende Ergebnisse zum Verlaufs der Adoptions- und Diffusionskurve für Kritische Masse-Systeme. Während die klassische Diffusionstheorie idealtypisch einen der Normalverteilung folgenden Verlauf postuliert, kommt der Verfasser bei Kritische Masse-Systemen zu dem Ergebnis, daß Adoptions- und Diffusionskurve insgesamt linksschief verlaufen müßten und durch Mehrgipfligkeit gekennzeichnet sind.

Bei der modellmäßigen Abbildung der Besonderheiten orientiert sich der Verfasser am logistischen Diffusionsmodell. Für das logistische Diffusionsmodell erfolgt eine Abwägung der abbildbaren Diffusionsaspekte von Kritische Masse-Systemen gegenüber den anwendungsbezogenen und systemimmanenten Problemen dieses Modells. Zur Erarbeitung der systemimmanenten Probleme greift der Verfasser auf chaostheoretische Überlegungen zurück und zeigt, daß sowohl das logistische als auch das semilogistische Diffusionsmodell zur Gruppe der Bifurkationssysteme gehören, deren Systementwicklung ab einer bestimmten Höhe des Diffusionskoeffizienten ein chaotisches Verhalten zeigt, womit sie sich nicht mehr zu Prognosezwecken eignen. Es gelingt dem Verfasser, in Abhängigkeit vom Diffusionskoeffizient vier Bereiche zu identifizieren, die die Systementwicklung ausgehend von einem Stabilitätsbereich über einen Oszillationsbereich, einen Bifurkationsbereich bis hin zu einem Chaosbereich beschreiben. Aufgrund der sich aus dem logistischen Diffusionsmodell ergebenden Probleme kommt der Verfasser abschließend zu dem Ergebnis, daß der logistische Ansatz zur Modellierung des Diffusionsprozesses von Kritische Masse-Systemen wenig geeignet ist. Er zeigt damit erstmalig und grundlegend, daß Aussagen in der neueren Literatur zu Diffusionsprozessen *systematische Probleme* beinhalten und nicht Zufallserscheinungen sind. Damit räumt er mit einigen verbreiteten Literaturmeinungen *grundsätzlich* auf.

Schließlich entwickelt er einen eigenen Modellierungsansatz, wobei er sich das Ziel setzt, die aufgezeigten Besonderheiten in der Diffusion von Kritische Masse-Systemen abzubilden. Er beschränkt sich dabei bewußt auf die "kritischen Einflußparameter" im Diffusionsprozeß, womit er seinen Modellansatz auch nicht im Sinne eines Prognosemodells versteht, sondern als ein *Diagnosemodell*, dessen primärer Einsatzschwerpunkt in der Durchführung von Sensitivitätsanalysen liegt, die zur Unterstützung der Entscheidungsfindung bei diffusionsrelevanten Fragestellungen dienen.

Insgesamt ist festzustellen, daß die Arbeit an einer Reihe von Stellen wissenschaftliches Neuland betritt:

- Objekt der Betrachtung ist ein Gütertyp, der zunehmend an Bedeutung gewinnt, ohne daß sich dies in der absatzwirtschaftlichen Literatur entsprechend niedergeschlagen hat. Der Verfasser bezeichnet diesen Gütertyp als Systemgüter.

- Da sich die Marktprozesse bei Systemgütern deutlich von denen bei Singulärgütern, die bisher primärer Gegenstand wissenschaftlicher Betrachtungen waren, unterscheiden, werden die Besonderheiten von Systemgütern klar herausgearbeitet. Eine solche Analyse liegt bisher nicht vor.

- Aus den Besonderheiten des Gütertyps werden die diffusionsrelevanten Merkmale herauskristallisiert, die die bestehenden diffusionstheoretischen Erklärungsansätze modifizieren bzw. erweitern.

- Die Auswirkungen auf die Diffusionsmodellierung werden deutlich gemacht. Es wird gezeigt, daß manche Aussagen in der Literatur zu bestimmten Modelleffekten nicht zufällig, sondern systematisch bedingt sind: Es entstehen Chaoseffekte.

- Schließlich versucht der Verfasser durch die Berücksichtigung von aggregierten Störeffekten, die aus den im einzelnen analysierten Teileffekten entstehen, ein Diagnosemodell zu entwickeln, das nicht mehr eine Diffusions*prognose* liefert, sondern bei dem unter alternativen Annahmen Störeffekte quantifiziert werden können.

Es wäre natürlich wünschenswert gewesen, das Modell einmal mit realen Testmarktdaten "zu füttern", um die entsprechenden Effekte auf Basis empirisch gewonnener
Werte zu demonstrieren. Aufgrund der Besonderheiten von Testmärkten bei Kritische
Masse-Systemen und der dazu speziell erforderlichen Datenerhebung über einen längeren Zeitraum war dies jedoch nicht möglich. Insgesamt legt der Verfasser eine Arbeit vor, die ein hohes wissenschaftliches Niveau besitzt.

Prof. Dr. K. Backhaus

INHALTSVERZEICHNIS:

ABKÜRZUNGSVERZEICHNIS:

a.a.O.	=	am angegebenen Ort
Abb.	=	Abbildung
Aufl.	=	Auflage
BERKOM	=	BERliner KOMmunikationssystem
BIGFON	=	Breitbandiges Integriertes Glasfaser-Orts-Netz
Btx	=	Bildschirmtext
CAx	=	Computer Aided Technologies wie z.B. Computer Aided Design (CAD), Computer Aided Manufacturing (CAM); Computer Aided Engineering (CAE)
CIM	=	Computer Integrated Manufacturing
bzw.	=	beziehungsweise
DBW	=	Die Betriebswirtschaft
d.h.	=	das heißt
Diss.	=	Dissertation
Ed.	=	Editor
et al.	=	und andere
f.	=	folgende Seite
FFS	=	Flexible Fertigungssysteme
FAZ	=	Frankfurter Allgemeine Zeitung
ff.	=	folgende Seiten
GNP	=	gross national product
Hrsg.	=	Herausgeber
hrsg.	=	herausgegeben
i.d.R.	=	in der Regel
ISDN	=	Integrated Services Digital Network
KMS	=	Kritische Masse-System
M	=	Marktsättigungsgrenze
MS	=	Marktsättigungsgrad
No.	=	Number
Nr.	=	Nummer
o.O.	=	ohne Ortsangabe
o.V.	=	ohne Verfasserangabe
PC	=	Personal Computer
PPS	=	Produktionsplanungs- und -steuerungssystem
prv.	=	private
prof.	=	professionelle

q.e.d.	=	quod erat demonstrandum
S.	=	Seite
sog.	=	sogenannt
Sp.	=	Spalte
TB	=	Teilnahmebereitschaft
u.a.	=	unter anderem
usw.	=	und so weiter
VAN	=	Value Added Network
VANS	=	Value Added Network Services
VDI	=	Verein Deutscher Ingenieure
vgl.	=	vergleiche
VHS	=	Video Home System
Vol.	=	Volume
WISU	=	das Wirtschaftsstudium
zfbf	=	Zeitschrift für betriebswirtschaftliche Forschung
ZfB	=	Zeitschrift für Betriebswirtschaft
z.B.	=	zum Beispiel
ZFP	=	Zeitschrift für Forschung und Praxis

SYMBOLVERZEICHNIS:

Allgemeine Symbole:

$\bar{x}$	= Mittelwert der Stichprobe
$s_{\bar{x}}$	= Standardabweichung in der Stichprobe
μ	= Mittelwert der Grundgesamtheit
σ	= Standardabweichung in der Grundgesamtheit

Symbole in Kapitel 4.1 und 4.2:

A	= Adopter
a	= Innovationskoeffizient
b	= Imitationskoeffizient
c	= Diffusionskoeffizient
f	= Dichtefunktion der Erstkaufzeitpunkte
F	= Verteilungsfunktion
$g(t)$	= Adoptionswahrscheinlichkeit bzw. Diffusionsgeschwindigkeit
K	= Ereignis Kauf
k	= Ereignis Nichtkauf
lim	= Limes (Grenzübergang)
P	= Wahrscheinlichkeit
M	= Marktsättigungsniveau
$N(t)$	= Diffusionsfunktion (kumulierte Zahl der Adopter)
$N'(t) = dN/dt$	= erste Ableitung der Diffusionsfunktion (Adoptionsfunktion; Zahl der Adopter zum Zeitpunkt t)
N_0	= Startwert
n_t	= relative Adopterzahl in Periode t (Kaufhäufigkeit)
n^*_t	= bis zum Zeitpunkt t kumulierte relative Adopterzahl (kumulierte Kaufhäufigkeit)
t	= Periode t
$\mid$	= unter der Bedingung
$\in$	= Element von
$\cap$	= geschnitten mit

Symbole in Kapitel 4.3:

$A(t)$	=	Funktion des Ausstiegsverhaltens von Teilnehmern
B	=	Basis-Nutzerkreis
c	=	Störintensität (Konstante; < 0)
$E(t)$	=	Funktion des erneuten Einstiegsverhaltens ehemaliger "Aussteiger"
$\exp$	=	Exponentialfunktion (e-Funktion)
$f(t)$	=	Funktion der theoretischen Kaufwahrscheinlichkeit Dichtefunktion (stetiger Fall) bzw. Häufigkeitsverteilung (diskreter Fall)
$F(t)$	=	Verteilungsfunktion der Normalverteilung (theoretische Kaufwahrscheinlichkeit)
$h(t)$	=	Funktion der Teilnahmebereitschaft
h_0	=	gegebene Teilnahmebereitschaft
i	=	Index eines Nachfragersegmentes; $i = 1,..,n$
$\vartheta(t-1)$	=	bis zur Periode t-1 kumulierter Teilnehmerausfall auf Grund von Teilnahmeverzögerungen
$\varphi(t)$	=	Teilnehmerausfall in Periode t auf Grund von Teilnahmeverzögerungen
k	=	Dämpfungsfaktor (Konstante; < 0)
KM	=	Höhe der kritischen Masse (Konstante; > 0)
KG	=	maximale Anschlußkapazität (Konstante; > 0)
$L(t)$	=	Funktion der Warteliste
$l(t)$	=	Funktion des Marktsättigungsgrades
M	=	Marktsättigungsniveau
$M^*(t)$	=	(um Teilnahmeverzögerungen) korrigiertes Marktsättigungsniveau
$m(t)$	=	Funktion des Marketing-Mix-Einsatzes
m_0	=	konstanter Marketing-Mix-Einsatz
μ	=	Mittelwert
N	=	Zahlenkörper der natürlichen Zahlen
$N(t,0)$	=	theoretische (ungestörte) Adoptionsfunktion
$N(t,w)$	=	gestörte Adoptionsfunktion ohne Berücksichtigung der Teilnahmeverzögerungen, Warteliste und Ein-/ Aussteiger
$N(t,w)$	=	tatsächliche Adoptionsfunktion unter Berücksichtigung der Teilnahmeverzögerungen ohne Warteliste und Ein-/ Aussteiger
$N^G(t,w)$	=	tatsächliche Adoptionsfunktion (Gesamt) unter Berücksichtigung der Teilnahmeverzögerungen, Warteliste und Ein-/ Aussteiger

p	=	Anzahl der Perioden, die ein Adopter wartet, bis er seine Teilnahme erneut überprüft
P^*_D	=	subjektiv wahrgenommene Preisgestaltungen der Diensteanbieter
P^*_E	=	subjektiv wahrgenommene Preisgestaltungen der Endgerätehersteller
P^*_N	=	subjektiv wahrgenommene Preisgestaltung des Netzbetreibers
P^*_S	=	subjektiv wahrgenommene Preisgestaltung des Systembetreibers
$P(t,w)$	=	tatsächliche Kaufwahrscheinlichkeit
π	=	Konstante ($\pi \approx 3{,}1415926$)
$\Re$	=	Zahlenkörper der reellen Zahlen
$\Re_+$	=	Zahlenkörper der positiven reellen Zahlen (mit Null)
$\Re_{++}$	=	Zahlenkörper der positiven reellen Zahlen (ohne Null)
$s(w)$	=	Störfunktion
σ	=	Standardabweichung
t	=	Periode t; $t = 1,..,T$
T	=	Endperiode
u	=	Anzahl der Perioden, vor denen zum ersten Mal ein Ausstieg stattfand
v	=	Sensibilitätskonstante (> 0)
$w(t)=w(h(t),m(t))$	=	Marktwiderstandsfunktion
$w'(t) = dw/dt$	=	erste Ableitung der Marktwiderstandsfunktion
$X(t,0)$	=	theoretisches (ungestörtes) Diffusionsniveau in Periode t
$X(t,w)$	=	tatsächliches Diffusionsniveau in Periode t (Installierte Basis)

Symbole im Anhang:

exp	=	Exponentialfunktion (e-Funktion)
lim	=	Limes (Grenzübergang)
N	=	Zahlenkörper der natürlichen Zahlen
Q	=	Zahlenkörper der rationalen Zahlen
Q_+	=	Zahlenkörper der positiven rationalen Zahlen (mit Null)
$\Re$	=	Zahlenkörper der reellen Zahlen
$\Re_+$	=	Zahlenkörper der positiven reellen Zahlen (mit Null)
$\Re_{++}$	=	Zahlenkörper der positiven reellen Zahlen (ohne Null)
sgn	=	Signum
$\in$	=	Element von
$\forall$	=	für alle
$\rightarrow$	=	abgebildet auf
$\setminus$	=	ohne

1. SYSTEMTECHNOLOGIEN ALS ERKENNTNISOBJEKT DER DIFFUSIONSFORSCHUNG

Die Diffusionsforschung ist eines der viel beachteten Forschungsgebiete im Marketing. Sie besitzt eine lange Forschungstradition nicht nur im betriebswirtschaftlichen Bereich, sondern auch in anderen Wissenschaftsgebieten, wie z.B. der Biologie, der Soziologie und der Agrarwissenschaft.[1]

Im Vordergrund der betriebswirtschaftlichen Diffusionsforschung steht die Frage, welchen Ausbreitungsverlauf eine Innovation im Markt erfahren wird. Dabei ist insbesondere von Interesse,

- welche Faktoren die zeitliche Ausbreitung einer Innovation im Markt beeinflussen;
- mit welcher Geschwindigkeit die Ausbreitung einer Innovation im Markt erfolgt;
- welcher Ausbreitungsverlauf von der ersten bis zur letzten Übernahme durch die Mitglieder eines sozialen Systems zu erwarten ist.

Die große Beachtung, die der Diffusionsforschung zukommt, wird deutlich, wenn man beachtet, daß die Zahl der im Diffusion Documents Center der University of Michigan dokumentierten Diffusionsstudien heute schätzungsweise bei mehr als 3000 empirischen und 1000 theoretischen bzw. bibliographischen Arbeiten liegt.[2] Dabei werden primär englischsprachige Arbeiten erfaßt, so daß die Zahl der weltweit veröffentlichten empirischen und theoretischen Studien als noch weitaus höher anzusehen ist. Der große Umfang empirischer Diffusionsstudien ist allerdings nicht überraschend, wenn man bedenkt, daß der Diffusionsprozeß von Innovationen durch eine Vielzahl von Faktoren beeinflußt wird und sich durch die Berücksichtigung unterschiedlicher Einflußgrößen in einem Diffusionsmodell immer wieder "neue" Modelle generieren lassen. Trotzdem ist es bei der Vielzahl von Untersuchungen bemerkenswert, daß es sich primär um Diffusionsanalysen handelt, die ihren Schwerpunkt bei häufig wiedergekauften, klar abgrenzbaren Gütern besitzen.

Die aktuellen technologischen Entwicklungen bringen jedoch **neue Gütertypen** hervor, die insbesondere dadurch gekennzeichnet sind, daß Produkte aus unterschiedlichen Produktkategorien über eine Systemarchitektur (Netzarchitektur) in einer um-

---

1) Vgl. zu den unterschiedlichen Forschungstraditionen der Diffusionstheorie: ROGERS, Everett M.: Diffusion of Innovations, 3. Aufl. New York London 1983, S.38ff.

2) Vgl. derselbe: New Product Adoption and Diffusion, in: Journal of Consumer Research, 2(1976), S.291. Derselbe (1983), a.a.O., S.XV und S.42ff.

fassenden Technologie integriert werden, wodurch sie untereinander in einer Wechselbeziehung stehen. Typische Beispiele hierfür sind etwa der Einsatz von CAx-Technologien im Bereich der Fertigungsautomatisierung, das Zusammenwirken von Bürokommunikationsprodukten in einem Bürokommunikationssystem oder Telekommunikationssysteme. Solche integrativen Technologien werden im folgenden als **Systemtechnologien** bezeichnet. Auf Grund der Interaktionsbeziehungen von Produkten innerhalb einer Systemtechnologie können aber sowohl die Verkaufs- als auch die Kaufprozesse solcher Produkte nicht mehr isoliert betrachtet werden, und die Markterfolge der in einer Systemtechnologie zusammengebundenen Produkte bedingen sich gegenseitig. Damit stellt sich aber die Frage, inwieweit sich die Aussagen der klassischen Diffusionstheorie unreflektiert auf Systemtechnologien übertragen lassen.

1.1. Zentrale Aussagen der klassischen Diffusionstheorie

1.1.1. Untersuchungsfelder der klassischen Diffusionsforschung

Die bestehenden Erklärungsansätze der klassischen Diffusionstheorie gehen in wesentlichen Teilen auf die Grundlagen zurück, die durch ROGERS mit seiner Veröffentlichung "Diffusion of Innovations" gelegt wurden.[3] Das originäre Untersuchungsziel der Diffusionsforschung ist darin zu sehen, Erklärungsansätze für die Verbreitung von Produktneuheiten bzw. Produktinnovationen im Markt zu liefern. Eine Produktinnovation wird dabei in Anlehnung an ROGERS verstanden als "an idea, practice, or object that is perceived as new by an individual or other unit of adoption."[4] Die Neuheit eines Produktes ist allerdings ein relativer Begriff und ergibt sich gemäß obiger Definition nicht auf Grund objektiver Produkteigenschaften, sondern resultiert aus der subjektiven Produktbeurteilung der Nachfrager. Nach Maßgabe der Kriterien, mit deren Hilfe Nachfrager ein Produkt als neu einstufen, lassen sich verschiedene Klassifikationen ableiten.[5] Für die Zwecke der Diffusions-

---

3) Vgl. ROGERS, Everett M.: Diffusion of Innovations, 1. Aufl. New York London 1962.
   Einen detaillierten Überblick über den gegenwärtigen Stand der Diffusionsforschung liefern z.B.: GIERL, Heribert: Die Erklärung der Diffusion technischer Produkte, Berlin 1987. HEIDINGSFELDER, Michael M.: Das Marketing innovativer Informationstechnologien, Saarbrücken 1990, S.29ff. HESSE, Hans-Werner: Kommunikation und Diffusion von Produktinnovationen im Konsumgüterbereich, Berlin 1987. NAKICENOVIC, Nebojsa/ GRÜBLER, Arnulf (Eds.): Diffusion of Technologies and Social Behavior, Berlin usw. 1991.
4) ROGERS, Everett M. (1983), a.a.O., S.11.
5) Vgl. zum Begriff der Innovation und Einteilungsmöglichkeiten zusammenfassend: MAAS, Christof: Determinanten betrieblichen Innovationsverhaltens, Berlin 1990, S.21ff. sowie: LEDER, Matthias: Innovationsmanagement, in: Albach, Horst (Hrsg.): Innovationsmanagement: Theorie

forschung besteht weitgehende Übereinstimmung darüber, daß Produktinnovationen nach der Intensität abzugrenzen sind, mit der sie zu einer Änderung bisheriger Verhaltensmuster auf der Nachfragerseite führen.[6] Dabei spiegelt der höchste Intensitätsgrad das Erfordernis einer grundsätzlich andersartigen Verhaltensweise beim Gebrauch einer Innovation im Vergleich zu existierenden Produkten wider.

Die Entscheidung eines Nachfragers zur Übernahme einer Innovation wird als **Adoption** bezeichnet und stellt das finale Element des Adoptionsprozesses dar. Der Adoptionsvorgang kann als mentaler Prozeß bezeichnet werden, den jeder Nachfrager vom ersten Gewahrwerden einer Information über eine Innovation bis zur endgültigen Adoptionsentscheidung durchläuft. Während die **Adoptionstheorie** die Faktoren analysiert, die den Verlauf des (individuellen) Adoptionsprozesses beeinflussen, untersucht die **Diffusionstheorie** aufbauend auf diesen Erkenntnissen die zeitliche Entwicklung der Übernahme einer Innovation vom ersten bis zum letzten Käufer in einem sozialen System. Als zentrales Charakteristikum von Diffusionsüberlegungen kann deshalb die Analyse zeitraumbezogener aggregierter Adoptionsvorgänge herausgestellt werden.[7] Pointiert ausgedrückt stellen die *intra*personalen Gründe der Adoption den Erklärungsfokus der Adoptionstheorie dar, während sich die Diffusionstheorie auf die Analyse der *inter*personalen Gründe der Adoption konzentriert, wobei die Bestimmung der Zeitpunkte, zu denen Neuerungen von verschiedenen Nachfragern übernommen werden, im Vordergrund steht. Es wird allerdings deutlich, daß eine enge Verzahnung zwischen Adoptions- und Diffusionstheorie vorliegt. Beide Theoriebereiche werden deshalb in ihrer Gesamtheit auch häufig als Diffusionstheorie bezeichnet.[8]

---

und Praxis im Kulturvergleich, ZfB, Ergänzungsheft 1/89, Wiesbaden 1989, S.1ff. MÜLLER, Verena/ SCHIENSTOCK, Gerd: Der Innovationsprozeß in westeuropäischen Industrieländern, Berlin München 1978, S.30ff. SCHMITT-GROHÉ, Jochen: Produktinnovation - Verfahren und Organisation der Neuproduktplanung, Wiesbaden 1972, S.25ff. TROMMSDORFF, Volker/ SCHNEIDER, Peter: Grundzüge des betrieblichen Innovationsmanagement, in: Trommsdorff, Volker (Hrsg.): Innovationsmanagement in kleinen und mittleren Unternehmen, München 1990, S.3ff.

6) Vgl. ROBERTSON, Thomas S.: The Process of Innovation and the Diffusion of Innovation, in: Journal of Marketing, 31(1967), S.14ff. SCHNEDLITZ, P.: Ein ganzheitlicher Ansatz zur Selektion von Produktinnovationen, in: Gesellschaft für Konsum-, Markt- und Absatzforschung (Hrsg.): Jahrbuch der Absatz- und Verbrauchsforschung, 31(1985), Heft 2, Nürnberg 1985, S.141 sowie die dort angegebene Literatur.

7) Vgl. z.B.: BACKHAUS, Klaus: Investitionsgütermarketing, 2. Auf. München 1990, S.344. MEFFERT, Heribert: Marketing, 7. Aufl. Wiesbaden 1986, S.396.

8) Vgl. BAUMBERGER, Jörg/ GMÜR, Urs Max/ KÄSER, Hanspeter: Ausbreitung und Übernahme von Neuerungen: Ein Beitrag zur Diffusionsforschung, Band 1, Bern 1973, S.28f. BÖCKER, Franz/ GIERL, Heribert: Die Diffusion neuer Produkte - Eine kritische Bestandsaufnahme, in: zfbf, 40(1988), Heft 1, S.32. KAAS, Klaus P.: Diffusion und Marketing, Stuttgart 1973, S.12ff. LUTSCHEWITZ, Hartmut/ KUTSCHKER, Michael: Die Diffusion von innovativen Investitionsgütern, München 1977, S.1ff.

1.1.2. Determinanten des Adoptionsprozesses

Untersuchungen zur Analyse des Adoptionsprozesses greifen vielfach auf einen Ansatz zurück, der ursprünglich von BEAL u.a. entwickelt und insbesondere durch ROGERS bekanntgemacht wurde.[9] Der Adoptionsprozeß wird dabei idealtypisch in fünf Phasen unterteilt, die durch generalisierbare Verhaltensmuster gekennzeichnet sind.[10] Das gilt sowohl für Studien im Konsumgüter- als auch im Investitionsgüterbereich.[11] Folgende Phasen im Adoptionsprozeß werden idealtypisch unterschieden:[12]

* **BEWUSSTSEIN/ ERKENNTNIS** (awareness):
  Ein potentieller Nachfrager erfährt zum ersten Mal von der Existenz eines neuen Produktes, ohne daß er sich um entsprechende Informationen bemüht hat.

* **INTERESSE** (interest):
  Eine eventuelle Verwendungsmöglichkeit rückt in das Bewußtsein des Nachfragers, und er sucht nach näheren Informationen.

* **BEWERTUNG** (evaluation):
  Vor- und Nachteile der Neuerung werden abgewogen und eine Bewertung des Produktes vorgenommen.

* **VERSUCH** (trial):
  Das Produkt wird von dem Nachfrager ausprobiert.

* **ÜBERNAHME/ ADOPTION** (adoption):
  Es kommt zur Übernahme der Innovation: Es findet ein Kauf statt.

---

9) Vgl. BEAL, George M. and others: Validity of the Concept of Stages in the Adoption Process, in: Rural Sociology, 22(1957), S.166ff. ROGERS, Everett M. (1962), a.a.O., S.80. ROGERS, Everett M./ SHOEMAKER, F. Floyd: Communication of Innovations: A Cross-Cultural Approach, 2. Auf. New York London 1971, S.100.
10) Vgl. ROGERS, Everett M. (1962), a.a.O., S.81ff. und S.306.
11) Vgl. zum Bereich der Konsumgüter-Diffusionsforschung: BAUMBERGER, Jörg/ GMÜR, Urs Max/ KÄSER, Hanspeter (1973), a.a.O., S.377ff. BUCHNER, Dietrich: Marketing und Diffusionsforschung, in: Der Marktforscher, 14(1970), S.14. KAAS, Klaus P. (1973), a.a.O., S.14f. MEFFERT, Heribert (1986), a.a.O., S.168. ROBERTSON, Thomas S.: Innovative Behavior and Communication, New York Holt Rinehart Winston 1971, S.58ff. ROGERS, Everett M., (1962), a.a.O., S.306.
Zur Investitionsgüter-Diffusionsforschung vgl. BACKHAUS, Klaus (1990), a.a.O., S.345. MEFFERT, Heribert: Die Durchsetzung von Innovationen in der Unternehmung und im Markt, in: ZfB, 46(1976), S.95f. OZANNE, Urban B./ CHURCHILL, Gilbert A. Jr: Five Dimensions of the Industrial Adoption Process, in: Journal of Marketing Research, 8(1971), S.322f. STEFFENHAGEN, Hartwig: Industrielle Adoptionsprozesse als Problem der Marketingforschung, in: Meffert, Heribert (Hrsg.): Marketing heute und morgen, Wiesbaden 1975, S.111ff.
12) Vgl. ROGERS, Everett M. (1962), a.a.O., S.81ff.

Bei der Unterscheidung der einzelnen Adoptionsphasen ist allerdings zu berücksichtigen, daß Sprünge zwischen den Phasen sowie Rückkopplungen zu vorgelagerten Phasen möglich sind und jederzeit eine Ablehnung oder vorläufige Zurückweisung der Innovation möglich ist.[13] Der Analyseschwerpunkt der Adoptionsforschung liegt in der Untersuchung der den Adoptionsprozeß beeinflussenden Faktoren, die sich zusammenfassend nach produkt-, adopter- und umweltspezifischen Einflußgrößen unterscheiden lassen.

Die **produktspezifischen Determinanten** nehmen dabei im Adoptionsprozeß eine besondere Stellung ein, da die Eigenschaften und Verwendungsmöglichkeiten einer Produktneuheit als bestimmend angesehen werden für die Art und das Ausmaß, in dem Verhaltensänderungen bei den Adoptern erforderlich sind. Obwohl die subjektiv wahrgenommenen Eigenschaften von Produktinnovationen nachfragerindividuell verschieden sein können, hat sich folgende, auf ROGERS zurückgehende, Klassifikation subjektiv wahrgenommener Produktattribute in der Adoptionsforschung durchgesetzt:[14]

- **RELATIVER VORTEIL** (relative advantage)
  Der relative Vorteil spiegelt den Grad wider, mit dem eine Innovation zur individuellen Bedürfnisbefriedigung im Vergleich zu bisher verwendeten oder anderen innovativen Produktalternativen als besser wahrgenommen wird:
  Je größer der subjektiv wahrgenommene relative Vorteil einer Produktinnovation ist, desto größer ist die Adoptionsgeschwindigkeit.

- **KOMPATIBILITÄT** (compatibility)
  Die Kompatibilität spiegelt den Grad wider, mit dem eine Innovation als vereinbar mit bestehenden Werten, Normen, Erfahrungen und Bedürfnissen wahrgenommen wird:
  Je größer die Kompatibilität einer Produktinnovation ist, desto größer ist die Adoptionsgeschwindigkeit.

---

13) Vgl. zur Kritik z.B.: BAUMBERGER, Jörg/ GMÜR, Urs Max/ KÄSER, Hanspeter (1973), a.a.O., S.104ff. und S.377ff. HEIDINGSFELDER, Michael M. (1990), a.a.O., S.55f. KIEFER, K.: Die Diffusion von Neuerungen, Tübingen 1967, S.40ff. SCHULZ, Roland: Kaufentscheidungsprozesse des Konsumenten, Wiesbaden 1972, S.52f.
Auf Grund der Kritik am Fünf-Phasen-Schema der Adoption hat ROGERS ein verändertes Phasenschema entwickelt, das die Phasen Interest, Evaluation und Trial zu einer "Meinungsbildungsphase" (Persuasion) zusammenfaßt, während die Adoptionsphase nach drei weiteren Phasen (Decision, Implementation, Confirmation) differenziert wird. Vgl. ROGERS, Everett M. (1983), a.a.O., S.163ff und die Zusammenfassung in Abbildung 1.

14) Vgl. ROGERS, Everett M. (1983), a.a.O., S.211ff.
Eine ausführliche Diskussion dieser Produkteigenschaften liefern neben ROGERS auch: BAUMBERGER, Jörg/ GMÜR, Urs Max/ KÄSER, Hanspeter (1973), a.a.O., S.186ff. KAAS, Klaus P. (1973), a.a.O., S.72ff. ROGERS, Everett M./ SHOEMAKER, F. Floyd (1971), a.a.O., S.137ff. SCHULZ, Roland (1972), a.a.O., S.43ff.

- **KOMPLEXITÄT** (complexity)

  Die Komplexität spiegelt den Grad wider, mit dem eine Innovation als schwer faßbar wahrgenommen wird und damit dem Verwender Schwierigkeiten bereitet, die zentralen Eigenschaften und den Nutzen des Produktes zu begreifen und es sinnvoll zu verwenden:

  Je größer die Komplexität einer Produktinnovation ist, desto geringer ist die Adoptionsgeschwindigkeit.

- **ERPROBBARKEIT** (trialability)

  Die Erprobbarkeit spiegelt den Grad wider, mit dem sich eine Innovation durch den Adopter vorab testen läßt:

  Je größer die Erprobbarkeit einer Produktinnovation ist, desto größer ist die Adoptionsgeschwindigkeit, unter der Voraussetzung, daß die Erwartungen der Adopter erfüllt wurden.

- **KOMMUNIZIERBARKEIT** (observability)

  Die Kommunizierbarkeit spiegelt den Grad wider, mit dem sich die Neuprodukteigenschaften potentiellen Adoptern bekannt machen lassen:

  Je größer die Kommunizierbarkeit einer Produktinnovation ist, desto größer ist die Adoptionsgeschwindigkeit.

Dem relativen Vorteil wird für die Adoptionsentscheidung eines Nachfragers sowohl in der Kosumgüter- als auch in der Investitionsgüter-Diffusionsforschung übereinstimmend die größte Bedeutung zugemessen.[15]

Die **adopterspezifischen Determinanten** der Adoption lassen sich nach konsumenten- und unternehmensbezogenen Einflußgrößen unterscheiden. Beide Einflußgruppen sind durch die Adoptionsforschung umfassend untersucht worden. Bezüglich der konsumentenbezogenen Bestimmungsfaktoren stand insbesondere die Identifikation demographischer, soziographischer und psychographischer Merkmale im Vordergrund.[16] Die Problematik dieser Merkmale ist allerdings darin zu sehen, daß sich die

---

15) Vgl. z.B.: LUTSCHEWITZ, Hartmut/ KUTSCHKER, Michael (1977), a.a.O., S.122f. MANSFIELD, Edwin: The Speed of Response of Firms to New Techniques, in: Quarterly Journal of Economics, 77(1963), S.290ff. MEFFERT, Heribert: Marketing und Neue Medien, Stuttgart 1985, S.35. Derselbe (1976), a.a.O., S.96. OZANNE, Urban B./ CHURCHILL, Gilbert A. Jr (1971), a.a.O., S.325ff. PFEIFFER, Simone: Die Akzeptanz von Neuprodukten im Handel, Wiesbaden 1981, S.150. SCHUBERT, Frank: Akzeptanz von Bildschirmtext in Unternehmungen und im Markt, Münster 1986, S.55f. STEFFENHAGEN, Hartwig (1975), a.a.O., S.114. WALTERS, Michael: Marktwiderstände und Marketingplanung, Wiesbaden 1984, S.56. WEBSTER, Frederick E. Jr.: New Product Adoption in Industrial Markets: A Framework for Analysis, in: Journal of Marketing, 33(1969), S.37.

16) Stellvertretend für eine Vielzahl von Studien vgl.: KAAS, Klaus P. (1973), a.a.O., S.23ff. ROGERS, Everett M. (1983), a.a.O., S.251ff. ROGERS, Everett M./ SHOEMAKER, F. Floyd (1971), a.a.O., S.185ff. sowie die dort angegebene Literatur.

demographischen und soziographischen Merkmale zwar relativ leicht erfassen lassen, aber nur eine vergleichsweise geringe Verhaltensrelevanz aufweisen. Demgegenüber besitzen die psychographischen Merkmale eine wesentlich höhere Verhaltensrelevanz, jedoch ergeben sich hier tendenziell größere Schwierigkeiten bei der Operationalisierung und Erfassung. Die analysierten unternehmensbezogenen Bestimmungsgrößen können nach organisationsdemographischen, Buying-Center-spezifischen und entscheidungsträgerspezifischen Merkmalen unterschieden werden.[17]

Im Gegensatz zu den produkt- und adopterspezifischen Determinanten haben **umweltspezifische Determinanten** erst in jüngerer Zeit Berücksichtigung gefunden. Die untersuchten Determinanten können dabei nach Einflußgrößen aus der politisch/rechtlichen, der wirtschaftlichen, der sozialen und der technischen Umwelt unterschieden werden.[18]

Entsprechend den obigen Ausführungen lassen sich die Erklärungszusammenhänge des Adoptionsprozesses wie in Abbildung 1 dargestellt zusammenfassen. In dieser Darstellung wurden entsprechend einer Weiterentwicklung von ROGERS die Phasen Interesse, Bewertung und Versuch zu einer Meinungsbildungsphase (persuasion) zusammengefaßt, während die Adoption in eine Entscheidungs-, Implementierungs- und Bestätigungsphase weiter untergliedert wurde.[19]

Die **Entscheidungsphase** (decision) umfaßt alle Aktivitäten eines Individuums, die darauf ausgerichtet sind, eine Entscheidung für oder gegen die Adoption einer Innovation herbeizuführen. Nach dem Erwerb einer Innovation beginnt mit der **Implementierungsphase** (implementation) deren Nutzung durch ein Individuum. Die daran anschließende **Bestätigungsphase** (confirmation) wird dadurch eingeleitet, daß ein Individuum nach dem Kauf versucht, auftretende kognitive Dissonanzen abzubauen und damit eine Bestärkung für seine Kaufentscheidung zu finden oder aber neue Informationen auftreten, die dazu führen können, daß eine Kaufentscheidung bereut wird und kein Wiederkauf stattfindet.[20]

---

17) Vgl. z.B.: ROGERS, Everett M. (1983), a.a.O., S.347ff. SCHUBERT, Frank (1986), a.a.O., S.81ff. Einen systematischen Literaturüberblick zu den organisationsspezifischen Merkmalen der Adoption liefert: KENNEDY, Anita M.: The Adoption and Diffusion of New Industrial Products: A Literature Review, in: European Journal of Marketing, 17(1983), No. 3, S.31ff.

18) Vgl. BACKHAUS, Klaus (1990), a.a.O., S.348f. HEIDINGSFELDER, Michael M. (1990), a.a.O., S.77ff. MIDDELHOFF, Th./ WALTERS, M.: Akzeptanz neuer Medien - eine empirische Analyse aus Unternehmersicht, Arbeitspapier Nr. 27 des Instituts für Marketing der Universität Münster, Münster 1981, S.6ff. SCHUBERT, Frank (1986), a.a.O., S.48ff.

19) Vgl. ROGERS, Everett M. (1983), a.a.O., S.163ff. Die Grundlage zu dieser Weiterentwicklung wurde bereits gelegt von: ROGERS, Everett M./ SHOEMAKER, F. Floyd (1971), a.a.O., S.101ff.

20) Vgl. zum Auftreten kognitiver Dissonanzen: FESTINGER, Leon: Theorie der kognitiven Dissonanz, Bern Stuttgart Wien 1978, S.22ff.

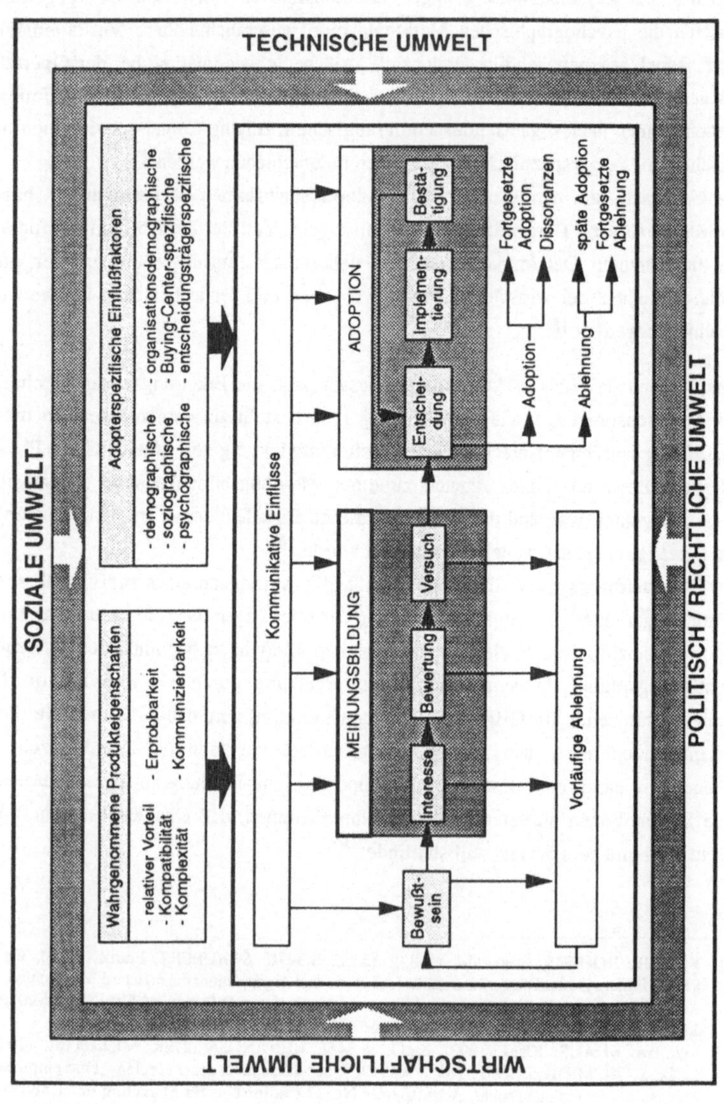

Abb. 1:   Determinanten des Adoptionsprozesses

ROGERS und SHOEMAKER erweiterten damit das Ereignis der Adoption um die Aspekte der fortgesetzten Ablehnung und fortgesetzten Adoption einer Innovation. Diese Aspekte sind für die Betrachtungen der Adoptionsforschung zwar wichtig, für die Diffusionsanalyse erweisen sie sich jedoch als wenig brauchbar, da hiermit die Ansätze der Diffusionsforschung und des Produktlebenszyklus-Konzeptes verwischt werden. Das Produktlebenszyklus-Konzept bildet die Umsatz- bzw. Absatzentwicklung eines Produktes vom erstmaligen Auftreten bis zu seinem Verschwinden vom Markt ab. Es besitzt damit ebenfalls einen zeitraumbezogenen Phasenbezug. In den Lebenszyklus-Kurven spiegelt sich allerdings die Gesamtheit der Markttransaktionen während der Marktperiode eines Produktes wider.

Während die Poduktlebenszyklus-Kurve sowohl Erst- als auch Ersatzkäufe erfaßt, sind für die Ableitung von Diffusionskurven klassischer Weise jedoch nur die **Erstkäufe** relevant. Existieren keine Wiederkäufe oder liegen die Ersatzkäufe wie im Fall langlebiger Gebrauchsgüter weit auseinander, so kann die Diffusionsfunktion eine theoretische Fundierung des Produktlebenszyklus-Konzeptes liefern.[21] Würde der Diffusionsprozeß um die Betrachtung einer fortgesetzten Adoption erweitert, so müßten in der Diffusionsfunktion auch Wiederkäufe erfaßt werden. Die sich daraus ergebende Problematik ist darin zu sehen, daß sich auf Grund der unterschiedlichen individuellen Adoptionsprozesse nicht eindeutig festlegen läßt, wieviele Wiederkäufe notwendig sind, damit von einer fortgesetzten Adoption gesprochen werden kann. Damit eine klare Abgrenzung zwischen den Untersuchungszielen der Diffusionsforschung und der Produktlebenszyklus-Forschung gewährleistet ist, erscheint es für das Erklärungsziel der Diffusionsforschung jedoch unzweckmäßig, die Betrachtungen auf eine fortgesetzte Adoption auszuweiten. Deshalb ist auch für die folgenden Analysen nur der Erstkauf entscheidend und nur dieser steht im Vordergrund der Betrachtungen.

---

21) Vgl. zum Produktlebenszyklus und dessen Beziehung zur Diffusionstheorie insbesondere: HOFFMANN, Klaus: Der Produktlebenszyklus, Freiburg 1972, S.95ff. MEFFERT, Heribert: Interpretation und Aussagewert des Produktlebenszyklus-Konzeptes, in: Hammann, P./ Kroeber-Riel, W./ Meyer, C.W. (Hrsg.): Neuere Ansätze der Marketingtheorie, Berlin 1974, S.127ff. PFEIFFER, Werner/ BISCHOF, Peter: Produktlebenszyklen als Basis der Unternehmensplanung, in: ZfB, 44(1974), Nr. 10, S.650ff.

1.1.3. Die zeitliche Abfolge der Adoptionen im Diffusionsprozeß

Diffusionsüberlegungen lassen sich im Kern auf die Erkenntnis zurückführen, daß nicht alle Individuen eines sozialen Systems eine Innovation zur selben Zeit übernehmen, sondern zu unterschiedlichen Zeitpunkten adoptieren. Ein soziales System ist dabei definiert als "a set of interrelated units that are engaged in joint problem solving to accomplish a common goal".[22] Durch das soziale System werden also Grenzen gesteckt, innerhalb derer eine Diffusion stattfindet. Entscheidendes Kriterium der Grenzziehung ist dabei die Verfolgung eines gemeinsamen Zieles. Je nach Definition der Zielsetzung kann das soziale System allerdings sehr eng oder aber auch sehr weit definiert werden und reicht beispielsweise von einer bestimmten Berufsgruppe bis hin zu der Gesamtheit aller Konsumenten.[23] Für die Abgrenzung des sozialen Systems ist deshalb entscheidend, für welche Personengruppe eine betrachtete Innovation als Problemlösung generell in Frage kommt. Ein so definierter Personenkreis bildet dann die Grundgesamtheit, auf die sich die Untersuchungen der Diffusionsforschung beziehen. Daraus ergeben sich zwei Untersuchungsschwerpunkte der Diffusionsforschung:

- Analyse von Adopter-Kategorien
- Analyse der Bestimmungsfaktoren des Adoptionszeitpunktes

1.1.3.1. Analyse von Adopter-Kategorien

Die Kategorisierung von Adoptern hat zum Ziel, solche Adoptoren zu Gruppen zusammenzufassen, die den gleichen Grad an Innovativität aufweisen. Untersuchungen zur Ableitung von Adopter-Kategorien entsprechen der Analyse adopterspezifischer Einflußgrößen auf den Adoptionsprozeß mit der Besonderheit einer Fokussierung des Adoptionszeitpunktes innerhalb des Diffusionsprozesses.[24] Obwohl sich die Zahl der Benennungen unterschiedlicher Adopter-Kategorien in der Literatur mannigfaltig gestaltet, nimmt die von ROGERS vorgetragene Einteilung eine dominante Stellung ein. Entsprechend der Innovativität von Individuen und der Adoption innerhalb eines bestimmten Zeitintervalls im Verlauf des Diffusionsprozesses unterscheidet

---

22) ROGERS, Everett M. (1983), a.a.O., S.24.

23) Eine detaillierte Diskussion zur Abgrenzung des sozialen Systems liefert ROGERS, Everett M. (1983), a.a.O., S.24ff.

24) Vgl. zusammenfassend für eine Vielzahl von Studien: KAAS, Klaus P. (1973), a.a.O., S.23ff. ROGERS, Everett M. (1983), a.a.O., S.251ff. sowie die dort angegebene Literatur.

ROGERS folgende Adopter-Kategorien:[25]

- **INNOVATOREN** (innovators)

  Innovatoren sind die ersten Käufer eines Produktes und können als besonders wagemutig charakterisiert werden, da sie durch die Übernahme einer Innovation von bestehenden Normen und Verhaltensweisen abweichen. Sie spielen für die Diffusion eine besondere Rolle, weil sie als erste eine neue Idee in ein bestehendes soziales System hineintragen. Auf Grund ihrer besonderen Vorliebe für das Unbekannte nehmen sie innerhalb eines sozialen Systems eine Außenseiterrolle ein.

- **FRÜHE ÜBERNEHMER** (early adopters)

  Die frühen Übernehmer sind nach den Innovatoren die ersten Personen, die als integrierte Mitglieder eines sozialen Systems eine Innovation übernehmen. Sie nehmen oft die Position von Meinungsführern ein, an denen sich die Adoptionsentscheidung der übrigen Mitglieder eines sozialen Systems orientiert. Ebenso wie die Innovatoren zeichnen sich auch die frühen Übernehmer im Vergleich zu nachfolgenden Adoptoren durch ein hohes Maß an Kreativität, Mobilität und Informiertheit aus.

- **FRÜHE MEHRHEIT** (early majority)

  Die frühe Mehrheit bilden Personen, die sich von der Adoption der Innovatoren und der frühen Übernehmer leiten lassen, wodurch die Risiken, die sie bisher von einer Adoption abhielten, soweit herabgesetzt werden, daß auch sie eine Innovation übernehmen. Der Zeitraum, in dem die frühe Mehrheit adoptiert, ist im Vergleich zu dem der Innovatoren und der frühen Übernehmer wesentlich länger.

- **SPÄTE MEHRHEIT** (late majority)

  Personen aus der Gruppe der späten Mehrheit adoptieren erst dann, wenn die Mehrheit der Mitglieder einer sozialen Gruppe bereits adoptiert hat. Ihre Adoptionsentscheidung läßt sich darauf zurückführen, daß sie einen zunehmenden sozialen Kaufdruck empfinden und sie die Innovation als mit den existierenden Normen des sozialen Systems vereinbar ansehen.

- **NACHZÜGLER** (laggards)

  Die Nachzügler sind die letzten Personen eines sozialen Systems, die eine Innovation übernehmen. Sie orientieren sich ausschließlich an der Vergangenheit, und viele von ihnen nehmen eine schon fast isolierte Stellung im sozia-

---

25) Vgl. ROGERS, Everett M. (1962), a.a.O., S.148ff. Derselbe (1983), a.a.O., S.241ff. ROGERS, Everett M./ SHOEMAKER, F. Floyd (1971), a.a.O., S.174ff.

len System ein. Wenn die Nachzügler eine Innovation übernehmen, wird sie von der Mehrheit der Mitglieder des sozialen Systems bereits nicht mehr als neu angesehen.

Auf Grund des Zeitbezugs der Klassifikation obiger Adoptergruppen ist es möglich, für abgegrenzte soziale Systeme Diffusionskurven abzuleiten. Idealtypisch wird dabei ein der Dichtefunktion der Normalverteilung entsprechender Verlauf unterstellt, der insbesondere im Konsumgüterbereich in vielen Fällen auch empirisch bestätigt werden konnte.[26] Der in Abbildung 2 dargestellte Funktionsverlauf gibt die Zeitintervalle an, in denen ein bestimmter Prozentsatz der Konsumenten eine Produktneuheit adoptiert.

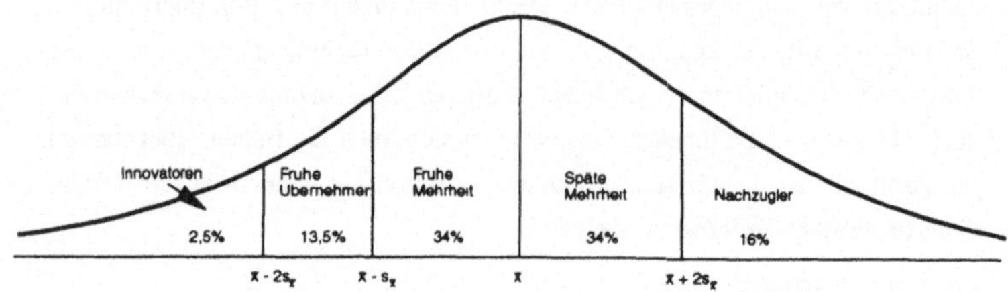

Abb. 2:   Adopter-Kategorien im Diffusionsprozeß (Adoptionskurve)
Quelle: In Anlehnung an ROGERS (1983), S.247

Mit Hilfe der charakteristischen Kenngrößen "Mittelwert" ($\bar{x}$ bzw. μ) und "Standardabweichung" ($s_{\bar{x}}$ bzw. σ), durch die sich eine Normalverteilung eindeutig bestimmen läßt, erfolgt eine Zuordnung der einzelnen Adopter-Kategorien zu einem bestimmten Zeitintervall innerhalb des Diffusionszeitraumes einer Produktinnovation. Da bei einer großen Anzahl von Beobachtungen ungefähr 95,5% aller Fälle einer normalverteilten Zufallsvariable im 2-Sigma-Intervall ($\mu \pm 2\sigma$) erfaßt werden können,[27] wird das Übernahmeintervall der einzelnen Adopter-Gruppen auf ein

---

26)   Vgl. zur Bestätigung des Normalverteilungsverlaufs z.B.: BISCHOF, Peter: Produktlebenszyklen im Investitionsgüterbereich, Göttingen 1976, S.68. KAAS, Klaus P. (1973), a.a.O., S.22f. MEFFERT, Heribert (1974a), a.a.O., S.128ff. PFEIFFER, Werner/ BISCHOF, Peter: Einflussgrößen von Produkt-Marktzyklen, Arbeitspapier Nr. 22 des Betriebswirtschaftlichen Instituts der Friedrich-Alexander-Universität Erlangen-Nürnberg, hrsg. von Werner Pfeiffer, Nürnberg 1974, S.197ff. ROGERS, Everett M. (1983), a.a.O., S.243ff. ROGERS, Everett M./ SHOEMAKER, F. Floyd (1971), a.a.O., S.180. WEBLUS, Bernhard: Zur langfristigen Absatzprognose gehobener Gebrauchsgüter, in: ZfB, 35(1965), S.595ff.

27)   Vgl. HÄRTTER, Erich: Wahrscheinlichkeitsrechnung für Wirtschafts- und Naturwissenschaftler, Göttingen 1974, S.152.

Sigma festgesetzt, wobei die Innovatoren und die frühen Übernehmer zusammengefaßt sind.

Neben der Analyse der Häufigkeiten, mit denen Adoptionen im Zeitablauf stattfinden, kann auch die kumulative Entwicklung der Adoptionsvorgänge betrachtet werden, die sich idealtypisch in der Verteilungsfunktion der Normalverteilung widerspiegelt.

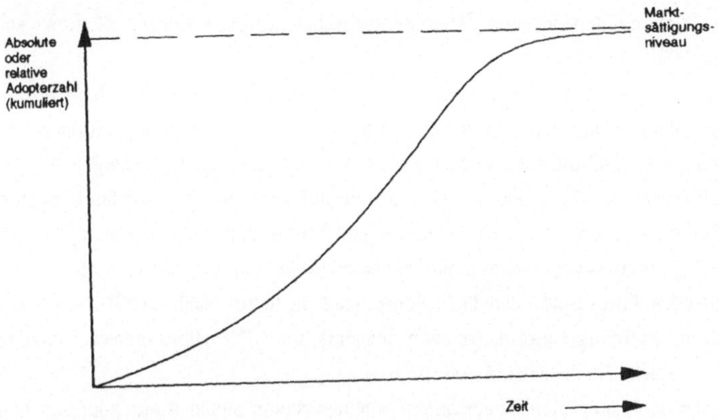

Abb. 3: Kumulative Betrachtung der Adoptionsereignisse (Diffusionskurve)
Quelle: In Anlehnung an ROGERS (1983), S.95

Zur eindeutigen Differenzierung beider Darstellungsweisen unterscheiden wir im folgenden zwischen der Adoptions- und der Diffusionskurve.[28] Die **Adoptionskurve** spiegelt die absoluten oder relativen Häufigkeiten wider, mit denen Adoptionsereignisse zu bestimmten Zeitpunkten bzw. in bestimmten Zeitintervallen auftreten, während die **Diffusionskurve** der zeitraumbezogenen Aggregation der Adoptionsvorgänge innerhalb eines sozialen Systems entspricht und die kumulierten Adoptionsvorgänge im Zeitablauf widerspiegelt. Betrachtet man statt Häufigkeiten Wahrscheinlichkeiten, so entspricht im idealtypischen Fall die Adoptionsfunktion der Dichtefunktion und die Diffusionsfunktion der Verteilungsfunktion der Normalverteilung.

---

28) In der Literatur hat sich die Konvention herausgebildet, daß beide Funktionsverläufe als Diffusionskurve bezeichnet werden. Vor dem Hintergrund einer eindeutigen Kennzeichnung beider Darstellungen erscheint die hier vorgeschlagene Unterscheidung nach "Adoptionskurve" und "Diffusionskurve" jedoch zweckmäßig. Es ist aber zu beachten, daß der von uns als Adoptionsfunktion bezeichnete Kurvenverlauf nicht mit dem Verlauf des individuellen Adoptionsprozesses zu verwechseln ist.

1.1.3.2. Analyse der Bestimmungsfaktoren des Adoptionszeitpunktes

Zur Analyse der Bestimmungsgrößen des Adoptionszeitpunktes sind alle Faktoren von Bedeutung, die die Beziehung eines Individuums zu seinem sozialen Umfeld bestimmen. Die zentrale Einflußgröße bildet dabei die Kommunikation zwischen den Mitgliedern eines sozialen Systems. Dementsprechend lassen sich die existierenden verhaltenswissenschaftlichen Erklärungsansätze im Marketing auf "Modelle der persönlichen Kommunikation" und "Modelle der unpersönlichen Kommunikation" zurückführen.[29]

Die Modelle der *persönlichen Kommunikation* können danach unterschieden werden, ob die Adoption bedingt wird durch bestimmte Personen mit Schlüsselpositionen, die Verbreitung von Sachinformationen oder die Verbreitung von Erfahrungen.[30] Als Schlüsselfiguren im Netz der sozialen Kommunikation werden solche Personen bezeichnet, die sich im Vergleich zu den übrigen Mitgliedern eines sozialen Systems durch ein besonderes Kommunikationsverhalten auszeichnen und einen entscheidenden Einfluß auf den Diffusionsprozeß ausüben. Nach ROGERS kommt Innovatoren, Meinungsführern (opinion leaders) und Diffusionsagenten (change agents) eine solche Schlüsselfunktion zu.[31]

Modelle der *unpersönlichen Kommunikation* gehen davon aus, daß die Adoption von Produktneuheiten allein durch die Beobachtung eines neuen Verhaltens auf Grund einer übernommenen Produktinnovation verstärkt wird und damit Imitationserscheinungen den Verlauf des Diffusionsprozesses wesentlich beeinflussen.[32] Entsprechende Modellansätze unterscheiden deshalb auch nur noch zwei Adopter-Kategorien: Innovatoren und Imitatoren. Dabei können die von ROGERS vorgeschlagenen Adopter-Gruppen Innovatoren und frühe Übernehmer den "Innovatoren" zugeordnet werden, während die übrigen Adopter-Kategorien dem Begriff "Imitatoren" subsumiert werden.[33]

---

29) Vgl. zusammenfassend: HESSE, Hans-Werner (1987), a.a.O., S.2f.

30) Vgl. BÖCKER, Franz/ GIERL, Heribert (1988), a.a.O., S.33ff. GIERL, Heribert (1987), a.a.O., Kap. 2.1. und S.36ff.

31) Vgl. zur besonderen Stellung von Innovatoren, Meinungsführern und Diffusionsagenten im Diffusionsprozeß: ROGERS, Everett M. (1983), a.a.O., Chapter 7 und 8. KAAS, Klaus P. (1973), a.a.O., S.38ff. sowie die dort angegebene Literatur. Zur Stellung der Meinungsführer vgl. auch die Ausführungen in Kapitel 3.2.2.1 "Wechselseitige Interdependenz zwischen den Adoptern".

32) Vgl. BÖCKER, Franz/ GIERL, Heribert (1988), a.a.O., S.33f. GIERL, Heribert (1987), a.a.O., S.39ff. SCHMALEN, Helmut: Das Bass-Modell zur Diffusionsforschung, in: zfbf, 41(1989), Heft 3, S.210f.

33) Als grundlegende Untersuchungen, die auf eine Unterscheidung zwischen Innovatoren und Imitatoren abstellen, sind die Arbeiten von MANSFIELD und BASS zu nennen:
Vgl. MANSFIELD, Edwin: Technical Change and the Rate of Imitation, in: Econometrica, 29(1961), No. 4, S. 742ff. BASS, Frank M.: A New Product Growth Model for Consumer Durables, in: Management Science, 15(1969), No. 5, S.216.

1.2. Netzeffekt- und Systemgüter als neue Güterkategorien bei Systemtechnologien

Die vorgestellten Aussagen der klassischen Adoptions- und Diffusionsforschung sind vor dem Hintergrund eines bestimmten Typus von Gütern entwickelt worden, der hier als **Singulärgüter** bezeichnet wird. Singulärgüter sind dadurch gekennzeichnet, daß sie "nur" einen singulären oder originären Nutzen für den Käufer bzw. Nutzer eines Produktes besitzen, der sich aus der Beschaffenheit des Produktes bzw. seinem Verwendungszweck bestimmt. Den Nutzen, den ein Singulärgut für einen Käufer entfaltet, ist weitgehend unabhängig von dem Verbreitungsgrad, den ein solches Gut am Markt erreicht hat.[34] Für den Markterfolg, den ein Anbieter mit Singulärgütern erzielen kann, ist primär entscheidend, daß das Singulärgut von den Nachfragern gekauft wird. Ob das Singulärgut anschließend auch von den Käufern **genutzt** wird, ist hingegen für den "Markterfolg" des Anbieters zunächst einmal relativ unerheblich.[35] Entsprechend ist auch bei den Überlegungen der klassischen Diffusionstheorie nur entscheidend, daß ein Produkt **gekauft** wird, während der anschließenden Nutzung eines Produktes keine Bedeutung beigemessen wird.

Eine vollkommen andere Situation ergibt sich hingegen bei Systemtechnologien, die eine Integration unterschiedlicher Produkte zum Ziel haben. Hier sind Integrationskonzepte erforderlich, bei denen das **Denken in ganzheitlichen Systemen** im Vordergrund steht. Die Realisierung solcher Integrationskonzepte schlägt sich zwangsläufig auch in neu entstehenden Produktkonzeptionen nieder, die entweder eigenständige Systemtechnologien darstellen oder als Systemkomponenten in eine Systemtechnologie eingebunden werden. Für die Kaufentscheidung von Systemtechnologien ist damit aber nicht mehr der singuläre Nutzen einzelner Produkte entscheidend, sondern der Gesamtnutzen, der sich aus der **Interaktion** von Komponenten (Produkten) in einem System ergibt. Aus technischer Sicht handelt es sich dabei immer um eine direkte physische Verbindung zwischen mindestens zwei Komponenten, über die Informationen ausgetauscht werden.

Auf Grund der entstehenden Interaktionsbeziehung zwischen Komponenten ist es erforderlich, daß die Betriebswirtschaftslehre bei Systemtechnologien von der isolierten

---

34) Wir abstrahieren dabei von impliziten Nutzensteigerungen für einen einzelnen Käufer, die z.B. aus Qualitätsverbesserungen bzw. Preissenkungen auf Grund einer breiten Diffusion bzw. Massenproduktion entstehen können. Ebenso vernachlässigen wir implizite Nutzensteigerungen, wie sie durch den Bandwagon-Effekt (Mitläufereffekt) auf Grund einer hohen Verbreitung eines Gutes relevant werden können. Vgl. zum Bandwagon-Effekt: LEIBENSTEIN, Harvey: Bandwagon, Snob, and Veblen Effects in the Theory of Consumers' Demand, in: The Quarterly Journal of Economics, 44(1950), S.189.

35) Einschränkend muß jedoch vermerkt werden, daß diese Überlegung insbesondere für langlebige Gebrauchsgüter gilt, da eine "Nicht-Nutzung" auch zu keinem Wiederkauf führt.

Betrachtung einzelner Güter abrückt und Produkte, die in eine Systemtechnologie einfließen, in einen System- und Betrachtungszusammenhang stellt. Dabei ist es für betriebswirtschaftliche Analysen entscheidend, daß aus der technischen Interaktion auch eine hohe Intensität der Marktbeziehungen zwischen einzelnen Produktangeboten entsteht, woraus sich zwei neue Güterkategorien entwickeln, deren Besonderheiten in betriebswirtschaftlichen Überlegungen bisher kaum berücksichtigt wurden. Diese Güterkategorien werden im folgenden als **Netzeffekt-** und **Systemgüter** bezeichnet.

1.2.1. Charakteristika von Netzeffektgütern

Im Gegensatz zu Singulärgütern besitzen **Netzeffektgüter** neben ihrem originären Produktnutzen zusätzlich auch einen derivativen Produktnutzen, der sich aus dem Verbreitungsgrad komplementärer Güter am Markt bestimmt und einen wesentlichen Einfluß auf die Kaufentscheidung ausübt.[36] Der Derivativnutzen von Netzeffektgütern ist um so höher, je größer der Verbreitungsgrad komplementärer Produkte ist, da sich dadurch auch gleichzeitig die Tauschmöglichkeiten von Komplementärgütern unter den Nachfragern verbessern. Typische Beispiele für Netzeffektgüter sind etwa Videorekorder und Computer:

- So steigt der Nutzen von Videorekordern einer bestimmten Technologie in dem Maße, in dem sich z.B. das Angebotsspektrum von zu dieser Technologie kompatiblen Videokassetten oder -spielen in den Videoverleihen vergrößert.
- Durch die Vielfalt von Software-Programmen auf der Basis eines bestimmten Betriebssystems steigt der Nutzen von Personal Computern mit diesem Betriebssystem.

Die Beispiele machen deutlich, daß Netzeffektgüter immer dann vorliegen, wenn mehrere Güter auf Grund ihrer Kompatibilität und ihres komplementären Charakters in einer Vermarktungs- und Nutzenbeziehung stehen, wodurch solche Güter ein **fiktives "Netzwerk"** zwischen den Nachfragern bilden. KATZ und SHAPIRO bezeichnen den Effekt, daß Konsumenten ein Produkt dann höher bewerten, wenn es mit Produkten anderer Konsumenten kompatibel ist, als "network externalities"[37]. Im

---

36) Auch hier gelten die für Singulärgüter gemachten Einschränkungen. Vgl. Fußnote (34).
37) Vgl. KATZ, Michael L./ SHAPIRO, Carl: Network Externalities, Competition and Compatibility, in: The American Economic Review, No. 3, 75(1985), S.424. Dieselben: Product Compatibility Choice in a Market with Technological Progress, in: Oxford Economic Papers, 38(1986), S.146.

deutschsprachigen Raum wird dieser Effekt Netznutzen oder Netzeffekt genannt.[38] Für die Herausbildung von Netzeffekten ist die Kompatibilität zwischen Produkten entscheidend. Der Kompatibilitätsbegriff wird dabei als netzeffekt-relevante Gleichheit definiert und ist damit sehr weit gefaßt, da z.B. zwei Automarken als kompatibel bezeichnet werden können, wenn sie gleiche Spezialkenntnisse für einen bestimmten Service benötigen.[39] Gegenüber Singulärgütern zeichnen sich Netzeffektgüter also durch Verbunderscheinungen aus.[40]

Für Netzeffektgüter sind weiterhin primär **indirekte oder marktvermittelnde Netzeffekte** relevant, die dann vorliegen, "when a complementary good (spare parts, servicing, software...) becomes cheaper and more readily available the greater the extent of the (compatible) market."[41] Indirekte Netzeffekte resultieren dabei z.B. daraus, daß sich mit zunehmender Verbreitung eines Netzeffektgutes oder kompatibler Güter in der Regel

- die Substituierbarkeit zwischen komplementären Produkten erhöht;
- das Servicenetz im Sinne von Ersatzteilbereitstellung, Wartungs- und Reparaturdienst verbessert;
- Standards am Markt herausbilden, die die Massenproduktion begünstigen und sich in Qualitätsverbesserungen bzw. Kostensenkungen niederschlagen können.[42]

Der Markterfolg eines Netzeffektgutes wird damit entscheidend durch den Verbreitungsgrad kompatibler Güter beeinflußt.

---

38) Vgl. WIESE, Harald: Netzeffekte und Kompatibilität, Stuttgart 1990, S.2. Derselbe: Marktschaffung: Das Startproblem bei Netzeffekt-Gütern, in: Marketing, ZFP, 13(1991), Nr. 1, S.43f. KLEINALTENKAMP, Michael: Analyse der den Verlauf und die Dauer von Standardisierungsprozessen beeinflussenden Faktoren, in: Derselbe (Hrsg.): Standardisierungsprozesse, Arbeitspapier des SFB 187 "Neue Informationstechnologien und flexible Arbeitssysteme", Ruhr Universität Bochum, 2.Aufl. Bochum 1991, S.31ff.
39) Vgl. KATZ, Michael/ SHAPIRO, Carl (1986a), a.a.O., S.146. WIESE, Harald (1990), a.a.O., S.3.
40) Vgl. zu der Bedeutung von Verbunderscheinungen auch: ENGELHARDT, Werner Hans: Erscheinungsformen und absatzpolitische Probleme von Angebots- und Nachfrageverbunden, in: zfbf, 28(1976), S.77ff.
41) FARRELL, Joseph/ SALONER, Garth: Standardization, compatibility, and innovation, in: Rand Journal of Economics, No. 1, 16(1985), S.70-71.
42) Zur Herausbildung und Auswirkung von Standards vgl. Kapitel 3.1.1.2 "Kompatibilitätsmechanismen".

1.2.2. Charakteristika von Systemgütern

Im Gegensatz zu Singulär- und Nezteffektgütern besitzen **Systemgüter** keinen originären Produktnutzen, sondern **nur** einen Derivativnutzen, der sich aus dem interaktiven Einsatz von Systemgütern im Rahmen einer Systemtechnologie bestimmt. Damit ein Systemgut für einen einzelnen Nachfrager überhaupt einen Nutzen entfalten kann, muß es in mindestens einer Interaktionsbeziehung zu einem Systemgut bei einem anderen Nachfrager stehen. Die Interaktion zwischen beiden Systemgütern kommt dabei über das physische Netzwerk der zugehörigen Systemtechnologie zustande. Der Interaktionsaspekt steht bei Systemgütern also im Vordergrund. Der **Derivativnutzen** eines Systemgutes ist um so größer, je mehr Nachfrager die gleiche Systemtechnologie *nutzen*. Für den Nutzungsaspekt ist dabei entscheidend, daß ein Systemgut zum Zwecke der Kommunikation aktiv eingesetzt wird, d.h. es wird zum Empfang und zur Übertragung von Informationen verwendet. Typische Beispiele für Systemgüter sind die Endgeräte von Telekommunikationssystemen. So entfalten z.B. Telefon-, Telex-, Mailbox-, Telefax- oder Bildschirmtext-Endgeräte erst dadurch einen Nutzen, daß sie von möglichst vielen Personen im Rahmen der gleichen Systemtechnologie verwendet werden. Je größer der Anwenderkreis einer solchen Systemtechnologie ist, desto größer ist der für einen Nachfrager erzielbare Nutzen aus der Systemtechnologie, da sich mit steigender Teilnehmerzahl auch die Anzahl möglicher Kommunikationsbeziehungen erhöht. Außerdem fördert die Verbreitung eines Telekommunikationssystems die Qualität (z.B. durch verbesserte Funktionalität oder Serviceangebote), die geographische Ausdehnung und damit auch die Zugriffsmöglichkeiten des Systems, was sich letztlich für den einzelnen Teilnehmer in einer Nutzensteigerung niederschlägt.[43]

Bei Systemgütern ist damit immer ein **direkter Netzeffekt** relevant, da der Nutzen eines Systemgutes dadurch steigt, daß andere das gleiche (kompatible) Systemgut im Rahmen einer Systemtechnologie einsetzen. Zwei Systemgüter gleichen Typs, jedoch von unterschiedlichen Herstellern, werden dann als kompatibel bezeichnet, wenn beide innerhalb der selben Systemtechnologie eingesetzt werden können. Im Vergleich zu Netzeffektgütern weisen Systemgüter fünf zentrale Merkmale auf:

- Systemgüter besitzen *nur* einen Derivativnutzen, der sich aus dem interaktiven Einsatz eines Systemgutes im Rahmen einer Systemtechnologie ergibt, während Netzeffektgüter auch über einen originären Produktnutzen verfügen.

- Der Derivativnutzen von Systemgütern variiert mit der Zahl der Personen, die

---

43) Eine eingehende Analyse des Zusammenhangs zwischen Anwenderkreis und Nutzenpotential einer Systemtechnologie erfolgt in Kapitel 3.1.2 "Der Nutzenbeitrag der Installierten Basis". Der Anwenderkreis wird dort als Installierte Basis bezeichnet.

das gleiche (kompatible) Systemgut verwenden, und er stellt von daher eine dynamische Größe dar, während Netzeffektgüter über einen konstanten originären Produktnutzen verfügen.

- Systemgüter sind über das physische Netzwerk der zugehörigen Systemtechnologie miteinander verbunden, während Netzeffektgüter auf Grund einer indirekten Kompatibilitätsbeziehung in einem in der Regel fiktiven Netzwerk zusammenwirken.
- Bei Systemgütern sind direkte Netzeffekte dominant, während Netzeffektgüter primär indirekte Netzeffekte besitzen.[44]
- Bei Systemgütern ergeben sich direkte Netzeffekte aus der Nutzung eines Gutes; der Kauf allein ist nicht ausreichend, während bei Netzeffektgütern allein durch den Kaufakt Netzeffekte verstärkt werden.[45]

Die obigen Ausführungen machen deutlich, daß auf Grund der Interaktionsbeziehungen zwischen Systemgütern die Größe des über eine Systemtechnologie zusammengebundenen Anwenderkreises entscheidend darüber bestimmt, wie groß der erzielbare Derivativnutzen eines Systemgutes ist. Ist der Anwenderkreis zu klein, so besteht die Gefahr, daß auf Grund der geringen Interaktionsbeziehungen der Nutzen für den einzelnen Anwender auf Dauer zu gering ist und er seine Nutzung einstellen wird. In diesem Fall muß davon ausgegangen werden, daß die Systemtechnologie keinen langfristigen Markterfolg besitzen wird. Ist hingegen eine bestimmte Mindestzahl von Anwendern überschritten, so ist auf Grund des erhöhten Derivativnutzens zu erwarten, daß die Anwender die Nutzung der Systemtechnologie beibehalten werden und durch den steigenden Derivativnutzen die Systemtechnologie langfristig am Markt Erfolg haben wird. Die Mindestzahl an Anwendern, die erforderlich ist, damit Systemgüter einen ausreichenden Nutzen für eine langfristige Verwendung bei einem Anwenderkreis entwickeln können, wird als **Kritische Masse** bezeichnet, und die entsprechenden Systemtechnologien bezeichnen wir als **Kritische Masse-Systeme**.

---

44) Die Reduktion von Such- und Informationskosten auf Grund der breiten Diffusion eines Gutes kann auch als direkter Netzeffekt bezeichnet werden (vgl. auch Fußnote 34). Da dieser Zusammenhang aber für alle Güter Gültigkeit besitzt, werden solche Phänomene nicht zu den Netzeffekten in unserem Sinne gerechnet.

45) Der Begriff des Netzeffektgutes wird damit hier differenzierter gesehen als von WIESE, der nur zwischen Gütern unterscheidet, "bei denen der Netzeffekt "bedeutend" ist, und solchen, bei denen Netzeffekte kaum eine Rolle spielen". WIESE, Harald (1990), a.a.O., S.3.
Allerdings lassen die Ausführungen von WIESE vermuten, daß er sich der Bedeutung von Systemgütern bewußt ist, da er die Betrachtung von Netzeffekten beim Verkauf von Systemtechnologien explizit aus seiner Untersuchung ausschließt und sich seine "Arbeit vereinfachend auf Unternehmen, die lediglich ein einzelnes (Netzeffekt-)Gut anbieten" beschränkt. Ebenda, S.23.

1.3. Zielsetzung und Aufbau der Untersuchung

Durch die verstärkte Einbindung einzelner Produkte in Systemtechnologien entwickeln sich Produkte, die bisher als Singulärgüter angesehen werden konnten,
immer mehr zu Netzeffekt- und Systemgütern. Diese Entwicklung führt gegenwärtig
dazu, daß sich einerseits die Marktprozesse auf den Märkten für Systemtechnologien
verändern und andererseits die betrieblichen Prozeßabläufe einer Wandlung unterliegen. Typische Beispiele für solche Veränderungen stellen die folgenden Entwicklungstendenzen dar:

- **Veränderte Diffusionsprozesse:**
  Die Interaktionen zwischen Systemkomponenten, der hohe Innovationsgrad
  und die Komplexität von Systemtechnologien führen dazu, daß deren Einsatz
  beim Anwender (Nutzer) eine Veränderung seines bisherigen Nutzungsverhaltens bewirkt. Diese Verhaltensänderung resultiert insbesondere aus dem
  hohen Integrationsgrad einer Systemtechnologie im Vergleich zu Singulärgütern. Darüber hinaus ist auf Grund des in der Regel hohen Innovationsgrades neuer Systemtechnologien das Nutzungspotential und die Vorteilhaftigkeit solcher Technologien in vielen Fällen nicht unmittelbar erkennbar
  (geringer Evidenznutzen), sondern sie erschließen sich erst auf Grund von Erfahrungen, die im Umgang mit einer Systemtechnologie gewonnen werden
  können. Die Folge ist, daß die Einführung von Systemtechnologien meist mit
  hohen Marktwiderständen und entsprechenden Akzeptanzproblemen verbunden ist, was insgesamt zu einer Veränderung der Diffusionsprozesse führt.[46]

- **Veränderte Wettbewerbsprozesse:**
  Die Integration einzelner Produkte in Systemtechnologien ist in den meisten
  Fällen mit hohen Forschungs- und Entwicklungsaufwendungen verbunden,
  die dazu führen, daß gegenwärtig verstärkt horizontale und vertikalen Wett-
  bewerbsintegrationen zu beobachten sind, die sich in strategischen Allianzen
  oder Unternehmenszusammenschlüssen manifestieren.[47]

---

46) Vgl. BACKHAUS, Klaus/ WEIBER, Rolf: Marktsegmentierungsprobleme in sich verändernden
Märkten, in: VDI-Gesellschaft (Hrsg.): Wege zur Branchenspitze, VDI Berichte, Nr. 616,
Düsseldorf 1986, S.141ff. Dieselben: Systemtechnologien - Herausforderung des Investitions-
gütermarketing, in: Harvard-Manager, 8(1987), Heft 4, S.78f. MÜLLER-BÖLING, Detlef/
MÜLLER, Michael: Akzeptanzfaktoren der Bürokommunikation, München Wien 1986.
SCHÖNECKER, Host G.: Bedienerakzeptanz und technische Innovationen, München 1980.
SCHUBERT, Frank (1986), a.a.O., S.1ff. WALTERS, Michael (1984), a.a.O., S.4ff.

47) Vgl. BACKHAUS, Klaus: Die Macht der Allianz, in: absatzwirtschaft, Nr. 11, 1987, S.122ff.
BACKHAUS, Klaus/ PILZ, Klaus: Strategische Allianzen - eine neue Form kooperativen Wett-
bewerbs, in: Dieselben (Hrsg.): Strategische Allianzen, zfbf-Sonderheft Nr. 27, Düsseldorf
Frankfurt am Main 1990, S.2ff. BACKHAUS, Klaus/ PLINKE, Wulff: Strategische Allianzen als

- **Zunehmende Bedeutung von Standardisierungsprozessen:**
  Grundlegende Voraussetzung dafür, daß die umfassenden Kompatibilitätsanforderungen, die an Systemtechnologien gestellt werden, auch erfüllt werden können, ist die Einigung der Marktparteien auf einheitliche Standards für die Systemkommunikation. Die Notwendigkeit der Standardisierung ergibt sich dabei insbesondere aus den Forderungen der Nachfragerseite nach **offenen Systemen**, durch die eine Kommunikation zwischen den Produkten unterschiedlicher Hersteller im System des Nachfragers ermöglicht wird.[48] Marktprozesse, die zur Herausbildung von Standards führen, sind bisher jedoch erst in den Anfängen erforscht.[49]

- **Veränderte Beschaffungsprozesse:**
  Die Zusammenbindung einzelner Produkte in Systemtechnologien erfolgt auf der Basis einer Systemarchitektur, so daß der Nachfrager bei der Beschaffungsentscheidung sicherstellen muß, daß neue Produkte in die vorhandene Systemarchitektur integriert werden können. Darüber hinaus sind Systeme in der Regel mit einer hohen Komplexität verbunden, wodurch der Qualitätsbeurteilungsprozeß für den Nachfrager erschwert wird. Beide Umstände führen dazu, daß die Beschaffungsentscheidung durch eine erhöhte Unsicherheitsposition der Nachfrager gekennzeichnet ist, was zwangsläufig zu einem veränderten Beschaffungsverhalten führt.[50]

Antwort auf veränderte Wettbewerbsstrukturen, in: Backhaus, Klaus/ Piltz, Klaus (Hrsg.): Strategische Allianzen, zfbf-Sonderheft Nr. 27, Düsseldorf Frankfurt am Main 1990, S.22ff. BÖHMER, Reinhold: Bunte Allianzen, in: Wirtschaftswoche, Nr. 15, 42(1988), S.162ff. GAHL, Andreas: Die Konzeption strategischer Allianzen, Berlin 1991. Derselbe: Die Konzeption der strategischen Allianz im Spannungsfeld zwischen Flexibilität und Funktionalität, in: Backhaus, Klaus/ Pilz, Klaus (Hrsg.): Strategische Allianzen, zfbf-Sonderheft Nr. 27, Düsseldorf Frankfurt am Main 1990, S.35ff. O. V.: Hochkonjunktur für Fusionen, in: Industriemagazin, März 1988, S.114ff. SAUGA, Michael: Zwang zur Größe, in: Wirtschaftswoche, Nr. 9, 43(1989), S.201.

48) Vgl. BÖHMER, Günther: Bull setzt bei OSI auch auf den engagierten Anwender, in: Computerwoche, vom 9.1.87, 14(1987), Schwerpunkt: Open Systems, S.21. MUNTER, Heinz: Ohne Normung keine Kommunikation?, in: Office Management, Nr. 3, 1987, S.34f. PLEIL, Gerhard J.: Die Zukunft gehört "offenen" Systemen, in: Computerwoche, Nr. 8, 15(1988), S.26. Derselbe: Bürokommunikation, München 1988, S.168ff.

49) Vgl. BACKHAUS, Klaus/ WEIBER, Rolf: Technologieintegration und Marketing, Arbeitspapier Nr. 10 des Betriebswirtschaftlichen Institus für Anlagen und Systemtechnologien, hrsg. von Klaus Backhaus, Münster 1988, S.24f. KLEINALTENKAMP, Michael: Die Bedeutung von Produktstandards für eine dynamische Ausrichtung strategischer Planungskonzeptionen, in: Strategische Planung, Band 3 (1987), S.1f. Derselbe (Hrsg.): Standardisierungsprozesse, Arbeitspapier des SFB 187 "Neue Informationstechnologien und flexible Arbeitssysteme", Ruhr Universität Bochum, 2.Aufl. Bochum 1991.

50) Vgl. KLEINALTENKAMP, Michael/ SCHUBERT, Klaus (Hrsg.): Entscheidungsverhalten bei der Beschaffung Neuer Technologien, Berlin 1990. WEISS, Peter A.: Kompetenz - ein Konstrukt für die Risikoreduktion bei der Beschaffung von Systemtechnologien, Arbeitspapier Nr. 12 des Betriebswirtschaftlichen Institus für Anlagen und Systemtechnologien, hrsg. von Klaus Backhaus, Münster 1989, S.24ff. Derselbe: Die Kompetenz von Systemanbietern - Ein neuer Ansatz im Marketing für Systemtechnologien, Berlin 1992, S.26ff.

- **Wandlung zum Dienstleistungsprozeß:**

  Die hohe Komplexität integrativer Systeme und die damit einhergehenden Unsicherheitspositionen der Nachfrager führen dazu, daß den Dienstleistungen eine herausragende und kaufentscheidende Rolle bei der Vermarktung von Systemtechnologien zukommt.[51] Auf Grund der individuellen Anpassungen, die in der Regel bei der Erstellung und Implementierung von Systemtechnologien auf der Nachfragerseite erforderlich sind, gewinnt der Leistungserstellungsprozeß zunehmend den Charakter eines Dienstleistungsprozesses, woraus sich bedeutende Konsequenzen für die Vermarktungsstrategie ergeben.[52]

- **Organisatorische Anpassungsprozesse:**

  Kostensenkungs- und Nutzenpotentiale, die bei der Realisierung hoch integrierter Systeme zu erwarten sind, lassen sich bei der Implementierung häufig nur dann realisieren, wenn nicht einzelne Systemkomponenten an die existierende Organisation angepaßt werden, sondern neue Organisationsformen gefunden werden, die dem System- und Integrationsgedanken der jeweils zu implementierenden Systemtechnologie gerecht werden.[53] Darüber hinaus führen die Systeme selbst dazu, daß ihre Einführung im Unternehmen in der Regel eine Verringerung der Organisationstiefe bewirkt.[54]

Die obigen Beispiele machen deutlich, daß die aufgezeigten Entwicklungen mit hoher Wahrscheinlichkeit als grundlegende technologische Wandlungen anzusehen sind, die zu weitreichenden Konsequenzen insbesondere auch für betriebswirtschaftliche Überlegungen führen. Bisher muß jedoch konstatiert werden, daß sich die wissenschaftliche Erforschung der aufgezeigten Veränderungstendenzen erst in den Anfängen befindet. Die Betriebswirtschaftslehre muß deshalb ihre gegenwärtigen Beschreibungs- und Erklärungsmuster vor dem Hintergrund der entstehenden Inte-

---

51) Vgl. ENGELHARDT, Werner Hans: Dienstleistungsorientiertes Marketing - Antwort auf die Herausforderung durch neue Technologien, in: Adam, Dietrich/ Backhaus, Klaus/ Meffert, Heribert/ Wagner, Helmut (Hrsg.): Integration und Flexibilität, Wiesbaden 1990, S.274ff GÜNTER, Bernd/ KLEINALTENKAMP, Michael: Marketing-Management für neue Fertigungstechnologien, in: zfbf, Heft 5, 39(1987), S.341ff.

52) Vgl. ENGELHARDT, Werner Hans (1990), a.a.O., S.281. ENGELHARDT, Werner Hans/ KLEINALTENKAMP, Michael/ RECKENFELDERBÄUMER, Martin: Dienstleistungen als Absatzobjekt, Arbeitsbericht Nr. 52 des Instituts für Unternehmensführung und Unternehmensforschung, Ruhr Universität-Bochum, Bochum 1992, S.8ff.

53) Vgl. BACKHAUS, Klaus/ WEISS, Peter A.: Integration von betriebswirtschaftlich und technisch orientierten Systemtechnologien in der Fabrik der Zukunft, in: Adam, Dietrich (Hrsg.): Fertigungssteuerung I, Wiesbaden 1988, S.67ff. WAYRATHER, Christoph: Keine Lösungen "von der Stange" - CIM ist eher ein Organisations- als ein Technikproblem, in: Blick durch die Wirtschaft, vom 10.4.87, S.1.

54) Vgl. KAHL, Hans-Peter: Die Fabrik der Zukunft, in: Adam, Dietrich (Hrsg.): Neuere Entwicklungen in der Produktions- und Investitionspolitik, Wiesbaden 1987, S.110ff.

grationsphänomene einer Prüfung unterziehen und gegebenenfalls eine Modifikation bestehender oder gänzlich neue Beschreibungs- und Erklärungsansätze liefern.

Die vorliegende Arbeit versucht, hierzu einen Beitrag zu liefern. Für den Fall der **Kritische Masse-Systeme** werden zunächst die marktbezogenen Besonderheiten der **Diffusionsprozesse** herausgearbeitet. Auf dieser Basis wird dann für den Fall der Kritischen Masse-Systeme eine Relativierungen und Erweiterungen der Aussagen der klassischen Diffusionstheorie vorgenommen. Die Ausführungen werden dabei am Beispiel von Telekommunikationssystemen verdeutlicht.

Auf Grund der Neuartigkeit von Systemtechnologien wird zunächst in Kapitel 2 die Bedeutung von Systemtechnologien herausgearbeitet, und die erforderlichen Begriffsabgrenzungen werden vorgenommen. Da Telekommunikationssysteme als paradigmatisch für Kritische Masse-Systeme angesehen werden können und im Rahmen der Diffusionsüberlegungen zu Kritische Masse-Systemen vielfach auf das Beispiel der Telekommunikation zurückgegriffen wird, werden die wesentlichen Kennzeichen von Telekommunikationssystemen und deren Leistungsspektrum aufgezeigt.

In Kapitel 3 werden die diffusionsspezifischen Besonderheiten von Kritische Masse-Systemen analysiert. Dabei erfolgt eine Prüfung, inwieweit die Aussagen der klassischen Diffusionstheorie auch für die Diffusion von Kritische Masse-Systemen Gültigkeit besitzen. Auf Basis dieser Überlegungen werden die zentralen Spezifika von Kritische Masse-Systemen herausgearbeitet, die zum einen in Ergänzung zu den Erkenntnissen der klassischen Diffusionstheorie treten und zum anderen eine Modifikation der bestehenden Aussagen erfordern. Kapitel 3 ist also nicht als eine eigenständige Diffusionstheorie für Kritische Masse-Systeme zu verstehen, sondern zielt auf die notwendigen Relativierungen und Erweiterungen der Aussagen der klassichen Diffusionstheorie ab. Auf Grund der vorgenommenen Plausibilitätsbetrachtungen wird abschließend versucht, den theoretischen Verlauf der Diffusionskurve von Kritische Masse-Systemen abzuleiten.

Auf Basis der gewonnenen theoretischen Erkenntnisse wird in Kapitel 4 geprüft, inwieweit die bisherigen Diffusionsmodelle in der Lage sind, die Besonderheiten der Diffusion von Kritische Masse-Systemen zu erfassen. Die existierenden Ansätze werden dabei auf das logistische Diffusionsmodell als Grundmodell der Diffusionsforschung zurückgeführt und die Probleme bei der Anwendung des logistischen Diffusionsansatzes auf den Bereich der Kritische Masse-Systeme aufgezeigt. Dabei zeigt sich, daß die klassischen Diffusionsmodelle nur mit Einschränkung dazu geeignet sind, die diffusionsspezifischen Besonderheiten von Kritische Masse-Systemen abzubilden. Es wird deshalb ein eigenständiger Modellansatz entwickelt, der die zentralen diffusionsspezifischen Charakteristika von Kritische Masse-Systemen berücksichtigt. Bei der Modellentwicklung kommt es nicht darauf an, möglichst alle Einflußfaktoren auf die Diffusion von Kritische Masse-Systemen zu erfassen, sondern es sollen die "kritischen Parameter" abgebildet werden, die auf Grund der Überlegungen in Kapitel 3 als zentrale diffusionsbestimmende Faktoren von Kritische Masse-Systemen herausgearbeitet wurden. Durch die Eingrenzung auf "kritische Parameter" versteht sich der Modellansatz auch **nicht** als ein Prognose-, sondern als ein **Diagnosemodell**, das insbesondere dazu dient, auf der Basis von Sensitivitätsanalysen die Sensibilität des Entscheidenden bezüglich des Erkennens von Wirkungszusammenhängen im Diffusionsprozeß von Kritische Masse-Systemen zu erhöhen und die Diffusionsentwicklung bei Kritische Masse-Systemen besser diagnostizieren zu können. Es soll damit einen Lösungsbeitrag zur Strukturierung des Diffusionsproblems bei Kritische Masse-Systemen liefern.

Es sei an dieser Stelle bereits herausgestellt, daß sich die nachfolgenden Betrachtungen auf einen ganz bestimmten Typus von Systemtechnologien (Systemgüter) beziehen, der hier als Kritische Masse-Systeme bezeichnet wird. Kritische Masse-Systeme sind durch ganz bestimmte Charakteristika gekennzeichnet, die insbesondere im Bereich der Telekommunikationssysteme anzutreffen sind. Eine Verallgemeinerung des nachfolgenden Ansatz auf Systemtechnologien im Bereich der Fertigungsautomatisierung (z.B. CNC-Maschien; CAD-Systeme) ist dabei jedoch nicht ohne weiteres möglich, da in diesem Bereich keine Systemgüter, sondern primär Netzeffektgüter anzutreffen sind. Die Übertragung der nachfolgenden Überlegungen auf Netzeffektgüter ist aber nicht ohne weiteres möglich und bedarf weiterer Analysen. Es ist deshalb jeweils zu prüfen, ob die Charakteristika von Kritische Masse-Systemen in bestimmten Anwendungssituationen auch gegeben sind.

2. SYSTEMTECHNOLOGIEN UND DIE ENTWICKLUNG ZUM SYSTEMGESCHÄFT

2.1. Die Bedeutung von Systemtechnologien vor dem Hintergrund zunehmender Technologie-Integrationen

Die zunehmende Verbreitung und Bedeutung von Systemtechnologien resultiert insbesondere daraus, daß die Informationstechnologie heute einer der Eckpfeiler industrieller Innovationen darstellt. Die Informationstechnologie ist damit keine spezifische Technologie mehr, die sich auf ein bestimmtes Anwendungsgebiet konzentriert, sondern übernimmt immer mehr die Rolle einer **Querschnittstechnologie**, die als Grundlage anderer Technologien dient und für eine Vielzahl von Anwendungsgebieten relevant ist.[55] Durch das Zusammenspiel von Informationstechnologie und branchenspezifischen Technologien tritt die einzelne lokale technische Lösung immer mehr in den Hintergrund und es entwickeln sich Technologien, bei denen die **Integration** der Einzelfunktionen in einem System zum entscheidenden Wettbewerbsfaktor wird.[56] Dadurch entstehen erhebliche strukturelle Veränderungen, die immer häufiger als neue industrielle Revolution bezeichnet werden.[57]

Die sich abzeichnenden strukturellen Wandlungen schlagen sich insbesondere darin nieder, daß sich die Art und Weise, mit der heute technischer Fortschritt erzielt wird, im Vergleich zu den Konsequenzen der ersten industriellen Revolution geradezu umgekehrt hat.

Bis zur industriellen Revolution, die Mitte des 18. Jahrhunderts begann, bezogen sich die technischen Neuerungen primär auf die Unterstützung der Handarbeit durch technische Hilfsmittel. Technischer Fortschritt wurde hierbei dadurch erzielt, daß man die Fertigung nach Produktvarianten unterschied, wobei aber alle Fertigungsgänge in einer Hand verblieben. Technischer Fortschritt vollzog sich also über die

---

55) Vgl. zu der Unterscheidung zwischen spezifischen und Querschnittstechnologien: SERVATIUS, Hans-Gerd: Methodik des strategischen Technologie-Managements, 2. Aufl. Berlin 1986, S.273f. Derselbe: Erneuerung von Unternehmen durch innovative Technologien - Von der Frühaufklärung über Suchfeldanalysen zur Selektion von F&E-Projekten, in: Little, Arthur D. (Hrsg.): Management der Geschäfte von morgen, 2. Aufl. Wiesbaden 1987, S.83ff.

56) Vgl. zum Begriff der Systemtechnologie die Ausführungen in Kapitel (?) "Merkmale und Erscheinungsformen von Systemtechnologien.

57) Vgl. BACKHAUS, Klaus/ PLINKE, Wulff (1990), a.a.O., S.24. BECKURTS, Karl Heinz: Technischer Fortschritt - Herausforderung und Erwartung, Berlin München 1986, S.215ff. SPUR, G.: Unternehmensführung in der künftigen Industriegesellschaft, in: Siemens-Zeitschrift, Heft 6, 63(1989), S.4ff.

vertikale Arbeitsteilung im Sinne einer **Produktspezialisierung**, die bereits im Mittelalter begonnen hatte.[58] Die Handwerkstechnik des Mittelalters "nahm darin ihre eigene Entwicklung, daß sie sich fortschreitend selber unterteilte; einfach im Wege einer Spaltung und Mehrung der Gewerbe. In der engeren Sparte war das Produkt eben leichter zu veredeln."[59] Der vertikalen Arbeitsteilung der vorindustriellen Phase folgte im Zuge der Fabrikproduktion nun auch die **horizontale Arbeitsteilung**. Vertikale und horizontale Arbeitsteilung führten einerseits zu einer Produkt- und andererseits zu einer Verrichtungsspezialisierung.

PRODUKTVARIANTEN

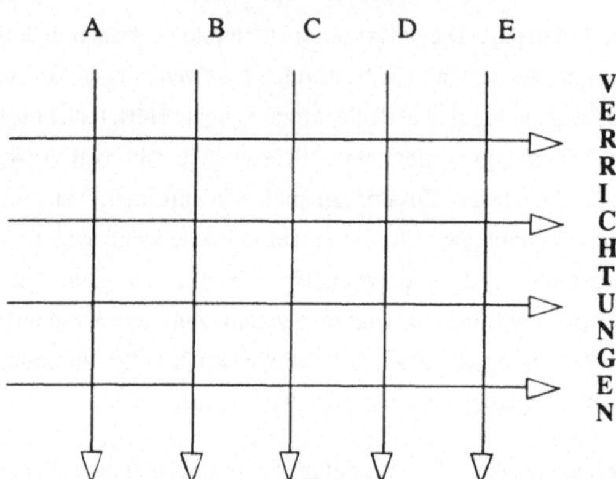

Abb. 4: Produkt- und Verrichtungsspezialisierung

Das zentrale Kennzeichen dieser **Verrichtungsspezialisierung** ist darin zu sehen, daß nicht mehr zwischen den Arbeiten an verschiedenen Produkten unterschieden wurde, sondern "ein und dieselbe Arbeitsfolge wurde in ihre Phasen zerlegt, um diese nun verschiedenen Arbeitern zuzuteilen. So ergaben sich Teilproduktionen, aus denen sich die Produktion organisch wieder aufzubauen hatte, ergab sich der auch technisch unselbständig wirkende Teilarbeiter, als bloßes Rad in dieser lebendigen Maschinerie. In solcher Weise legte man in den Textilgewerben wenigstens Haupt- und Nebenarbeit auseinander, vom Spinnen und Weben spaltete sich das Spulen ab,

---

58) Vgl. STROMER, Wolfgang von: Eine "Industrielle Revolution" des Spätmittelalters?, in: Troitzsch, Ulrich/ Wohlauf, Gabriele (Hrsg.): Technik-Geschichte, Frankfurt am Main 1980, S.113ff.
59) GOTTL-OTTLILIENFELD, Friedrich Freiherr von: Grundriß der Sozialökonomik, II. Abteilung, II. Teil: Wirtschaft und Technik, Tübingen 1923, S.38.

das Schlichten, Scheren usw. Nun war die Arbeit nur mehr im Umkreis weniger und einfacher Verrichtungen zu leisten, sie war 'simplifiziert', und nichts stand mehr ihrem Umsatz in zwangsläufige Bewegungen der Maschine im Wege, ihrer eigentlichen Mechanisierung".[60] Im Zuge der Verrichtungsspezialisierung kam es zu einer verstärkten Zerlegung komplexer Vorgänge in weniger komplexe, wodurch eine Produktivitätssteigerung erreicht werden sollte, wie Adam SMITH bereits 1776 an seiner berühmt gewordenen Untersuchung einer Nadelfabrik bestätigte. Aus der Sicht von SMITH führte die Arbeitsteilung zu einer Verbesserung der Produktivität des Produktionsfaktors Arbeit und einem wirkungsvolleren Einsatz der Arbeitskraft. Damit leistete sie einen bedeutenden Beitrag zum allgemeinen Wohlstand.[61]

Bis ins 20. Jahrhundert hinein wurde der Produktionsprozeß durch den zunehmenden Wettbewerbsdruck mehr und mehr mechanisiert und zur Steigerung der Produktivität arbeitsteilig organisiert. Durch die Erfindung der Dampfmaschine durch James WATT wurden die technischen Voraussetzungen zur Mechanisierung geschaffen, wodurch die Fabrikfertigung weiter begünstigt und die Massenfertigung erst ermöglicht wurde. Dabei erlangte der Gleichklang des Arbeitstaktes von Mensch und Maschine zunehmend an Bedeutung. Es kam zur "wissenschaftlichen Betriebsführung", bei der u.a. durch Zeit- und Bewegungsstudien der optimale Mensch-Maschine-Takt ermittelt werden sollte. Ihr Begründer war Frederick Winslow TAYLOR. "Die Ergebnisse der Bewegungsstudien schrieben den Arbeitskräften detailliert jeden Handgriff und die optimale, effizienteste Ausführung der Tätigkeiten vor, um eine möglichst große Arbeitsproduktivität zu erreichen; die Zeitstudien legten die Dauer fest, in der manuelle Tätigkeiten auszuführen waren. ... Im Rahmen einer ausdrücklichen organisatorischen Trennung von geistiger und körperlicher Arbeit wurden von der Betriebsleitung Produktionspläne aufgestellt, die am Grundsatz größtmöglicher Effizienz ausgerichtet waren. 'Funktionsmeister' ersetzten in den Betrieben weitgehend die Meister und überwachten die Durchführung der Anweisungen, die von der vielköpfigen Planungsabteilung erarbeitet wurden."[62] Auf Grund der Empfehlungen der "wissenschaftlichen Betriebsführung" erreichte die Arbeitsteilung im **Taylorismus** ihren Höhepunkt.[63] Die Simplifizierung der Arbeit und der systematische Einsatz der tayloristischen Betriebs- und Ablauforganisation hatte Anfang des 20. Jahrhun-

---

60) GOTTL-OTTLILIENFELD, Friedrich Freiherr von (1923), a.a.O., S.52.
61) Vgl. SMITH, Adam: Der Wohlstand der Nationen, München 1978, S.9ff.
62) BRAUN, Hans-Joachim: Produktionstechnik und Arbeitsorganisation, in: Troitzsch, Ulrich/ Weber, Wolfhard (Hrsg.): Die Technik - Von den Anfängen bis zur Gegenwart, Stuttgart 1987, S.399-400.
63) Vgl. TAYLOR, Frederik W.: The Principles of Scientific Management, New York 1911, passim. Zum Taylorismus vgl. auch: BÖNIG, Jürgen: Technik und Rationalisierung in Deutschland zur Zeit der Weimarer Republik, in: Troitzsch, Ulrich/ Wohlauf, Gabriele (Hrsg.): Technik-Geschichte, Frankfurt am Main 1980, S.406ff.

derts eine Teilautomatisierung zur Folge und mündete in der Massenproduktion. Seit TAYLOR vollzogen sich Rationalisierungen konsequent als kostensenkende Verrichtungsspezialisierung, die in der Fließbandarbeit ihren höchsten Spezialisierungsgrad erreichte.

Mit der Geburtsstunde der **Mikroelektronik,** die auf das Jahr 1959 datiert werden kann, gelang es erstmals, eine Halbleiterschaltung mit mehreren Transistoren auf einem Stück Silizium abzubilden. Damit wurde der Grundstein einer neuen Entwicklungsrichtung gelegt, die als **Integrationsphase** bezeichnet werden kann.[64] Durch die Mikroelektronik wurde es möglich, in weitgehend automatisierten Entwurfs- und Fertigungsprozessen ganze Schaltungskomplexe auf hochintegrierten Bausteinen, die als Chips bezeichnet werden, zu miniaturisieren und zu äußerst niedrigen Preisen herzustellen.[65] Die durch die Mikroelektronik hervorgerufenen **Miniaturisierungstendenzen** haben es über die sog. CAx- oder C-Technologien ermöglicht, den gesamten (vorgelagerten) Prozeß der Fertigungs- und Arbeitsprozesse wieder zu **reintegrieren.** Diese Miniaturisierungstendenzen haben dazu geführt, daß einerseits umfassende technische Integrationen erst ermöglicht werden und andererseits durch die Integrationsmöglichkeiten selbst neue technologische Innovationen hervorgebracht werden.[66] Das gemeinsame Charakteristikum dieser Innovationen liegt in der Verarbeitung von Informationen, wobei die Information immer häufiger als eigenständiger Produktionsfaktor angesehen wird.[67] Damit hat sich aber die Art und Weise, wie heute technischer Fortschritt erzielt wird, gerade umgekehrt:

---

64) Vgl. EICHHORN, Wolfgang: Volkswirtschaftliche Auswirkungen der Mikroelektronik, in: Spremann, Klaus/ Zur, Eberhard (Hrsg.): Informationstechnologie und strategische Führung, Wiesbaden 1989, S.368f.

65) Vgl. BECKURTS, Karl Heinz: Wirtschaftsfaktor Informationstechnik, in: Harvard manager, Nr. 2, 8(1986), S.28.

66) Vgl. zur Bedeutung der Mikroelektronik z.B.: BECKURTS, Karl Heinz (1986a), a.a.O., S.179ff. EICHHORN, Wolfgang (1989), a.a.O., S.368ff. KARCHER, Harald Bernhard/ KARAMANOLIS, Stratis: Mikroelektronik und das Büro der Zukunft, München 1985, S.27ff. MEFFERT, Heribert: Strategische Unternehmensführung und Marketing, Wiesbaden 1988, S.174ff. Derselbe: Unternehmensführung und neue Informationstechnologien, in: DBW, 44(1984), Nr. 3, S.461ff. Derselbe: Auswirkungen neuer Kommunikationstechnologien auf das Marketing, in: Marketing, ZFP, 7(1985), Heft 2, S.134ff.

67) Vgl. z.B. BULLINGER, Hans-Jörg/ NIEMEIER, Joachim: Patentrezepte in vielfältiger Form vorhanden, in: Computerwoche, 16(1989), Nr. 3, vom 13.1.1989, S.23. BERKE, Jürgen/ BIALLO, Horst/ DETTMAR, Markus/ HÜLSMEIER, Christian/ SCHUBERT, Wolfgang: Vorsicht, Flutwelle - Der Rohstoff Information ist längst ein Produktionsfaktor, der wie Arbeit und Kapital effizient verwaltet werden muß, in: Wirtschaftswoche, Nr. 43, vom 19.10.1990, Special: Computer und Kommunikation, 44(1990), S.157. GRÜHSEM, Stephan: Kommunikation als vierter Produktionsfaktor, in: Handelsblatt, Nr. 38, vom 22.2.1989, S.21. PIEPER, Antje K.: Produktivkraft Information, in: IBM-Nachrichten, 37(1987), S.7ff. SCHIELE, Otto H.: Auf dem Weg zur Fabrik der Zukunft - Gedanken zur Einführung von CIM, in: Verlagsbeilage "Technik, Computer, Kommunikation" zur FAZ, vom 27.10.1986, S.B1.

Während im Taylorismus, bedingt durch die fortschreitende Verrichtungsspezialisierung und Arbeitsteilung, Rationalisierung von stetig steigenden Koordinationserfordernissen begleitet war, ergeben sich heute auf Grund umfassender Zusammenfassungen von Produktions- und Arbeitsabläufen die größten Rationalisierungspotentiale aus der Reduktion des **Koordinationsaufwandes.**[68] Rationalisierung und technischer Fortschritt wird damit nicht mehr primär durch eine immer weiter fortschreitende Produkt- und Verrichtungsspezialisierung, sondern durch die **(Re-) Integration** einzelner Arbeitsabläufe erreicht. Diese Integration richtet sich gegen die Taylorisierung der Produktions- und Arbeitsabläufe. Der gesamte Informationsfluß im Unternehmen muß aufeinander abgestimmt und in einen einheitlichen Funktionsfluß eingebunden werden. **Integrationskonzepte** sind deshalb kennzeichnend dafür, wie gegenwärtig Rationalisierungspotentiale in den Unternehmen erzielt werden.[69] Mit Hilfe von Integrationskonzepten sollen bisher arbeitsteilig organisierte Vorgänge zusammengeführt werden. Ihr idealisiertes Ziel besteht in der alle Unternehmensaufgaben umfassenden Integration. Damit können Maschinen, die im Fertigungsprozeß oder in der Administration eingesetzt werden, nicht mehr isoliert betrachtet werden, sondern müssen untereinander Informationen austauschen können.

Während bisher das Schnittstellenmanagement zwischen einzelnen Unternehmensaufgaben primär von Menschen durchgeführt wurde, sollen dies in Zukunft die im Unternehmen eingesetzten Maschinen selbst übernehmen. Die Konsequenz ist, daß auch die Vermarktung von Fertigungs- und Kommunikationsprodukten nicht mehr isoliert geschehen kann, sondern jeder Anbieter darauf achten muß, daß seine Produkte kompatibel zu den bereits beim Nachfrager vorhandenen Produkten sind. Darüber hinaus muß der Nachfrager seinerseits darauf bedacht sein, daß keine unkontrollierte Proliferation der Automations- und Kommunikationsprodukte entsteht, sondern ein Zusammenwirken über einen Integrationsprozeß gewährleistet ist. Es sind deshalb **Systeme** erforderlich, die die komplexen Interdependenzen zwischen einzelnen Aktivitäten innerhalb eines Unternehmens, zwischen Unternehmen sowie zwischen Unternehmen und Nachfragern steuern und koordinieren.[70] Auf Grund des hohen Integrationsgrades einer Vielzahl sog. neuer Technologien sind diese in besonderer Weise dazu geeignet, diese neuen Rationalisierungspotentiale zu erschließen, wodurch sie einen zentralen Ansatzpunkt zur Senkung des Koordinationsaufwandes bilden. Solche Systeme werden hier als **Systemtechnologien** bezeichnet.

---

68) Vgl. BACKHAUS, Klaus/ PLINKE, Wulff (1990), a.a.O., S.23f.
69) Vgl. ebenda, S.23f. BACKHAUS, Klaus/ WEISS, Peter (1988), a.a.O., S.53ff.
70) Vgl. BACKHAUS, Klaus/ PLINKE, Wulff (1990), a.a.O., S.24.

2.2. Merkmale und Erscheinungsformen von Systemtechnologien

2.2.1. Systemgeschäft und Systemtechnologien

Unter einem System ist allgemein eine Anzahl von in Wechselwirkung stehenden Elementen zu verstehen, die sich als organisierte Ganzheit verhalten, indem die Veränderung eines einzelnen Elementes zu Änderungen bei einigen oder allen anderen Elementen führt. Ein System wird damit durch seine Elemente und durch die Beziehung zwischen den Elementen charakterisiert. In diesem Sinne wird der Systembegriff sowohl in der Systemtheorie[71], dem Ansatz der Industrial Dynamics und im Bereich des systemorientierten Managements[72], als auch bei der Konzeption einer systemorientierten Betriebswirtschaftslehre verwendet, die die betriebswirtschaftlichen Prozesse von der Beschaffung über die Produktion bis zum Absatz als Abläufe in einem ganzheitlichen System betrachtet.[73]

Bei dem im folgenden verwendeten Systembegriff stellen die Systemelemente Produkte dar, die auf Grund technischer Gegebenheiten miteinander in Beziehung stehen, woraus gleichzeitig eine Beziehung zwischen den Vermarktungsprozessen der einzelnen Produkte resultiert. Das dieser Arbeit zugrunde liegende Systemverständnis legt damit eine Akzentuierung auf die Vermarktungsprozesse solcher Güter, die auf Grund von Interaktionsbeziehungen innerhalb eines technischen Systems einen "Gesamtnutzen" für den Nachfrager entfalten. Die sich daraus ergebenden Interdependenzen der Vermarktungsprozesse von Systemelementen sowie der resultierende zeitraumbezogene Nachfrageverbund bezeichnen wir als **Systemgeschäft**.

---

71) Vgl. BAETGE, Jörg: Systemtheorie, in: Handwörterbuch der Wirtschaftswissenschaft, Band 7, Stuttgart New York Tübingen Göttingen Zürich 1977, S.510ff. Derselbe: Betriebswirtschaftliche Systemtheorie, Opladen 1974, S.11 und 37. BERTALANFFY, Ludwig von: Theoretische Biologie, Berlin 1932. Derselbe: General System Theory: A New Approach to Unity of Science, in: Human Biology, 23(1951), S. 303ff. FLECHTNER, Hans-Joachim: Grundbegriffe der Kybernetik, 5. Aufl. Stuttgart 1972, S.12 und 353. STEINBUCH, Karl: Systemanalyse - Versuch einer Abgrenzung, Methoden und Beispiele, in: Baetge, Jörg (Hrsg.): Grundlagen der Wirtschafts- und Sozialkybernetik, Opladen 1975, S.52ff. TIMMER, J. D.: Response of Physical Systems, New York 1950. ULRICH, Hans: Der allgemeine Systembegriff, in: Baetge, Jörg (Hrsg.): Grundlagen der Wirtschafts- und Sozialkybernetik, Opladen 1975, S.33ff.

72) Vgl. z.B.: FORRESTER, Jay W.: Industrial Dynamics, 8. Aufl. Cambridge Massachusetts 1973, S.13ff. GOMEZ, Peter: Modelle und Methoden des systemorientierten Managements, Bern Stuttgart 1981, S.40ff. ULRICH, Hans/ PROBST, Gilbert J.B.: Anleitung zum ganzheitlichen Denken und Handeln, 2. Aufl. Bern Stuttgart 1990, S.30.

73) Vgl. z.B.: MALIK, F.: Strategie des Managements komplexer Systeme, Bern Stuttgart 1984. MEFFERT, Heribert: Systemtheorie aus betriebswirtschaftlicher Sicht, in: Schenk, Karl-Ernst (Hrsg.): Systemanalyse in den Wirtschafts- und Sozialwissenschaften, Berlin 1971, S.176. Derselbe: Systemorientierte Absatztheorie, in: Tietz, Bruno (Hrsg): Handwörterbuch der Absatzwirtschaft, Stuttgart 1974, Sp.140. ULRICH, Hans: Die Unternehmung als produktives soziales System, 2. Aufl. Bern 1971.

In der betriebswirtschaftlichen Literatur ist der Begriff des Systemgeschäfts wenig verbreitet. Er findet sich vereinzelt in Abhandlungen zum Investitionsgüter-Marketing und wurde durch den Arbeitskreis "Marketing in der Investitionsgüter-Industrie" der Schmalenbach-Gesellschaft in die deutschsprachigen Literatur eingeführt. Der Arbeitskreis orientiert sich dabei an dem Begriff des Systems Selling der anglo-amerikanischen Literatur, die eine Unterscheidung zwischen Product Selling (Produktgeschäft) und Systems Selling (Systemgeschäft) vornimmt.[74] Dabei ist Systems Selling "something more than selling a set of products which can be used by the buyer to construct a system. The seller has to take prime responsibility for the design of the system."[75]

Der Arbeitskreis "Marketing in der Investitionsgüter-Industrie" unterscheidet nach der Komplexität von Investitionsgütern zwischen dem Produkt-, dem klassischen Anlagen- und dem Systemgeschäft. Nach der Definition des Arbeitskreises ist ein System ein "durch die Verkaufs-(Vermarktungs-)Fähigkeit abgegrenztes, von einem oder mehreren Anbietern in einem geschlossenen Angebot erstelltes Anlagen-Dienstleistungsbündel zur Befriedigung eines komplexen Bedarfs."[76] Obwohl der Arbeitskreis in seinen Ausführungen immer auf den Begriff "Systemgeschäft" Bezug nimmt, machen die Ausführungen insgesamt doch deutlich, daß die Autoren industrielle Großanlagen wie komplette Walzwerke, Hüttenwerke oder Meerwasserentsalzungsanlagen vor Augen hatten und als konstitutives Element des Systemgeschäfts das Zusammenbinden mehrerer Einzelprodukte (Komponenten) zu einem Gesamtangebot ansehen.[77] Diese Vorstellung entspricht auch dem Verständnis des Systems Selling; denn "the philosophical intent of all pure systems selling approaches is the provision of total packages of product and services solutions to customer problems".[78] Eine weitere Analyse der deutschsprachigen Literatur zum Investitionsgüter-Marketing zeigt, daß die Mehrzahl der Autoren bei der Definition des industriellen Anlagengeschäfts auf den Systembegriff des Arbeitskreises "Marketing in der Investitionsgüter-Industrie" zurückgreifen und das Anlagengeschäft als paradigmatisch für komplexe Investitionsgüter gesehen wird. Die Termini

---

74) Vgl. zum Begriff des Systems Selling z.B.: HANNAFORD, William J.: Systems Selling: Problems and Benefits for Buyers and Sellers, in: Industrial Marketing Management, 5(1976), S.139ff. MATTSSON, Lars-Gunnar: Systems Selling as a Strategy on Industrial Markets, in: Industrial Marketing Management, 2(1973), S.107ff. MORGAN, Robert A.: Systems Selling, in: Buell, V. P./ Heyel, C. (Eds): Handbook of Modern Marketing, New York 1970, S.12-153ff. MURRAY, Thomas J.: Systems Selling: Industrial Marketing's New Tool, in: Dun's Review, October 1964, wiederabgedruckt in: Westing, J. H./ Albaum, G.: Modern Marketing Thought, 2. Aufl., London 1970, S.426ff.

75) MATTSSON, Lars-Gunnar (1973), a.a.O., S.109.

76) ARBEITSKREIS "MARKETING IN DER INVESTITIONSGÜTER-INDUSTRIE" DER SCHMALENBACH-GESELLSCHAFT: Systems Selling, in: zfbf, 27(1975), S.759.

77) Vgl. ebenda, S.767.

78) HANNAFORD, William J. (1976), a.a.O., S.140.

"Industrieanlage" und "System" werden dabei weitgehend synonym verwendet.[79]

Erst seit Mitte der achtziger Jahre wird auf die unterschiedliche Bedeutung von Anlagen- und Systemgeschäften hingewiesen. Insbesondere im Bereich der Fertigungsautomatisierung finden sich vermehrt Anzeichen dafür, daß sich die Vermarktung einzelner Maschinen zu einem Systemgeschäft entwickelt.[80] In diesem Zusammenhang soll der Begriff Systemgeschäft verdeutlichen, daß einzelne Maschinen nicht mehr isoliert gekauft werden, sondern die Kaufentscheidung stark durch die bereits beim Nachfrager vorhandenen Produkte bestimmt wird. Die Ursache hierfür ist darin zu sehen, daß es durch die Entwicklungen in der Informations- und Kommunikationstechnik gelungen ist, immer mehr Produkte im Verbund einzusetzen, die untereinander Daten austauschen und eine "Programm-Programm-Kommunikation" durchführen können. Neu zu beschaffende Produkte stellen damit zunehmend "Bausteine" dar, bei denen ein Datenaustausch mit den bereits beim Nachfrager eingesetzten Produkten gewährleistet sein muß, d.h. sie müssen in das beim Nachfrager installierte "System" integrierbar sein. Diese Integration ist aber nur gewährleistet, wenn die neuen Produkte über entsprechende Schnittstellen verfügen, die mit der Systemphilosophie auf der Nachfragerseite vereinbar sind. Als Systemphilosophie bzw. **Systemarchitektur** werden Konzepte bezeichnet, die es erlauben, Systembausteine zu funktionsfähigen Systemen zu verbinden.[81] Solche Systeme werden hier

---

79) Vgl. ARLT, Volker/ BACKHAUS, Klaus: Ein Vertriebsinformationssystem für das Anlagengeschäft, in: zfbf-Kontaktstudium, 29(1977), S.32. BACKHAUS, Klaus: Auftragsplanung im industriellen Anlagengeschäft, Stuttgart 1980, S.1. Derselbe, Investitionsgüter-Marketing, 1. Aufl. München 1982, S.96. ENGELHARDT, Werner Hans: Grundlagen des Anlagen-Marketing, in: Engelhardt, Werner Hans/Laßmann, Gert (Hrsg.): Anlagen-Marketing, zfbf-Sonderheft 7/77, Opladen 1977, S.13. ENGELHARDT, Werner Hans/ GÜNTER, Bernd: Investitionsgüter-Marketing, Stuttgart Berlin Köln Mainz 1981, S.94ff. GÜNTER, Bernd: Das Marketing von Großanlagen, Berlin 1979, S.9ff. MOLTER, Wolfgang: Verzugsrisiken im Industrieanlagengeschäft, Berlin 1986, S.1 (Fußnote 4). PLINKE, Wulff: Erlösplanung im industriellen Anlagengeschäft, Wiesbaden 1985, S.3. WEIBER, Rolf: Dienstleistungen als Wettbewerbsinstrument im internationalen Anlagengeschäft, Berlin 1985, S.7.

80) Vgl. BAAKEN, Thomas: Besonderheiten des Technologiemarketing - Veränderungen im Marketing durch technologische Entwicklungen, in: Baaken, Thomas/ Simon, Dieta (Hrsg.): Abnehmerqualifizierung als Instrument des Technologie-Marketing, Berlin 1987, S.3ff. BACKHAUS, Klaus (1990), a.a.O., S.141. Derselbe: Portfoliomodelle in der strategischen Unternehmen- und Marketingplanung, in: Vogel Verlag (Hrsg.): Investitionsgüter-Marketing unter Portfolioaspekten, Protokoll des 23. Würzburger Werbefachgespräches, Würzburg 1985, S.14ff. BACKHAUS, Klaus/ WEIBER, Rolf (1987), a.a.O., S.70ff. GÜNTER, Bernd: Systemdenken und Systemgeschäft im Marketing, in: Marktforschung & Management, Nr. 4, 1988, S.106ff. GÜNTER, Bernd/ KLEINALTENKAMP, Michael (1987a), a.a.O., S.324ff. Dieselben: Wer steuert das CIM-Geschäft der Zukunft: DV-Hersteller oder Maschinenbau?, in: Information Management, Nr. 4, 1987, S.46ff. KAPITZA, Rüdiger: Interaktionsprozesse im Investitionsgüter-Marketing, Würzburg 1988, S.3. O. V.: Erfolgskurs für die Krise, in: Wirtschaftswoche, Nr. 40, 37(1983), S.47. SCHIRMER, Armin: Automatisierung der Produktion - Stand und Entwicklungstendenzen, in: Kreikebaum, Hartmut/ Liesegang, Günter/ Schaible, Siegfried/ Wildemann, Horst (Hrsg.): Industriebetriebslehre in Wissenschaft und Praxis, Berlin 1985, S.146ff.

81) Vgl.WEISS, Peter A. (1991), a.a.O., S.3ff.

als Systemtechnologien bezeichnet, die sich somit wie folgt definieren lassen:[82]

Eine **Systemtechnologie** ist eine auf der Informationstechnik basierende Kombination von serien- und einzelgefertigten Produkten, die über eine bestimmte Systemarchitektur miteinander verbunden sind.

Die Besonderheit des Systemgeschäfts ist nun darin zu sehen, daß die Wahl der Systemarchitektur auf der Nachfragerseite eine **Grundsatzentscheidung** darstellt, an die ein Unternehmen langfristig gebunden ist. Gleichzeitig wird mit der Entscheidung für eine bestimmte Systemarchitektur auch der Kreis der Anbieter eingeengt, die Produkte bereitstellen können, die mit der Architekturentscheidung eines Nachfragers vereinbar sind. Das gilt um so mehr, je weniger Standards existieren und je größer das Erfordernis kundenindividueller Anpassungen ist. Die Entscheidung für eine bestimmte Systemarchitektur zieht damit in verstärktem Maße längerfristige **Bindungen** an bestimmte Anbieter nach sich. Daraus ergibt sich ein **zeitraumbezogeneer Nachfrageverbund**, mit einem entsprechenden **Folgegeschäft** für den Anbieter. Die Abfolge "Grundsatzentscheidung", "Bindewirkung", "Folgegeschäft" kann als das zentrale Charakteristika des Systemgeschäfts angesehen werden. Das bedeutet aber gerade für die Anfangsphase des Systemgeschäfts, daß einerseits die aus dem Kauf eines Produktes resultierenden langfristigen Bindungen an bestimmte Anbieter auf der Nachfragerseite zu erhöhten Marktwiderständen sowie verlängerten Adoptionsprozessen führen und andererseits auf der Anbieterseite das Problem der Anpassung an und der Vermarktung von Systemarchitekturen entsteht.

2.2.2. Charakteristika und Typen von Systemtechnologien

Die Verbindung verschiedener Produkte auf Grund einer bestimmten Systemarchitektur bewirkt, daß diese Produkte zu Systemkomponenten eines einheitlichen Systems werden. Zentrales Charakteristikum ist dabei, daß eine Interaktionsbeziehung zwischen den Systemkomponenten einer Systemtechnologie besteht. Diese Interaktionsbeziehung reicht von einem direkten Datenaustausch z.B. zwischen den Systemkomponenten einer Fertigungstechnologie bis hin zur Bereitstellung der tech-

---

82) Im Sinne der nachfolgenden Definition werden Systemtechnologien auch verstanden von: BACKHAUS, Klaus (1990), a.a.O., S.225ff. Derselbe: Grundbegriffe des Industrieanlagen- und Systemgeschäfts, 2. Aufl. München Münster 1988, S.75. BACKHAUS, Klaus/ WEIBER, Rolf (1988), a.a.O., S.1. Dieselben (1987), a.a.O., S.70. GÜNTER, Bernd/ KLEINALTENKAMP, Michael (1987a), a.a.O., S.325f. MAIER-ROTHE, Christoph: Wettbewerbsvorteile durch höhere Produktivität und Flexibilität, in: LITTLE, Arthur D. (Hrsg.): Management im Zeitalter der Strategischen Führung, Wiesbaden 1985, S.133ff. WEIBER, Rolf: Marktsegmentierung für CAD, TV-Lehrbrief der Projektgruppe Technischer Vertrieb, hrsg. von Plinke, Wulff, Berlin 1987, S.2. WEISS, Peter A. (1989), a.a.O., S.2ff. Derselbe (1992), a.a.O., S.3.

nischen Voraussetzungen, die eine Kommunikation zwischen Personen z.B. über ein Telefonsystem ermöglichen. Beiden Fällen ist gemeinsam, daß eine Verbindung zwischen den Systemkomponenten bestehen muß, über die die zum Austausch bestimmten Zeichen und Signale transportiert werden können. Darüber hinaus müssen bei der Interaktion zwischen Produkten Mechanismen installiert sein, die eine Verständigung zwischen den Systemkomponenten sicherstellen. Beide Aufgaben werden durch die Systemarchitektur einer Systemtechnologie wahrgenommen. Entsprechend der Zahl der Systemkomponenten, die im Rahmen einer Systemtechnologie miteinander verbunden werden, steigen in der Regel auch die Anforderungen, die an die Systemarchitektur gestellt werden, und es kommt zu einer erhöhten Komplexität der Systemtechnologie.

Den höchsten Komplexitätsgrad erreichen dabei Systeme, wie sie unter den Schlagworten "Büro der Zukunft"[83] und "Fabrik der Zukunft"[84] diskutiert werden. Eine umfassende Zusammenführung des Büros und der Fabrik der Zukunft wird durch das "Netz der Zukunft" erreicht, das eine Digitalisierung und Integration der interagierenden Systemkomponenten ermöglicht.[85] Dadurch, daß Büro, Fabrik und Netz der Zukunft in der Informationstechnik eine gemeinsame und einheitliche technologische Basis besitzen, sind auch Integrationen zwischen diesen Bereichen möglich, wodurch eine eindeutige Abgrenzung jedoch nicht mehr gegeben ist.[86]

Die Beispiele machen deutlich, daß der Begriff der Systemtechnologie unterschiedlich weit gefaßt werden kann und von ausgewählten Vernetzungen zwischen Systemkomponenten über in sich geschlossene Kommunikationssysteme bis hin zu komplexen unternehmensübergreifenden Industriesystemen reicht. Ein denkbares Integrations-Szenario für eine die internen und externen Unternehmensaufgaben umfassende Integrationstechnologie zeigt Abbildung 5, in der ein mögliches Zusammenwirken zwischen den Systemtechnologien Fertigungsautomatisierung, Büroautomatisierung und Telekommunikation dargestellt ist.

Versucht man eine Typisierung von Systemtechnologien vorzunehmen, so lassen sich zum einen technische und zum anderen vermarktungsbezogene Kriterien zur Abgrenzung verwenden.

---

83) Vgl. z.B.: KARCHER, Harald Bernhard: Büro der Zukunft, Diss. München, 6. Aufl. Baden-Baden 1984. PLEIL, Gerhard J.(1988a), a.a.O., passim.
84) Vgl. z.B.: LENTES, Hans-Peter: Die Fabrik der Zukunft, Schriftenreihe des Verbandes der Metallindustrie Baden-Württemberg, Suttgart 1986. VERBAND DEUTSCHER MASCHINEN-UND ANLAGENBAU e.V. (VDMA)/FORSCHUNGSKURATORIUM MASCHINENBAU e.V. (FKM) (Hrsg.): Mit CIM die Zukunft gestalten, Frankfurt am Main 1988.
85) Vgl. BECKURTS, Karl Heinz (1986a), a.a.O., S.217.
86) Die Informationstechnik als gemeinsame technische Basis umfaßt dabei insbesondere die Bereiche der Computertechnik, der Elektrotechnik, der Mikroelektronik und der Nachrichtentechnik. Vgl. auch BECKURTS, Karl Heinz (1986a), a.a.O., S.242ff. Derselbe (1986b), a.a.O., S.28.

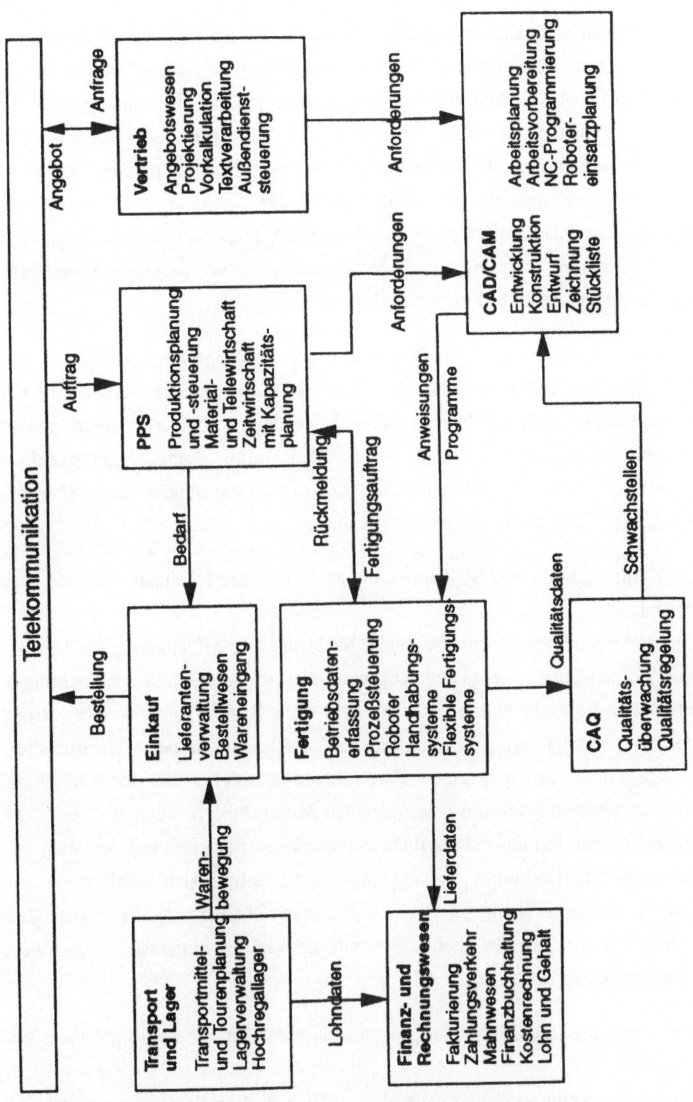

Abb. 5: Integrationen zwischen Systemtechnologien[87]
Quelle: Scientific Consulting

---

87) Die Abbildung wurde entnommen aus: O. V.: Lose nach Maß, in: Wirtschaftswoche,
Nr. 15, 40(1986), S.98ff.

Eine typische an technischen Kriterien orientierte Unterscheidung von Systemtechnologien stellt die Unterteilung nach Kommunikationssystemen und Fertigungssystemen dar.[88] Für Diffusionsüberlegungen ist es jedoch zweckmäßig, eine Differenzierung vor dem Hintergrund der ablaufenden Marktprozesse vorzunehmen und die **marktlichen Interaktionsbeziehungen** zwischen Systemkomponenten zur Abgrenzung heranzuziehen, da die Diffusion durch das Nachfragerverhalten und nicht durch technische Produktmerkmale beeinflußt wird. Diese konkretisieren sich darin, daß die Systemkomponenten einer Systemtechnologie eine Dominanz an Netzeffektgütern oder an Systemgütern aufweisen können.

Bei Systemtechnologien, die eine Dominanz an Netzeffektgütern aufweisen, resultiert die marktliche Interaktion zwischen den Nachfragern aus dem **fiktiven** Netzwerk, das durch die Netzeffektgüter gebildet wird, während das physische Netzwerk zwischen den Systemkomponenten immer Bestandteil einer **nachfragerspezifischen** Systemtechnologie ist. Nachfragerspezifische Systemtechnologien sind insbesondere durch folgende Charakteristika gekennzeichnet:

- Alle Komponenten einer Systemtechnologie sind in der Hand eines Nachfragers konzentriert:
  Systemkomponenten können bei einem Nachfrager im allgemeinen nur dann zu einer Systemtechnologie zusammengebunden werden, wenn dieser Nachfrager selbst über die entsprechenden komplementären Systemkomponenten verfügt und die verbindende Systemarchitektur auch in seinem Unternehmen bereitgestellt ist. So ist in einem Unternehmen beispielsweise eine Verkettung zwischen verschiedenen CAx-Systemen nur dann möglich, wenn es diese CAx-Systeme besitzt und das erforderliche Netzwerk auch bei ihm implementiert ist. Die Vermarktung solcher Systemkomponenten richtet sich damit meist auf *einen* bestimmten Nachfrager, der durch den Zukauf von Produkten den Umfang einer bestimmten Systemtechnologie sukzessiv vergrößert (Folgegeschäft).

- Eine a priori Bestimmung der Systemarchitektur ist in der Regel nicht erforderlich:
  Systemkomponenten können bei nachfragerspezifischen Systemtechnologien in vielen Fällen entweder "stand alone" genutzt und/oder miteinander verkettet werden. Die **isolierte Nutzung** von Systemkomponenten ist dabei nur dann

---

88) Vgl. BACKHAUS, Klaus/ WEIBER, Rolf (1988), a.a.O., S.20ff. Zu weiteren Unterteilungsmöglichkeiten von Systemtechnologien vgl. BACKHAUS, Klaus (1990), a.a.O., S.324ff. GÜNTER, Bernd (1988), a.a.O., S.106ff.

möglich, wenn die Systemkomponenten auch über einen originären Produktnutzen verfügen.

Im Fall der **Verkettung** muß die vollständige Funktionalität der Systemarchitektur bei der Installation der ersten Systemkomponente noch nicht zwingend festgelegt oder implementiert sein, sondern sie wird in der Regel durch die Einbindung von Systemkomponenten sukzessiv ausgebaut, oder eigenständig konzipierte Teilkonzepte werden zu Verfahrensketten integriert. Verkettungen reichen damit von der Vernetzung zwischen zwei Personal Computern (PC) bis hin zu umfassenden Vernetzungen im Rahmen einer CIM-Technologie. Typische Beispiele hierfür sind die Vernetzungen zwischen CAx-Technologien sowie Flexiblen Fertigungssystemen (FFS) und Produktionsplanungs- und -steuerungssystemen (PPS), die insgesamt auf eine Integration in der Systemtechnologie CIM abzielen.[89] CAx-Technologien, FFS und PPS sind damit Systemkomponenten der Systemtechnologie CIM.

- Die Interaktion zwischen Systemkomponenten ist entweder auf die personenspezifische Kommunikation oder die Kommunikation zwischen Maschinen gerichtet:
  Die Zielsetzung von nachfragerspezifischen Systemtechnologien kann zum einen in der personenspezifischen und zum anderen in der Maschine-Maschine-Kommunikation gesehen werden. Im ersten Fall bezieht sich die Kommunikation jedoch nicht auf die Mitglieder eines sozialen Systems, sondern beschränkt sich wie im Fall der Bürokommunikationssysteme auf die Beschäftigten eines Unternehmens. Im zweiten Fall ist der Austausch von Zeichen zum Zwecke der Speicherung und Weiterverarbeitung für bzw. durch andere Systemkomponenten das primäre Ziel der Interaktion zwischen Systemkomponenten. Als paradigmatisch für die Maschine-Maschine-Kommunikation sind wiederum Systeme im Bereich der Fertigungsautomatisierung anzusehen.

Im Gegensatz zu nachfragerspezifischen Systemtechnologien entsteht bei Systemtechnologien, die eine Dominanz an Systemgütern aufweisen, die marktliche Interaktion zwischen den Nachfragern auf Grund eines **nachfragerübergreifenden** physischen Netzwerkes. Solche Systemtechnologien wurden als **Kritische Masse-Systeme** bezeichnet und weisen zentrale Unterschiede zu nachfragerspezifischen

---

89) Unter CAx verstehen wir die Summe aller computerunterstützten Techniken, die mit "Computer Aided" bezeichnet werden. Hierzu zählen z.B.: Computer Aided Design (CAD), Computer Aided Manufacturing (CAM), Computer Aided Quality Assurance (CAQ) und Computer Aided Engineering (CAE). Unter CIM (Computer Integrated Manufacturing) verstehen wir die rechnerintegrierte Fertigung, die u.a. aus der Interaktion verschiedener CAx-Technologien besteht.

Systemtechnologien auf.[90] Es ist von daher sinnvoll, diffusionsspezifische Überlegungen für beide Typen von Systemtechnologien getrennt vorzunehmen. Im folgenden konzentrieren sich die Betrachtungen auf den Bereich der Kritische Masse-Systeme, deren Aufbau und allgemeine Struktur zunächst aufgezeigt werden.

---

90)   Vgl. Kapitel 1.2.2 "Charakteristika von Systemgütern".

2.3. Allgemeine Struktur und Aufbau von Kritische Masse-Systemen

2.3.1. Zielsetzung und Charakteristika von Kritische Masse-Systemen

Das originäre Ziel des Einsatzes von Kritische Masse-Systemen liegt in der Befriedigung des Kommunikationsbedürfnisses von Personen. Kritische Masse-Systeme dienen damit der Errichtung eines **multidirektionalen Kommunikationsflusses** zwischen den Mitgliedern eines sozialen Systems. Konstituierendes Merkmal von Kritische Masse-Systemen ist dabei die Bereitstellung der technischen Voraussetzungen, die für die Kommunikation zwischen den Mitgliedern eines sozialen Systems erforderlich sind. Im Fall der Kritische Masse-Systeme ist entscheidend, daß sich das betrachtete soziale System dadurch auszeichnet, daß dessen Mitglieder gemeinsame Kommunikationsziele verfolgen.[91] Allerdings können sich innerhalb des sozialen Systems Gruppen bilden, die dadurch gekennzeichnet sind, daß die Intensität der Kommunikationsbeziehungen zwischen den Gruppenmitgliedern größer ist als zu Personen außerhalb der Gruppe.

Zur Verwirklichung eines multidirektionalen Kommunikationsflusses muß die Netzarchitektur eines Kritischen Masse-Systems so ausgelegt sein, daß eine Verbindungsmöglichkeit zwischen den Mitgliedern eines sozialen Systems gewährleistet ist. Mit Hilfe von Endgeräten können sich die Mitglieder eines sozialen Systems an ein Kritisches Masse-System anschließen und über das physische Netzwerk in eine Kommunikationsbeziehung treten. Die Systemkomponenten von Kritische Masse-Systemen konzentrieren sich somit *nicht* in der Hand *eines* Nachfragers, sondern verteilen sich über den Nachfragerkreis eines solchen Systems. Darüber hinaus kann die Nutzung von Kritische Masse-Systemen aber erst dann erfolgen, wenn die Systemarchitektur zuvor eindeutig definiert und auch implementiert ist. Damit steht eine Disposition über die eigentliche Systemarchitektur nicht mehr an, und Ausdehnungen des Systems können nur auf Basis der gegebenen Systemarchitektur erfolgen. Der Zukauf von Systemkomponenten erweitert in diesen Fällen lediglich die Anzahl möglicher Interaktionsbeziehungen zwischen Personen bzw. die flächenmäßige Ausdehnung des Systems. Darüber hinaus ist zu beachten, daß die Systemkomponenten wie z.B. die Endgeräte eines Kritischen Masse-Systems lediglich eine Mittlerrolle für die Kommunikation zwischen Personen übernehmen. Die Nutzungsintensität eines Kritischen Masse-Systems wird deshalb nicht durch technisch festgelegte Interaktionsbeziehungen determiniert, sondern bestimmt sich auf Grund der individuellen Nutzungsintensität der angeschlossenen Teilnehmer. Folglich ist auch

---

91) Vgl. zur Abgrenzung eines sozialen Systems auch ROGERS, Everett M. (1983), a.a.O., S.24ff.

der Markterfolg eines Kritischen Masse-Systems von der Nutzungsintensität der Teilnehmer abhängig.

Kritische Masse-Systeme unterscheiden sich damit von nachfragerspezifischen Systemtechnologien insbesondere durch folgende Charakteristika:

- Kritische Masse-Systeme stellen die technischen Voraussetzungen zur Kommunikation zwischen den Mitgliedern eines sozialen Systems bereit.

- Zum Anschluß an ein Kritisches Masse-System müssen die Mitglieder eines sozialen Systems über ein Endgerät verfügen. Endgeräte stellen spezielle Systemkomponenten dar, die dadurch gekennzeichnet sind, daß sie sich über den gesamten Nachfragerkreis verteilen.

- Die Nutzung von Kritische Masse-Systemen zum Zwecke der Kommunikation kann erst erfolgen, wenn a priori die Systemarchitektur bestimmt und implementiert ist, d.h. die Nachfrage nach Kritische Masse-Systemen setzt erst ein, wenn die zentralen Systemkomponenten eines Kritischen Masse-Systems vorhanden sind.

2.3.2. Aufbau eines Kritischen Masse-Systems

Das Leistungsangebot von Kritische Masse-Systemen bildet sich auf Grund des Zusammenwirkens unterschiedlicher Marktparteien auf der Anbieterseite. Daraus ergeben sich mehrere Anbieterebenen, die bezüglich ihres Anteils am Leistungsangebot eines Kritischen Masse-Systems weitgehend unabhängig voneinander tätig werden können, während ihre Aktionen auf der Nachfragerseite überwiegend als Ganzheit wahrgenommen werden. Das Zusammenwirken der unterschiedlichen Marktparteien bei Kritische Masse-Systemen verdeutlicht Abbildung 6:

Es können drei Anbieterebenen unterschieden werden: Betreiberebene, Diensteebene und Endgeräteebene.

(1) Betreiberebene:

Systembetreiber und Netzbetreiber können zur Betreiberebene zusammengefaßt werden. Als **Netzbetreiber** wird derjenige Anbieter bezeichnet, der das physische Netzwerk eines Kritischen Masse-Systems bereitstellt.

Die geographische Ausdehnung des Netzwerkes ermöglicht bei Flächendeckung eine Verbindung zwischen allen Mitgliedern eines sozialen Systems. Dabei kann zwischen öffentlichen und privaten Netzbetreibern unterschieden werden, wobei als öffentliche

Netzbetreiber z.B. im Bereich der Telekommunikationssysteme die Fernmeldegesell-
schaften anzusehen sind. Der erste private Netzbetreiber in diesem Bereich ist in
Deutschland nach der Liberalisierung des Fernmeldewesens das Mannesmann-Kon-
sortium als Betreiber des D2-Mobilfunknetzes.[92]

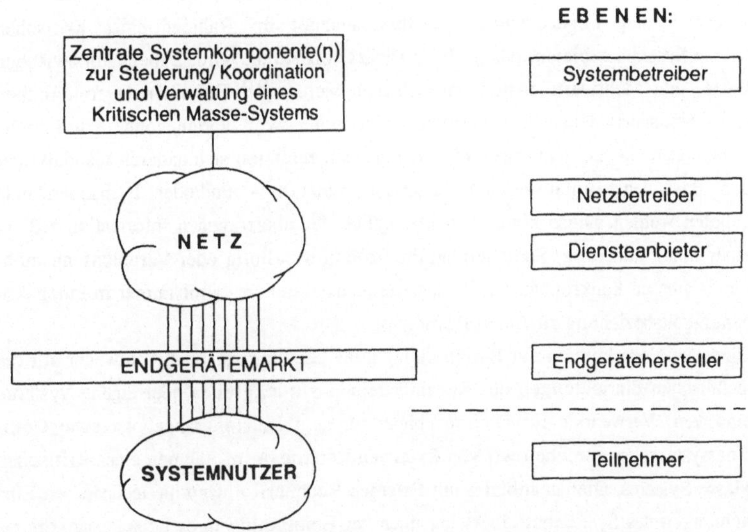

Abb. 6:   Mehrdimensionalität der Marktebene bei Kritische Masse-Systemen

Systembetreiber ist derjenige Anbieter, der die technischen Einrichtungen zur
Steuerung, Koordination und Verwaltung eines Kritischen Masse-Systems bereitstellt
und damit die Voraussetzungen für Diensteangebote im Rahmen eines solchen
Systems schafft. In der Regel wird durch den Systembetreiber auch der Basisdienst
eines Kritischen Masse-Systems bereitgestellt, der z.B. Protokollvorschriften und
Kontrollroutinen umfaßt, die zur Übertragung von Zeichen und Signalen zwischen
Endgeräten zwingend erforderlich sind.

---

92) Der Begriff "private Netzbetreiber" ist hier nur auf den Fall der Kritische Masse-Systeme bezogen. Darüber hinaus werden aber häufig auch solche Unternehmen als private Netzbetreiber bezeichnet, die eigenständig Netzwerke z.B. zur Befriedigung ihrer internen Kommunikationsbedürfnisse betreiben. In diesem Fall handelt es sich aber nicht um Kritische Masse-Systeme im
Sinne dieser Arbeit.

System- und Netzbetreiber stellen damit die *Infrastruktur* bereit, die erforderlich ist, damit ein Kritische Masse-System zur Kommunikation eingesetzt werden kann. Dieses Leistungsangebot kann auch als Infrastrukturleistungen bezeichnet werden.

(2) Diensteebene:

Auf der Diensteebene sind alle Unternehmen angesiedelt, die ein über die Infrastrukturleistung hinausgehendes Leistungsangebot im Rahmen eines Kritischen Masse-Systems anbieten, das auch als **Dienst** bezeichnet wird. Dabei kann zwischen Basis- und Mehrwertdiensten unterschieden werden.[93] **Basisdienste** ermöglichen den Transport von Informationen zwischen zwei Orten ohne zusätzliche Leistungsmerkmale. **Mehrwertdienste** hingegen zeichnen sich dadurch aus, daß über den Basisdienst hinausgehend zusätzliche Leistungs- und/oder Dienstmerkmale geboten werden. Diese können sich bezüglich der übertragenen Information z.B. in einer Inhaltsänderung, Speicherung, Protokollumwandlung oder Verteilung an mehrere Adressen konkretisieren.[94] Mehrwertdienste stehen damit immer in einer Abhängigkeitsbeziehung zu einem Basisdienst.

Diensteanbieter können zur Bereitstellung ihres Leistungsangebotes entweder auf die technischen Einrichtungen des Systembetreibers zurückgreifen oder eigene Systeme einsetzen. Verwendet ein Diensteanbieter für sein Leistungsangebot eigene Computersysteme, so sprechen wir von **Externen Rechnern** im Rahmen eines Kritischen Masse-Systems. Diensteanbieter mit Externen Rechnern nutzen die technischen Einrichtungen des Systembetreibers nur noch zur Einbindung ihres Leistungsangebotes in ein Kritisches Masse-System und können ihrerseits wiederum Kapazitäten für weitere Diensteanbieter bereitstellen, für die sie dann die Aufgabe eines Systembetreibers übernehmen.

(3) Endgeräteebene:

Endgeräte stellen die Verbindungsstelle zwischen den Teilnehmern eines Kritischen Masse-Systems und dem physischen Netzwerk her. Sie können dabei sowohl in sich funktionsfähige Produkte zum Anschluß an ein Kritisches Masse-System darstellen als auch Komponenten wie z.B. Hardware-/Softwarekonfigurationen, die in Verbindung mit einem PC den Anschluß an ein Kritisches Masse-System ermöglichen. Alle Unternehmen, die Endgeräte zum Anschluß an ein Kritische Masse-System anbieten, werden der Ebene der Endgerätehersteller zugerechnet.

---

93) Vgl. zur Bedeutung und dem Leistungsspektrum von Diensteanbietern auch: HEYWOOD, Peter: European VARs Step into the Spotlight, in: Data Communications International, February 1991, S.65ff.

94) Vgl. HEUERMANN, Arnulf: Der Markt für Mehrwertdienste in der Bundesrepublik Deutschland, Diskussionsbeiträge zur Telekommunikationsforschung, Nr. 25, Bad Honnef 1987, S.2.

Das Zusammenwirken der einzelnen Anbieterebenen ist in Abbildung 7 dargestellt:

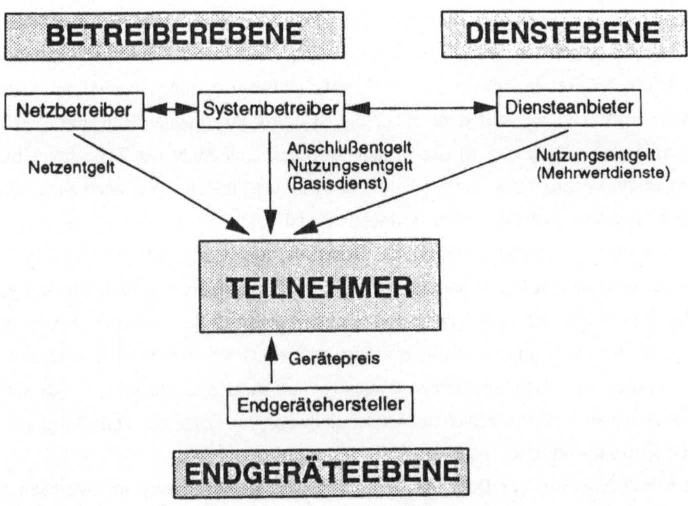

Abb. 7:   Zusammenwirken der Anbieterebenen bei Kritische Masse-Systemen

Abbildung 7 macht deutlich, daß alle Anbieterparteien mit ihrem Leistungsangebot auf den Teilnehmer abzielen. Allerdings ist zu beachten, daß Kritische Masse-Systeme in ihrer Gesamtheit nicht nur potentielle Teilnehmer als Vermarktungssubjekt besitzen. So ist beispielsweise bei dem Kritische Masse-System Bildschirmtext (Btx) die Vermarktung der Systemarchitektur in Form der Btx-Vermittlungsstellen (Btx-Netz) sowie des zentralen Rechnersystems zur Steuerung, Kontrolle und Verwaltung des Systems auf eine staatliche Institution gerichtet. Die Vermarktung von Externen Rechnern zur Gestaltung von Btx-Angeboten zielt auf die Unternehmensebene ab, und die Vermarktung von Btx-Endgeräten richtet sich auf die Unternehmens- und die Konsumtionsebene.[95] Die Funktionen des Netz- und Systembetreibers werden bei Btx durch die Deutsche Bundespost Telekom übernommen, die gleichzeitig neben einer Vielzahl privater Unternehmen auch als Diensteanbieter auftritt und Btx-Endgeräte vertreibt.

---

95) Zum technischen Aufbau des Btx-Systems vgl. z.B.: ALBENSÖDER, Albert (Hrsg.): Netze und Dienste der Deutschen Bundespost TELEKOM, 2. Aufl. Heidelberg 1990, S.103ff. IBM DEUTSCHLAND GmbH (Hrsg.): Was hat die IBM mit Bildschirmtext zu tun?, IBM Enzyklopädie der Informationsverarbeitung, Stuttgart 1986, S.32ff. MEFFERT, Heribert: Bildschirmtext als Kommunikationsinstrument, Stuttgart 1983, S.10ff. Derselbe (1985a), a.a.O., S.24.

Das Beispiel Btx zeigt, daß bei Kritische Masse-Systemen einzelne Systemkomponenten, wie z.B. Endgeräte oder Externe Rechner, auch dann bei einem Nachfrager Absatz finden, wenn er selbst **nicht** über die gesamte Systemarchitektur und die komplementären Systemelemente verfügt. Die zentrale Stellung für den Diffusionserfolg eines Kritischen Masse-Systems kommt jedoch den Teilnehmern zu, da sie das durch ein Kritisches Masse-System bereitgestellte Leistungsangebot in Anspruch nehmen, während sie selbst nur über die Systemkomponente "Endgerät" verfügen. Das eigentliche Kritische Masse-System ist damit aus Sicht der Teilnehmer nur ein Infrastruktursystem, das eine Kommunikation ermöglicht. Voraussetzung für die Kommunikation zwischen den Teilnehmern ist, daß die zu den Endgeräten komplementären Systemelemente dieses Infrastruktursystems auf der Betreiber- und Diensteebene bereitgestellt werden. Damit beeinflussen sich die Marktebenen gegenseitig, und es ergeben sich Verbundwirkungen zwischen den einzelnen Marktebenen. Diese Verbundwirkungen resultieren zum einen aus der beschriebenen technischen Realisierung von Kritische Masse-Systemen und zum anderen daraus, daß sich der Markterfolg aller Anbieterparteien letztendlich aus der Höhe der Teilnehmerzahl und deren Nutzungsintensität bestimmt.

Der Markterfolg auf der Betreiber- und Diensteebene ergibt sich unmittelbar aus der Nutzung eines Systems, da die Anbieterparteien auf diesen Marktebenen einen zeitkontinuierlichen und nutzungsabhängigen Einnahmenfluß entsprechend der erhobenen Netz- und Nutzungsentgelte realisieren.[96] Lediglich für die Ebene der Endgerätehersteller bestimmt sich der Markterfolg primär aus der Anzahl der eingesetzten Endgeräte und ist nur indirekt von der Nutzungsintensität abhängig.[97] Mit welcher Intensität die Endgeräte zur Kommunikation verwendet werden, ist für die Endgerätehersteller zunächst einmal relativ unbedeutend.

---

[96] Darüber hinaus ergibt sich für den Systembetreiber ein zeitkontinuierlicher Einnahmenfluß auch entsprechend des erhobenen Anschlußentgelts, das aber in der Regel nutzungsunabhängig ist.

[97] Auch hier ist natürlich zu beachten, daß eine Nichtnutzung entsprechende Wiederkäufe negativ beeinflußt. Dieser Effekt kann jedoch in unseren Betrachtungen vernachlässigt werden, da Endgeräte als langlebige Gebrauchsgüter anzusehen sind.

2.3.3. Telekommunikationssysteme als Paradigma für Kritische Masse-Systeme

Der im vorangegangenen Kapitel beschriebene Aufbau eines Kritischen Masse-Systems kann als typisch für Telekommunikationssysteme angesehen werden, weshalb Telekommunikationssysteme auch als paradigmatisch für Kritische Masse-Systeme bezeichnet werden können. Zur Verdeutlichung der diffusionsspezifischen Besonderheiten von Kritische Masse-Systemen wird deshalb bei den folgenden Überlegungen auf das Beispiel der Telekommunikationssysteme wie z.B. Telefon-, Telefax-, Videotex-, Telex- oder Mailbox-Systeme zurückgegriffen. Zu diesem Zweck wird im folgenden kurz das Leistungsspektrum von Telekommunikationssystemen aufgezeigt.

Die Entwicklungen bei Telekommunikationssystemen sind insbesondere dadurch gekennzeichnet, daß die verwendeten Netze durch den Einsatz von Computersystemen und digitaler Vermittlungstechnik vermehrt mit "Intelligenz" ausgestattet sind, wodurch die Netze mehr als nur reine Leitungsverknüpfungen darstellen und neuartige Leistungsangebote realisiert werden können.[98] Digitalisierung und Computerisierung führen dazu, daß sich die Anzahl der Systemtypen in jüngster Zeit drastisch vervielfacht hat. Abbildung 8 zeigt die geschätzte Entwicklung bei Telekommunikationssystemen und -diensten bis zum Jahr 2000.

Versucht man eine Systematisierung von Telekommunikationssystemen vorzunehmen, so kann bei der indirekten Kommunikation nach der Art der Kommunikationspartner zwischen

- Mensch-Mensch-Kommunikation und
- Mensch-Maschine-Kommunikation
- Maschine-Maschine-Kommunikation

differenziert werden.[99] Bei der Mensch-Mensch-Kommunikation dient die Systemtechnologie nur als Vehikel, um den Informationsaustausch zwischen Personen

---

98) Durch den Einsatz von Computern in den Netzknoten, wird "Intelligenz" von außerhalb des Netzes unmittelbar in das Netz verlagert, woraus sich neue Anwendungsfelder der Informationstechnologie ergeben, die als Intelligent Networks beschrieben werden können. Vgl. AMBROSCH, Wolf-Dietrich/ MAHER, Anthony/ SASSCER, Barry: The Intelligent Network, Berlin Heidelberg New York London Paris Tokyo 1989.

99) Eine indirekte Kommunikation liegt vor, wenn der Übertragungskanal eine Systemtechnologie darstellt. Eine Systematisierung von Telekommunikationssystemen erfolgt in der Regel allerdings nach der Art der verwendeten Netze: Vgl. PICOT, Arnold/ ANDERS, Wolfgang: Telekommunikationsnetze als Infrastruktur neuerer Entwicklungen der geschäftlichen Kommunikation, in: Herrmanns, Arnold (Hrsg): Neue Kommunikationstechniken: Grundlagen und betriebswirtschaftliche Perspektiven, München 1986, S.8ff.

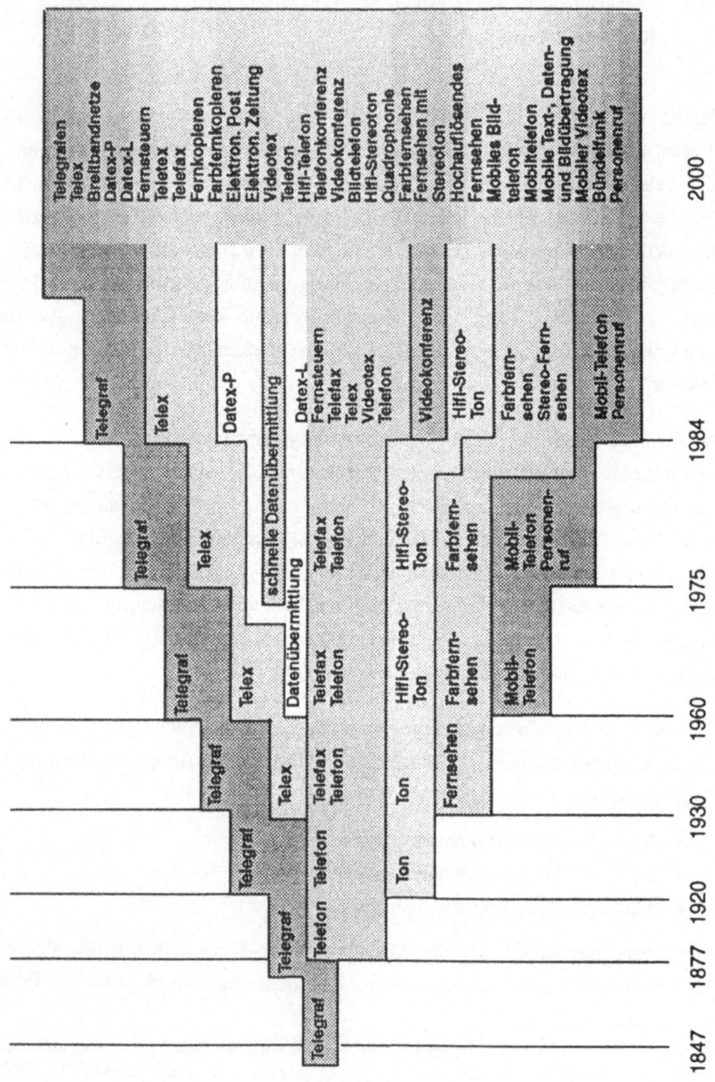

Abb. 8: Entwicklung von Telekommunikationssystemen und -diensten bis zum Jahr 2000
Quelle: DEUTSCHE BUNDESPOST TELEKOM

zu ermöglichen. Bei der Mensch-Maschine-Kommunikation hingegen werden Informationen z.B. aus einer Datenbank abgerufen, während bei der Maschine-Maschine-Kommunikation ein Austausch von Zeichen und Signalen zwischen Maschinen erfolgt, die von diesen auch weiterverarbeitet werden. Telekommunikationssysteme lassen sich entsprechend dieser Unterscheidung wie folgt kategorisieren:

MENSCH-MENSCH-KOMMUNIKATION	Telex; Telefax; Electronic Mail; Telefon; Mobilfunk; Cityruf; Videokonferenzen; Dialogsysteme;
MENSCH-MASCHINE-KOMMUNIKATION	Datenbank-Systeme; Videotext-Systeme;
MASCHINE-MASCHINE-KOMMUNIKATION	DATEX-L; DATEX-P; Direktrufverbindungen;
GEMISCHTE KOMMUNIKATION	Videotex-Systeme;

Abb. 9: Telekommunikationssysteme nach Art der Kommunikationspartner
(beispielhafte Nennungen)

Die gemischte Kommunikation umfaßt alle Fälle, in denen ein Telekommunikationssystem sowohl die Mensch-Mensch- als auch die Mensch-Maschine-Kommunikation ermöglicht. Bei der obigen Unterscheidung ist allerdings zu beachten, daß nicht alle Systeme zwingend auch Kritische Masse-Systeme darstellen müssen. Die für Kritische Masse-Systeme typischen Besonderheiten finden sich primär im Fall der Mensch-Mensch-Kommunikation.

Entsprechend der bei Kritische Masse-Systemen vorgenommenen Unterteilung kann auch das Leistungsspektrum von Telekommunikationssystemen nach Basisdiensten und Mehrwertdiensten unterschieden werden. Typische Beispiele für Telekommunikationssysteme, die nur einen Basisdienst umfassen sind Telefon-, Telex-, Teletex- und Telefax-Systeme, während Videotex-, Temex- und Videokonferenzsysteme typische Mehrwertdienste darstellen.

Das Angebot an Mehrwertdiensten kann zu fünf Gruppen zusammengefaßt werden, die in Abbildung 10 dargestellt sind.[100] Mehrwertdienste werden auch als **value**

---

100) Vgl. zur Gruppierung von Mehrwertdiensten auch: BOHM, Jürgen/ SCHÖN, Helmut/ TENZER, Gerd: Mehrwertdienste - ein offener Wettbewerbsmarkt in der Bundesrepublik Deutschland, in: Jahrbuch der Deutschen Bundespost, 38(1987), S.207ff. EG-KOMMISSION (Hrsg.): Analyse des Europäischen Marktes für Mehrwertdienste, London 1989, S.71ff. HEUERMANN, Arnulf (1987), a.a.O., S.5ff. WEIZSÄCKER, C.C. von: Die wirtschaftliche Bedeutung von Mehrwertdiensten, Köln 1987, S.48ff.

added network services (VANS) bezeichnet, da sie spezielle Computerdienstleistungen auf Basis von Telekommunikationsnetzen anbieten.

Allerdings wird die Bezeichnung VANS häufig nur für solche Mehrwertdienste verwendet, die von Unternehmen angeboten werden.[101]

MEHRWERTDIENSTE (VALUE ADDED NETWORK SERVICES)	
I. "Veredelte" Basisdienste:	**II. Informationsdienste:**
o Service 130 o Mnemonische Adressierung o Wahlwiederholung o Anrufer-Identifikation	o Brancheninformationen o Produktinformationen o Literaturdatenbanken o Wirtschaftsdatenbanken
III. Electronic Mail-Dienste:	**IV. Fernwirkdienste:**
o Mailboxen o Nachrichtenverteilung o Videokonferenzen o Online Kommunikation	o Überwachungen o Fernablesen o Alarmierungen o Ferndiagnose
V. Transaktionsorientierte Dienste:	
o Service-Rechenzentren o Telesoftware o Dienstkonvertierungen o elektron. Zahlungsverkehr	o Warenbestellungen o Finanztransaktionen o Reservierungen o Zahlungsautorisierung

Abb. 10: Gruppen von Mehrwertdiensten (VANS) und beispielhafte Nennungen

Folgt man dieser Abgrenzung, so wäre jeder VANS ein Mehrwertdienst, nicht aber umgekehrt. Das Beispiel der Videotex-Systeme kann dies verdeutlichen: Das Btx-System ist ein Mehrwertdienst der Deutschen Bundespost Telekom und gleichzeitig ein Träger-VAN für private Anbieter, wobei die Anbieter mit Externen Rechnern wiederum eigene VANS bereitstellen, die ihrerseits von Dritten für weitere Angebote genutzt werden können. Somit umfaßt allein das Btx-System in Deutschland auf Grund der in ihm zusammengebundenen Informationsanbieter über 3000 VANS.

---

101) Vgl. HEUERMANN, Arnulf (1987), a.a.O., S.2.

3. ENTWICKLUNGSANSÄTZE EINER DIFFUSIONSTHEORIE FÜR KRITISCHE MASSE-SYSTEME

Zielsetzung der folgenden Analysen ist es, die Spezifika der Diffusion von Kritische Masse-Systemen aufzuzeigen, die dazu führen, daß die Erklärung der Diffusionsprozesse insbesondere auf Telekommunikationsmärkten eine Relativierung und Erweiterung der Aussagen der klassischen Diffusionstheorie erfordert. Zu diesem Zweck werden zunächst die diffusionsspezifischen Besonderheiten von Kritische Masse-Systemen herausgearbeitet. Dabei werden die aus diesen Besonderheiten resultierenden diffusionstheoretischen Konsequenzen mit den Aussagen der klassischen Diffusionstheorie verglichen und abschließend durch die Ableitung des theoretischen Verlaufs der Diffusionskurve von Kritische Masse-Systemen zusammengefaßt.

Die nachfolgenden Betrachtungen sind nicht als eigenständige Diffusionstheorie für Kritische Masse-Systeme zu verstehen, sondern konzentrieren sich auf die für Kritische Masse-Systeme relevanten diffusionsbestimmenden Faktoren:

- Ausgangspunkt der Betrachtungen bilden Überlegungen zur sog. **Installierten Basis**, die als das zentrale diffusionsbestimmende Charakteristikum von Kritische Masse Systemen angesehen werden kann.

- Im nächsten Schritt werden dann die Einflußfaktoren auf die Diffusionsentwicklung von Kritische Masse-Systemen vor Erreichen und nach Überschreiten der Kritischen Masse analysiert.

- Abschließend werden die Konsequenzen herausgearbeitet, die sich aus den Besonderheiten von Kritische Masse-Systemen für die Diffusionstheorie ergeben.

3.1. Die Installierte Basis als zentrales diffusionsbestimmendes Charakteristikum von Kritische Masse-Systemen

Als zentrales Charakteristikum von Systemgütern wurde herausgestellt, daß sie nur über einen Derivativnutzen verfügen, der sich daraus ergibt, daß Systemgüter von den Nachfragern als gemeinsames Kommunikationsinstrument eingesetzt werden. [102] Die Teilnehmer eines Kritischen Masse-Systems können über diese Systemtechnologie in eine Kommunikationsbeziehung treten, wobei durch das System die technischen Voraussetzungen bereitgestellt werden müssen, die einen **multidirektionalen Kommunikationsfluß** zwischen den Mitgliedern eines sozialen Systems ermöglichen. Die hohe Bedeutung, die ein multidirektionaler Kommunikationsfluß für die Diffusion von Kritische Masse-Systeme besitzt wird z.B. darin deutlich, daß die Diffusion des Telefons in den USA dadurch behindert wurde, daß die ersten Telefoninstallationen im Rahmen sog. "private lines" nur eine Kommunikationsmöglichkeit zwischen zwei fest bestimmten Punkten erlaubten, wie z.B. dem Arbeitsplatz und der Wohnung eines Teilnehmers. [103] Das Telefonieren konnte sich gegen das Telegraphieren erst in dem Moment durchsetzen, als eine Kommunikation zwischen beliebigen Telefonteilnehmern ermöglicht wurde.

Die Anzahl möglicher Kommunikationsbeziehungen, die durch ein Kritisches Masse-System hergestellt werden kann, ist um so größer, je mehr Teilnehmer das System umfaßt. Die Summe der Teilnehmer, die zu einem bestimmten Zeitpunkt an ein Kritisches Masse-System angeschlossen ist, stellt den historischen Absatz des Systems dar und wird im folgenden als **INSTALLIERTE BASIS** bezeichnet. [104]
Die Installierte Basis liefert einen eigenständigen Nutzenbeitrag und bildet das **zentrale Spezifikum**, durch das die Diffusionsgeschwindigkeit bei Kritische Masse-Systemen in entscheidender Weise beeinflußt wird. Die Installierte Basis ist deshalb einer genaueren Analyse zu unterziehen.

Im folgenden wird zunächst der Begriff der Kompatibilität diskutiert, und es werden Kompatibilitätsmechanismen aufgezeigt, da allein auf Grund der Kompatibilität zwischen verschiedenen Kritische Masse-Systemen die Installierte Basis und damit der Nutzen von Systemgütern gesteigert werden kann. Daran anschließend wird der Nut-

---

102) Vgl. hierzu die Ausführungen in Kapitel 1.2.2 "Charakteristika von Systemgütern".
103) Vgl. ARONSON, Sidney H.: Bell's Electrical Toy: What's the Use? The Sociology of Early Telephone Usage, in: de SOLA POOL, Ithiel (Ed.): The Social Impact of the Telephone, Cambridge, London 1977, S.23ff.
104) Vgl. zu dieser Bezeichnung insbesondere: FARRELL, Joseph/ SALONER, Garth: Installed Base and Compatibility: Innovation, Product Preannouncements, and Predation, in: The American Economic Review, No. 5, 76(1986), S.940ff.

zenbeitrag der Installierten Basis für Kritische Masse-Systeme untersucht, und es wird gezeigt, daß die Kritische Masse als eine charakteristische Ausprägung der Installierten Basis anzusehen ist, die einen Wendepunkt in der Diffusionsentwicklung von Kritische Masse-Systemen darstellt.

3.1.1. Installierte Basis und Kompatibilität

Die Größe der Installierten Basis bestimmt sich nicht allein auf Grund der Anzahl der Personen, die zu einem bestimmten Zeitpunkt bereits Teilnehmer eines Kritischen Masse-Systems ist, sondern ergibt sich aus der Zahl der Anwender aller kompatiblen Systeme. Die Kompatibilität beeinflußt damit in entscheidender Weise die Anzahl möglicher Kommunikationsbeziehungen und somit auch den Umfang der Installierten Basis.

3.1.1.1. Kompatibilitätskategorien

Allgemein kann bei Systemtechnologien zwischen direkter und indirekter Kompatibilität unterschieden werden:
Zwei Systemtechnologien heißen **direkt kompatibel**, wenn sie interaktiv zusammenarbeiten können. Sie werden als **indirekt kompatibel** bezeichnet, wenn sie auf gleiche Systemkomponenten zurückgreifen können, aber nicht in einer Interaktionsbeziehung stehen. Direkte und indirekte Kompatibilität lassen sich jeweils nochmals in einseitige und wechselseitige Kompatibilität unterteilen.[105] **Einseitige Kompatibilität** zwischen zwei Systemtechnologien A und B liegt dann vor, wenn A zu B kompatibel ist, nicht aber umgekehrt. In diesem Fall kann nur A die Installierte Basis der Technologie B ausnutzen. Liegt hingegen **wechselseitige Kompatibilität** vor, so sind beide Systemtechnologien zueinander kompatibel, und beiden kommt die Installierte Basis der jeweils anderen Technologie zu Gute. Im folgenden werden die unterschiedlichen Kompatibilitätskategorien im Hinblick auf ihre Bedeutung für Kritische Masse-Systeme genauer betrachtet.

(1) Indirekt einseitige Kompatibilität
Ist eine Systemtechnologie A **indirekt einseitig kompatibel** zu einer Systemtechnologie B, so kann A auch die Systemkomponenten von B verwenden. Damit kann A die Installierte Basis von B ausnutzen und durch die zunehmende Verbreitung der

---

105) Vgl. z.B. WIESE, Harald (1990), a.a.O., S.12ff.

Systemkomponenten von B, werden bei A indirekte Netzeffekte wirksam. A zieht damit einen Vorteil aus der Verbreitung von B, den B nicht realisieren kann.

Im Falle von Systemgütern erzielen indirekt einseitig kompatible Kritische Masse-Systeme einen Startvorteil daraus, daß sie z.B. auf die Endgeräte eines etablierten Systems zurückgreifen können. In diesen Fällen müssen die Teilnehmer des etablierten Systems keine neuen Endgeräte für das betrachtete System anschaffen, sondern können sich mit ihren Endgeräten unmittelbar an das neue Kritische Masse-System anschließen. So wurde z.B. im Dezember 1989 eine in der Funktionalität reduzierte Version des Btx-Softwaredecoders "Btx-Manager" für Commodore 64/128-Rechner als Diskette kostenlos dem 64er-Magazin aus dem Verlag Markt & Technik beigelegt, durch den solche Rechner als Endgeräte des Btx-Systems genutzt werden können. Obwohl für den Anschluß an Btx zusätzlich noch ein Pegelwandler-Kabel erforderlich war, verzeichnete man im Januar 1990 eine signifikante Steigerung der Btx-Teilnehmerzugänge, und es wurden im ersten Halbjahr 1990 insgesamt über 7000 Stück dieses Softwaredecoders für 64/128er-Rechner mit vollem Funktionsumfang verkauft.[106)]

(2) Indirekt wechselseitige Kompatibilität

Bei zwei **indirekt wechselseitig kompatiblen** Systemtechnologien können identische Systemkomponenten in beiden Systemtechnologien verwendet werden. Ein klassisches Beispiel hierfür ist der Personal Computer (PC) als multifunktionales Endgerät. Durch den Kauf eines integrierten Kommunikationspaketes, das auf einem PC installiert wird, kann der PC als Endgerät für unterschiedliche Kritische Masse-Systeme wie z.B. Btx, Telefax, Teletex, Mailbox und Telex dienen. Damit wird zwar keine Interaktion zwischen zwei verschiedenen Kritische Masse-Systemen erreicht (also kommunizieren z.B. Teilnehmer im Mailbox-System nicht mit Teilnehmern im Telex-System), jedoch kann die Installierte Basis an Endgeräten der einen Systemtechnologie durch die andere Systemtechnologie ausgenutzt werden. Die Besitzer eines bestimmten Endgerätes haben dadurch den Vorteil, daß die Einsatzmöglichkeiten ihres Produktes steigen und sie zur Nutzung eines weiteren Kritischen Masse-Systems keine bzw. nur noch geringe Investitionen in neue Systemkomponenten tätigen müssen. Damit kann ein neues Kritisches Masse-System, das die Installierte Basis an Endgeräten bereits vorhandener Kritische Masse-Systeme ausnutzt, einen komparativen Konkurrenzvorteil realisieren.

---

106) Vgl. O. V.: Akzeptanz für Janussoft-Decoder und Btx-Manager, in: bildschirmtext magazin, Heft 9, 11(1990), S.36. Vgl. auch die in Abbildung 49 dargestellte Entwicklung der monatlichen Anschlußzahlen des Btx-Systems.

(3) Direkt einseitige Kompatibilität

Während eine indirekte Kompatibilität bei Kritische Masse-Systemen primär nur für den Bereich der Endgeräte von Bedeutung ist, wirkt sich eine direkte Kompatibilität unmittelbar auf die im Rahmen eines Kritischen Masse-Systems realisierbaren Kommunikationsbeziehungen aus. Allgemein ist eine Systemtechnologie dann **direkt einseitig kompatibel,** wenn sie Informationen einem anderen System zuleiten kann, nicht jedoch umgekehrt. Für Kritische Masse-Systeme bedeutet das, daß die Teilnehmer eines Kritischen Masse-Systems mit den Teilnehmern eines anderen Systems in Verbindung treten können, nicht jedoch umgekehrt. Damit kann das direkt einseitig kompatible System auf die Installierte Basis des zu ihm kompatiblen Systems zurückgreifen, wodurch sich einseitig die realisierbaren Kommunikationsbeziehungen vergrößern und damit der Nutzen bei der kompatiblen Technologie steigt. So können z.B. die Anwender des Btx-Systems Nachrichten an Teilnehmer der Systeme Telefax, Cityruf und Euromessage senden, nicht aber umgekehrt. Durch direkt einseitige Kompatibilität ist es insbesondere für neue Kritische Masse-Systeme möglich, die Installierte Basis zum Zeitpunkt der Markteinführung beträchtlich zu erhöhen und sich gleichzeitig von etablierten Systemen abzuschotten.

(4) Direkt wechselseitige Kompatibilität

Die Möglichkeit der Abschottung entfällt jedoch, wenn eine direkt wechselseitige Kompatibilität vorliegt. Bei **direkt wechselseitig kompatiblen** Systemen ist ein unmittelbarer Informationsaustausch zwischen beiden Systemen möglich, wodurch beide in gleichem Maße einen Vorteil aus der Installierten Basis der jeweils anderen Technologie ziehen können. So haben zum Beispiel Teilnehmer des Btx-Systems in Deutschland die Möglichkeit, mit den Teilnehmern des Télétel-Systems in Frankreich sowie der Videotex-Systeme in der Schweiz, Österreich und den USA in Verbindung zu treten und umgekehrt. Gleiches gilt für die Systeme Btx und Telex.[107]

Im Vergleich zu inkompatiblen Kritische Masse-Systemen liegt der Vorteil einer direkt wechselseitigen Kompatibilität darin, daß bereits mit der Einführung die gesamte Installierte Basis eines etablierten Systems genutzt werden kann, wodurch sich das Nutzenspektrum beider Systeme erweitert. Allerdings ist zu beachten, daß im Gegensatz zu indirekt kompatiblen Kritische Masse-Systemen bei direkt kompatiblen Systemen für beide Systeme unterschiedliche Endgeräte erforderlich sein können. In diesem Fall entfallen für die Nachfrager die Investitionen in "neue" Endgeräte nicht.

---

107) Hierbei ist jedoch einschränkend zu vermerken, daß Telex-Teilnehmer nicht die volle Funktionalität des Btx-Systems ausnutzen können, sondern lediglich Mitteilungen an Btx-Teilnehmer übersenden können.

Die wesentlichen Vorteile, die sich aus der Kompatibilität ziehen lassen, sind in Abbildung 11 zusammengefaßt.

	einseitige Kompatibilität	wechselseitige Kompatibilität
direkte Kompatibilität	einseitige Ausnutzung der Installierten Basis; einseitige Vergrößerung der Nachfragesynergien	wechselseitige Ausnutzung der Installierten Basis; wechselseitige Vergrößerung der Nachfragesynergien
indirekte Kompatibilität	einseitige Ausnutzung der Installierten Basis; einseitige Vergrößerung indirekter Netzeffekte	wechselseitige Ausnutzung der Installierten Basis; wechselseitige Vergrößerung indirekter Netzeffekte

Abb. 11: Vorteile der Kompatibilität

3.1.1.2. Kompatibilitätsmechanismen

Damit Kompatibilität zwischen Produkten sichergestellt ist, sind technische Kompatibilitätsregeln erforderlich. Betrachtet man nur die Produkte eines Herstellers, so wird die Kompatibilität zwischen diesen Produkten auf Grund der anbieterspezifischen Beschreibungen technischer Kompatibilitätsregeln gewährleistet, die als **Typisierungen** bezeichnet werden.[108] Zur Herstellung von Kompatibilität zwischen Systemkomponenten oder Systemtechnologien unterschiedlicher Anbieter hingegen sind herstellerübergreifende Kompatibilitätsregeln erforderlich. Hierbei kommen **zwei** grundlegende Mechanismen zum Tragen, über die Kompatibilität hergestellt wird: Adapter und De-Facto Standards.[109]

---

108) Vgl. HINTERHUBER, Hans H.: Normung, Typung und Standardisierung, in: Grochla, Erwin/ Wittmann, Waldemar (Hrsg.): Handwörterbuch der Betriebswirtschaft, Stuttgart 1975, Sp.2780. KLEINALTENKAMP, Michael: Der Einfluß der Normung und Standardisierung auf die Diffusion technischer Innovationen, Arbeitspapier des SFB 187 "Neue Informationstechnologien und flexible Arbeitssysteme", Ruhr Universität Bochum, Bochum 1990, S.4.

109) Vgl. zu dieser Unterscheidung insbesondere: KATZ, Michael L./ SHAPIRO, Carl (1985), a.a.O., S.434. Dieselben (1986a), a.a.O., S.147. Dieselben: Technology Adoption in the Presence of Network Externalities, in: Journal of Political Economy, No. 4, 96(1986), S.823f.

(1) Adapter als Kompatibilitätsmechanismus

Adapter als Kompatibilitätsmechanismus sind in allen Fällen relevant, in denen einseitige Kompatibilität vorliegt. Durch die Konstruktion von Adaptern oder Interfaces kann ein einzelner Anbieter seine Produkte durch eine einseitige Maßnahme zu den Produkten anderer Hersteller kompatibel machen. Er besitzt damit den Vorteil, daß er die Installierte Basis der Systemkomponenten anderer Hersteller ausnutzen kann, ohne daß diese einen Vorteil aus der Verbreitung seiner Produkte ziehen können. Bei Adaptern als alleinigem Kompatibilitätsmechanismus existieren meist mehrere Systemtechnologien nebeneinander, die sich in der Regel durch unterschiedliche Funktionalität auszeichnen. Durch die Konstruktion von Adaptern ist der einzelne Anbieter frei in der Entscheidung, seine Systemkomponenten kompatibel zu konkurrierenden Systemkomponenten oder Systemtechnologien zu halten.

Adapter sind immer dann als Kompatibilitätsmechanismus geeignet, wenn sich der Markt in einer Phase der Orientierung befindet. Durch sie können neue, innovative Systemtechnologien ihre Marktchance vergrößern, da sie die Installierte Basis vorhandener Technologien ausnutzen können und gleichzeitig den Anwendern die Möglichkeit bieten, innovative Produktmerkmale und veränderte Funktionalitäten einer Systemtechnologie kennenzulernen. Sie intensivieren damit den Wettbewerb zwischen alternativen Systemtechnologien und sind charakteristisch für Prä-Standardisierungsphasen.

Bei Kritische Masse-Systemen spielen Adapter als Kompatibilitätsmechanismus insbesondere im Bereich der Endgeräte eine große Rolle. Durch ihren Einsatz können Endgeräte eines etablierten Systems auch für ein neues Kritisches Masse-System verwendet werden, wodurch sich die Anschaffungskosten für Endgeräte reduzieren lassen. So kann z.B. ein PC durch den Einbau entsprechender Hard-und/oder Software als Endgerät für unterschiedliche Kritische Masse-Systeme genutzt werden. Es kann davon ausgegangen werden, daß durch das Angebot von Adaptern zur Aufrüstung vorhandener Endgeräte die Diffusionsentwicklung von Kritische Masse-Systemen begünstigt wird, da die Besitzer von Endgeräten einen Kostenvorteil beim Anschluß an das neue System erzielen können und sich darüber hinaus die Funktionalität und Nutzungsmöglichkeiten ihres Endgerätes vergrößern.

(2) De-Facto-Standards als Kompatibilitätsmechanismus

Adapter als Kompatibilitätsmechanismus versagen in dem Moment, wo sich in einer späteren Phase der Marktentwicklung **De-Facto-Standards** am Markt etabliert haben. De-Facto-Standards liegen dann vor, wenn die Einhaltung bestimmter technischer Kompatibilitätsregeln explizit von der Nachfragerseite verlangt wird. Ein typisches Beispiel hierfür ist das Betriebssystem UNIX, das nach einer Empfehlung des EG-Rates bei Ausschreibungen von Behörden von diesen verlangt werden muß.

UNIX wird damit bei öffentlichen Ausschreibungen zunehmend zu einem Ausschlußkriterium für die Anbieter.[110] Müssen De-Facto-Standards eingehalten werden, so werden die Anbieter gezwungen, das Design ihrer Produkte dem De-Facto-Standard entsprechend zu verändern. In der Regel ist es nicht möglich, De-Facto-Standards durch den Einsatz von Adaptern zu erfüllen. In abgeschwächter Form gilt das auch bei Existenz von Industriestandards und Normen.[111] Während **Normen** Kompatibilitätsregeln darstellen, die von einer offiziellen Stelle kodifiziert wurden, liegen **Industriestandards** dann vor, wenn Systemkomponenten oder Systeme auf Basis hoher Installationszahlen bei den Anwendern verbreitet sind und sich ihr Gebrauch eingebürgert hat; d.h. sie akzeptiert sind.

Obwohl Normen ebenso wie Industriestandards keinen faktischen Zwang zur Einhaltung besitzen, sondern nur den Charakter von Empfehlungen tragen, geht von ihnen doch eine normative Wirkung aus, die die Anbieter zur ihrer Einhaltung zwingt, wodurch sie wie De-Facto-Standards wirken. Bei Industriestandards liegt das darin begründet, daß sie auf Grund ihrer hohen Verbreitung von einer Vielzahl von Anbietern und Nachfragern akzeptiert wurden, während Normen in der Regel deshalb von allen Marktteilnehmern anerkannt werden, weil ihre Nichteinhaltung häufig mit dem Image mangelnder Qualität verbunden wird und sich durch Normen eine Vereinfachung des Geschäftsverkehrs ergibt.[112]

Für Kritische Masse-Systeme besitzen De-Facto-Standards jedoch nur eine untergeordnete Rolle, da auf Grund der a priori Bestimmung der Systemarchitektur alle Schnittstellen definiert und fest vorgegeben sind und damit auch eingehalten werden müssen. Eine Ausnahme bildet hier wiederum der Einsatz von PC's als Endgeräte, wo es sinnvoll ist, die kommunikationsspezifischen Hard- und Software-Elemente, die zum Anschluß an ein Kritisches Masse-System erforderlich sind, auf solche PC's abzustellen, die am Markt eine hohe Verbreitung erreicht haben und damit zum De-Facto- oder Industriestandard geworden sind. Hat nämlich ein bestimmtes PC-System allgemeine Akzeptanz am Markt erreicht und sich als De-Facto-Standard durchgesetzt, so werden Adapter nicht mehr den Marktanforderungen gerecht, und das Produkt-Design muß an dem gültigen Standard ausgerichtet werden.

Bei der Entwicklung von Kommunikationsprodukten für ein bestimmtes PC-System ist allerdings ist zu beachten, daß der PC lediglich das **Trägersystem** für die erfor-

---

110) Vgl. O. V. (1988): Bonn will X/Open Standard verbindlich machen, in: Computerwoche, vom 11.11.1988, Nr. 46, 15(1988), S.1f.

111) Vgl. zur Unterscheidung zwischen Typen, Normen, Standards, Industriestandards und De-Facto-Standards auch: KLEINALTENKAMP, Michael (1990), a.a.O., S.2ff.

112) Vgl. REIHLEN, Helmut/ PETRICK, Klaus: "Made in Germany hat Zukunft - Systematische Qualitätssicherung und ihr Nachweis anhand von Normen schaffen Vertrauen, in: Lisson, Alfred: Qualität - Die Herausforderung, Berlin Heidelberg New York Tokyo 1987, S.130ff. KLEINALTENKAMP, Michael (1990), a.a.O., S.5ff.

derlichen Kommunikationsprodukte darstellt, während die Kommunikationsprodukte selbst an die durch das Kritische Masse-System festgelegten Schnittstellendefinitionen gebunden sind.

Durch die Etablierung von De-Facto-Standards sowie Normen und Industriestandards werden bei deren Einhaltung immer wechselseitige Kompatibilitäten geschaffen, womit Vorteile, die aus der Installierten Basis oder Netzeffekten gezogen werden können, allen Marktteilnehmern zu Gute kommen.

3.1.2. Der Nutzenbeitrag der Installierten Basis

Den Kommunikationsbedürfnissen innerhalb eines sozialen Systems bzw. innerhalb einzelner Kommunikationsgruppen kann ein einzelnes Kritisches Masse-System erst dann in vollem Umfang gerecht werden, wenn alle Mitglieder Zugriff auf dasselbe System besitzen oder eine direkt wechselseitige Kompatibilität zwischen den vorhandenen Systemen vorliegt. Je weiter ein Kritisches Masse-System verbreitet ist, desto größer sind die Möglichkeiten, die Kommunikation mit einem bestimmten Mitglied des sozialen Systems aufzunehmen. Sobald alle Mitglieder eines sozialen Systems über das betrachtete Kritische Masse-System erreichbar sind, hat dieses System eine **UNIVERSELLE ZUGRIFFSMÖGLICHKEIT** erlangt.[113] Voraussetzung für die Erzielung einer universellen Zugriffsmöglichkeit ist zunächst einmal, daß ein Kritisches Masse-System in dem jeweils geographisch relevanten Gebiet flächendeckend vorhanden ist.[114] Ist diese Voraussetzung erfüllt, so bestimmt sich der Grad an universellem Zugriff durch die Zahl der Mitglieder eines sozialen Systems, die über ein Endgerät verfügen bzw. Zugriff auf ein solches besitzen. Damit ist der Grad an universellem Zugriff direkt von der Höhe der Installierten Basis bzw. dem Diffusionsgrad eines Kritischen Masse-Systems abhängig. Je größer die Installierte Basis ist, desto besser wird ein Kritisches Masse-System der Zielsetzung eines multidirektionalen Kommunikationsflusses gerecht. Damit ist auch der Nutzen, den ein Nachfrager aus einem Kritische Masse-System ziehen kann um so größer, je größer die Installierte Basis ist, und entsprechend ist mit steigender Installierter Basis eine steigende Adoptionsbereitschaft der Nachfrager zu erwarten.

---

113) Vgl. zu diesem Verständnis auch: MARKUS, M. Lynne: Toward a "Critical Mass" Theory of Interactive Media, in: Communication Research, No. 5, 14(1987), S.491ff. –

114) Im Bereich der Telekommunikationssysteme wird in der Regel dann von Flächendeckung gesprochen, wenn die systemtechnischen Voraussetzungen soweit gegeben sind, daß 90 Prozent aller Anträge auf einen Anschluß an ein Telekommunikationssystem innerhalb eines bestimmten Zeitraumes (z.B. von 6 Monaten) erledigt werden können.

Der Nutzen eines Kritischen Masse-Systems ist damit keine konstante, sondern eine dynamische Größe, die im Zeitablauf mit der Entwicklung der Installierten Basis variiert. Der Nutzenbeitrag, den die Installierte Basis für die Teilnehmer eines Kritischen Masse-Systems liefert, läßt sich am besten verdeutlichen, wenn man eine Situation betrachtet, in der innerhalb eines sozialen Sytems mehrere *inkompatible* Kritische Masse-Systeme existieren, die alle zum Zwecke der Kommunikation eingesetzt werden können. In diesem Fall läßt sich der aus der Installierten Basis resultierende Nutzen auf drei Effekte zurückführen:

(1) Effekt der Anschlußzahl:

Der Kauf eines Endgerätes bzw. der Zugriff auf ein solches und der Anschluß an ein Kritisches Masse-System ist zunächst einmal die Grundvoraussetzung dafür, daß eine bestimmte Person über ein Kritisches Masse-System erreichbar ist und mit anderen Mitgliedern eines sozialen Systems in Beziehung treten kann. Der unmittelbar aus der Installierten Basis resultierende Nutzen ist deshalb darin zu sehen, daß mit einer Vergrößerung der Installierten Basis auch der Grad an universellem Zugriff steigt, d.h. zwischen Installierter Basis und universeller Zugriffsmöglichkeit besteht ein direkter Netzeffekt. Wir bezeichnen diesen Zusammenhang im folgenden als den (nutzensteigernden) Effekt der Anschlußzahl.

(2) Effekt der Nutzungsintensität:

Eine hohe Installierte Basis führt de facto nur dann zu einem universellen Zugriff, wenn die Teilnehmer ein Kritisches Masse-System auch zur Kommunikation einsetzen. Für die Nutzung eines Kritischen Masse-Systems ist dabei die *Gegenseitigkeit der Kommunikationsbeziehung* entscheidend, d.h. daß ein Kritisches Masse-System von einer Person sowohl zum Empfang als auch zum Übermitteln von Informationen eingesetzt wird.[115] In diesem Sinne ist der Nutzen, den alle Teilnehmer aus einem Kritische Masse-System ziehen können, um so größer, je höher die Nutzungsintensität des einzelnen Anwenders ist. Die **Nutzungsintensität** spiegelt sich z.B. im Grad der regelmäßigen Nutzung, in der durchschnittlichen Länge der Nutzung, der Zeitspanne der Erwiderung von Nachrichten und dem Konzentrationsgrad auf ein bestimmtes Kritisches Masse-System als Kommunikationsinstrument wider. Die Nutzungsintensität kann deshalb auch als **Kommunikationsdisziplin** bezeichnet werden.[116] Je höher die Kommunikationsdisziplin unter den Teilnehmern eines Kritischen Masse-Systems ausgeprägt ist, desto höher ist auch der Nutzen, den alle Teilnehmer aus einem Kritische Masse-System ziehen können. Eine hohe Kommunikationsdisziplin stellt sich um so eher ein, je höher die Attraktivität eines Kritischen

---

115) Vgl. hierzu auch die Ausführungen in Kapitel 1.2.2 "Charakteristika von Systemgütern".
116) Vgl. MARKUS, M. Lynne (1987), a.a.O., S.499f.

Masse-Systems von den Nachfragern wahrgenommen wird und je größer die Installierte Basis ausgestaltet ist. Bei einer hohen Installierten Basis ist die Wahrscheinlichkeit hoch, daß die gewünschten Kommunikationspartner auch über dieses System erreichbar sind, so daß davon ausgegangen werden kann, daß dieses System auch verstärkt zur Kommunikation eingesetzt wird. Ebenso ist bei einer hohen wahrgenommenen Attraktivität eines Kritischen Masse-Systems zu erwarten, daß die Nachfrager auch eine hohe Präferenz für dieses System entwickeln.

Während der Effekt der Anschlußzahl als notwendige Bedingung dafür anzusehen ist, daß ein Nachfrager einen Nutzen aus einem Kritische Masse-System ziehen kann, stellt der Effekt der Nutzungsintensität die hinreichende Bedingung dar.

(3) Inkompatibilitätseffekt:

Mit steigender Installierter Basis und bei entsprechend ausgestalteter Kommunikationsdisziplin der Nachfrager ergibt sich ein nutzensteigernder Effekt auch daraus, daß die Kosten und der Zeitaufwand zur Kommunikation für den einzelnen Teilnehmer sinken.[117] Will beispielsweise eine Person mit allen Mitglieder einer Gruppe über ein bestimmtes Kritisches Masse-System in Verbindung treten und hat dieses noch nicht den vollständigen Grad an universellem Zugriff erreicht, so ist damit ein **Inkompatibilitätseffekt** verbunden, der alle Gruppenmitglieder betrifft, die Teilnehmer in unterschiedlichen (inkompatiblen) Kritische Masse-Systemen sind. Der Inkompatibilitätseffekt manifestiert sich in diesem Fall darin, daß die Kommunikation einer Person mit den Teilnehmern aus anderen Systemen dadurch kosten- und zeitintensiver wird, daß diese Person u.a.

- zwischen Teilnehmern und Nicht-Teilnehmern eines bestimmten Systems differenzieren muß;

- unterschiedliche Systeme zur Kommunikation einsetzen muß;

- Medien-Transformationen vornehmen muß, die darin bestehen, daß die zu übermittelnden Nachrichten für unterschiedliche Systeme aufbereitet werden müssen;

- mehr Kontrollaufwand zur Prüfung des Erhalts ihrer Nachricht und des Feedbacks der übrigen Gruppenmitglieder aufwenden muß;

- mehr Zeit für die Kommunikation aufwenden muß, wenn Antworten nur zögernd zurückkommen;

- einen höheren Koordinationsaufwand auf Grund ihrer Kommunikationstätigkeit in unterschiedlichen Systemen betreiben muß.

---

117) Vgl. MARKUS, M. Lynne (1987), a.a.O., S.492f.

Der Inkompatibilitätseffekt ist insbesondere in der frühen Phase der Markteinführung von Kritische Masse-Systemen evident, da in dieser Phase die Installierte Basis noch sehr gering ist und somit die Wahrscheinlichkeit als hoch anzusehen ist, daß neben dem betrachteten System auch noch andere Systeme zur Kommunikation eingesetzt werden müssen, womit der oben beschriebene erhöhte Kontroll- und Koordinationsaufwand zum Tragen kommt. Der Inkompatibilitätseffekt kann bei innovativen Kritische Masse-Systemen nur dadurch abgeschwächt werden, indem ein neues Kritisches Masse-System direkt wechselseitig kompatibel zu etablierten Systemen ist. Vor dem Hintergrund dieser Überlegungen läßt sich folgende Hypothese formulieren: Je größer die Installierte Basis eines innovativen Kritischen Masse-Systems ist, desto geringer ist der Inkompatibilitätseffekt und desto größer sind die realisierbaren Kosten- und Zeitersparnisse.

Darüber hinaus ergeben sich für die Teilnehmer eines Kritischen Masse-Systems aber auch daraus Vorteile, daß mit der fortschreitenden Diffusion eines Kritischen Masse-Systems der Grad an universellem Zugriff steigt, wodurch sich die Zahl der realisierbaren Kommunikationsbeziehungen in einem sozialen System erhöht. Außerdem reduziert die breite Akzeptanz eines Kritischen Masse-Systems die Such- und Informationskosten der Nachfrager im Rahmen der Entscheidung zwischen alternativen Systemen.[118)]

Die aus dem Effekt der Anschlußzahl, dem Inkompatibilitätseffekt und der Nutzungsintensität bzw. Kommunikationsdisziplin resultierenden nutzensteigernden Wirkungen der Installierten Basis werden im folgenden zusammenfassend als **NACHFRAGESYNERGIEN** bezeichnet.

Das Spezifikum von Nachfragesynergien bei Kritische Masse-Systemen läßt sich in folgender Hypothese zusammenfassen:

Je größer der Personenkreis ist, der das gleiche Kritische Masse-System einsetzt, desto größer ist der subjektiv wahrgenommene Nutzen, den ein Nachfrager beim Anschluß an ein solches System empfindet.

In den Nachfragesynergien konkretisiert sich der Nutzenbeitrag der Installierten Basis für ein Kritisches Masse-System, so daß sie als **zentrales Charakteristikum** von Kritische Masse-Systemen angesehen werden können. Über die Nachfragesynergien besitzt die Installierte Basis einen entscheidenden Einfluß auf die Präferenzbildung der Nachfrager bei der Entscheidung für ein bestimmtes Kritisches Masse-System. Bei den weiteren Überlegungen wird deshalb von der **These** ausgegangen, daß die

---

118) Vgl. CARLTON, Dennis W./ KLAMER, Mark J.: The need for coordination among firms, with special reference to network industries, in: University of Chicago Law Review, 1983, S.446ff. WEIZSÄCKER, Carl Chrisitan von: The costs of substitution, in: Econometrica, 52(1984), No. 5, S.1085ff.

Installierte Basis über die Existenz von Nachfragesynergien einen **eigenständigen Bestimmungsfaktor** für die Nachfrage nach Kritische Masse-Systemen darstellt.

3.1.3. Die Bedeutung der Kritischen Masse für die Diffusion von Kritische Masse-Systemen

Als originäres Ziel von Kritische Masse-Systemen wurde die Schaffung eines multidirektionalen Kommunikationsflusses zwischen den Mitgliedern eines sozialen Systems herausgestellt. Somit kann ein Kritisches Masse-System nur dann einen Nutzen stiften, wenn eine bestimmte Mindestzahl von Personen Teilnehmer des Systems ist. Als **theoretische Minimalanforderung** läßt sich die Existenz von mindestens zwei Teilnehmern formulieren. Nur wenn zwei Personen über jeweils ein Systemgut verfügen, kann über ein Kritisches Masse-System eine Kommunikationsbeziehung zwischen beiden hergestellt werden. Diese ist notwendig, damit die Systemgüter überhaupt einen Nutzen für den einzelnen Nachfrager entfalten.[119] Bei der Markteinführung eines Kritischen Masse-Systems ist es deshalb notwendig, bereits zu Beginn einen bestimmten Nutzerkreis zu etablieren, durch den Kommunikationsbeziehungen erst möglich werden und sich Nachfragesynergien entwickeln können. Ist ein solcher Nutzerkreis nicht vorhanden, so können sich auch keine Nachfragesynergien entfalten und ein Kritisches Masse-System besitzt nur geringe Aussichten auf einen Markterfolg. Wir bezeichnen den zur Markteinführung erforderlichen Nutzerkreis im folgenden als **BASIS-NUTZERKREIS**, der eine charakteristische Ausprägung der Installierten Basis darstellt. Die Errichtung eines Basis-Nutzerkreises entspricht der Herbeiführung einer **kollektiven Adoptionsentscheidung** von mehreren Nachfragern.

Typische Beispiele für die Etablierung von Basis-Nutzerkreisen sind etwa Feldversuche, wie sie bei der Einführung von Btx oder ISDN unternommen wurden. Ein Basis-Nutzerkreis kann aber auch durch direkte Kompatibilität eines neuen Kritische Masse-Systems zu einem vorhandenen geschaffen werden. Mit der Etablierung eines Basis-Nutzerkreises ist allerdings noch nicht gesichert, daß Nachfragesynergien auch in ausreichendem Ausmaß zum Tragen kommen. Das ist erst dann gegeben, wenn die Installierte Basis eine bestimmte Größe überschritten hat, die im folgenden als **KRITISCHE MASSE** bezeichnet wird.

---

119) Im Bereich der Telekommunikationssysteme bilden hier solche Systeme eine Ausnahme, die nur als Informationsinstrument genutzt werden können, wie z.B. das Videotext-System in Deutschland, da hier für den Abruf von Informationen kein Kommunikationspartner erforderlich ist.

3.1.3.1. Der Begriff der Kritischen Masse in der klassischen Diffusionstheorie

Ein erster Hinweis darauf, daß im Verlauf des Diffusionsprozesses eine Kritische Masse existiert, findet sich bereits bei TARDE, der Gesetzmäßigkeiten bei dem soziologischen Phänomen der Imitation untersuchte.[120] Für ihn war von besonderem Interesse, "to learn why, given one hundred different innovations conceived of at the same time -innovations in the form of words, in mythological ideas, in industrial processes, etc.- ten will spread abroad while ninety will be forgotten".[121] TARDE führte die Diffusion von Innovationen auf Imitationsprozesse zurück, die zwischen den Personen eines sozialen Systems stattfinden. Dabei postulierte er einen S-förmigen Diffusionsverlauf, der in dem Moment einen "take off" erfährt, in dem die Meinungsführer des sozialen Systems eine Innovation übernommen haben.

Ebenfalls auf die Imitation stellt die Analyse von MARRIS im Rahmen seiner "Economic Theory of 'Managerial' Capitalism" ab.[122] MARRIS geht davon aus, daß die Käufer eines Produktes potentielle Interessenten ebenfalls zum Kauf stimulieren, woraus sich ab einer bestimmten "kritischen Größe" eine Kettenreaktion entwickelt. Diese kritische Größe (critical size) ist "defined as a condition where the probability of a continuing chain reaction tends to unity."[123] MARRIS unterstellt für jedes Produkt die Existenz einer solchen kritischen Größe, deren Überschreiten notwendig ist, damit ein Produkt nicht frühzeitig vom Markt verdrängt wird.

Mit zunehmender Verbreitung wird angenommen, daß auf Grund der bestehenden Kommunikationsbeziehungen in einem sozialen System auf potentielle Nachfrager ein Adoptionsdruck ausgeübt wird. Diesen sich aus dem Kommunikationsnetzwerk eines sozialen Systems ergebende Adoptionsdruck bezeichnet ROGERS als Diffusions-Effekt. "The diffusion effect is the cumulatively increasing degree of influence upon an individual to adopt or reject an innovation, resulting from the activation of peer networks about an innovation in a social system."[124] Der Diffusions-Effekt kennzeichnet damit einen Schwellenwert in der Diffusion eines Produktes, bei dessen Überschreiten die Diffusion einen "take off" erfährt. Die genaue Existenz dieses Schwellenwertes allerdings ist unbekannt. "But once this threshold is passed (the exact threshold point is different for every innovation and every system), adoption of the idea is further increased by each additional input of knowledge and influence to the system's communication environment."[125] Der Bereich, in dem ein "Diffusions-

---

120) Vgl. TARDE, Gabriel: The Law of Imitation, New York 1903, passim.
121) Ebenda, S.140.
122) Vgl. MARRIS, Robin: The Economic Theory of 'Managerial' Capitalism, London 1964, S.145ff.
123) MARRIS, Robin, a.a.O., S.146.
124) ROGERS, Everett M. (1983), a.a.O., S.234.
125) Ebenda, S.235.

take off" stattfindet, ist mit der kritischen Größe von MARRIS vergleichbar und kann als Kritische Masse interpretiert werden.

Die klassische Diffusionstheorie stellt mit der Postulation einer kritischen Größe im Diffusionsprozeß eines jeden Produktes auf die Adoptionsschwelle ab, mit deren Überschreiten die Diffusion einen Selbstverstärkungs- oder Schneeballeffekt erfährt und ein Produkt in die Phase einer breiten Diffusion eintritt.[126] Gleichzeitig kennzeichnet das Überschreiten dieser kritischen Größe den Übergang von den Early Adopters zur Early Majority.[127] Der Zeitraum, innerhalb dessen in der klassischen Diffusionstheorie ein "Diffusions-take off" vermutet wird, ist in Abbildung 12 schraffiert dargestellt.

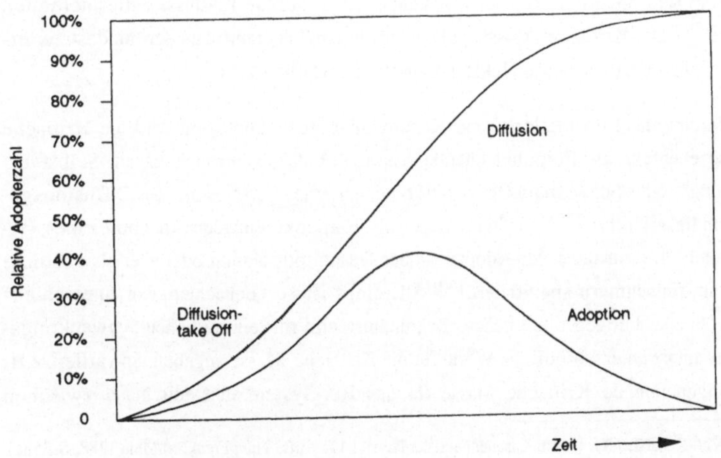

Abb. 12:   Zeitraum des "Diffusions-take off"
Quelle: ROGERS (1983), S.243

Zusammenfassend läßt sich feststellen, daß im Rahmen der klassischen Diffusionstheorie die Existenz eines Schwellenwertes im Verlauf der Diffusionsentwicklung erkannt wird, dessen Überschreiten auf Grund von **Imitationsprozessen** zu einem

---

126) Vgl. COLEMAN, James / KATZ, Elihu/ MENTZEL, Herbert: The Diffusion of an Innovation among Physicians, in: Sociometry, 20(1957), S.258ff. ROGERS, Everett M. (1962), a.a.O., S.215ff.
Der erste Hinweise auf die Existenz eines Schneeballeffektes befindet sich bereits bei RYAN und GROSS, die einen sich fortsetzenden Prozeß der Beeinflussung vorausgegangener Adoptoren auf nachfolgende Adoptoren beschreiben: Vgl. RYAN, Bryce/ GROSS, Neal C.: The Diffusion of Hybrid Seed Corn in Two Iowa Communities, in: Rural Sociology, 8(1943), S.23.
127) Vgl. ROGERS, Everett M. (1983), a.a.O., S.243ff.

verstärkten Anstieg im Verlauf der Diffusionskurve führt. Eine genauere Analyse dieses Schwellenwertes, der als Kritische Masse interpretiert werden kann, findet jedoch nicht statt. Im Vergleich zur klassischen Diffusionstheorie kommt der Kritischen Masse bei Kritische Masse-Systemen jedoch eine wesentlich weiter gefaßte Bedeutung zu, die über das verstärkte Auftreten von Imitationsprozessen hinausgeht.

3.1.3.2. Relativierung des Begriffs der Kritischen Masse bei Kritische Masse-Systemen

In der Physik kennzeichnet die Kritische Masse die kleinste Masse an Spaltstoff, in der eine Kettenreaktion von Kernspaltungen ohne äußere Einflüsse aufrechterhalten bleibt.[128] Die Kritische Masse stellt damit einen Fixpunkt dar, der mindestens erreicht sein muß, damit eine Nuklear-Explosion entstehen kann.

Im Bereich der Informations- und Kommunikationstechnologien wird die Kritische Masse ebenfalls als Fixpunkt charakterisiert, mit dessen Erreichung ein Selbstverstärkungs- oder Schneeballeffekt eintritt, der zu einer "Explosion" der Diffusionsgeschwindigkeit führt.[129] Sie wird dabei als Fixpunkt entweder in Form eines bestimmten Prozentsatzes der Adopter an der Gesamtpopulation oder aber als absolute Zahl an Teilnehmern spezifiziert.[130] Allerdings ist zu beobachten, daß unterschiedliche Untersuchungen ohne nähere Begründung und mit enorm hohen Schwankungsbreiten meist unterschiedliche Werte für die Kritische Masse angeben. So variiert z.B. die angenommene Kritische Masse für das Btx-System in Deutschland zwischen

---

128) Vgl. KUCHLING, Horst: Taschenbuch der Physik, 11. Aufl. Thun Frankfurt/Main 1988, S.558.

129) Vgl. z.B.: BACKHAUS, Klaus/ WEIBER, Rolf (1988), a.a.O., S.20ff. CULNAN, Mary J./ BAIR, James H.: Human Communication Needs and Organizational Productivity: The Potential Impact of Office Automation, in: Journal of the American Society for Information Science, No. 3, 34(1983), S.220. DEGENHARDT, Werner: Akzeptanzforschung zu Bildschirmtext, München 1986, S.121ff. HILTZ, Starr Roxanne: Online Communities: A case study of the office of the future, Norwood New York 1984, S.84f. MEFFERT, Heribert (1985a), a.a.O., S.39ff. OLIVER, Pamela/ MARWELL, Gerald/ TEIXEIRA, Ruy: A Theory of the Critical Mass. I.: Interdependence, Group Heterogeneity, and the Production of Collective Action, in: American Journal of Sociology, No. 3, 81(1985), S.523f. OREN, Shmuel S./ SMITH, Stephen A.: Critical mass and tariff structure in electronic communications markets, in: The Bell Journal of Economics, No. 1, 12(1981), S.472ff. ROGERS, Everett M.: Communication Technology: The new media in society, New York London 1986, S.116ff. SCHELLHAAS, Holger/ SCHÖNECKER, Horst G.: Kommunikationstechnik und Anwender, München 1983, S.35f. SCHUBERT, Frank (1986), a.a.O., S.20ff. STRASSBURGER, Franz Xaver: ISDN - Chancen und Risiken eines integrierten Telekommunikationskonzeptes aus betriebswirtschaftlicher Sicht, München 1990, S.227ff. UHLIG, Ronald P./ FARBER, David J./ BAIR, James H.: The office of the future, Amsterdam New York Oxford 1979, S.248ff.

130) Vgl. z.B.: ROGERS, Everett M. (1986), a.a.O., S.118. HILTZ, Starr Rosanne (1984), a.a.O., S.84. OLIVER, Pamela/ MARWELL, Gerald/ TEIXEIRA, Ruy (1985), a.a.O., S.523f. OREN, Shmuel S./ SMITH, Stephen A. (1981), a.a.O., S.472.

300.000 und 2 Mio. Teilnehmern bzw. 10% der privaten Haushalte.[131]

Bei Kritische Masse-Systemen ist jedoch eine alleinige Fixierung der Kritischen Masse auf eine bestimmte absolute oder prozentuale Teilnehmerzahl für den Diffusionsprozeß in seiner Gesamtheit nicht sinnvoll, da sich die Bedeutung der Kritischen Masse bei Kritische Masse-Systemen vor dem Hintergrund der Installierten Basis ergibt. Für Systemgüter wurde als charakteristisch herausgestellt, daß sie erst durch den gemeinsamen Einsatz von mehreren Nachfragern im Rahmen eines Kritischen Masse-Systems einen Nutzen entfalten. Welche Größe die Installierte Basis dabei annehmen muß, damit der Nutzen eines Systemgutes als so groß angesehen wird, daß eine Adoptionsentscheidung getroffen wird, ist individuell verschieden und spiegelt sich in dem **Aktivierungsgradienten eines Individuums** wider, der im folgenden einer genaueren Analyse unterzogen wird.

3.1.3.2.1. Der Aktivierungsgradient von Individuen

Die Installierte Basis als diffusionsbestimmendes Merkmal von Kritische Masse-Systemen schlägt sich bei der Adoptionsentscheidung eines Individuums in der individuellen Nutzungswahrscheinlichkeit nieder:

Die **INDIVIDUELLE NUTZUNGSWAHRSCHEINLICHKEIT** bezeichnet die subjektiv wahrgenommene Wahrscheinlichkeit eines Nachfragers, daß in seinem Umfeld eine ausreichende Anzahl von Teilnehmern eines Kritischen Masse-Systems existiert oder ausreichend viele in naher Zukunft zur Nutzung bereit wären, so daß dadurch Nachfragesynergien erzeugt werden können.

Die individuelle Nutzungswahrscheinlichkeit ist von der Anzahl derjenigen Gruppenmitglieder abhängig, zu denen auch das betrachtete Individuum zählt und die bereits Teilnehmer eines Kritischen Masse-Systems sind.[132] Die individuelle Nutzungswahrscheinlichkeit erreicht dann den Wert 1, wenn sich eine von dem

---

131) Vgl. DEUTSCHE BUNDESPOST (Hrsg.): Marketingkonzeption 1988: Bildschirmtext, o.O., 1988, S.4. FRAUENHOFER-INSTITUT FÜR SYSTEMTECHNIK UND INNOVATIONS-FORSCHUNG: Organisations-Fallstudien: Auswirkungen des Einsatzes von Bildschirmtext auf Leistung, Wirtschaftlichkeit, Organisation und Arbeitsplätze in Unternehmen und Behörden, Band 6, Landesregierung Nordrhein-Westfalen, Wissenschaftliche Begleituntersuchung Feldversuch Bildschirmtext Düsseldorf/Neuss, 1982, S.19. MAYNTZ, Renate et al.: Abschlußbericht, Band 1, Landesregierung Nordrhein-Westfalen, Wissenschaftliche Begleituntersuchung Feldversuch Bildschirmtext Düsseldorf/Neuss, 1984, S.7 und 21. O. V. (1988): Bald "kritische Masse" bei Btx erreicht, in: Süddeutsche Zeitung, vom 30.6.1988, S.33.

132) Die Nutzungswahrscheinlichkeit wird hier zunächst auf die Anzahl der Gruppenteilnehmer eingeschränkt. Darüber hinaus wird sie aber auch durch die Erwartungen eines Teilnehmers bezüglich des Nutzungsverhaltens der übrigen Teilnehmer beeinflußt, und es müssen bestimmte Mindestkriterien (z.B. Qualität des Systems) erfüllt sein.

Individuum als ausreichend angesehene Teilnehmerzahl eingestellt hat und es sich zur aktiven Teilnahme an einem Kritische Masse-System entschließt. Da die **"ausreichende Teilnehmerzahl"** individuell verschieden ist, variiert für eine bestimmte Teilnehmerzahl auch die individuelle Nutzungswahrscheinlichkeit von Nachfrager zu Nachfrager.

Trägt man die "ausreichende Teilnehmerzahl" und die Nutzungswahrscheinlichkeit in ein Koordinatensystem ein, so spiegelt der Tangens des Winkels a_i der Verbindungsgeraden zwischen Ursprung und "ausreichender Teilnehmerzahl" den **Aktivierungsgradienten** eines Individuums i wider.[133] Abbildung 13 zeigt beispielhaft für zwei Personen die Aktivierungsgradienten a_1 und a_2, wobei Person 1 bei einer geringeren Gesamtnutzerzahl zur Teilnahme an dem Kritische Masse-System bereit ist als Person 2.

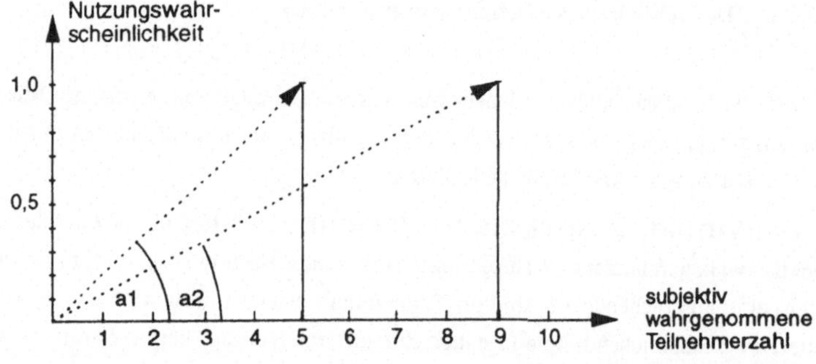

Abb. 13: Nutzungswahrscheinlichkeit und "ausreichende Teilnehmerzahl"

Weiterhin soll Abbildung 13 deutlich machen, daß z.B. für Person 1 die subjektiv wahrgenommenen Teilnehmerzahlen 1 bis 4 nicht realisierbare Zustände darstellen, d.h. sie wird keine Adoption vornehmen. Allerdings steigt die Wahrscheinlichkeit der Nutzung durch Person 1 mit steigender "ausreichender Teilnehmerzahl". Der Aktivierungsgradient ist somit in obigem Beispiel nur durch die subjektiv wahrgenommene Teilnehmerzahl bestimmt. Darüber hinaus wird der Aktivierungsgradient aber auch durch die **Erwartungen** eines Individuums bezüglich des Nutzungsverhaltens

---

133) Die "ausreichende Teilnehmerzahl" stellt für eine Person einen Schwellenwert dar, der überschritten werden muß, damit sie Teilnehmer einer Systemtechnologie wird. Ähnliche Überlegungen finden sich in der soziologischen Theorie zur Erklärung von Ausbreitungsphänomenen wie z.B. Meutereien und Aufständen. Vgl. stellvertretend: GRANOVETTER, Mark: Threshold Models of Collective Behavior, in: American Journal of Sociology, No. 6, 83(1978), S.1420ff.

der übrigen Gruppenteilnehmer sowie die subjektiv wahrgenommene Attraktivität eines Kritischen Masse-Systems determiniert. Folgendes Beispiel soll dies verdeutlichen:

Unterstellt sei eine Gruppe von 10 Personen, wobei die als ausreichend empfundene Teilnehmerzahl Werte von 0 bis 9 annimmt und jeweils einmal vertreten ist. In diesem Fall ist es sicher, daß alle Gruppenmitglieder auch Teilnehmer eines Kritischen Masse-Systems werden. Geht man hingegen davon aus, daß jeweils ein Individuum eine "ausreichende Teilnehmerzahl" zwischen 0 und 4 besitzt, während bei allen übrigen die "ausreichende Teilnehmerzahl" 6 beträgt, so wird das Kritische Masse-System zunächst eine Teilnehmerzahl von 5 nicht übersteigen. Nun sei aber unterstellt, daß es einen Nachfrager mit einer "ausreichenden Teilnehmerzahl" von 6 gibt, der einen der ersten fünf Teilnehmern als besonders "attraktiven" Kommunikationspartner ansieht, diesen doppelt gewichtet und damit eine Adoption vornimmt. In diesem Fall wird sich das Kritische Masse-System ebenfalls in der gesamten Gruppe ausbreiten. Der aus der subjektiven Gewichtung resultierende **ATTRAKTIVITÄTSEFFEKT** schlägt sich in einer Erhöhung des Aktivierungsgradienten nieder.

Das Beispiel macht deutlich, daß die "ausreichende Teilnehmerzahl" nicht zwingend mit einer Wahrscheinlichkeit von 1 verbunden sein muß (wie in Abbildung 13 dargestellt), sondern daß ein Individuum erst dann Teilnehmer wird, wenn "ausreichende Teilnehmerzahl" und Attraktivitätseffekt gemeinsam eine Wahrscheinlichkeit von 1 erreichen, was sich in dem in Abbildung 14 dargestellten Aktivierungsgradienten insgesamt widerspiegelt.

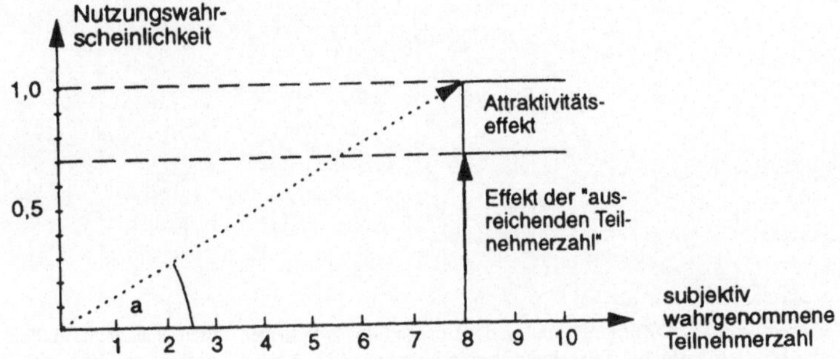

Abb. 14: Aktivierungsgradient eines Individuums

Der Attraktivitätseffekt ist allerdings nicht nur Ausdruck für die "Attraktivität" einzelner Kommunikationspartner, sondern er umfaßt die Gesamtbeurteilung eines Kritischen Masse-Systems durch ein Individuum. Er beinhaltet damit beispielsweise auch die Einschätzungen bezüglich Qualität und Umfang der Informations- und Kommunikationsangebote, der Funktionalität des Mediums sowie der erhobenen Entgeltforderungen. Der **AKTIVIERUNGSGRADIENT** bezeichnet damit den aus dem Attraktivitätseffekt und dem Effekt der "ausreichenden Teilnehmerzahl" insgesamt resultierenden individuellen Grad an Bereitschaft zur Teilnahme an einem Kritische Masse-System.

Die Größe des **Aktivierungsgradienten** ist in der Gesamtpopulation unterschiedlich verteilt, wobei die höchsten Aktivierungsgradienten auf die Erstnutzer eines Kritischen Masse-Systems entfallen müssen, weil sonst keine Nutzung zustande käme. Das Problem der Kritischen Masse ergibt sich nun daraus, daß sich die mit dem Aktivierungsgradienten in Verbindung stehende "ausreichende Teilnehmerzahl" nicht kontinuierlich über die Gesamtpopulation verteilt, wodurch es zu **Diffusionshemmnissen** kommt.[134] Diese Diffusionshemmnisse behindern die Diffusionsentwicklung von Kritische Masse-Systemen in der Anfangsphase der Marktentwicklung. Die anfänglichen Diffusionshemmnisse sind erst dann beseitigt, wenn die Diskontinuitäten in den Aktivierungsgradienten überwunden sind. Diese Schwelle kennzeichnet die Kritische Masse, die wie folgt definiert wird:

Bei Kritische Masse-Systemen stellt die **Kritische Masse** diejenige Höhe der Installierten Basis dar, ab der sich der Aktivierungsgradient kontinuierlich entwickelt und Häufungen von Personen mit gleichen Aktivierungsgradienten auftreten, wodurch sich die Entscheidung zur Teilnahme an einem Kritische Masse-System in einer Kettenreaktion quasi epidemisch über ein soziales System ausbreitet.

---

134) Verzögerungen im Diffusionsprozeß von Kritische Masse-Systemen lassen sich auch in der Praxis beispielsweise bei Telekommunikationssystemen immer wieder beobachten. Vgl. z.B.: HECHELTJEN, Peter: Bildschirmtext-Prognosen, Berlin Offenbach 1985, S.73. STRÄTER, Detlef/ FISCHER-KRIPPENDORF, Ruth/ HÄBLER, Hubertus/ IRLE, Kirsten/ KÖHLER, Stefan: Sozialräumliche Auswirkungen der neuen Informations- und Kommunikationstechniken, München 1986, S.391. SCHELLHAAS, Holger/ SCHÖNECKER, Horst (1983), a.a.O., S.35f.

3.1.3.2.2. Zielgruppenspezifische Kritische Massen

Ob bestimmte Einflußgrößen die Diffusion verzögern und damit das Erreichen der
Kritischen Masse behindern, ist immer von der spezifischen Betrachtungssituation
sowie der subjektiven Wahrnehmung der Marktbeteiligten abhängig. So bietet beispielsweise die im ISDN prinzipiell mögliche visuelle Darstellung der Telefonnum-
mer eines anrufenden Kommunikationspartners gerade im geschäftlichen Bereich
eine Reihe von Vorteilen und begünstigt damit die Diffusion des ISDN-Telefons.
Andererseits geht dadurch die Anonymität des Anrufenden verloren, was insbesondere im Privatbereich z.B. bei der Inanspruchnahme von Beratungsleistungen, wie
etwa der Telefonseelsorge, die Diffusion behindern kann. Ein weiteres Beispiel ist
der Btx-Staatsvertrag, wonach sich jeder als Anbieter nach Maßgabe des Staatsver-
trages im Btx-System beteiligen kann. Dadurch werden einerseits die Möglichkeiten
zur Einstellung von Informationsangeboten in das Btx-System vergrößert, wodurch
der Btx-Dienst als Informations- und Kommunikationsmedium an Attraktivität gewinnt. Andererseits führt die fehlende Qualitätskontrolle der Btx-Angebote dazu, daß
Anbieter zum Teil nur mit "leeren Seiten" oder unzureichend strukturierten sowie
qualitativ schlechten Informationsangeboten auftreten und somit das Image des Btx-
Dienstes insgesamt negativ beeinflussen. So besaßen 1988 mehr als ein Viertel aller
Angebotsbereiche des Btx-Systems keinerlei erkennbaren Nutzen für die Teilnehmer.[135]

Die Beispiele machen deutlich, daß sich einzelne Diffusionsdeterminanten nicht a
priori als diffusionshemmend oder -fördernd identifizieren lassen, sondern in Abhängigkeit der spezifischen Situation zu einer bestimmten Zeit eine hemmende, neutrale
oder positive Wirkung auf die Diffusion ausüben können.[136] Eine solche **situationsspezifische Betrachtungsweise** ist bei Kritische Masse-Systeme in zweierlei
Hinsicht erforderlich:

Vor dem Hintergrund der Erkenntnis, daß Kritische Masse-Systeme einen mit der
Höhe der Installierten Basis variierenden Nutzenbeitrag besitzen, ist die Analyse der
diffusionsbestimmenden Einflußgrößen danach zu differenzieren, ob die Kritische
Masse bereits erreicht ist oder nicht. Darüber hinaus ist eine situationsspezifische
Betrachtungsweise aber auch daran zu orientieren, *welche* Personen bereits Teilneh-
mer eines Kritischen Masse-Systems sind. Ein einzelner Nachfrager wird nämlich zur
Teilnahme an einem Kritische Masse-System um so eher bereit sein, je mehr Perso-

---

135) Vgl. NEUE MEDIENGESELLSCHAFT ULM mbH/ SOCIALDATA GmbH (Hrsg.): Videotex-
Plus, unveröffentlichter Forschungsbericht, Ulm München 1988, S.89.
136) Vgl. auch PFEIFFER, Werner/ BISCHOF, Peter: Marktwiderstände beim Absatz von Investitionsgütern, in: Die Unternehmung, 28(1975), Nr. 1, S.62ff.

nen in seinem unmittelbaren sozialen Umfeld bereits vor ihm adoptiert haben.[137] Dieses "Umfeld" bestimmt sich aus denjenigen Personen, die gemeinsame Kommunikationsbedürfnisse besitzen, so daß zu erwarten ist, daß diese Personen untereinander intensive Kommunikationsbeziehungen pflegen und von daher einer gemeinsamen Kommunikationsgruppe zuzurechnen sind. Dementsprechend kann ein soziales System in unterschiedliche Kommunikationsgruppen zerlegt werden, die sich dadurch auszeichnen, daß die Kommunikationsinteressen der Mitglieder einer Gruppe relativ homogen ausgestaltet sind und zwischen den Mitgliedern einer Kommunikationsgruppe eine höhere Kommunikationsintensität besteht als zu den übrigen Mitgliedern des sozialen Systems. Folglich gibt es also nicht **die** "Kritische Masse", sondern es existieren gruppenspezifische Kritische Massen, die je nach dem Umfeld und der Gruppenzugehörigkeit eines potentiellen Nachfragers variieren.

Die **GRUPPENSPEZIFISCHE KRITISCHE MASSE** liegt jeweils dort, wo ausreichend viele Gruppenmitglieder mit hoher Wahrscheinlichkeit davon ausgehen, daß es in ihrem sozialen Umfeld bereits ausreichend viele Teilnehmer gibt oder in naher Zukunft geben wird, mit denen sie in Kontakt treten und damit Nachfragesynergien erzielen können.

Die gruppenspezifische Kritische Masse ist ebenfalls ein Ausdruck der **Erwartungshaltung** der Nachfrager und ist in den einzelnen Nachfragergruppen unterschiedlich. Bezüglich der Diffusionsentwicklung von Kritische Masse-Systemen lassen sich nun zwei Fälle unterscheiden:

(1) Es existieren voneinander unabhängige Nachfragergruppen, die aber untereinander nicht in Kommunikationsbeziehung treten:

In diesem Fall findet keine intergruppenspezifische Diffusion statt, und für die Diffusion eines Kritischen Masse-System in einem sozialen System sind lediglich die gruppenspezifischen Kritischen Massen von Bedeutung. Von Interesse ist hier nur, wie die Kritische Masse innerhalb einer bestimmten Nachfragergruppe erreicht werden kann. Ist diese überschritten, so ist davon auszugehen, daß eine Diffusion in der gesamten Gruppe erfolgt. Eine Kritische Masse für das gesamte soziale System gibt es in diesem Fall nicht.

---

137) Vgl. ROGERS, Everett M./ KINCAID, D. Lawrence: Communication Networks, New York London 1981, S.233.

(2) Es lassen sich bezüglich des Kommunikationsverhaltens homogene Nachfragergruppen finden, die aber auch untereinander in Kommunikationsbeziehung treten:

Die Überwindung der Kritischen Masse gestaltet sich in diesem Fall als duales Problem: Zum einen muß die Kritische Masse innerhalb einer Gruppe überschritten und zum anderen eine Ausdehnung der Nutzung zwischen den Gruppen erreicht werden. Erst durch die Kaskadierung der Nutzung zwischen den Gruppen ist der Markterfolg eines Kritischen Masse-Systems in der Gesamtpopulation gesichert. Die Kritische Masse für das gesamte soziale System liegt in diesem Fall bei der Höhe der Kritischen Masse derjenigen Nachfragergruppe, die zuletzt adoptiert.

Der zweite Fall kann als der allgemeine Fall angesehen werden, da hier nicht nur die Kritische Masse innerhalb einer bestimmten Nachfragergruppe erreicht werden muß, sondern die Diffusionsüberlegungen auf die intergruppenspezifische Diffusion ausgeweitet werden müssen. Er bildet deshalb die Grundlage der weiteren Analysen.

3.1.3.3. Die Kritische Masse als Scheidepunkt in der Diffusionsentwicklung von Kritische Masse-Systemen

Die bisherigen Ausführungen haben verdeutlicht, daß bei Kritische Masse-Systemen die Kritische Masse im Vergleich zu den Überlegungen der klassischen Diffusionstheorie im wesentlichen durch zwei Besonderheiten gekennzeichnet ist:

- Mit der Kritischen Masse ist ein Diffusionsniveau erreicht, bei dem für die Mitglieder einer bestimmten Nachfragergruppe die subjektiv wahrgenommenen Voraussetzungen dafür erfüllt sind, daß die Systemgüter eines Kritischen Masse-Systems in ausreichendem Maße Nachfragesynergien entfalten können. Die gruppenspezfischen Kritischen Massen spiegeln damit diejenige Höhe der Installierten Basis wieder, ab der keine Diskontinuitäten in den Aktivierungsgradienten der Mitglieder einer bestimmten Nachfragergruppe mehr auftreten, wodurch die Installierte Basis die Ausbreitung eines Kritischen Masse-Systems innerhalb einer Nachfragergruppe nicht mehr behindert. Die Kritische Masse steht damit unmittelbar mit dem "originären" Nutzen von Systemgütern in Verbindung und geht weit über die in der klassischen Diffusionstheorie vorgenommene Interpretation des verstärkten Auftretens von Imitationsprozessen hinaus.

- Durch das Überschreiten der Kritischen Masse innerhalb einer bestimmten Nachfragergruppe entfällt die diffusionshemmende Wirkung der Installierten Basis in dieser Gruppe. Damit ist aber noch nicht sichergestellt, daß auch eine Diffusion im gesamten sozialen System stattfindet. Diese ist erst dann als wahrscheinlich anzusehen, wenn auch die zuletzt adoptierende Nachfragergruppe ihre Kritische Masse überschritten hat.

Auf Grund dieser Besonderheiten kann die Kritische Masse als **Wendepunkt** in der Diffusionsentwicklung von Kritische Masse-Systemen angesehen werden. Solange die Kritische Masse noch nicht erreicht ist, ergeben sich auf Grund von Diskontinuitäten in der Abfolge der Aktivierungsgradienten hohe Diffusionshemmnisse, die dazu führen können, daß die Diffusion zum Stillstand kommt und auch Personen, die bereits Teilnehmer eines Kritischen Masse-Systems sind, wieder aus dem System ausscheiden. Dabei ist entscheidend, daß sich der Aktivierungsgradient eines Individuums aus der "ausreichenden Teilnehmerzahl" und dem "Attraktivitätseffekt" zusammensetzt, da die aus einer geringen Installierten Basis resultierenden Diffusionshemmnisse über den Attraktivitätseffekt kompensiert werden können. Bis zum Erreichen der Kritischen Masse befindet sich die Diffusionsentwicklung von Kritische Masse-Systemen somit in einer **Instabilitäsphase**, in der die Gefahr besteht, daß ein Kritisches Masse-System durch den diffusionshemmenden Effekt der Installierten Basis langfristig keinen Markterfolg erzielen wird.

Ist die Kritische Masse hingegen überschritten, so übt die Installierte Basis einen diffusionsfördernden Einfluß aus. Es kommt zu einer Kettenreaktion in der Diffusionsentwicklung von Kritische Masse-Systemen. Damit wechselt die Diffusionsentwicklung mit Überschreiten der Kritischen Masse in eine **Stabilitätsphase**, in der ein Kritisches Masse-System mit hoher Wahrscheinlichkeit einen langfristigen Markterfolg erreichen wird.

Die Besonderheiten der Kritischen Masse von Kritische Masse-Systemen gegenüber dem "Diffusions-take off" der klassischen Diffusionstheorie lassen sich abschließend durch folgende Generalisierungen zusammenfassen:

(1) Die Kritische Masse von Kritische Masse-Systemen ist ein relativer Begriff, und es ist zwischen gruppenspezifischen Kritischen Massen zu unterscheiden.

(2) Die gruppenspezifische Kritische Masse ist dann überschritten, wenn eine kontinuierliche Abfolge in den Aktivierungsgradienten der Mitglieder einer Nachfragergruppe existiert und eine Häufung von Personen mit gleichen Aktivierungsgradienten auftritt.

(3) Die auf das gesamte soziale System bezogene Kritische Masse ist dann erreicht,

wenn auch in der zeitlich zuletzt adoptierenden Nachfragergruppe die Kritische Masse überschritten ist.

(4) Die Kritische Masse bildet bei Kritische Masse-Systemen einen Wendepunkt in der Entwicklung der Installierten Basis, bei dem die Diffusionsentwicklung von einem Instabilitäts- in einen Stabilitätsbereich wechselt.

Aus den vorangegangenen Überlegungen ergeben sich für die folgenden Analysen zwei Betrachtungsschwerpunkte:

- Zunächst sind diejenigen Einflußfaktoren zu analysieren, die vor Erreichen der Kritischen Masse die Diffusionsentwicklung **behindern** und damit den langfristigen Markterfolg von Kritische Masse-Systemen gefährden. Ziel ist es dabei, diejenigen Diffusionscharakteristika herauszuarbeiten, die für Kritische Masse-Systeme bis zum Erreichen der Kritischen Masse als typisch anzusehen sind.

- Zum zweiten ist die Stabilitätsphase in der Diffusionsentwicklung von Kritische Masse-Systemen einer genaueren Analyse zu unterziehen. Dabei wird geprüft, welche Faktoren die Diffusionsgeschwindigkeit nach Überschreiten der Kritischen Masse beeinflussen und inwieweit eine **Kettenreaktion** in der Ausbreitung eines Kritischen Masse-Systems innerhalb eines sozialen Systems wahrscheinlich ist.[138]

---

138) Auf die Analyse der Determinaten der Kritischen Masse wird hier bewußt verzichtet, da diese systemtypspezifisch variieren. (Vgl. auch ROGERS, Everett M. (1983), a.a.O., S.235.) Statt dessen wird die Kritische Masse in dieser Arbeit implizit durch die Analyse der Einflußfaktoren vor und nach Erreichen der Kritischen Masse eingegrenzt.

3.2. Einflußfaktoren auf die Diffusionsentwicklung von Kritische Masse-Systemen vor Erreichen der Kritischen Masse

Während der Installierten Basis in der klassischen Diffusionstheorie z.B. auf Grund von Imitationsprozessen eine durchgehend diffusionsfördernde Wirkung zugeschrieben wird, übt sie bei Kritische Masse-Systemen auf Grund des Systemgut-Charakters dieser Systeme bis zum Erreichen der Kritischen Masse auch einen diffusionshemmenden Effekt aus. Dieser führt dazu, daß sich die Diffusionsentwicklung bei Kritische Masse-Systemen bis zum Erreichen der Kritischen Masse wesentlich verlangsamt und weiterhin die Gefahr besteht, daß Personen, die bereits Teilnehmer eines Kritischen Masse-Systems sind, ihre Teilnahme wieder aufgeben. Kritische Masse-Systeme befinden sich damit am Anfang der Marktentwicklung in einer **Instabilitätsphase**, in der der langfristige Markterfolg eines Kritischen Masse-Systems gefährdet ist.

Die nachfolgenden Betrachtungen konzentrieren sich im ersten Schritt auf solche Einflußgrößen, die in der Anfangsphase der Diffusionsentwicklung von Kritische Masse-Systemen den Aktivierungsgradienten eines Individuums herabsetzen können und für die Adoptoren allgemein Gültigkeit besitzen. Daran anschließend werden die Charakteristika der **zeitlichen Abfolge** der Adoptionen im Diffusionsprozeß von Kritische Masse-Systemen herausgearbeitet, wobei eine zielgruppenspezifische Betrachtung vorgenommen wird.

3.2.1. Marktwiderstände bei der Diffusion von Kritische Masse-Systemen

Ob die Kritische Masse erreicht wird und mit welcher Geschwindigkeit das erfolgt, ist wesentlich davon abhängig, wie hoch die Aktivierungsgradienten der Adoptoren ausgeprägt sind. Die Adoptionsentscheidung erfolgt dabei um so eher, je größer der Aktivierungsgradient eines Individuums ist. Gerade in der Anfangsphase der Diffusion von Kritische Masse-Systemen ist aber davon auszugehen, daß es nur wenige Personen mit entsprechend hohen Aktivierungsgradienten gibt, da zum einen der Nutzenbeitrag der Installierten Basis in der Anfangsphase nur sehr gering ist und zum anderen ein nur geringer Attraktivitätseffekt eines Kritischen Masse-Systems im Vergleich zu etablierten Systemen zu vermuten ist. Beide Effekte spiegeln sich in der Existenz von **Marktwiderständen** wider. Das Ausmaß dieser Marktwiderstände bestimmt in entscheidender Weise über den Erfolg oder Mißerfolg eines Kritischen Masse-Systems.

Im folgenden wird zunächst das in der Literatur vorherrschende Verständnis aufgezeigt, das mit dem Begriff Marktwiderstände verbunden wird. Auf dieser Basis werden dann die diffusionsrelevanten Besonderheiten der Marktwiderstände in Bezug auf Kritische Masse-Systeme analysiert.

3.2.1.1. Begriff des Marktwiderstandes und Arten von Marktwiderständen

Marktwiderstände werden in unterschiedlicher Weise abgegrenzt und zum Teil von denselben Autoren mit unterschiedlich weit gefaßten Begriffsdefinitionen belegt. So bezeichnet z.B. GUTENBERG den Marktwiderstand als die "Stärke der Bindung derjenigen Käufer, die bisher bei den Konkurrenzunternehmen kauften, an diese Unternehmen".[139] Er nimmt damit eine sehr starke Eingrenzung des Marktwiderstandbegriffs vor, da diese Definition mögliche Marktwiderstände beim Erstkauf eines Produktes vernachlässigt und die Existenz von Substitutionsprodukten voraussetzt. An anderer Stelle hingegen verbindet GUTENBERG mit dem Marktwiderstand ein sehr weit gefaßtes Verständnis: "Alle Unternehmensleitungen haben zu allen Zeiten und in allen Situationen, in denen sie sich befinden, mit der Tatsache zu rechnen, daß der Markt ihren Zielen und Anstrengungen Widerstand entgegensetzt. Dieser Marktwiderstand kann groß, aber auch klein sein. Seine Intensität wechselt im Zeitablauf und von Ort zu Ort. Oft läßt der Widerstand an einigen Stellen nach, um

---

139) GUTENBERG, Erich: Grundlagen der Betriebswirtschaftslehre, Band II: Der Absatz, 16. Aufl. Berlin Heidelberg New York 1979, S.485.

sich dann wieder zu versteifen. Die Widerstandszentren verschieben sich, ruckartig oft, dann aber auch wieder mit einer gewissen Stetigkeit, die jedoch Überraschungen nicht ausschließt."[140]

Bezüglich des zeitlichen Auftretens von Marktwiderständen wird meist eine Differenzierung nach primären und sekundären Marktwiderständen vorgenommen. Der **primäre Marktwiderstand** begründet sich in der allgemeinen Skepsis der Nachfrager gegenüber einem neuen Produkt und kann als mangelnder Kaufwille aufgefaßt werden.[141] Ursache hierfür ist insbesondere das wahrgenommene Kaufrisiko, das in der Markteinführungsphase relativ hoch ist, da Informationen und Erfahrungen mit dem neuen Produkt in nur geringem Ausmaß vorhanden sind. Mit zunehmender Marktausbreitung vergrößern sich jedoch Informations- und Erfahrungspotential bezüglich eines Produktes, so daß tendenziell davon ausgegangen wird, daß sich der primäre Marktwiderstand immer mehr verringert. Zum Abbau des primären Marktwiderstandes trägt auch das Auftreten von Konkurrenzunternehmen bei, da sie durch ihre Angebote den Bekanntheitsgrad einer Produktgruppe erhöhen.[142] Andererseits entsteht durch das Angebot von Konkurrenzprodukten ein **sekundärer Marktwiderstand**, der sich darin niederschlägt, daß der Erstanbieter seine Alleinstellung am Markt verliert und die Nachfrager Produktpräferenzen und Markentreue entwickeln, die die Absatzchancen des einzelnen Anbieters verringern.[143]

Eine relativ allgemeine Definition des Marktwiderstandes legen PFEIFFER/ BISCHOF vor, indem sie den Marktwiderstand als "die Gesamtheit aller Umwelttatbestände" verstehen, "die sich hemmend auf den Absatz eines Produktes auswirken können."[144] In diesem Fall umfassen Marktwiderstände alle Faktoren, die auf dem Gesamtmarkt den Aktivitäten eines Anbieters Widerstand leisten können und sind somit nicht auf die Beziehung zwischen Anbieter und Nachfrager begrenzt. Der Marktwiderstand wird damit aber zu einem mehrdimensionalen Konstrukt, das von Markteintrittsbarrieren über die Ablehnung eines Produktes durch die Nachfrager bis hin zu Widerständen reicht, die z.B. das Verkaufspersonal einer anbietenden

---

140) Derselbe: Unternehmensführung, Organisation und Entscheidung, Wiesbaden 1962, S.64-65.

141) Vgl. SCHEUING, Eberhard Eugen: Das Marketing neuer Produkte, Wiesbaden 1971, S.25f. RÜTSCHI, Klaus/ ZIMMERLI, Hans: Lebenshilfe für neue Produkte, in: absatzwirtschaft, 15(1972), Nr. 21/22, S.140ff.

142) Vgl. SCHEUING, Eberhard Eugen (1971), a.a.O., S.26. RÜTSCHI, Klaus/ ZIMMERLI, Hans (1972), a.a.O., S.144.

143) Vgl. SCHEUING, Eberhard Eugen (1971), a.a.O., S.200. RÜTSCHI, Klaus/ ZIMMERLI, Hans (1972), a.a.O., S.142ff.

144) PFEIFFER, Werner/ BISCHOF, Peter (1974b), a.a.O., S.107.
Eine ebenfalls weit gefaßte Definition von Marktwiderständen liegt in der Gleichsetzung von Marktwiderständen mit der Summe aller Faktoren, die den Erfolg unternehmerischen Handelns negativ beeinflussen. Vgl. z.B.: REMMERBACH, Klaus-Ulrich: Markteintrittsentscheidungen, Wiesbaden 1987, S.118. WALTERS, Michael (1984), a.a.O., S.8ff.

Unternehmung dem eigenen Produkt entgegenbringt.[145] Dieses allgemeine Verständnis von Marktwiderstand umfaßt mehrere Betrachtungsebenen, und es ist deshalb eine situationsspezifische Konkretisierung erforderlich. Je nach Objekt- und Subjektdimension des Marktwiderstandes lassen sich unterschiedliche Marktwiderstandskonzepte entwickeln.[146] Dabei bestimmt die **Objektdimension** das Objekt, gegen das Widerstände auftreten können und die **Subjektdimension** konkretisiert, wer Widerstand gegen das betrachtete Objekt entwickelt. Definiert man die Objektdimension als "Widerstände gegen die Diffusion", so umfassen Marktwiderstände im Falle von Kritische Masse-Systemen die Summe aller Faktoren, die ursächlich dafür anzusehen ist, daß Verzögerungen im Diffusionsprozeß eines Kritischen Masse-Systems entstehen. Damit können Marktwiderstände mit Diffusionshemmnissen gleichgesetzt werden.[147] Unterscheidet man weiterhin bezüglich der **Subjektdimension** nach Abnehmern (Nachfragern), Konkurrenz, eigene Anbieterorganisation und Umwelt, so läßt sich daraus eine Systematisierung möglicher Arten von Marktwiderständen ableiten, die in Abbildung 15 dargestellt ist. Die einzelnen Marktwiderstandsarten lassen sich wie folgt charakterisieren:

Marktwiderstände, die in der Organisation des anbietenden Unternehmens begründet liegen, werden als **Verkaufswiderstände** bezeichnet.[148] Sie können sich zum einen in den Mitarbeitern begründen, die ein neues Produkt nicht unterstützen (Personale Marktwiderstände) oder in der Organisationsstruktur des Unternehmens (Organisationale Marktwiderstände).[149] Personale Marktwiderstände sind beispielsweise darin zu sehen, daß Vertriebsbeauftragte eine Präferenz für etablierte Produkte besitzen, weil sie bezüglich dieser Produkte über einen höheren Kenntnisstand verfügen und sie die Marktwiderstände, die ihnen von der Nachfragerseite entgegengebracht werden, als geringer ansehen und vor dem Hintergrund der größeren Verkaufschance die etablierten Produkte präferieren. Organisationale Marktwiderstände hingegen können beispielsweise daraus resultieren, daß Produkte eine bestimmte Vertriebs- oder Serviceorganisation erfordern, über die ein Anbieter nicht verfügt und er damit die erforderliche Verkaufsunterstützung nicht leisten kann.

---

145) Vgl. zu den unterschiedlichen Dimensionen des Marktwiderstandes und einer Aufteilung des Marktwiderstandes nach mehreren Subkonzepten: WALTERS, Michael (1984), a.a.O., S.8ff. und S.45ff.

146) Einen Überblick unterschiedlicher Marktwiderstandskonzepte in der Literatur liefert WALTERS, Michael (1984), a.a.O., S.8ff. und S.36.

147) Die Begriffe Diffusionshemmnisse und Marktwiderstände werden im folgenden synonym verwendet.

148) PFEIFFER/ BISCHOF bezeichnen diese Widerstände als Hersteller- bzw. Unternehmenswiderstände. Vgl. PFEIFFER, Werner/BISCHOF, Peter (1974a), a.a.O., S.659 und S.665 sowie BISCHOF, Peter (1976), a.a.O., S.32.

149) Vgl. auch HOFMEISTER, Ernst: Innovationsbarrieren, in: Hofmeister, Ernst/ Ulbricht, Mechthild (Hrsg.): Von der Bereitschaft zum Technischen Wandel, Berlin usw. 1981, S.88ff.

In diesen Fällen wird die Organisation eines Anbieterunternehmens zu einem Hemm-
faktor der Diffusion einer Produktinnovation.

Bei **konkurrenzbezogenen Marktwiderständen** hingegen führen die Aktionen der
Konkurrenz dazu, daß der Markteintritt für ein Unternehmen erschwert wird
(Markteintrittsbarrieren) oder dessen Mobilität behindert wird (Mobilitätsbarrieren),
was ebenfalls zu Diffusionsverzögerungen führen kann. Ein Anbieter ist nur in begrenztem Umfang in der Lage, diesen Diffusionsverzögerungen entgegenzuwirken.[150]

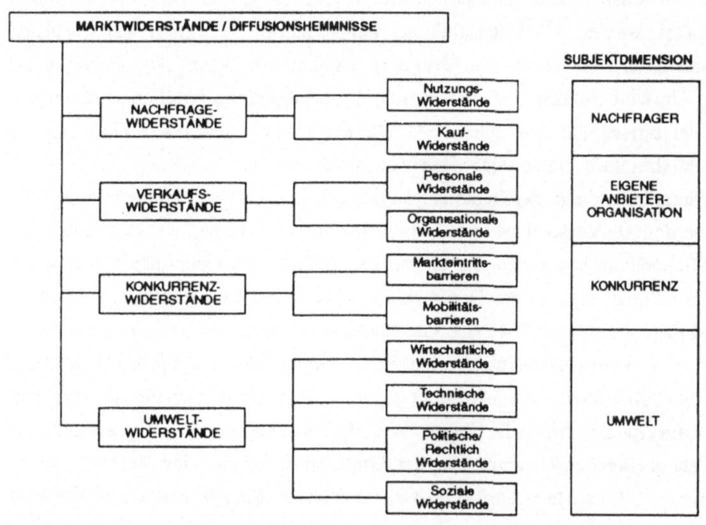

Abb. 15: Diffusionshemmnisse bei Kritische Masse-Systemen

Ebenfalls durch den Anbieter nur schwer zu kontrollieren sind die **umweltbezogenen
Marktwiderstände**. Aus der Gesamtheit möglicher Umweltvariablen sind diejenigen
von Interesse, die einen hemmenden Einfluß auf den Diffusionsprozeß von Kritische
Masse-Systemen ausüben können. Hierzu zählen insbesondere wirtschaftliche,
technische, politisch/ rechtliche und soziale Umweltdeterminanten.[151]

---

150) Vgl. REMMERBACH, Klaus-Ulrich (1987), a.a.O., S.124ff. WALTERS, Michael (1984), a.a.O.,
S.35f.
151) Vgl. BACKHAUS, Klaus (1990), a.a.O., S.348f. MEFFERT, Heribert (1986), a.a.O., S.51ff.
Derselbe (1976), a.a.O., S.99f. MIDDELHOFF, Th./ WALTERS, M. (1981), a.a.O., S.6ff.

Abbildung 16 zeigt beispielhaft einzelne Umweltfaktoren auf, die sich je nach ihrer Ausprägung hemmend auf den Diffusionsverlauf eines Kritischen Masse-Systems auswirken können.

Wirtschaftliche Umwelt	**Technische Umwelt**

• Konjunktursituation
• Marktstruktur
• Finanzierungsquellen
• Marktwachstums-
  erwartungen
• Wohlfahrtsgrad
	• Normen und Standards
	• offene/geschlossene
	  System-/ Netzarchitektur
	• technischer Entwicklungsstand
	• Übertragungsraten

Politisch/Rechtliche Umwelt	**Soziale Umwelt**

• Datenschutzgesetz
• Wettbewerbsrecht
• Interessenverbände
• Marktzugangs-
  beschränkungen
	• öffentliche Meinung
	• Kommunikations-
	  gewohnheiten
	• soziale Normen
	• Benutzergruppen

Abb. 16: Umweltbezogene Marktwiderstände bei Kritische Masse-Systemen
(beispielhafte Nennungen)

Im Vergleich zu den Verkaufs-, Konkurrenz- und Umweltwiderständen nehmen bei diffusionsrelevanten Fragestellungen allerdings die **Nachfragewiderstände** eine zentrale Stellung ein, da sie sich in der Subjektdimension unmittelbar auf den Nachfrager beziehen. Die herausragende Stellung der Nachfragewiderstände für die Diffusionsentwicklung zeigt sich bereits darin, daß Marktwiderstände in der Literatur zum Teil mit den hier als Nachfragewiderstände bezeichneten Diffusionshemmnissen gleichgesetzt werden.[152] Sie werden deshalb im folgenden einer genaueren Analyse unterzogen.

SCHUBERT, Frank (1986), a.a.O., S.48ff.

152) Vgl. z.B. BACKHAUS, Klaus/ WEIBER, Rolf (1986), a.a.O., S.143. BISCHOF, Peter (1976), a.a.O., S.30ff. PFEIFFER, Werner/ BISCHOF, Peter (1974a), a.a.O., S.659. Dieselben (1975), a.a.O., S.60ff. SCHEUING, Eberhard Eugen (1971), a.a.O., S.25.

3.2.1.2. Besonderheiten und Kategorien von Nachfragewiderständen bei Kritische Masse-Systemen

Nachfragewiderstände führen dazu, daß auf der Nachfragerseite die Adoptionsentscheidung hinausgezögert wird oder sogar keine Adoption stattfindet. In der klassischen Diffusionstheorie wird dabei die Adoption mit dem Kauf gleichgesetzt und Nachfragewiderstände können auch als Kaufwiderstände bezeichnet werden. Im Unterschied dazu kann bei Kritische Masse-Systemen auf Grund ihres Systemgutcharakters jedoch erst dann von einer Adoption gesprochen werden, wenn ein Kritisches Masse-System auch zur Kommunikation eingesetzt wird. Dementsprechend liegt bei Kritische Masse-Systemen eine Adoption erst dann vor, wenn drei Entscheidungstatbestände erfüllt sind:

1. Der Anwender muß ein Endgerät erworben haben oder Zugriff auf ein Endgerät besitzen (**Kaufakt**).[153] Die Verfügbarkeit eines Endgerätes ist die Voraussetzung dafür, daß ein Kritisches Masse-System überhaupt zur Kommunikation eingesetzt werden kann und stellt damit eine *notwendige Bedingung* der Adoption dar.

2. Der Anwender muß an ein Kritisches Masse-System angeschlossen sein (**Anschlußakt**). Solange ein Nachfrager nicht als Teilnehmer eines Kritischen Masse-Systems registriert ist, kann er auch nicht über das System angesprochen werden. Der Anschlußakt stellt damit die zweite *notwendige Bedingung* der Adoption dar.

3. Der Anwender muß das Kritische Masse-System zur Kommunikation *nutzen* (**Nutzungsakt**). Der Nutzungsakt kann als *hinreichende Bedingung* für die Adoption angesehen werden, da sich nur bei einer entsprechenden Kommunikationsdisziplin der Teilnehmer Nachfragesynergien entfalten können, die quasi den "Diffusionsmotor" von Kritische Masse-Systemen darstellen.

Diese drei Entscheidungstatbestände beziehen sich gleichzeitig auf die verschiedenen Anbieterparteien bei Kritische Masse-Systemen. Während sich der Kaufakt auf die Ebene der Endgerätehersteller bezieht, korrespondieren Anschluß- und Nutzungsakt mit der Betreiber- und der Diensteebene. Für die Diffusion von Kritische Masse-Systemen ist allerdings vor allem der Nutzungsakt entscheidend, da er zwischen Angebots- und Nachfrageseite eine **permanente Interdependenz** etabliert:
Bei den Teilnehmern bewirkt die Aufgabe eines Kritischen Masse-Systems durch die

---

153) Die Miete von Endgeräten wird hier ebenfalls dem "Kaufakt" zugerechnet und nicht gesondert betrachtet.

Anbieterseite unmittelbar einen zwangsweisen Nutzungsstop, während bei Singulär- und Netzeffektgütern die Käufer ein einmal erworbenes Produkt auch dann noch nutzen können, wenn das Produkt nicht mehr am Markt angeboten wird.[154] Auf der Betreiber- und Diensteebene stellt der Anschlußakt erst den Beginn einer Geschäftsbeziehung dar, die auf Langfristigkeit ausgerichtet ist und deren Erfolg anbieterseitig von der Nutzungsintensität der Teilnehmer abhängt, wohingegen bei Singulär- und Netzeffektgütern der Kaufakt den Endpunkt des Vermarktungsvorgangs bildet.[155]

Anbieter und Nachfrager stehen damit für die Dauer des Anschlußzeitraumes eines Nachfragers an ein Kritisches Masse-System in einer permanenten Geschäftsbeziehung. Das bedeutet aber, daß für die Betrachtung des Diffusionsprozesses bei Kritische Masse-Systemen nicht der Kauf eines Endgerätes entscheidend ist, sondern Anschluß- und Nutzungsakt konstituierende Diffusionsdeterminanten darstellen. Auf Grund der anhaltenden Geschäftsbeziehung entspricht das Ausscheiden von Teilnehmern einem **Adoptionsrückgang**, der in Abhängigkeit von der Gesamtteilnehmerzahl und der Nutzungsintensität die Existenz des Kritische Masse-Systems gefährden kann. Das Betrachtungsspektrum der klassischen Diffusionstheorie muß deshalb bei Kritische Masse-Systemen zwingend um den Anschluß- und Nutzungsakt erweitert werden.

Das bedeutet, daß der **Adoptionsbegriff** bei Kritische Masse-Systemen auf den **Nutzungsakt** auszudehnen ist. Damit erfahren aber auch die Nachfragewiderstände einen erweiterten Bedeutungsinhalt, der sich darin begründet, daß auf Grund des Nutzungsaspektes von Systemgütern die Diffusion eines Kritischen Masse-Systems nicht nur durch Widerstände gegen den Kauf eines Systemgutes behindert werden kann, sondern auch dadurch, daß Teilnehmer ein Kritisches Masse-System nur in geringem Ausmaß als Kommunikationsinstrument einsetzen, wodurch die Entfaltung von Nachfragesynergien für alle Nachfrager behindert und die Diffusion gehemmt wird.

Im folgenden wird unter **Nachfragewiderständen** die Summe aller Einflußfaktoren verstanden, die dazu führt, daß von den Nachfragern ein Produkt nicht gekauft oder ein gekauftes Produkt nicht genutzt wird.[156]

---

154) Eine Einschränkung in der Nutzung besteht bei Singulär und Netzeffektgütern nur darin, daß kein After-sales-Service mehr besteht und keine Wiederkäufe stattfinden können.

155) Der dem Kaufakt nachgelagerte After-sales-Service wird dabei als eigenständige Geschäftsaktivität eines Unternehmens betrachtet.

156) Nachfragerwiderstände beziehen sich auf die Nachfragerseite in ihrer Gesamtheit, ohne daß eine Differenzierung zwischen einzelnen Kunden vorgenommen wird. Hemmnisse, die sich in einer bestimmten Kundensituation zwischen einem Anbieter und einem Kunden ergeben, werden als Absatzwiderstände bezeichnet. Vgl. PFEIFFER, Werner: Integrale Qualität und Absatzpolitik bei hochautomatisierten Fertigungsanlagen, in: ZfB, 35(1965), Ergänzungsheft November, S.115. BISCHOF, Peter (1976), a.a.O., S.30.

Dementsprechend ist bei Kritische Masse-Systemen eine Zweiteilung der Objektdimension von Nachfragewiderständen erforderlich, und es sind einerseits "Widerstände gegen den *Kauf* von Systemgütern" (**Kaufwiderstände**) und andererseits "Widerstände gegen die *Nutzung* von Systemgütern im Rahmen eines Kritischen Masse-Systems" (**Nutzungswiderstände**) zu unterscheiden. Vor diesem Hintergrund werden Nachfragewiderstände bei Kritische Masse-Systemen entsprechend Abbildung 17 unterteilt, wobei diese Unterscheidung gleichzeitig in Beziehung zu den verschiedenen Marktebenen der Anbieterseite von Kritische Masse-Systemen steht.

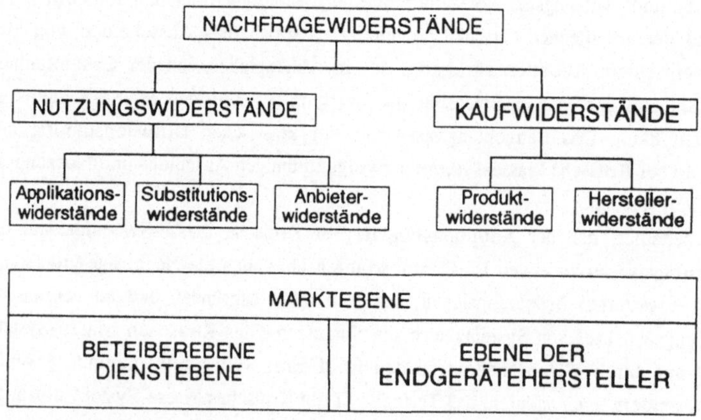

Abb. 17:   Nachfragewiderstände bei Kritische Masse-Systemen

3.2.1.2.1. Kaufwiderstände bei Kritische Masse-Systemen

Kaufwiderstände umfassen die Summe aller Faktoren, die ursächlich dafür ist, daß
ein bestimmtes Endgerät von den Nachfragern nicht gekauft wird. Die Interpretation
der Kaufwiderstände bei Kritische Masse-Systemen unterscheidet sich damit nicht
von den Überlegungen der klassischen Diffusionstheorie, da sie allein auf den Kauf
eines Produktes (Endgerätes) gerichtet sind und sowohl in den funktionalen als auch
in den akquisitorischen Produkteigenschaften begründet sein können.[157]
Bezüglich der Objektdimension läßt sich der Kaufwiderstand in einen Produkt- und
einen Herstellerwiderstand zerlegen.[158] Der **Produktwiderstand** beinhaltet die
Kaufablehnung auf Grund der funktionalen Eigenschaften eines Produktes, während
sich der **Herstellerwiderstand,** bei grundsätzlicher Kaufbereitschaft, gegen den Kauf
eines Produktes bei einem *bestimmten* Anbieter richtet.[159] Für die Hersteller von
Endgeräten sind Kaufwiderstände von zentraler Bedeutung, da für sie in erster Linie
nur der Kauf eines Endgerätes von Interesse ist und erst in zweiter Linie, ob dieses
Gerät auch im Rahmen eines Kritischen Masse-Systems genutzt wird. Der Erfolg des
Endgeräteverkaufs wird also nur indirekt durch die Nutzungsintensität eines
Kritischen Masse-Systems beeinflußt.
Die Nutzungsintensität spielt hingegen für die Betreiber- und Diensteebene die ent-
scheidende Rolle, da sich der Markterfolg auf diesen Marktebenen aus der Anzahl der
Teilnehmer, deren Nutzungsintensität und damit aus der Höhe der Nutzungsentgelte
bestimmt. Für sie sind solche Nachfragewiderstände entscheidend, die die Nutzung
eines Kritischen Masse-Systems behindern.

---

157) Zur Unterscheidung zwischen funktionalen und akquisitorischen Produkteigenschaften vgl.
GUTENBERG, Erich (1979), a.a.O., S.508ff.
158) Vgl. zu dieser Unterscheidung insbesondere WALTERS, Michael (1984), a.a.O., S.51ff.
REMMERBACH, Klaus-Ulrich (1987), a.a.O., S.120ff.
159) Vgl. WALTERS, Michael (1984), a.a.O., S.52ff.
Es ist zu beachten, daß der Herstellerwiderstand von PFEIFFER/ BISCHOF nicht in diesem
Sinne verstanden wird, sondern mit den von uns als Verkaufswiderstände bezeichneten Hemm-
faktoren gleichgesetzt wird. Vgl. PFEIFFER, Werner/BISCHOF, Peter (1974a), a.a.O., S.659
und S.665 sowie BISCHOF, Peter (1976), a.a.O., S.32.

3.2.1.2.2. Nutzungswiderstände bei Kritische Masse-Systemen

Nutzungswiderstände stellen ein Spezifikum der Nachfragewiderstände bei Kritische Masse-Systemen dar und bilden für diese bezüglich der Diffusionshemmnisse das zentrale Charakteristikum. Sie umfassen alle Faktoren, die ursächlich dafür sind, daß ein Kritisches Masse-System von den potentiellen Nachfragern nicht **genutzt** wird, wodurch eine Störung bzw. Verzögerung des Diffusionsprozesses eintritt. Da sich Nutzungswiderstände unmittelbar auf den Einsatz eines Kritischen Masse-Systems zu Kommunikationszwecken beziehen, stehen sie in einem reziproken Verhältnis zum Akzeptanzbegriff und sind mit den in der Literatur bekannten **Akzeptanzbarrieren** gleichzusetzen.[160] Die Akzeptanzforschung geht davon aus, daß ein Produkt erst dann akzeptiert ist, wenn ein gekauftes Produkt durch den Nachfrager auch *tatsächlich* genutzt wird. Akzeptanzforschung und Adoptionsforschung stellen damit für den Fall der Kritischen Masse-Systeme sich einander ergänzende Forschungsgebiete dar.[161] Die Akzeptanz ist definiert als die positive Bereitschaft eines Anwenders, in einer konkreten Anwendungssituation das durch eine Systemtechnologie bereitgestellte Problemlösungspotential aufgabenbezogen zu nutzen. Die Nutzung ist damit das konstituierende Merkmal der Akzeptanz.[162] Ein Kritisches Masse-System ist danach nur dann akzeptiert, wenn es zum einen im Rahmen des Kommunikationsprozesses eingesetzt wird und zum anderen dieser Einsatz nicht auf Grund von Sanktionen erfolgt, sondern der Anwender eine positive Einstellung gegenüber der Technik besitzt.

---

160) Vgl. zur Diskussion des Akzeptanzbegriffs stellvertretend: DEGENHARDT, Werner (1986), a.a.O., S.54ff. MÜLLER-BÖLING, Detlef/ MÜLLER, Michael (1986), a.a.O., S.18ff. MÜLLER, Verena/ SCHIENSTOCK, Gerd (1978), a.a.O., S.27ff. SCHÖNECKER, Host G. (1980), a.a.O., S.80ff. sowie die dort angegebene Literatur.
Es ist allerdings zu beachten, daß der Akzeptanzbegriff in der Literatur unterschiedlich weit gefaßt und zum Beispiel mit dem Adoptionsbegriff gleichgesetzt, mit der Diffusionsforschung insgesamt identifiziert, in einer inversen Beziehung zum Kaufwiderstand gesehen oder als Residualphänomen für unerklärte Diffusionshemmnisse betrachtet wird: Vgl. z.B. MEFFERT, Heribert (1985a), a.a.O., S.31ff. Derselbe (1983), a.a.O., S.52. MIDDELHOFF, Th./ WALTERS, M. (1981), a.a.O., S.2ff. SCHÖNECKER, Horst G.: Akzeptanzforschung als Regulativ bei Entwicklung, Verbreitung und Anwendung technischer Innovationen, in: Reichwald, Ralf (Hrsg.): Neue Systeme der Bürotechnik, Berlin 1982, S.51. WALTERS, Michael (1984), a.a.O., S.52.

161) Vgl. zu diesem Verständnis z.B. DEGENHARDT, Werner (1986), a.a.O., S.58ff. SCHÖNECKER, Host G. (1980), a.a.O., S.134ff. SCHUBERT, Frank (1986), a.a.O., S.43ff.

162) Vgl. DEGENHARDT, Werner (1986), a.a.O., S.58ff. REICHWALD, Ralf: Zur Notwendigkeit der Akzeptanzforschung bei der Entwicklung neuer Systeme der Bürotechnik, Arbeitsbericht "Die Akzeptanz neuer Bürotechnologie", Band 1, München 1978, S.31. MANZ, Ulrich: Zur Einordnung der Akzeptanzforschung in das Programm sozialwissenschaftlicher Begleitforschung, München 1983, S.176ff. SCHÖNECKER, Horst G.: Kommunikationstechnik und Bedienerakzeptanz, München 1985, S.28ff. Derselbe (1980), a.a.O., S.138. Derselbe (1982), a.a.O., S.51ff. SCHUBERT, Frank (1986), a.a.O., S.45.

Nur wenn beide Bedingungen erfüllt sind, kann von Akzeptanz gesprochen werden.[163]

Versucht man eine Klassifikation der Nutzungswiderstände vorzunehmen, durch die die Akzeptanz bei Kritische Masse-Systemen herabgesetzt wird, so lassen sich Nutzungswiderstände bezüglich der Objektdimension nach Applikations-, Substitutions- und Anbieterwiderständen unterscheiden.

3.2.1.2.2.1.   Applikationswiderstände

Applikationswiderstände richten sich gegen das Problemlösungsangebot, das durch die im Rahmen eines Kritischen Masse-Systems realisierten Dienste (Informations-/ Kommunikations-Anwendungen bzw. Applikationen) bereitgestellt wird. Sie können zum einen daraus resultieren, daß der Nutzen innovativer Kritische Masse-Systeme von den Nachfragern auf Grund der **funktionalen Eigenschaften** eines Systems nicht wahrgenommen wird oder aber die Nachfrager mögliche **negative Konsequenzen** aus der Nutzung eines Kritischen Masse-Systems erwarten und deshalb Akzeptanzbarrieren aufbauen. Dementsprechend bezeichnen **APPLIKATIONS-WIDERSTÄNDE** die gegen die Nutzung eines Kritischen Masse-Systems gerichteten Widerstände auf Grund der funktionalen Eigenschaften eines Systems sowie der aus der Nutzung erwarteten negativen Konsequenzen.

Nach VERSHOFEN läßt sich der Nutzen, den ein Nachfrager aus einem Produkt ziehen kann, in einen Grundnutzen und einen Zusatznutzen unterteilen.[164] Während sich der Grundnutzen aus den funktionalen Eigenschaften eines Produktes ergibt und zur Befriedigung eines Basisbedürfnisses dient, bezieht sich der Zusatznutzen auf die höheren Schichten in der Maslowschen Bedürfnispyramide. Der Zusatznutzen "gliedert sich wieder in einen gesellichen Nutzen (Geltungsnutzen) und einen ausschließlich dem Schönheitsempfinden gegebenen Nutzen"[165] (Erbauungs- oder Gefühlsnutzen). Mit dieser Unterscheidung weist VERSHOFEN den Zusatznutzen primär der psychischen Sphäre zu. Da die funktionalen Eigenschaften von Produkten

---

163) Vgl. SCHÖNECKER, Horst G. (1980), a.a.O., S.138. Derselbe (1982), a.a.O., S.52.
Die Akzeptanzforschung unterscheidet zwischen Bediener- und Nutzerakzeptanz, wobei als Nutzer der Personenkreis bezeichnet wird, der im Gegensatz zum Bediener i.d.R. nur indirekt mit einem Techniksystem arbeitet, indem er beispielsweise Informationen nutzt, die durch ein Kritisches Masse-System bereitgestellt werden. Die Informationsbeschaffung aber obliegt dem Bediener. Von daher ist für die nachfolgenden Betrachtungen primär die Bedienerakzeptanz relevant. Vgl. auch MANZ (1983), a.a.O., S.182ff.

164) Vgl. VERSHOFEN, Wilhelm: Handbuch der Verbrauchsforschung, Erster Band: Grundlegung, Berlin 1940, S.69ff.

165) Ebenda, S.69.

jedoch in der Regel über die Befriedigung der Grundbedürfnisse hinausgehen und Zusatzeigenschaften aufweisen, die den Komfort im Umgang mit einem Produkt erhöhen, ist es zweckmäßig, dem Zusatznutzen noch eine physische Komponente hinzuzufügen. Der sich aus den funktionalen Zusatzleistungen eines Produktes ergebende zusätzliche Nutzen wird deshalb im folgenden als **KOMFORTNUTZEN** oder Zusatzwert (added value) bezeichnet:

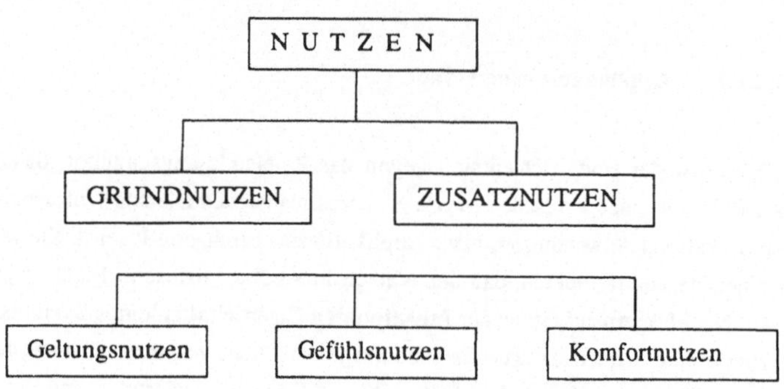

Abb. 18: Nutzenkomponenten von Produkten

Die Unterscheidung nach Grund- und Zusatznutzen findet bei Kritische Masse-Systemen eine technische Analogie in der Unterscheidung zwischen Basis- und Mehrwertdiensten.[166] Mehrwertdienste beziehen sich immer auf den Komfortnutzen, da sie gegenüber dem Basisdienst der Informationsübertragung zusätzliche Leistungsmerkmale aufweisen. Diese zusätzlichen Leistungsmerkmale können zum einen eine so starke Veränderung von Basisdiensten beinhalten, daß sie ihrerseits als Innovationen bezeichnet werden können und zum anderen lediglich eine "Veredelung" von Basisdiensten darstellen. Zur ersten Kategorie zählt beispielsweise das Btx-System und zur letzteren das (Komfort-) Telefonieren im ISDN-Netz. Beispielhaft sind ausgewählte Leistungsmerkmale des ISDN-Telefondienstes in Abbildung 19 dargestellt.[167]

---

166) Vgl. zur Unterscheidung zwischen Basis- und Mehrwertdiensten die Ausführungen in Kapitel 2.3.3 "Telekommunikationssysteme als Paradigma für Kritische Masse-Systeme".

167) Grunddienstmerkmale stellen solche Leistungsmerkmale dar, die mit der Einführung von ISDN Ende 1988 verfügbar waren, während die erweiterten Dienstmerkmale erst zu einem späteren Zeitpunkt realisiert werden bzw. wurden. Vgl. zu diesen und weiteren Dienstmerkmalen des ISDN: ROSENBROCK, Karl Heinz/ HENTSCHEL, Günther: ISDN Praxis, Loseblatt-Ausgabe, (Grundwerk) Ulm 1988, Ergänzungslieferung 3/89, Kap. 6.1, S.34ff.

GRUNDDIENSTMERKMALE	ERWEITERTE DIENSTMERKMALE
Anschlußdienstmerkmale	

* Durchwahl zu Endgeräten
* Aktivhalten
* Mehrdienstbetrieb
* Endgerätewechsel
* geschlossene Benutzergruppe
* Sammelanschluß
* Dienstkennung
	* Aufbau (Einrichten) semi-
	  permanenter Verbindungen
	  durch den Teilnehmer
	* Aktivhalten der OSI-
	  schichten 1 und 2

Verbindungsdiensmerkmale	
* Anklopfen * Anrufumleitung * Anrufweiterschaltung * Vollsperre * Sperre abgehender Verbindungen * Zugang zu Sonderdiensten	* Dreierverbindung (Makeln) * Trennen einer Verbindung * Dreierkonferenz * Anrufumleitung zum Fernsprech- auftragsdienst * Trennen
Informationsdienstmerkmale	

* Gebührenanzeige
* Identifizieren der Rufnummer
  des anrufenden Teilnehmers
* Fangen
* Statusabfrage
* Geheimnummer
* Zugang zu Auskünften
	* Anzeige "Nachricht wartet"
	* Gebührenübernahme durch
	  gerufenen Teilnehmer
	* Konferenz bis zu acht Teilnehmer
	* automatischer Weckdienst
	* automatischer Rückruf bei Besetzt

Abb. 19: Ausgewählte Dienstmerkmale des ISDN-Telefondienstes

Das Ausmaß möglicher Applikationswiderstände ist bei innovativen Kritische Masse-Systemen davon abhängig, wie offensichtlich die Leistungseigenschaften von der Nachfragerseite als Zusatznutzen wahrgenommen werden.

In diesem Zusammenhang ist eine Unterscheidung zwischen Evidenz- und Latenznutzen zweckmäßig. Ein hoher **EVIDENZNUTZEN** bedeutet, daß die Vorteile, die ein Nachfrager aus den funktionalen Eigenschaften eines Kritischen Masse-Systems ziehen kann, offensichtlich sind. Der Evidenznutzen kann sich zum einen darauf beziehen, daß die Bewältigung bekannter Aufgaben mit einem neuen Kritische Masse-System offensichtlich leichter, zeitsparender oder kostengünstiger möglich ist als mit einem etablierten System. In diesem Fall bezieht sich der Evidenznutzen auf die Erledigung bekannter Tätigkeiten mit bekannten Nutzenbeiträgen. Zum anderen kann aber auch die Vorteilhaftigkeit einer neuen Anwendungsmöglichkeit evident sein. Der Telefax-Dienst ist ein typisches Beispiel für ein Kritisches Masse-System mit hohem Evidenznutzen bei einem neuen Anwendungsgebiet.

Bei einem hohen **LATENZNUTZEN** hingegen sind die Vorteile, die ein Nachfrager aus einem System ziehen kann, ohne entsprechende Kenntnisse nicht unmittelbar einsichtig.

Bezüglich Evidenz- und Latenznutzen von Kritische Masse-Systemen läßt sich folgende Generalisierung aufstellen:

Sind innovative Kritische Masse-Systeme tendenziell durch einen hohen Latenz- und einen geringen Evidenznutzen gekennzeichnet, so führt dies zu einer Verstärkung der Applikationswiderstände.

Es liegt die Vermutung nahe, daß sich innovative Kritische Masse-Systeme tendenziell durch einen hohen Latenznutzen auszeichnen, da sie in der Regel sowohl den Kommunikationsvorgang als auch das Kommunikationsverhalten beeinflussen bzw. verändern. Das aber bedeutet, daß die potentiellen Nachfrager die notwendigen Informationen zur Beurteilung eines innovativen Kritische Masse-Systems im Prinzip nur durch entsprechend lang ausgestaltete Testphasen erhalten können oder auf Grund der Erfahrungen von Personen, die bereits Teilnehmer des Systems sind. Weiterhin ist ein geringer Evidenznutzen bei Kritische Masse-Systemen auch deshalb als wahrscheinlich anzusehen, da die Bedienung von Endgeräten und Diensteangeboten in vielen Fällen entsprechende Kenntnisse beim Nachfrager voraussetzt, und die volle Funktionalität erschließt sich nur nach entsprechend langer Erfahrung im Umgang mit einem System. Vor diesem Hintergrund liegt die Vermutung nahe, daß Applikationswiderstände in verstärktem Maße in der Markteinführungsphase von Kritische Masse-Systemen auftreten, da in dieser Phase die Teilnehmer meist nur geringe Erfahrungen im Umgang mit einem Kritische Masse-System besitzen und zu einer nach technischen Aspekten differenzierenden Beurteilung oftmals nicht in der Lage sind.[168] Kritische Masse-Systeme weisen damit tendenziell eine Dominanz an **Erfahrungsgutcharakter** auf. Als Erfahrungsgüter werden solche Güter bezeichnet, deren Qualitätsbeurteilung durch den Nachfrager erst dann möglich ist, wenn er eine gewisse Erfahrung im Umgang mit diesen Gütern sammeln konnte.[169]

Darüber hinaus ist gerade in der Markteinführungsphase die Funktionalität eines Kritischen Masse-Systems in vielen Fällen noch nicht vollständig realisiert:

- Zum Zeitpunkt der Einführung hat ein Kritisches Masse-System meist noch keine 100%ige Flächendeckung erreicht, wodurch eine universelle Zugriffsmöglichkeit nicht gegeben ist. Damit wird die Entfaltung von Nachfragesyn-

---

168) Vgl. zu empirischen Belegen: BACKHAUS, Klaus/ SPÄTH, Michael: Marketing für Metropolitan Area Networks, unveröffentlichtes Manuskript, Münster 1991.

169) Erfahrungsgüter sind gegen Inspektions- und Vertrauensgüter abzugrenzen. Die Unterscheidung nach diesen Kategorien von Gütern resultiert aus dem Qualitätsbeurteilungsprozeß von Konsumenten, wobei in der Informationsökonomie zwischen search quality, experience quality und credence quality differenziert wird. Vgl. hierzu insbesondere: NELSON, Phillip: Information and Consumer Behavior, in: The Journal of Political Economy, 78(1970), S.312ff. Derselbe: Advertising as Information, in: The Journal of Political Economy, 82(1974), S.730ff. DARBY, Michael R./ KARNI, Edi: Free Competition and the Optimal Amount of Fraud, in: The Journal of Law and Economics, 16(1973), S.68ff.

ergien behindert. Außerdem haben die Anbieter in der Anfangsphase meist nur einen Grunddienst implementiert und das Dienstespektrum eines Kritischen Masse-Systems ist noch gering.

- Der meist hohe Innovationsgrad von Kritische Masse-Systemen veranlaßt viele Unternehmen dazu, sich bereits relativ früh einen "Platz im System" zu sichern und damit Präsenz in einem innovativen Kritische Masse-System zu zeigen. Wegen der noch geringen Teilnehmerzahl werden jedoch in vielen Fällen die erforderlichen Investitionen in das Diensteangebot noch nicht vorgenommen. So waren z.B. im Btx-Systems 1988 mehr als ein Viertel aller Diensteanbieter nur mit sog. "leeren Seiten" im System vertreten, die keinerlei Informationen für die Teilnehmer lieferten.[170] Der sich daraus ergebende negative Imageeffekt für das Gesamtsystem ist offensichtlich.

Neben den funktionalen Eigenschaften ergeben sich Applikationswiderstände aber auch daraus, daß innovative Kritische Masse-Systeme in vielen Fällen die Art und Weise des (bisherigen) Kommunikationsvorgangs verändern. So ermöglicht beispielsweise die elektronische Post, daß Nachrichten immer dann geschrieben und gelesen werden können, wenn die betreffenden Personen gerade Zeit dazu haben. Es bedarf damit nicht der beim Telefon erforderlichen Koordination zwischen den Gesprächspartnern, und eine Nachricht kann an eine Person ebenso so schnell gerichtet werden wie an eine ganze Personengruppe. Allerdings müssen die Nachrichten über eine Tastatur eingegeben werden, und damit ist die Fähigkeit des Maschineschreibens quasi eine Voraussetzung für die schnelle Verfassung einer Nachricht. Im Unterschied zur schriftlichen Kommunikation verarbeiten in der Regel Absender und Empfänger die Nachrichten selbst. Weiterhin gibt es kein materielles Produkt auf das die Nachricht ausgegeben wird, und die Nachrichten können in beliebiger Form versandt werden.[171] Inwieweit eine solche Veränderung des Kommunikationsvorgangs jedoch bei den potentiellen Nachfragern auch akzeptiert wird, ist wesentlich von den **Erwartungen** abhängig. Sobald sie den Eindruck gewinnen, "daß die Anforderungen einer neuen Technologie ihren Erwartungen widersprechen, werden sie zumindest in der Anpassungsphase Widerstand leisten."[172]

---

170) Vgl. NEUE MEDIENGESELLSCHAFT ULM mbH/ SOCIALDATA GmbH (Hrsg.)(1988), a.a.O., S.89.
171) Vgl. KIESLER, Sara: Die geheime Botschaft des Computers, in: Harvard manager, 8(1986), Heft 3, S.111.
172) ZUBOFF, Shoshana: Die neue Welt der computervermittelten Arbeit, in: Harvard manager, 7(1985), Heft 2, S.104.

Mit einem veränderten Kommunikationsvorgang wandeln sich in der Regel auch die Kommunikationsinhalte und das Kommunikationsverhalten.[173] So können z.B. bei der elektronischen Post Mimiken und Gestiken nicht zur Kommunikation eingesetzt werden, womit die Kommunikationspartner nicht in der Lage sind, die direkten Reaktionen eines Empfängers auf eine Nachricht zu erfassen und gegebenenfalls korrigierend einzugreifen. "Die Kommunikationspartner verspüren mehr Anonymität und entdecken beim anderen weniger Individualität, als wenn sie unter vier Augen oder am Telephon miteinander sprechen. Sie zeigen ein geringeres Einfühlungsvermögen, empfinden weniger Schuldgefühle, machen sich nicht so viele Sorgen, wie sie im Vergleich zu Kollegen dastehen, und sind nicht so sehr durch Normen beeinflußt. ... Da es kein Papier und keine zeitliche Verzögerung zwischen Abfassen und Absenden einer Nachricht gibt, hat der Absender weniger Anreiz die Mitteilung noch einmal zu überdenken."[174] Daß daraus neue Formen der sozialen Interaktion entstehen und sich neue soziale Gruppen herausbilden, ist offensichtlich.[175]

Neue soziale Gruppen entstehen z.B. dadurch, daß über die elektronische Post in Form sog. Foren vielfach eine intensive Kommunikation zwischen Fachleuten stattfindet, die geographisch weit voneinander entfernt angesiedelt sind und zwischen denen mit den bisherigen Kommunikationsmitteln keine intensive Zusammenarbeit möglich war. Im Rahmen der Foren können Fachleute aktuelle Entwicklungen in ihren Bereichen verfolgen, Stellungnahmen abgeben und selbst ihre neuesten Erkenntnisse in ein Forum einstellen oder direkt mit den Verfassern von Fachmitteilungen in Verbindung treten. Neuartige soziale Gruppen haben sich auch durch die geschlossenen Benutzergruppen z.B. im Rahmen des Btx-Systems formiert. Die positiven Effekte, die neue Formen der Kommunikation auf die Diffusion eines Kritischen Masse-Systems besitzen können, werden jedoch dadurch behindert, daß die potentiellen Nachfrager keine Erfahrung mit den neuen Kommunikationsformen besitzen, wodurch die Beurteilung des Nutzens erheblich erschwert wird. Es läßt sich somit zusammenfassend folgende Hypothese aufstellen:

Die mit einem veränderten Kommunikationsverhalten verbundenen Applikationswiderstände sind um so größer, je geringer die Erfahrungen im Umgang mit einem neuen Kritische Masse-System sind.

---

173) Vgl. KIESLER, Sara (1986), a.a.O., S.112f. OVERLACK, Jochen: Wettbewerbsvorteile durch Informationstechnologie, Diss. Nr. 1011 St. Gallen, Gaggenau 1987, S.321f. ZUBOFF, Shoshana (1985), a.a.O., S.107ff.
174) KIESLER, Sara (1986), a.a.O., S.111.
175) Vgl. KIESLER, Sara (1986), a.a.O., S.112. ZUBOFF, Shoshana (1985), a.a.O., S.107ff.

3.2.1.2.2.2. Substitutionswiderstände

Während Applikationswiderstände aus den funktionalen Eigenschaften eines Kritischen Masse-Systems resultieren, ergeben sich Substitutionswiderstände aus den nur geringen Nachfragesynergien, die in der Markteinführungsphase auf Grund der geringen Installierten Basis im Vergleich zu einem etablierten System erzielbar sind. **SUBSTITUTIONSWIDERSTÄNDE** bezeichnen die gegen einen Wechsel von einem etablierten zu einem neuen Kritische Masse-System gerichteten Widerstände auf Grund einer hohen Installierten Basis des etablierten Systems.

Substitutionswiderstände behindern den Wechsel zwischen Kritische Masse-Systemen auf Grund von unterschiedlich hohen Installierten Basen und können primär aus dem Inkompatibilitätseffekt, dem Verzögerungseffekt und dem Beharrungseffekt resultieren.

Der **Inkompatibilitätseffekt** besagt, daß Zeit- und Kostenaufwand der Kommunikation zwischen Personen aus unterschiedlichen (inkompatiblen) Kritische Masse-Systemen höher sind als zwischen Mitgliedern desselben Systems.[176] Das bedeutet aber, daß die höchsten Inkompatibilitätskosten die frühen Adoptoren tragen müssen, da sie als Teilnehmer eines innovativen Systems im frühen Stadium der Markteinführung zu Teilnehmern etablierter Kritische Masse-Systeme inkompatibel sind, wodurch der Wechsel von einem etablierten zu einem neuen Kritische Masse-System behindert wird.[177] Zur Vermeidung des Inkompatibilitätseffektes und zur Erzielung möglichst hoher Nachfragesynergien werden viele Teilnehmer erst dann wechseln, wenn das neue Kritische Masse-System eine bestimmte Mindestteilnehmerzahl erreicht hat. Die Frage ist nun, welche Teilnehmer zuerst zu dem neuen System übergehen werden. Im Extremfall wartet jeder Teilnehmer darauf, daß zuerst die **anderen Teilnehmer** einen Wechsel vornehmen, bevor sie selbst wechseln, so daß überhaupt keine Veränderung stattfindet und die neue Technologie zum Scheitern verurteilt ist (Verzögerungseffekt). Der **Verzögerungseffekt** beschreibt die Verzögerung der Teilnahmeentscheidung, die aus der Unsicherheit darüber resultiert, ob auch tatsächlich ausreichend viele Teilnehmer einen Wechsel vornehmen werden.

Darüber hinaus kann eine hohe Installierte Basis eines etablierten Kritische Masse-Systems ihrerseits die Diffusion eines neuen Systems behindern. Bei etablierten

---

176) Das gilt für kompatible Systemtechnologien allerdings nur in eingeschränktem Umfang. Vgl. zum Inkompatibilitätseffekt die Ausführungen in Kapitel 3.1.2 "Der Nutzenbeitrag der Installierten Basis".

177) Vgl. FARRELL, Joseph/ SALONER, Garth: Competition, Compatibility and Standards: The Economics of Horses, Penguins and Lemmings, in: Gabel, Landis H. (Hrsg.): Product Standardization and Competitive Strategy, Amsterdam New York Oxford Tokyo 1987, S.12ff. Dieselben (1986), a.a.O., S.941ff.

Systemen verfügen die Teilnehmer über ein hohes Erfahrungspotential im Umgang mit dieser Technologie und können deshalb hohe Nachfragesynergien erzielen, die bei einem Wechsel zu einer neuen Technologie erst wieder aufgebaut werden müssen. Die sich daraus ergebenden Diffusionsverzögerungen werden als **Beharrungs-effekt** bezeichnet und spiegeln die bei etablierten Systemen vorhandenen **system-immanenten Verzögerungen** des Systemwechsels wider.[178] Die den Beharrungs-effekt kennzeichnenden Verharrungstendenzen bei einer etablierten Technologie werden auch darin deutlich, daß die Vermutung naheliegt, daß sich ein Wechsel zu einer innovativen Technologie im ersten Schritt über die Bewältigung bekannter Aufgaben vollziehen wird, d.h. daß die durch eine neue Technologie gebotenen Funktionserweiterungen zunächst noch nicht genutzt werden. In der Vergangenheit ließ sich das z.B. beobachten bei der Einführung

- von Textverarbeitungssystemen, die zunächst als Ersatz für die Schreibma-schine angesehen wurden und deren Effektivitätsgrad durch die Anzahl der geschriebenen Zeichen bestimmt wurde;

- von CAD-Systemen, die zunächst nur als Ersatz für das Konstruktionsbrett betrachtet wurden. In den Anfängen waren Konstruktionsbretter am Markt, bei denen lediglich der Zeichenstift über eine Leitung mit dem CAD-System verbunden war, die die mit dem Stift am Zeichenbrett vorgenommene Li-nienfolge digitalisierte und an das System übertrug;

- der unter dem Namen Minitel bekannten Endgeräte für das Videotex-System Télétel in Frankreich, die zunächst nur als Ersatz für das gedruckte Telefon-buch kostenlos an interessierte Telefonkunden ausgeliefert wurden und auch heute noch in vielen Fällen ausschließlich zum Zwecke der Telefonauskunft genutzt werden.[179]

Der eigentlich innovative Teil eines Kritischen Masse-Systems wird damit in der Einführungsphase häufig nicht oder nur in geringem Maß genutzt.

Während beim Verzögerungseffekt die Teilnehmer eines etablierten Systems grund-sätzlich zu einem Systemwechsel bereit sind, aber abwarten, daß zuerst die anderen Teilnehmer einen Wechsel vornehmen, liegt beim Beharrungseffekt keine Wechsel-bereitschaft vor, und die Beharrungstendenzen bei einem etablierten System begrün-den sich in dem Widerstand gegen die mit dem Wechsel verbundene Änderung des Kommunikationsverhaltens.

---

178) Dabei ist zu beachten, daß der Beharrungseffekt auch durch den Inkompatibilitätseffekt verstärkt werden kann.

179) Vgl. NEUE MEDIENGESELLSCHAFT ULM mbH/ SOCIALDATA GmbH (Hrsg.), a.a.O., S.46.

Insgesamt können die aufgezeigten Effekte dazu führen, daß die Diffusion innovativer Kritische Masse-Systeme selbst dann behindert wird, wenn die Teilnehmer eines etablierten Systems ein neues Kritisches Masse-System als technologisch überlegen wahrnehmen und eine Präferenz für dieses System besitzen. Im Extremfall kann es sogar zu einem Scheitern des innovativen Systems kommen. Zusammenfassend läßt sich damit folgende Hypothese aufstellen:

Je stärker der Inkompatibilitätseffekt, der Verzögerungseffekt und der Beharrungseffekt ausgeprägt sind, desto geringer ist die Diffusionsgeschwindigkeit eines innovativen Kritische Masse-Systems und um so größer ist die Wahrscheinlichkeit, daß es zu einem Marktversagen des Systems kommt.

Ein typisches Beispiel für das Marktversagen einer neuen Technologie auf Grund der hohen Installierten Basis einer etablierten ist das Scheitern der von DVORAK entwickelten "AOEUIDHTNS"-Schreibmaschinentastatur. Auf Grund intensiver ergonomischer Studien konnte DVORAK im Jahre 1932 eine Vielzahl von Ineffizienzen aufdecken, die mit der klassischen Anordnung der "QWERTYUIOP"-Tastenfolge bei Schreibmaschinen in englischsprachigen Ländern verbunden sind und durch eine "AOEUIDHTNS"-Tastenanordnung vermieden werden könnten.[180] Obwohl die technische Überlegenheit dieser neuen Tastenanordnung allgemein anerkannt wurde und sich die Effizienz von Schreibarbeiten nachweislich steigern ließ, hat die hohe Installierte Basis der "QWERTY"-Tastatur die Einführung der neuen Tastenanordnung bis heute verhindert.[181]

3.2.1.2.2.3. Anbieterwiderstände

Bei Kritische Masse-Systemen ergibt sich aus dem allgemeinen Charakteristikum "Mehrdimensionalität der Marktebene" eine **Marktverbundenheit** zwischen den Parteien auf der Anbieterseite, die zunächst einmal aus systemtechnischen Aspekten resultiert.[182] Darüber hinaus ergibt sich eine Marktverbundenheit zwischen den Parteien auf der Anbieterseite aber auch daraus, daß die Markterfolge von Netzbetreiber, Systembetreiber, Diensteanbieter und Endgerätehersteller letztendlich dadurch bestimmt werden, daß ein Kritisches Masse-System eine hohe (aktive) Teilnehmerzahl erreicht, wobei die Anbieter auf Betreiber- und Diensteebene einen zeitkontinuierlichen Einnahmenfluß aus der Nutzung der Teilnehmer realisieren. Die

---

180) Vgl. DVORAK, August et al: Typewriting Behavior, New York 1936, passim.
181) Vgl. DAVID, Paul A.: Clio and the Economics of QWERTY, in: The American Economic Review, Papers and Proceedings, 75(1985), No. 2, S.332ff.
182) Vgl. hierzu die Ausführungen in Kapitel 2.3.2 "Aufbau eines Kritischen Masse-Systems".

Höhe der Teilnehmerzahl und die Nutzungsintensität wird dabei durch die subjektiv wahrgenommene Attraktivität eines Kritischen Masse-Systems durch die Nachfragerseite bestimmt. Bezüglich der wahrgenommenen Attraktivität ist entscheidend, daß sich für die Nachfragerseite ein Kritisches Masse-System als **integrative Gesamtheit** darstellt. Es wird von den Nachfragern in der Regel nicht als Konglomerat aus verschiedenen Anbieterparteien beurteilt, sondern als integrative Einheit, in deren Beurteilung alle auf der Anbieterseite beteiligten Parteien eingehen.[183] Aktionen einzelner Anbieter werden deshalb von den Nachfragern auch nicht isoliert bewertet, sondern beeinflussen das Gesamturteil der Nachfrager über ein Kritisches Masse-System. Die Aktivitäten der Anbieter stehen deshalb in einer starken Verbundbeziehung, durch die die Diffusion eines Kritischen Masse-Systems in extremem Ausmaß sowohl behindert, als auch gefördert werden kann. Die Vielzahl bestehender Verbundbeziehungen läßt sich am Beispiel des Btx-Systems verdeutlichen:

- Die Bereitstellung der Systemarchitektur des Btx-Systems durch die Deutsche Bundespost Telekom ist conditio sine qua non für die Vermarktung der Btx-Endgeräte.

- Qualität und Anzahl der Btx-Angebote durch Unternehmen mit Externen Rechnern bestimmen in wesentlichen Punkten die Attraktivität des gesamten Systems.

- Die Nutzungsintensität des Btx-Systems wird durch die Preisgestaltung von Netz- und Systembetreiber sowie der Diensteanbieter beeinflußt.

- Die Preispolitik der Betreiberebene und der Anbieter mit Externen Rechnern beeinflußt den Markterfolg der Anbieter von Btx-Endgeräten.

- Die Preisgestaltung für Btx-Endgeräte nimmt entscheidenden Einfluß auf die Diffusionsgeschwindigkeit des Btx-Systems sowie die Höhe der Anschlußzahl und bestimmt damit die Umsatzerfolge auf Betreiber- und Diensteebene.

Auf Grund dieser Marktverbundenheit bestehen hohe Interdependenzen zwischen Betreiber-, Dienste- und Endgeräteebene, weshalb sie nicht unabhängig voneinander betrachtet werden können. So behindern beispielsweise überhöhte Preisforderungen auf der Endgeräteseite die Diffusion eines Kritischen Masse-Systems ebenso wie eine als unzureichend wahrgenommene Funktionalität der Systemtechnologie, mangelhafte Diensteangebote, schlechter Bedienkomfort oder überhöhte Nutzungsentgelte. Die Marktverbundenheit auf der Anbieterseite beeinflußt damit in entscheidender Weise die Geschwindigkeit, mit der die Kritische Masse erreicht werden

---

183) Vgl. zu empirischen Belegen: BACKHAUS, Klaus/ SPÄTH, Michael (1991), a.a.O., passim.

kann, da eine **mangelnde Koordination** zwischen den Anbieterparteien zu Nutzungswiderständen führen kann. Die sich aus den nicht oder nur unzureichend abgestimmten Aktionen der verschiedenen Marktparteien auf der Anbieterseite gegen die Nutzung eines Kritischen Masse-Systems ergebenden Widerstände werden als **ANBIETERWIDERSTÄNDE** bezeichnet.

Anbieterwiderstände treten in verstärktem Maße insbesondere in der Markteinführungsphase von Kritische Masse-Systemen auf, da in dieser Phase die Aktionen der Anbieter nur wenig aufeinander abgestimmt sind, wodurch in der Markteinführung mit besonders hohen Anbieterwiderständen zu rechnen ist. Ursachen für hohe Anbieterwiderstände in der Einführungsphase sind beispielsweise in folgenden Aspekten zu sehen:

- Nach dem HUNTLEY'schen Gesetz ist das benötigte Anlagekapital von Telekommunikationsunternehmen etwa zehnmal höher als die erforderlichen Investitionen in Produktionsanlagen bei Industrieunternehmen.[184] Das liegt insbesondere darin begründet, daß für die Errichtung eines Telekommunikationssystems die Systemarchitektur a priori festgelegt und zum Zeitpunkt der Markteinführung ein Mindestmaß an Flächendeckung gewährleistet sein muß. Das daraus resultierende hohe ökonomische Risiko für die Betreiberseite und die geringe Teilnehmerzahl führen im Anfangsstadium tendenziell zu hohen Preisforderungen.

- In der Einführungsphase existieren für die technische Gestaltung einzelner Kommunikationsdienstleistungen meist noch keine Standards, und entsprechende Koordinationsmechanismen zwischen den Diensteanbietern fehlen. Die mangelnde Koordination der Anbieter bezüglich der Präsentation von Diensteangeboten führt dazu, daß die Attraktivität des Gesamtsystems herabgesetzt und damit die Nutzung behindert wird.

- Innovative Kritische Masse-Systeme bedeuten für die Nachfragerseite meist eine Änderung im Kommunikationsverhalten. Damit zielen sie aber auf einen Bedarf ab, der auf der Nachfragerseite erst noch geweckt werden muß. Dementsprechend sind auch auf der Anbieterseite die Planungsunsicherheit hoch und die Erfahrungspotentiale gering. Funktionalität und Bedienerführung des Systems sowie der Diensteangebote unterliegen damit noch einer hohen Veränderungsrate, wodurch Vereinheitlichungen zwischen gleichartigen Funktionen bei den Diensteangeboten unterschiedlicher Anbieter behindert werden, was sich wiederum negativ auf die Nutzung auswirkt.

---

184) Vgl. CHAPUIS, R.J.: Technology and Structures: Man and Machine, in: Telecommunications Policy, 2(1978), S.41f.

Vor dem Hintergrund der bisherigen Ausführungen lassen sich zusammenfassend folgende Hypothesen bzw. Generalisierungen formulieren:

(1) Anbieterwiderstände sind insbesondere in der Markteinführungsphase von Kritische Masse-Systemen tendenziell hoch anzusehen.

(2) Die Anbieterwiderstände bei innovativen Kritische Masse-Systemen sind um so größer, je weniger die Aktionen der Marktparteien auf der Anbieterseite aufeinander abgestimmt sind. Entsprechend ist die Diffusionsgeschwindigkeit eines Kritischen Masse-Systems um so größer, je besser es gelingt, die sich aus der Marktverbundenheit ergebenden Interdependenzen in der Markteinführungsphase von Kritische Masse-Systemen zu koordinieren.

3.2.1.3. Implikationen der Marktwiderstände für den Diffusionsverlauf von Kritische Masse-Systemen

Nach den Erkenntnissen der klassischen Diffusionsforschung ist die Diffusionsgeschwindigkeit einer Produktinnovation um so höher, je größer sich ihr relativer Vorteil gestaltet, je größer ihre Kompatibilität zu bestehenden Normen und Verhaltensweisen ist, je besser sie sich kommunizieren läßt, je höher die Möglichkeiten zu ihrer Erprobung sind und je weniger komplex sie ausgebildet ist.[185]
Auf Grund der vorangegangenen Überlegungen muß für innovative Kritische Masse-Systeme konstatiert werden, daß sie tendenziell charakterisiert sind durch

* **einen geringen (wahrgenommenen) relativen Vorteil:**
  Innovative Kritische Masse-Systeme zielen überwiegend auf Bedürfnisse ab, die beim Nachfrager erst geweckt werden müssen bzw. dem Teilnehmer erst nach einer entsprechenden Erfahrung im Umgang mit dem neuen Medium deutlich werden. Folglich zielt der Einsatz eines neuen Kritischen Masse-Systems in der Anfangsphase zunächst einmal auf die Substitution bekannter Tätigkeiten durch die neue Technik ab.[186] Das bedeutet aber, daß auf Grund von Kauf-, Anschluß- und Nutzungsakt im ersten Schritt Investitionen in eine neue Technologie vorgenommen werden müssen, ohne daß der Anwender genaue Vorstellungen darüber besitzt, welchen Zusatznutzen die neue Technologie gegenüber einer Alttechnologie aufweist. Es muß deshalb davon aus-

---

185) Vgl. hierzu die Ausführungen in Kapitel 1.1.2 "Determinanten des Adoptionsprozesses".
186) Vgl. auch Kapitel 3.3 "Einflußfaktoren auf die Diffusionsentwicklung von Kritische Masse-Systemen nach Überschreiten der Kritischen Masse".

gegangen werden, daß der relative Vorteil von Kritische Masse-Systemen insbesondere wegen ihres Erfahrungsgutcharakters für die Nachfragerseite nur schwer erkennbar und quantifizierbar ist.

Ein technologischer Vorteil muß deshalb auch nicht automatisch als Nutzenvorteil erkannt bzw. akzeptiert werden.[187] Ein Zeitungsbericht aus dem Jahre 1953 über das neu eingeführte Medium Fernsehen belegt das in eindrucksvoller Weise:

> "Will das deutsche Publikum eigentlich fernsehen? Die amtlichen Zahlen scheinen dagegen zu sprechen: In England gab es am 1. Januar dieses Jahres 1,89 Millionen Teilnehmer (700 000 mehr als am 1.1.1952), und am 1. Februar waren es 1,97 Millionen geworden, also weitere 80 000 mehr. Im Bundesgebiet (ohne Berlin) waren es am 1. März 1117, am 1. April 1524, was eine monatliche Zunahme von 407 bedeutet. In den Haushaltsplan des NWDR sind für 1953/54 12,5 Millionen DM für das Fernsehen eingesetzt worden. 12,5 Millionen DM für 1500 Empfänger! Die Anzahl der am deutschen Fernsehfunk als feste oder freie Mitarbeiter Beschäftigten ist einstweilen höher als die Anzahl der Apparate, auf denen das Programm erscheint. Das Mißverhältnis ist grotesk. Ein Bundesgesetz wird entworfen und diskutiert, die Rundfunkanstalten gründen eine Fernsehunion, viele Fernsehtürme werden errichtet, Studios gebaut, Fernsehspiele in Auftrag gegeben - und alles das, damit vielleicht in einem Jahr statt 1500 Deutsche 2000 an einem eigenen Gerät sitzen! Kommt diese Unlust von der unzureichenden Qualität des Programms oder sind die meisten Programme noch so unzureichend, weil die Zahl der verkauften Geräte so gering ist?"[188]

- **eine geringe Kompatibilität:**
  Kritische Masse-Systeme üben einen großen Einfluß auf die Verhaltensmuster potentieller Nachfrager aus, da ihr Einsatz in der Regel mit einer Veränderung des Kommunikationsvorgangs und des Kommunikationsverhaltens verbunden ist. Das gilt auch dann, wenn das primäre Merkmal eines Kritischen Masse-Systems in einer höheren Funktionalität der Kommunikationsmöglichkeiten gegenüber etablierten Systemen zu sehen ist, da eine erhöhte Funktionalität meist mit veränderten Bedienvorgängen verbunden ist. Typische Beispiele hierfür sind das mobile Telefonieren oder das Telefonieren im ISDN im Vergleich zum Telefonieren im klassischen analogen Telefonnetz. Das bedeutet aber, daß innovative Kritische Masse-Systeme nur einen geringen Grad an Kompatibilität zu bestehenden Verhaltensmustern aufweisen.

---

187) Vgl. auch SCHELLHAAS, Holger/ SCHÖNECKER, Horst (1983), a.a.O., S.29ff.
188) VERDEN, Elisabeth: Funk für Anspruchsvolle, in: Die Zeit, vom 14.5.1953, Nr. 20, S.16.

- **eine hohe wahrgenommene Komplexität:**

  Auf Grund der Mehrdimensionalität der Marktebene auf der Anbieterseite existiert insbesondere in der Phase der Markteinführung von Kritische Masse-Systemen eine Reihe von Kooridnationsproblemen zwischen den Anbieterparteien. Das führt dazu, daß sich einzelne Systemkomponenten dem Nachfrager in relativ hoher Heterogenität präsentieren, wodurch sie von den potentiellen Adoptern als komplex wahrgenommen wird. Darüber hinaus besteht aber auch eine Tendenz zur technischen Komplexität, da Kritische Masse-Systeme sowohl im Bereich der Endgeräte als auch in bezug auf den Abruf von Diensteangeboten eine hohe Funktionalität und Bedienungskomplexität aufweisen.

- **eine geringe Kommunizierbarkeit:**

  Kritische Masse-Systeme zielen überwiegend auf die Befriedigung neuer Bedürfnisse ab, was sich in ihrem hohen Latenznutzen niederschlägt. Da sie eine Dominanz an Erfahrungsgutcharakter aufweisen, ist der relative Vorteil solcher Systeme ohne entsprechende Testinstallationen bzw. Testphasen tendenziell nur schwer kommunizierbar. Diese Tendenz wird durch die in der Regel hohe wahrgenommene Komplexität noch verstärkt. Besonders evident ist die geringe Kommunizierbarkeit des relativen Vorteils beim Btx-System oder dem ISDN-Netz vor allem für den Konsumtionsbereich.

- **eine geringe Erprobbarkeit:**

  Die Kommunizierbarkeit wird bei Kritische Masse-Systemen dadurch weiter erschwert, daß eine unmittelbare Erprobbarkeit nicht gegeben ist. Der Grund hierfür ist wiederum in der meist erforderlichen Veränderung des Kommunikationsverhaltens zu sehen. Die Erprobbarkeit kann damit nur durch Testinstallationen oder Testanschlüsse gewährleistet werden. Aber auch Testphasen erfordern auf Grund des hohen Latenznutzens von Kritische Masse-Systemen und der damit verbundenen Verhaltensänderung eine intensive Auseinandersetzung der Nachfrager mit der neuen Technologie, so daß sich Testphasen über einen längeren Zeitraum erstrecken müssen, damit die Nachfrager die Möglichkeit erhalten, ausreichende Erfahrungen im Umgang mit der neuen Technik zu sammeln. Allerdings ist zu beachten, daß Testmöglichkeiten insbesondere in der Markteinführungsphase das Problem des unzureichend vorhandenen universellen Zugriffs und den damit nur in begrenztem Umfang realisierbaren Nachfragesynergien nicht beseitigen können. Damit fehlt aber in der Markteinführungsphase der zentrale nutzenbestimmende Faktor eines Kritischen Masse-Systems. Eine Erprobbarkeit ist somit in der Markteinführungsphase nur in stark eingeschränktem Maße möglich. Hinzu kommt, daß

Testinstallationen bei Unternehmen in der Regel mit hohen Aufwendungen verbunden sind.

Die Überlegungen machen deutlich, daß die Markteinführungsphase bei Kritische Masse-Systemen von hohen Marktwiderständen begleitet wird, die in der Summe zu einem **Circulus Vitiosus der Systemattraktivität** führen, der sich als mehrdimensionales Problem darstellt.[189] So ist eine Reduktion von Nutzungswiderständen und eine breite Diffusion nur dann möglich, wenn ein qualitativ hochwertiges und umfassendes Diensteangebot vorliegt. Dieses entwickelt sich seinerseits aber nur, wenn die Teilnehmerzahl entsprechend hoch ist. Eine weitere Dimension dieses Problems ist darin zu sehen, daß sich nur dann niedrige Anschluß- und Nutzungsentgelte einstellen, wenn ein entsprechender Massenmarkt vorhanden ist. Ein Massenmarkt stellt sich aber nur ein, wenn preisgünstige Angebote vorliegen.

Aus den vorgetragenen Überlegungen zu den Marktwiderständen bei Kritische Masse-Systemen lassen sich bezüglich der Diffusionsentwicklung von Kritische Masse-Systemen folgende Konsequenzen ziehen:

(1) Marktwiderstände sind bei Kritische Masse-Systemen in der Markteinführungsphase insbesondere auf Grund der nur geringen Installierten Basis tendenziell hoch ausgeprägt.

(2) Diese Tendenz wird bei Kritische Masse-Systemen im Vergleich zu Singulär- und Netzeffektgüter insbesondere dadurch verstärkt, daß der "originäre" Nutzen von Systemgütern unmittelbar durch das Diffusionsniveau eines Kritischen Masse-Systems bestimmt wird.

(3) Kritische Masse-Systeme weisen in der Markteinführungsphase tendenziell einen geringen relativen Vorteil, eine geringe Kompatibilität, eine hohe wahrgenommene Komplexität, eine geringe Kommunizierbarkeit und eine geringe Erprobbarkeit auf.

(4) Die Existenz hoher Marktwiderstände in der Einführungsphase von Kritische Masse-Systemen führt zu stark ausgeprägten Diskontinuitäten in der Abfolge der Aktivierungsgradienten der potentiellen Nachfrager.

---

189) Der Circulus Vitiosus der Systemattraktivität kann auch als "chicken-and-egg"-Problem bzw. "Henne-Ei"-Problem bezeichnet werden. Vgl. z.B.: DURAND, Philippe: The public service potential of videotex and teletext, in: Telecommunications Policy, 7(1983), S.149ff. EASTON, Anthony T.: Viewdata - A Product in Search of a Market?, in: Telecommunications Policy, 4(1980), S.221ff. MEFFERT, Heribert (1985a), a.a.O., S.31. SCHUBERT, Frank (1986), a.a.O., S.24.

(5) Diese Diskontinuitäten können nur durch eine Steigerung der wahrgenommenen Attraktivität eines Kritischen Masse-Systems überwunden werden. Zu diesem Zweck müssen insbesondere die Aktivitäten der Anbieterparteien aufeinander abgestimmt sein.

(6) Insgesamt ist bei Kritische Masse-Systemen mit einer lang andauernden Markteinführungsphase zu rechnen, weshalb die Diffusionskurve bei Kritische Masse-Systemen mit hoher Wahrscheinlichkeit stark linksschief verlaufen wird.

(7) Der in der klassischen Diffusionstheorie unterstellte und in vielen Fällen auch empirisch bestätigte Diffusionsverlauf entsprechend der Verteilungsfunktion der Normalverteilung besitzt damit bei Kritische Masse-Systemen mit hoher Wahrscheinlichkeit keine Gültigkeit.

Ein empirisches Indiz für den insgesamt stark linksschiefen Verlauf der Diffusionskurve bei Kritische Masse-Systemen liefert z.B. der in Abbildung 20 dargestellte Diffusionsverlauf des Telefonsystems von 1881 bis 1990.[190] Allerdings ist zu beachten, daß die Diffusion des Telefons durch die Weltwirtschaftskrise 1931/32 sowie die beiden Weltkriege behindert wurde, wodurch es jeweils zu Adoptionsrückgängen kam. Das zeigt sich besonders deutlich an dem Diffusionseinbruch nach 1940. Diese "Einbrüche" der Adoption treten in Abbildung 21 noch deutlicher hervor, die die Adoptionsfunktion des Telefonsystems seit 1881 darstellt. Dabei ist zu beachten, daß der Adoptionsrückgang im Jahre 1944 nur verkürzt dargestellt ist, da er bei über vier Millionen Teilnehmern lag.

---

190) Abbildung 20 entstand auf Basis von Unterlagen des Fernmeldetechnischen Zentralamtes in Darmstadt und eigenen Berechnungen sowie folgender Unterlagen: GENERALDIREKTION POSTDIENST (Hrsg.): Statistisches Jahrbuch 1989, Bonn 1990. BUNDESMINISTERIUM FÜR DAS POST- UND FERNMELDEWESEN (Hrsg.): Zahlenspiegel der Deutschen Reichspost (1871 bis 1945), 2. Aufl. Bonn 1957. Dieselben (Hrsg.): Zahlenspiegel der Deutschen Bundespost 1946 bis 1959, Bonn 1961.

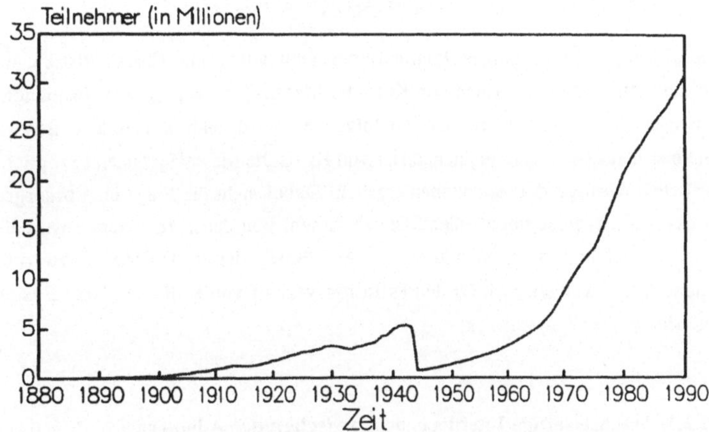

Abb. 20: Diffusionsverlauf des Telefonsystems ab 1881
Quelle: Daten der DEUTSCHEN BUNDESPOST TELEKOM

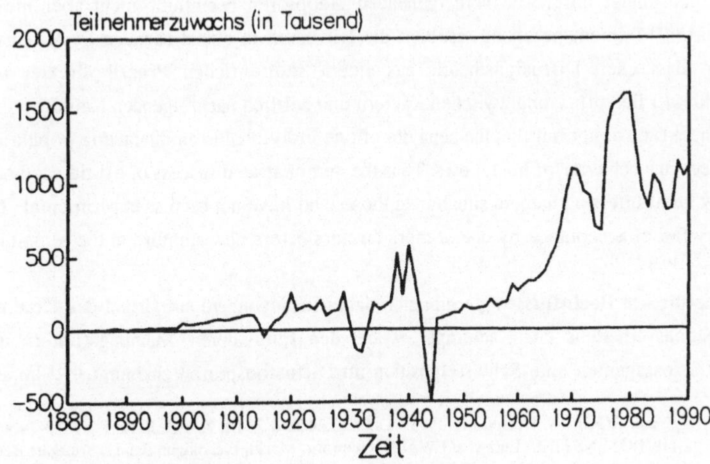

Abb. 21: Adoptionsverlauf des Telefonsystems ab 1881
Quelle: Daten der DEUTSCHEN BUNDESPOST TELEKOM

3.2.2. Die zeitliche Abfolge der Adoptionen im Diffusionsprozeß von Kritische Masse-Systemen

Die bisherigen Überlegungen konzentrierten sich auf solche Charakteristika, durch die die Diffusionsentwicklung von Kritische Masse-Systemen bis zum Erreichen der Kritischen Masse behindert wird. Im folgenden wird analysiert, welche Besonderheiten sich aus dem Systemgutcharakter von Kritische Masse-Systemen bezüglich der **zeitlichen Abfolge** der Adoptionen ergeben. Dabei steht die Frage im Vordergrund, ob sich Nachfragersegmente identifizieren lassen, von denen zu erwarten ist, daß sie zeitlich aufeinanderfolgend adoptieren. Auf Basis dieser Analyse ist zu prüfen, welche Auswirkungen sich für den Diffusionsverlauf von Kritische Masse-Systemen ergeben.

3.2.2.1. Wechselseitige Interdependenz zwischen den Adoptern

Die klassische Diffusionstheorie geht bezüglich der zeitlichen Abfolge der Adoptionen davon aus, daß eine Beeinflussung der potentiellen Nachfrager durch diejenigen Personen stattfindet, die das Produkt bereits gekauft haben. Dabei wird eine einseitig sequentielle Beeinflussung unterstellt, d.h. die späten Adoptoren eines Produktes werden immer durch die vorhergehenden Adoptoren beeinflußt, nicht aber umgekehrt.[191] Dementsprechend resultiert die Diffusion in einem sozialen System nach der klassischen Diffusionstheorie aus einem **sequentiellen Prozeß** direkter und indirekter Beeinflussung zwischen Käufern und zeitlich nachfolgenden Käufern:

"There is no doubt but that the behavior of one individual in an interacting population affects the behavior of his fellows. Thus the demonstrated success of hybrid seed on a few farms offers a changed situation to those who have not been so experimental. The very fact of acceptance by one or more farmers offers new stimulus to the remaining ones."[192]

Eine **direkte Beeinflussung** ergibt sich dabei insbesondere auf Grund des Kommunikationsverhaltens der Nachfrager, wobei den Innovatoren, Meinungsführern und Diffusionsagenten eine Schlüsselposition im Diffusionsprozeß zukommt.[193] Im Be-

---

191) Vgl. z.B. ROGERS, Everett M. (1983), a.a.O., S.34 und 234ff. KAAS, Klaus P. (1973), a.a.O., S.118. ROSENSTIEL, Lutz von/ EWALD, Guntram: Marktpsychologie, Band I, Stuttgart Berlin Köln Mainz 1979, S.118. MARKUS, M. Lynne (1987), a.a.O., S.494. GRANOVETTER, Mark (1978), a.a.O., S.1424ff. GRANOVETTER spricht in diesem Zusammenhang von einem Domino-Effekt.

192) RYAN, Bryce/ GROSS, Neal C. (1943), a.a.O., S.23.

193) Vgl. KAAS, Klaus P. (1973), a.a.O., S.38ff. ROGERS, Everett M. (1983), a.a.O., Chapter 7-9. ROSENSTIEL, Lutz von/ EWALD, Guntram (1979), a.a.O., S.115ff.

reich der Konsumgüterforschung wurde festgestellt, daß sowohl Meinungsführer als auch Diffusionsagenten Merkmale von Innovatoren aufweisen und speziell Meinungsführer und Innovatoren im Konsumgüterbereich meist eine Personalunion bilden.[194] Entsprechend des von KATZ und LAZARSFELD aufgestellten Modells des zweistufigen Kommunikationsprozesses fließen Informationen zunächst an die Meinungsführer, werden von diesen interpretiert und bewertet und dann an die Masse der Rezipienten weitergereicht.[195] Die Informationen fließen dabei einseitig vom Meinungsführer zu den übrigen Gruppenmitgliedern, wobei sie auf Grund ihrer Erfahrungen mit einem Produkt andere Konsumenten zum Kauf des neuen Produktes beeinflussen.[196] Die Meinungsführer übernehmen damit eine Auslöse- und Verstärkerfunktion im Diffusionsprozeß. Insgesamt wird unterstellt, daß Innovatoren, Meinungsführer und Diffusionsagenten wesentlich zur Imitation anregen und es von ihrem Verhalten abhängt, wie schnell sich ein neues Produkt durchsetzt.[197]

Eine **indirekte Beeinflussung** liegt dann vor, wenn sich die Zunahme der Adoption allein aus dem steigenden Verbreitungsgrad eines Produktes ergibt. So stellt z.B. LEIBENSTEIN mit dem von ihm postulierten Mitläufereffekt (bandwagon effect) explizit auf die Kaufmotivation ab, die sich aus dem hohen Diffusionsgrad eines Produktes rekrutiert. "By the bandwagon effect, we refer to the extent to which the demand for a commodity is *increased* due to the fact that others are also consuming the same commodity."[198]

Im Falle von Kritische Masse-Systemen muß jedoch die sequentielle Beeinflussung durch eine **Rückkopplung** ergänzt werden, die darin besteht, daß die Adoptionsentscheidung eines Nachfragers auch durch das erwartete Verhalten der zeitlich nach ihm adoptierenden Personen beeinflußt wird. Aus sequentieller Beeinflussung plus Rückkopplung resultiert damit eine gegenseitige Beeinflussung der Adoptionsentscheidung zwischen Adoptoren und zeitlich nachfolgenden Adoptoren, die im folgenden als **WECHSELSEITIGE INTERDEPENDENZ** bezeichnet wird.[199]

---

194) Vgl. KAAS, Klaus P. (1973), a.a.O., S.47ff. KROEBER-RIEL, Werner: Konsumentenverhalten, 4. Aufl. München 1990 S.674. ROGERS, Everett M. (1983), a.a.O., S.284ff. und S.321f. ROSTENSTIEL, Lutz von/ EWALD, Guntram, a.a.O., S.122.

195) Vgl. KATZ, Elihu/ LAZARSFELD, Paul F.: Persönlicher Einfluß und Meinungsbildung, Wien 1962, S.39ff. Dieselben: Meinungsführer beim Einkauf, in: KROEBER-RIEL, Werner (Hrsg.): Marketingtheorie, Köln 1972, S.107ff.

196) Vgl. KAAS, Klaus P. (1973), a.a.O., S.118ff. Während KAAS diese sequentielle Beeinflussung nur den Meinungsführern zuschreibt, wird sie zum Teil aber auch generell den Innovatoren oder Personen zugerechnet, die bereits Erfahrungen mit einem Produkt gesammelt haben. Vgl. z.B.: KROEBER-RIEL, Werner (1990), a.a.O., S.676.

197) Vgl. KROEBER-RIEL, Werner (1990), a.a.O., S.673ff.

198) LEIBENSTEIN, Harvey (1950), a.a.O., S.189.

199) Vgl. zur Unterscheidung zwischen sequentieller und wechselseitiger Beeinflussung auch: THOMPSON, James D.: Organizations in action, New York: Mc Graw-Hill 1967, S.54ff. MARKUS, M. Lynne (1987), a.a.O., S.494ff.

Wechselseitige Interdependenzen zwischen den Adoptoren resultieren bei Kritische Masse-Systemen daraus, daß auch auf der Nachfragerseite eine **Marktverbundenheit** existiert:

Diese Marktverbundenheit ergibt sich aus der originären Zielsetzung eines Kritischen Masse-Systems, einen multidirektionalen Kommunikationsfluß zu ermöglichen, wodurch der Output eines Teilnehmers gleichzeitig der Input für andere Teilnehmer darstellt und umgekehrt. Ein multidirektionaler Kommunikationsfluß ist für einen Nachfrager jedoch erst dann gewährleistet, wenn ein Kritisches Masse-System soweit diffundiert ist, daß die für ihn wichtigen Kommunikationspartner auch erreichbar sind. Dabei ist entscheidend, daß Teilnehmer nicht nur am System angeschlossen sind, sondern dieses auch aktiv nutzen. Das bedeutet, daß sich auf der Nachfragerseite eine entsprechende Kommunikationsdisziplin zwischen den Teilnehmern etabliert haben muß. In der frühen Phase der Diffusion, also vor Erreichen der Kritischen Masse, ist der Response von anderen Teilnehmern auf Grund der niedrigen Installierten Basis aber so gering, daß sich die Frage stellt, inwieweit das aus der geringen Installierten Basis resultierende Diffusionshemmnis bei den Erstadoptern überwunden werden kann. Als **ERSTADOPTER** werden im folgenden alle Mitglieder eines sozialen Systems bezeichnet, die sich vor Erreichen der Kritischen Masse zur Adoption eines Kritischen Masse-Systems entschließen.

Von entscheidender Bedeutung für die Überwindung der Diffusionshemmnisse ist die Existenz wechselseitiger Interdependenzen. Der Einfluß, den nachfolgende Adoptoren auf die Erstadopter ausüben, ist darin zu sehen, daß die Erstadopter eine bestimmte **Erwartungshaltung** bezüglich des Adoptions- und Nutzungsverhaltens nachfolgender Übernehmer besitzen und damit die erwartete zukünftige Entwicklung eines Kritischen Masse-Systems antizipieren. Entweder erwarten sie, daß sich ein Kritisches Masse-System innerhalb einer bestimmten Zeitspanne soweit ausgebreitet hat, daß sich die erwarteten Nachfragesynergien einstellen und sie deshalb ihre Nutzung auch vor Erreichen der Kritischen Masse fortsetzen, oder aber ihre diesbezüglichen Erwartungen werden nicht erfüllt. Im letzteren Fall ist davon auszugehen, daß die Erstadopter ihre Adoptionsentscheidung revidieren und aus dem System ausscheiden, womit es bei Kritische Masse-Systemen zu einem Rückgung der Installierten Basis kommen kann. Auf jeden Fall wären die Erstadopter ohne diese erwartungsbezogene Reziprozität eher geneigt, ihre Teilnahme wieder zu beenden, womit Kritische Masse-Systeme nur eine geringe Chance hätten, die Instabilitätsphase zu überwinden.

Die Besonderheit der **wechselseitigen Interdependenz** im Diffusionsprozeß von Kritische Masse-Systemen läßt sich in folgenden Hypothesen zusammenfassen:

(1) Wechselseitige Interdependenzen beziehen sich auf die Erwartungen der Erstadopter bezüglich des Adoptionsverhaltens der nachfolgenden Adopter.

(2) Je positiver die Erwartungen eines Nachfragers sind, daß die übrigen Mitglieder
eines sozialen Systems bereits Teilnehmer eines Kritischen Masse-Systems sind
bzw. beabsichtigen, in naher Zukunft Teilnehmer zu werden, desto eher ist er
bereit, sich an ein Kritisches Masse-System anzuschließen und desto größer ist
die Wahrscheinlichkeit, daß die Instabilitätsphase in der Diffusionsentwicklung
eines Kritischen Masse-Systems überwunden werden kann.

3.2.2.2. Die Stellung der Erstadopter im Diffusionsprozeß

Nach der klassischen Diffusionstheorie verwenden Erstadopter deshalb ein neues
Produkt, weil sie auf Grund ihrer Persönlichkeitsmerkmale einen hohen Nutzen aus
einer Innovation ziehen können oder weil sie die Innovation mehr benötigen als
andere. Es wird davon ausgegangen, daß the "greatest profits go to the first to
adopt."[200] Innovatoren besitzen danach einen Adoptions-Vorteil. Von den Persönlichkeitsmerkmalen, die die klassische Diffusionstheorie den Innovatoren zuschreibt,
ist für die Innovatoren von Kritische Masse-Systemen insbesondere von Bedeutung,
daß das durch ein innovatives Kritisches Masse-System bereitgestellte Leistungsangebot für sie eine besonders hohe Attraktivität aufweist, sie durch ihre Teilnahme
einen Prestigenutzen erzielen und ihre Kommunikationsintensität und ihr Kommunikationsbedürfnis besonders stark ausgeprägt sind.[201]

Für die Erstadopter von Kritische Masse-Systemen tritt *neben* den Adoptions-Vorteil
jedoch ein **Adoptions-Nachteil**, der sich darin begründet, daß in der Anfangsphase
der Diffusion

- die Anzahl möglicher Kommunikationsbeziehungen relativ gering ist und
kein multidirektionaler Kommunikationsfluß zwischen den Mitgliedern eines
sozialen Systems möglich ist;

- Kritische Masse-Systeme noch keinen universellen Zugriff besitzen;

---

200) ROGERS, Everett M. (1983), a.a.O., S.252.
201) Vgl. zu den Persönlichkeitsmerkmalen der Innovatoren nach den Erkenntnissen der klassischen
Diffusionstheorie stellvertretend für eine Vielzahl von Studien: KAAS, Klaus P. (1973), a.a.O.,
S.24ff. ROGERS (1983), a.a.O., S.248ff. ROSENSTIEL, Lutz von/ EWALD, Guntram (1979),
a.a.O., S.125f.

- die Möglichkeiten zur Entfaltung von Nachfragesynergien für Erstadopter wesentlich geringer sind als für nachfolgende Übernehmer und damit der Inkompatibilitätseffekt zum Tragen kommt.[202]

Die Ursache des Adoptions-Nachteils liegt in der Höhe der Installierten Basis und dem Ausmaß der Nutzungsintensität bei anderen Teilnehmern begründet. Sobald jedoch die Kritische Masse überschritten ist, schlägt der Adoptions-Nachteil in einen Adoptions-Vorteil um, da dann obige Nachteile auf Grund des Diffusionsgrades eines Kritischen Masse-Systems nicht mehr existieren.

Innovatoren und frühe Übernehmer im Diffusionsprozeß von Kritische Masse-Systemen weisen damit andere Eigenschaften auf, als sie ihnen in der klassischen Diffusionstheorie zugesprochen werden. Die bedeutende Rolle, die den Innovatoren im Diffusionsprozeß traditionell zugeschrieben wird, ist darin zu sehen, daß Innovatoren "launching the new idea in the social system by importing the innovation from outside of the systems's boundaries. Thus, the innovator plays a gatekeeping role in the flow of new ideas into a social system."[203] Weiterhin geht die klassische Diffusionstheorie davon aus, daß Innovatoren und Meinungsführer eine Personalunion bilden.[204] Damit kommt "im Rahmen der Konsumgüterdiffusion den Innovatoren auch jene Schlüsselposition im Netz der interpersonellen Kommunikation zu, die seit den Untersuchungen von Lazarsfeld, Berelson und Gaudet (1948) zum zweistufigen Kommunikationsfluß als 'Meinungsführerschaft' bezeichnet wird."[205] Meinungsführer sind insbesondere dadurch gekennzeichnet, daß sie typische Repräsentanten ihrer jeweiligen sozialen Umwelt darstellen.[206]

Auf Grund des in der Regel hohen Innovationsgrades neuartiger Systemtechnologien und des Adoptions-Nachteils der Erstadopter entsprechen Kritische Masse-Systeme in der Markteinführungsphase jedoch nicht den traditionellen Normen, nach denen Kommunikationsprozesse abgewickelt werden. Erstadopter sind damit zwangsläufig Dissidenten und können nicht als Repräsentanten der Allgemeinheit angesehen werden. Bei Kritische Masse-Systemen ist es deshalb sehr wahrscheinlich, daß die Erstadopter nicht gleichzeitig auch die Meinungsführer darstellen. Das aber bedeutet, daß von den Erstadoptern eines Kritischen Masse-Systems auch nicht der in der klassischen Diffusionstheorie unterstellte diffusionsfördernde Effekt ausgehen kann.

---

202) Vgl. zum Inkompatibilitätseffekt die Ausführungen in Kapitel 3.1.2 "Der Nutzenbeitrag der Installierten Basis".
203) ROGERS, Everett M. (1983), a.a.O., S.248.
204) Vgl. ROSENSTIEL, Lutz von/ EWALD, Guntram (1979), a.a.O., S.117 und S.122ff. KAAS, Klaus P. (1973), a.a.O., S.47ff. KROEBER-RIEL, Werner (1990), a.a.O., S.674. ROGERS, Everett M. (1983), a.a.O., S.281ff.
205) ROSENSTIEL, Lutz von/ EWALD, Guntram (1979), a.a.O., S.122.
206) Vgl. KAAS, Klaus P. (1973), a.a.O., S.44.

Auf Grund des Adoptions-Nachteils müssen die Erstadopter von Kritische Masse-Systemen über zusätzliche Kennzeichen verfügen, die über die Persönlichkeitsmerkmale hinausgehen, die ihnen von der klassischen Diffusionstheorie zugeschrieben werden. Diese **zusätzlichen** Merkmale sind vor allem darin zu sehen, daß

- die für Erstadopter wichtigen Kommunikationspartner bereits Mitglieder des Basis-Nutzerkreises eines Kritischen Masse-Systems sind;

- bei Erstadoptern der Attraktivitätseffekt eines Kritischen Masse-Systems besonders hoch ist,[207] wodurch sie bereits bei einem geringen Diffusionsgrad eines Kritischen Masse-Systems Nachfragesynergien realisieren können;

- Erstadopter durch ihre frühe Teilnahme an einem Kritische Masse-System Erfahrungen aufbauen möchten, die ihnen im Kommunikationsprozeß zu Gute kommen, wenn die Diffusionsentwicklung in die Stabilitätsphase eingetreten ist und ein Kritisches Masse-System eine breite Akzeptanz erreicht hat;

- bei Erstadoptern von Kritische Masse-Systemen die Erwartungen bezüglich erzielbarer Nachfragesynergien sowie des Zeitpunktes der Adoption der übrigen Mitglieder eines sozialen Systems besonders hoch ausgeprägt sind.

3.2.2.3. Die segmentspezifische Diffusion bei Kritische Masse-Systemen

Auf Basis der vorangegangenen Überlegungen kann nun die **zeitliche Abfolge der Adoptionen** im Hinblick auf die sich für den Verlauf der Diffusionskurve bei Kritische Masse-Systemen ergebenden Konsequenzen einer genaueren Analyse unterzogen werden.

Die klassische Diffusionsforschung unterstellt im Idealfall einen eingipfligen Verlauf der Adoptionskurve, womit die Diffusionskurve nur durch genau einen Wendepunkt charakterisiert ist, der theoretisch mit dem Erwartungswert des Adoptionszeitpunktes zusammenfällt. Im folgenden wird untersucht, inwieweit die Annahme der Eingipfligkeit auch im Falle der Diffusion von Kritische Masse-Systemen plausibel erscheint. Ausgangspunkt der Überlegungen bildet dabei die Erkenntnis, daß bei Kritische Masse-Systemen zwischen **gruppenspezifischen Kritischen Massen** zu unterscheiden ist. Es ist deshalb die Frage von Interesse, inwieweit sich allgemeine Nachfragersegmente definieren lassen, von denen unterstellt werden kann, daß sie zeitlich

---

207) Vgl. zum Attraktivitätseffekt die Ausführungen in Kapitel 3.1.3.2.1 "Der Aktivierungsgradient von Individuen".

nacheinander adoptieren. Das für ein Kritische Masse-System als relevant angesehene soziale System wird zu diesem Zweck in Segmente zerlegt, die sich durch Heterogenität in den Kommunikationsbedürfnissen und des Kommunikationsverhaltens auszeichnen.

3.2.2.3.1. Segmentierung nach professionellen und privaten Nachfragern

Grundsätzlich muß eine Segmentierung vor dem Hintergrund der jeweiligen Anwendungsituation erfolgen. Damit steht die Frage im Vordergrund, ob sich für Kritische Masse-Systeme eine Grobsegmentierung vornehmen läßt, aus der sich allgemeingültige Erkenntnisse für die Diffusion gewinnen lassen.

Bei Segmentierungsüberlegungen steht die Frage nach den Kundenbedürfnissen und dem Kaufverhalten im Vordergrund. Für Kritische Masse-Systeme konkretisieren sich die Kundenbedürfnisse in dem Informations- und Kommunikationsbedürfnis der potentiellen Nachfrager, während sich der "*Kauf*" in einen Kaufakt eines Endgerätes und einen Anschlußakt an ein System unterteilt. Darüber hinaus haben die bisherigen Betrachtungen gezeigt, daß für die Diffusionsgeschwindigkeit eines Kritischen Masse-Systems zusätzlich der **Nutzungsakt** von zentraler Bedeutung ist, womit auch das Nutzungsverhalten in die Segmentierungsüberlegungen einzubeziehen ist. Eine Segmentierung ist deshalb an den Kommunikationsbedürfnissen, dem Anschlußverhalten und dem Nutzungsverhalten der potentiellen Teilnehmer auszurichten. Dabei liefern solche Nachfragersegmente einen zusätzlichen Erklärungsbeitrag zur Diffusion von Kritische Masse-Systemen, von denen zu erwarten ist, daß sie sich einerseits durch unterschiedliche Kritische Massen auszeichnen, und daß andererseits Diffusionsübertragungseffekte zwischen den Segmenten bestehen (intergruppenspezifische Diffusion).

Im folgenden wird der Fall eines Kritischen Masse-Systems betrachtet, das auf einen **Massenmarkt** gerichtet ist, d.h. daß das relevante soziale System aus organisationalen und konsumtiven Nachfragern besteht. Telefon, Btx, Temex oder Mobilfunk sind hierfür typische Beispiele. Versucht man für solche Systeme eine Grobsegmentierung vorzunehmen, so ist zu prüfen, ob sich Nachfragergruppen identifizieren lassen, die sich bezüglich ihrer Kommunikationsbedürfnisse und -verhaltensweisen signifikant unterscheiden. Vor dem Hintergrund dieser Fragestellung ist eine Differenzierung zwischen Nachfragern aus dem konsumtiven und dem organisationalen Bereich sinnvoll.

Es kann nämlich *tendenziell* davon ausgegangen werden, daß

- Unternehmen ein wesentlich größeres Kommunikations- und Informationsbedürfnis besitzen als Privatpersonen;

- die Kommunikationsintensität von Unternehmen wesentlich ausgeprägter ist als im Privatbereich;

- die Anzahl potentieller Kommunikationspartner bei Unternehmen wesentlich größer ist als bei einer einzelnen Privatperson;

- die Kommunikationsinhalte von Unternehmen für eine wesentlich größere Anzahl von Personen von Interesse sind, als dies im Privatbereich der Fall ist;

- sich die Kommunikations- und Informationsbedürfnisse von Organisationen gegenüber denen von Konsumenten signifikant unterscheiden;

- das Kommunikationsverhalten von Organisationen wesentliche Unterschiede zu dem einer Privatperson aufweist.

Es wird deshalb im folgenden eine Grobsegmentierung nach diesen beiden Nachfragergruppen vorgenommen, die wie folgt definiert werden:

(1) Die Nutzung eines Kritischen Masse-Systems durch Unternehmen bzw. Organisationen wird als professionelle Nutzung bezeichnet. Die entsprechende Nachfragergruppe heißt **professionelle Nachfrager**.

(2) Die Nutzung eines Kritischen Masse-Systems durch private Haushalte wird als private Nutzung bezeichnet. Die entsprechende Nachfragergruppe heißt **private Nachfrager**.

Neben der Unterscheidung nach professionellen und privaten Nachfragern ist noch die Betrachtung einer dritten Nachfragergruppe sinnvoll, die als semiprofessionelle Nachfrager bezeichnet werden:[208]

Die Nutzung eines Kritischen Masse-Systems durch ein und dieselbe Person, sowohl im Geschäftsbereich als auch im Privatbereich, wird als semiprofessionelle Nutzung bezeichnet. Die entsprechende Nachfragergruppe heißt **semiprofessionelle Nachfrager**.

---

208) Die Unterscheidung der Teilnehmer von Telekommunikationssystemen nach privaten, professionellen und semiprofessionellen Teilnehmern ist in der Praxis üblich und hat sich auch in der Literatur durchgesetzt.
Vgl. z.B.: FANTAPIÉ ALTOBELLI, Claudia: Die Diffusion neuer Kommunikationstechniken in der Bundesrepublik Deutschland, Heidelberg 1991, S.8. HECHELTJEN, Peter (1985), a.a.O., S.74ff. MEFFERT, Heribert (1985a), a.a.O., S.40. Derselbe (1983), a.a.O., S.43ff.

Dadurch, daß semiprofessionelle Nachfrager ein Kritisches Masse-System sowohl im privaten als auch im geschäftlichen Bereich nutzen, stellen sie die Verbindung zwischen den beiden anderen Segmenten her und sind deshalb für Diffusionsübertragungseffekte zwischen den Segmenten von entscheidender Bedeutung.

Im folgenden wird untersucht, inwieweit sich Unterschiede im Diffusionsprozeß der einzelnen Nachfragergruppen identifizieren lassen und ob die Adoptionszeitpunkte in diesen Segmenten tendenziell als unterschiedlich anzusehen sind. Da semiprofessionelle Nachfrager bezüglich ihrer Kommunikationsbedürfnisse und ihres Kommunikationsverhaltens per definitionem sowohl Merkmale professioneller als auch privater Nachfrager aufweisen, ist es zur Analyse der intragruppenspezifischen Diffusion bei Kritische Masse-Systemen sinnvoll, die Betrachtungen zunächst auf die Gruppe der professionellen und die Gruppe der privaten Nachfrager einzugrenzen.

3.2.2.3.2. Intragruppenspezifische Diffusion

3.2.2.3.2.1.   Diffusion im Bereich der professionellen Nachfrage

Die für Kritische Masse-Systeme in der frühen Diffusionsphase relevanten Marktwiderstände begründen sich insbesondere in der noch geringen Installierten Basis sowie in dem hohen Novitätscharakter eines Kritischen Masse-Systems, wodurch sie potentiellen Nachfragern zunächst als relativ komplex erscheinen. Die für die Etablierung eines Basis-Nutzerkreises erforderliche **kollektive Adoptionsentscheidung** ist deshalb tendenziell auf Grund folgender Überlegungen eher im Bereich der professionellen Nachfrager zu erwarten:

- Kollektive Adoptionsentscheidungen werden in Unternehmen bereits durch die gegebenen Beschäftigtenstrukturen begünstigt. Das gilt um so mehr, je größer ein Unternehmen ist. Austauschprozesse können dabei zunächst innerhalb des Unternehmens stattfinden, und die Voraussetzungen für die Entwicklung von Nachfragesynergien sind gegeben. Damit sind Unternehmen in der Lage, bereits unternehmensintern einen Basis-Nutzerkreis zu etablieren. Problematisch ist dabei lediglich die Kommunikationsdisziplin der Beschäftigten, auf die die Anbieter eines Kritischen Masse-Systems nur einen geringen Einfluß ausüben können.

- Auf Grund der meist intensiven Interaktionsbeziehungen zwischen Unternehmen sind diese in der Lage, auch bei einem nur geringen Umfang des Basis-Nutzerkreises Nachfragesynergien in ausreichendem Maße zu entfalten.

- Unternehmen können auf Grund ihrer Geschäftsbeziehungen einen gewissen Zwang z.B. auf Zuliefererfirmen ausüben, damit sich diese an das gleiche System anschließen. Auf diesem Wege wurde z.B. von General Motors das MAP-Protokoll als Standard für Datenübertragungsnetze im Fertigungsbereich bei allen Lieferanten durchgesetzt.[209]

Darüber hinaus werden sich die Anstregungen bei der Vermarktung von Kritische Masse-Systemen darauf konzentrieren, als Erstadopter möglichst solche Mitglieder des sozialen Systems zu gewinnen, die im Vergleich zur Gesamtpopulation zum einen ein hohes Maß an Informationen besitzen und zum anderen eine hohe Kommunikationsintensität aufweisen. Je mehr Informationen die Erstadopter besitzen, die für viele Mitglieder des betrachteten sozialen Systems von Interesse sind, desto größer ist ihre Attraktivität als Kommunikationspartner für andere Nachfrager. Damit erhöht sich gleichzeitig auch die Attraktivität des entsprechenden Kritische Masse-Systems als Kommunikationsmedium. Lassen sich in der Markteinführungsphase weiterhin Personen mit hoher Kommunikationsintensität gewinnen, so eröffnen sich dadurch weitere Inkubationswege für den Anschluß nachfolgender Nachfrager an ein System.

Beide Ressourcen sind in der Gesamtpopulation jedoch nicht gleichverteilt, sondern insbesondere bei professionellen Nachfragern stark ausgeprägt. Es kann davon ausgegangen werden, daß insbesondere Unternehmen über eine Reihe von Informationen verfügen, die für eine Vielzahl der Mitglieder des sozialen Systems von Interesse ist und die Unternehmen bestrebt sind, diese Informationen auch möglichst vielen Personen zugänglich zu machen. Ebenso sind professionelle Nachfrager auf Grund ihrer weitgestreuten Kommunikationsbeziehungen und ihrer hohen Kommunikationsintensität als Kommunikationspartner sowohl für professionelle als auch für private Nachfrager besonders gefragt. Das gleiche gilt auch für öffentliche Institutionen, die ebenfalls den professionellen Nachfragern zuzurechnen sind. Aus theoretischer Sicht kann deshalb zum einen der Aktivierungsgradient professioneller Nachfrager als wesentlich höher angenommen werden als derjenige privater Nachfrager und zum anderen werden die Anbieterparteien von Kritische Masse-Systemen bestrebt sein,

---

209) Vgl. SCHLEICH, Christiane/ WELSCH, Rüdiger: Die Standardisierungsentwicklung bei den Kommunikationsprotokollen Manufacturing Automation Protocol (MAP) und Office Protocol (TOP), in: Kleinaltenkamp, Michael (Hrsg.): Standardisierungsprozesse, Arbeitspapier des SFB 187 "Neue Informationstechnologien und flexible Arbeitssysteme", Ruhr Universität Bochum, 2.Aufl. Bochum 1991, S.24ff.

eine vorrangige Markteinführung im Unternehmensbereich zu erzielen.

Professionelle Nachfrager können damit als potentielle "**Frühe Einsteiger**" bezeichnet werden, was auch Beobachtungen von realen Diffusionsverläufen im Bereich der Telekommunikationssysteme wie Telefon und Btx belegen.[210]

3.2.2.3.2.2.   Diffusion im Bereich der privaten Nachfrage

Die Gruppe der privaten Nachfrager kann im Gegensatz zu den organisationalen Nachfragern als potentielle "**Nachzügler**" bezeichnet werden. Private Nachfrager können keine oder nur wenige Informationsangebote für eine *breite Masse* bereitstellen und besitzen damit im Vergleich zu professionellen Nachfragern eine geringe Kommunikationsattraktivität für die Mitglieder eines sozialen Systems. Darüber hinaus haben die vorangegangenen Überlegungen gezeigt, daß gerade durch die Teilnahme der professionellen Nachfrager an einem Kritische Masse-System die Attraktivität des Systems auch für die privaten Nachfrager um so stärker vergrößert wird, je mehr die von den Unternehmen bereitgestellten Informationsangebote auch für den Privatbereich von Interesse sind. In diesem Fall kann davon ausgegangen werden, daß die Diffusionsgeschwindigkeit im Privatbereich durch eine bereits erfolgte hohe Diffusion im professionellen Bereich begünstigt wird. Darüber hinaus ist die Größe des Attraktivitätseffektes bei privaten Nachfrager insbesondere davon abhängig, wie die Systemfunktionalität, die Endgeräte und die Kommunikationsangebote im Rahmen eines Kritischen Masse-Systems ausgestaltet sind.[211] Bezüglich des Adoptionszeitpunktes privater Nachfrager lassen sich folgende **Tendenzaussagen** treffen:

---

210) Vgl. ARONSON, Sidney H. (1977), a.a.O., S.17ff. DUTTON, William H./ ROGERS, Everett M./ JUN, Suk-Ho: Diffusion and Social Impacts of Personal Computers, in: Communication Research, 14(1987), No. 5, S.225. HECHELTJEN, Peter (1985), a.a.O., S.74f. PERRY, Charles R.: The British Experience 1876-1912: The Impact of the Telephone During the Years of Delay, in: de SOLA POOL, Ithiel (Ed.): The Social Impact of the Telephone, Campridge, London 1977, S.69ff. PRAETORIUS, Rainer: Bildschirmtext - Kleiner Gernegroß, in: Wirtschaftswoche, Nr. 13, 44(1990), S.95. REINHOLD, Gerhard: Btx wird erwachsen, in: PC Magazin, Nr. 32, vom 2.8.1989, S.73. ROGERS, Everett M. (1986), a.a.O., S.120ff.

211) Vgl. CULNAN, Mary J.(1985): The dimenions of perceived accessibility to information: Implications for the delivery of information systems and services. in: Journal of the American Society for Information Science, No. 5, 36(1985), S.302ff. CULNAN, Mary J./ BAIR, James H., a.a.O., S.219f. MARKUS, M. Lynne (1987), a.a.O., S.502f. SCHELLHAAS, Holger/ SCHÖNECKER, Horst (1983), a.a.O., S.29ff. UHLIG, Ronald P./ FARBER, David J./ BAIR, James H. (1979), a.a.O., S.244ff.

113

- **Systemfunktionalität:**

  Die Nutzung eines Kritischen Masse-Systems erfolgt um so eher, je weniger die Bereitstellung von Zusatzeinrichtungen oder eine Absolvierung von Schulungsmaßnahmen erforderlich sind und je besser sich die Möglichkeiten zur Erkennung einer Kommunikationsanforderung gestalten.

  So besteht z.B. bei der Btx-Nutzung über das ISDN die Möglichkeit, Endgeräte mit Kontrolleuchten anzuschließen, die anzeigen, daß Mitteilungen für einen Teilnehmer vorhanden sind. Die leichte Bedienbarkeit eines Kritischen Masse-Systems und die Nutzung eventuell bereits vorhandener Endgeräte führen insgesamt zu einer Erhöhung des individuellen Aktivierungsgradienten. Die Nutzung des PC's als multifunktionales Endgerät ist hier ein typisches Beispiel.[212]

- **Endgeräte:**

  Die Nutzung eines Kritischen Masse-Systems erfolgt um so eher, je einfacher sich Endgeräte anschließen lassen, je einfacher sich die Anmelde- und Zugangsprozeduren gestalten und je geringer die Anschluß-, Anmelde-, Nutzungs- und Gerätekosten sind.

  Wird weiterhin, durch die Funktionalität der Endgeräte der Kommunikationsvorgang erleichtert, so kann auch dadurch eine verstärkte Nutzung begünstigt werden.

  Die Unterstützung eines Kritischen Masse-Systems in der Markteinführungsphase erfolgt deshalb in vielen Fällen durch die Bereitstellung öffentlich zugänglicher Endgeräte. Typische Beispiele hierfür sind im Bereich der Telekommunikation Telefonzellen (Telefonsystem), Faxgeräte in Poststellen (Telefax-System) oder öffentliche Btx-Terminals (Btx-System). So ist auch der Erfolg des französischen Videotex-Systems "Télétel" im wesentlichen darauf zurückzuführen, daß die unter dem Namen "Minitel" bekannten Endgeräte in der Einführungsphase kostenlos an alle Haushalte abgegeben wurden. Eine kollektive Adoption wurde dadurch herbeigeführt, daß bei der Ausgabe von Telefonbüchern jeder Telefonteilnehmer entscheiden konnte, ob ihm ein Telefonbuch oder ein Minitel ausgehändigt wird, mit dem die Telefonnummern und Adressen *aller* Telefonteilnehmer in Frankreich über Télétel abgefragt werden konnten.[213] Der Evidenznutzen dieser Maßnahme

---

212) Vgl. GLATTKI, Thorsten: Comeback eines totgesagten Post-Datendienstes?, in: PC Magazin, Nr. 12, vom 15.3.1989, S.76ff. KNERR, Ralf: Ein Medium wird erwachsen, in: Personal Computer + PC Soft, Nr. 8, 1987, S.26ff. REINHOLD, Gerhard (1989), a.a.O., S.73ff. Vgl. auch die Ausführungen in Kapitel 3.1.1 "Installierte Basis und Kompatibilität".

213) Vgl. Vgl. O. V.: Erfolgsstory ohne Ende? Kritische Anmerkungen zum französischen Teletel, in: Bildschirmtext Aktuell, Nr. 23, 1988, S.10ff.

war so groß, daß die Entscheidung bei den meisten Personen zu Gunsten des Minitels getroffen wurde. Weiterhin können Télétel-Endgeräte in Frankreich im Handel erworben und ohne externe Dienstleister direkt über den Telefonanschluß an das Télétel-System angeschlossen werden.

- **Kommunikationsangebote:**

  Die Nutzung eines Kritischen Masse-Systems erfolgt um so eher, je größer die Attraktivität der Informations- und Kommunikationsangebote ist und je schwerer gleiche Informationen über andere Systeme zugänglich sind.

  So wurde der Erfolg des Télétel-Systems in Frankreich neben den bereits oben angeführten Unterstützungsmaßnahmen auch dadurch begünstigt, daß mit dem elektronischen Telefonbuch eine Dienstleistung angeboten wurde, deren Nutzen für alle Nachfrager evident war.

  Ein weiteres Beispiel ist das für 1996 geplante globale Telefonnetz von Motorola. Das auf der Satellitentechnik basierende Mobilfunknetz hat wahrscheinlich deshalb gegenüber terrestrischen Mobilfunknetzen eine große Aussicht auf Markterfolg, weil weltweit jeder Telefonbesitzer erreicht werden kann, ohne daß dessen momentaner Standort bekannt sein muß.[214] Die Herstellung der gewünschten Verbindungen gestaltet sich in terrestrischen Netzen hingegen wesentlich schwieriger, da die Netzzugehörigkeit eines Teilnehmers bekannt sein muß und gegebenenfalls ein Wechsel zwischen verschiedenen Netzen vorzunehmen ist.

3.2.2.3.3. Intergruppenspezifische Diffusion

Die bisherigen Betrachtungen lassen darauf schließen, daß die Diffusion von Kritische Masse-Systemen innerhalb der Gruppe der professionellen Nachfrager wahrscheinlich sehr viel schneller verlaufen wird als innerhalb der privaten Nachfragergruppe. Es kann deshalb davon ausgegangen werden, daß die professionellen Nachfrager ihre gruppenspezifische Kritische Masse *vor* den privaten Nachfragern erreichen werden.

Da sich die vorliegende Arbeit auf den allgemeinen Fall bezieht, in dem Kommunikationsbeziehungen auch zwischen Nachfragersegmenten bestehen[215], sind weiterhin die **Inkubationswege** von Interesse, die für eine intergruppenspezifische Diffusion von besonderer Bedeutung sind. Es existieren primär drei Inkubationswege,

---

214) Vgl. O. V.: Globales Telefonnetz, in: bild der wissenschaft, Nr. 9/1990, S.138.
215) Vgl. hierzu die Überlegungen in Kapitel 3.1.3.2.2 "Zielgruppenspezifische Kritische Massen".

durch die eine verstärkte Diffusion im professionellen Bereich auch auf die Diffusion im privaten Bereich übergreift und umgekehrt:

(1) Semiprofessionelle Nachfrager:

Ein "natürliches" Verbindungsglied zwischen professionellen und privaten Nachfragern stellen die semiprofessionellen Nachfrager dar, da das zentrale Charakteristikum dieser Nachfragergruppe gerade darin zu sehen ist, daß sie Mitglieder sowohl der professionellen als auch der privaten Nachfragergruppe sind. Auf Grund ihrer Nutzung im Geschäftsbereich besitzen sie bereits Erfahrungen im Umgang mit dem betrachteten Kritische Masse-System. Dabei kann unterstellt werden, daß diese Erfahrungen überwiegend positiv sind, da die semiprofessionellen Nachfrager sonst nicht zu einer Nutzung des Systems auch im Privatbereich übergegangen wären. Die semiprofessionellen Nutzer interpretieren und bewerten damit Informationen über ein Kritische Masse-System auf Grund ihrer Erfahrungen und geben diese dann an die Masse der Rezipienten weiter. Darüber hinaus ist auf Grund der Erfahrungen der semiprofessionellen Anwender davon auszugehen, daß sie von potentiellen Nachfragern tendenziell eher als Informationsquelle herangezogen werden als dies bei Personen ohne konkrete Erfahrungen im Umgang mit einem neuen Kritische Masse-System der Fall sein dürfte. Die semiprofessionellen Teilnehmer weisen damit eine Reihe von Charakteristika auf, die in der klassischen Diffusionstheorie den **Meinungsführern** zugeschrieben werden.[216] Sie können auch deshalb als Meinungsführer bei Kritische Masse-Systemen angesehen werden, da sie quasi als "Relaisstation" in einem zwei- oder mehrstufigen Kommunikationsprozeß wirken. Damit schaffen sie simultan auch den Basis-Nutzerkreis für den privaten Nachfragerbereich.[217]

(2) Innovationsgrad eines Kritischen Masse-Systems:

Bei innovativen Kritische Masse-Systemen ist davon auszugehen, daß sie am Anfang nicht wegen ihrer neuartigen Funktionen eingesetzt werden, sondern weil sich mit ihnen bekannte Tätigkeiten besser erledigen lassen als auf herkömmliche Weise.[218] Zunehmende Erfahrungen im Umgang mit der neuen Technologie führen dann jedoch dazu, daß sich durch sie neue Anwendungsgebiete erschließen, die sich mit Hilfe etablierter Systeme nicht oder nur wesentlich schwerer oder kostenintensiver erledigen lassen.[219] Das Bekanntwerden neuer Anwendungen begünstigt die seg-

---

216) Vgl. zu den Charakteristiken von Meinungsführern: KAAS, Klaus P. (1973), a.a.O., S.41ff./124ff. KROEBER-RIEL, Werner (1990), a.a.O., S.539ff. ROGERS, Everett M. (1983), a.a.O., S.271ff.

217) Zu der hohen Bedeutung, die den semiprofessionellen Nachfragern z.B. für die Diffusion von Bildschirmtext zugewiesen wird vgl. HECHELTJEN, Peter (1985), a.a.O., S.75.

218) Vgl. hierzu auch Kapitel 3.2.1.2.2.2 "Substitutionswiderstände".

219) Vgl. auch die Ausführungen in Kapitel 3.3 "Einflußfaktoren auf die Diffusionsentwicklung von Kritische Masse-Systemen nach Überschreiten der Kritischen Masse".

mentübergreifende Diffusion.

(3) Verstärkungseffekt der Diffusion im Konsumtionsbereich:

Mit zunehmender Verbreitung eines Kritischen Masse-Systems im Konsumtionsbereich erhält auch die Diffusion bei professionellen Nachfragern nochmals eine Verstärkung. Je stärker ein Kritische Masse-System bei privaten Nachfragern diffundiert ist, desto größer werden die Zwänge für professionelle Nachfrager, sich ebenfalls an das System anzuschließen. Sind Unternehmen in der Phase einer breiten Diffusion nicht an ein Kritische Masse-System angeschlossen, so schließen sie sich selbst aus dem "üblichen" Geschäftsverkehr aus und müssen tendenziell komparative Konkurrenznachteile in Kauf nehmen.

Auf Grund obiger Überlegungen ist bezüglich der zeitlichen Abfolge der Adoptionen zunächst eine verstärkte Diffusion von Kritische Masse-Systemen im professionellen Bereich zu erwarten, die insbesondere durch die semiprofessionellen Nachfrager in den privaten Bereich übertragen wird und erst relativ spät bei der privaten Nachfragergruppe erfolgt. Vor diesem Hintergrund ist folgender Verlauf bezüglich der Anteilsentwicklung zwischen professionellen und privaten Teilnehmern an der Gesamtteilnehmerzahl eines Kritischen Masse-Systems als plausibel anzusehen, wobei beispielhaft unterstellt wurde, daß das Verhältnis zwischen privaten und professionellen Nachfragern 80:20 beträgt:

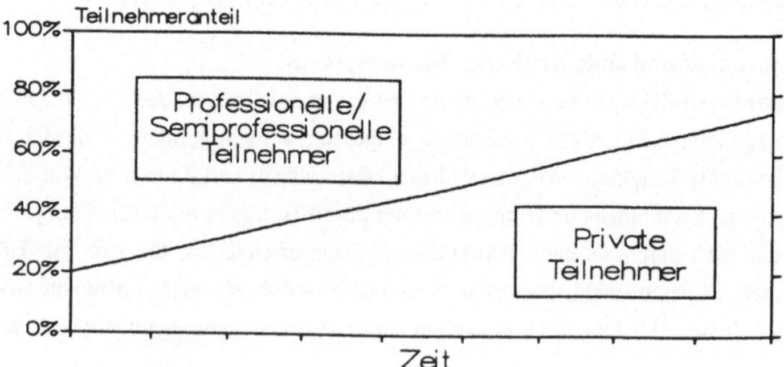

Abb. 22: Anteilsentwicklung professioneller und privater Teilnehmer an der Gesamtteilnehmerzahl eines Kritischen Masse-Systems

Empirische Belege für den in Abbildung 22 unterstellten theoretischen Verlauf liefern z.B. die Anteilsentwicklungen zwischen professionellen und privaten Teilnehmern im Telefon- und im Btx-System, die in den Abbildungen 23 und 24 dargestellt sind.[220]

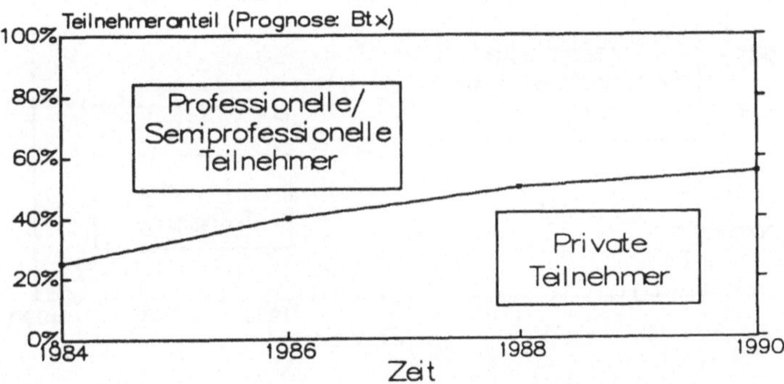

Abb. 23: Prognose der Anteilsentwicklung der Teilnehmer im Btx-System nach professionellen und privaten Teilnehmern

Die in Abbildung 23 dargestellte Anteilsentwicklung der Teilnehmer im Btx-System basiert auf einer Prognose der DIEBOLD GmbH.[221] Die reale Entwicklung bis 1990 zeigt jedoch, daß das Btx-System, das explizit für den Endverbrauchermarkt entwickelt wurde, bisher primär im professionellen Bereich diffundiert ist, wobei die Hoffnung der Unternehmen dominierte, hohe Gewinne aus dem Massengeschäft im Konsumtionsbereich zu erzielen, bzw. den Anschluß an eine neue Zukunftstechnologie nicht zu verlieren und deren Anwendungsmöglichkeiten zu testen.[222]

Durch das Ausbleiben der privaten Nachfrage entwickelt sich Btx jedoch zunehmend zu einem Geschäftsmedium, das von vielen Unternehmen im Rahmen geschlossener Benutzergruppen als Kommunikationsmedium genutzt wird. Der Anteil der professionellen Teilnehmer steigerte sich bis 1986 auf fast 80% und lag 1990 immer noch bei 70%.[223] Allerdings ist zu beachten, daß Btx erst 1984 offiziell in Betrieb ge-

---

220) Vgl. auch STRÄTER, Detlef/ FISCHER-KRIPPENDORF, Ruth/ HÄBLER, Hubertus/ IRLE, Kirsten/ KÖHLER, Stefan (1986), a.a.O., S.391.

221) Vgl. DIEBOLD DEUTSCHLAND GmbH (Hrsg.): Bildschirmtext '85, unveröffentlichte Studie, Frankfurt am Main 1984, S.210.

222) Vgl. MAYNTZ, Renate et al. (1984), a.a.O., S.65ff.

223) Die Zahlen zur Anteilsentwicklung im Btx-System basieren auf Angaben der DEUTSCHE

nommen wurde und auch beim Telefonsystem über Jahrzehnte hinaus der Anteil der professionellen Teilnehmer weit über dem der privaten Teilnehmer lag.

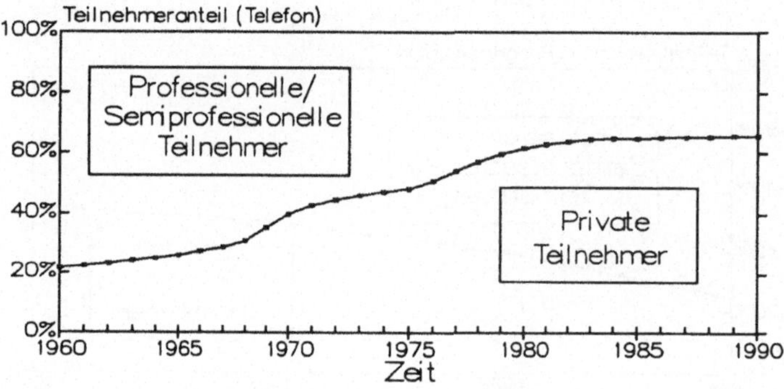

Abb. 24:   Anteilsentwicklung der Teilnehmer im Telefonsystem nach professionellen und privaten Teilnehmern

3.2.2.4.   Implikationen der segmentspezifischen Diffusion für den Diffusionsverlauf von Kritische Masse-Systemen

Versucht man die Überlegungen bezüglich der segmentspezifischen Diffusion bei Kritische Masse-Systemen zusammenzufassen, so läßt sich festhalten, daß professionelle und private Nachfrager tendenziell zeitverzögert adoptieren. Eine zeitverzögerte Abfolge der Diffusion in den Segmenten der professionellen und privaten Nachfrager bedeutet aber, daß die Adoptionsfunktion entgegen der Annahme der klassischen Diffusionstheorie **nicht eingipflig** verläuft.

Ein mehrgipfliger Verlauf der Adoptionskurve wird weiterhin durch die Existenz hoher Nutzungswiderstände verstärkt, die sich mit Überschreiten der gruppenspezifischen Kritischen Massen rapide abbauen. Wird in der Gruppe der organisationalen Nachfrager die Kritische Masse überschritten, so kommt es durch das Absinken der

---

BUNDESPOST TELEKOM, Fernmeldetechnisches Zentralamt. Vgl. auch SCHMIDT, Boris: Bildschirmtext ist immer noch kein Medium für den privaten Markt, in: FAZ, vom 4.10.1989, S.22.

Nutzungswiderstände zu einem starken Anstieg der Adoptionsrate dieser Gruppe. Eine weitere Verstärkung der Adoptionsrate im organisationalen Bereich tritt dann ein, wenn auf Grund der Überschreitung der Kritischen Masse im konsumtiven Bereich eine Sogwirkung auf den organisationalen Bereich entsteht und dort zu einem weiteren Diffusionsschub führt.

Abschließend lassen sich folgende Generalisierungen formulieren:

(1)   Bei Kritische Masse-Systemen ist bezüglich segmentspezifischer Diffusionsüberlegungen eine Unterscheidung nach professionellen, semiprofessionellen und privaten Nachfragern zweckmäßig.

(2)   Es ist als wahrscheinlich anzusehen, daß die Diffusion von Kritische Masse-Systemen zunächst verstärkt im professionellen Bereich erfolgt und erst zeitlich nachgelagert eine Breitenwirkung im Privatbereich erzielt, womit die professionellen Nachfrager ihre gruppenspezifische Kritische Masse mit hoher Wahrscheinlichkeit vor der Gruppe der privaten Nachfrager erreichen.

(3)   Für die intergruppenspezifische Diffusion kommt den semiprofessionellen Nachfragern eine große Bedeutung zu, da sie eine "natürliche Verbindung" zwischen den Segmenten professionelle und private Nachfrager darstellen.

(4)   Durch die zeitverzögerte Abfolge der Diffusion in den Segmenten professionelle und private Nachfrager ist bei Kritische Masse-Systemen ein mehrgipfliger Verlauf der Adoptionskurve zu erwarten.[224]

Bei der Analyse realer Diffusionsverläufe ist zu beachten, daß in empirischen Untersuchungen keine zeitkontinuierliche Erfassung von Adoptionen erfolgt, sondern nur zu diskreten Zeitpunkten stattfindet, wodurch Extrema im Adoptions- und Diffusionsverlauf "unterdrückt" werden können. Außerdem ist es bei empirischen Analysen sinnvoll, die Unterscheidung nach professionellen und privaten Nachfragern vor dem Hintergrund des jeweiligen Anwendungsfeldes weiter zu differenzieren. Die Aufsplittung in weitere Segmente muß dabei derart erfolgen, daß sich Kommunikationsbedürfnisse und Kommunikationsverhalten innerhalb eines Segments möglichst homogen gestalten, während sich die Segmente untereinander durch eine möglichst hohe Heterogenität bezüglich dieser Merkmale auszeichnen sollten. Die Definition von Segmenten muß dabei spezifisch für das jeweils betrachtete Kritische Masse-System vorgenommen werden. Die Gültigkeit der für professionelle und private Nachfrager vorgetragenen Zusammenhänge, ist dann für die gefundenen Segmente zu prüfen.

---

224) Es ist zu beachten, daß die Mehrgipfligkeit durch eine stark unterschiedliche Gruppengröße von professionellen und privaten Nachfragern unterdrückt werden kann.

3.2.3. Rückkopplungseffekte zwischen den Diffusionscharakteristika von Kritische Masse-Systemen

Die bisherigen Überlegungen machen implizit deutlich, daß die herausgearbeiteten diffusionsspezifischen Besonderheiten von Kritische Masse-Systemen nicht unabhängig voneinander betrachtet werden können. Sie stehen vielmehr in direkten oder indirekten Wechselwirkungen, die insbesondere daraus resultieren, daß die überwiegende Zahl der vorgetragenen Charakteristika mit der Installierten Basis in Beziehung steht. Besonders deutlich wurde dies bei den Überlegungen zur wechselseitigen Interdependenz zwischen den Adoptoren eines Kritischen Masse-Systems.

Diese Wechselwirkungen werden im folgenden als **RÜCKKOPPLUNGSEFFEKTE** bezeichnet und stellen auf Grund ihres häufigen Auftretens ein weiteres Charakteristikum von Kritische Masse-Systemen dar. Sie sind sowohl zwischen den Marktteilnehmern einer Marktebene als auch zwischen Marktteilnehmern verschiedener Marktebenen existent. Rückkopplungen werden wie folgt definiert; das Prinzip der Rückkopplungen ist in Abbildung 25 graphisch verdeutlicht:

direkte Rückkopplung

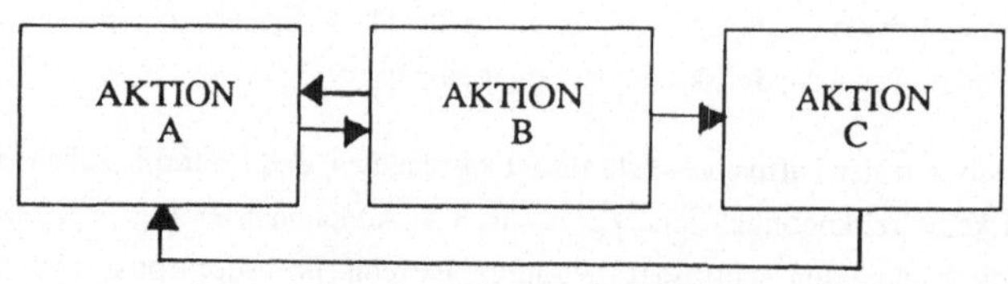

indirekte Rückkopplung

Abb. 25: Direkte und indirekte Rückkopplungen

Führt die durch eine Aktion (A) direkt hervorgerufene Reaktion (B) bzw. indirekt hervorgerufene Reaktion (C) zu einer Verstärkung oder Abschwächung der Wirkung der ursprünglichen Aktion (A), so bezeichnen wir diesen Wirkungszusammenhang als **direkte** bzw. **indirekte Rückkopplung**.

Eine **direkte Rückkopplung** liegt dann vor, wenn z.B. eine Preissenkung für die Endgeräte eines Kritischen Masse-Systems zu einer erhöhten Nachfrage nach Endgeräten führt und diese ihrerseits die Preissenkungstendenzen weiter verstärkt. Eine **indirekte Rückkopplung** ist gegeben, wenn z.B. eine Preissenkung für Endgeräte die Nutzung eines Kritischen Masse-Systems intensiviert und dadurch die Anschluß-,

Anmelde- und/oder Nutzungsentgelte gesenkt werden, die ihrerseits dann wieder über den Nachfrageeffekt die Preissenkungstendenzen auf dem Endgerätemarkt verstärken.

Da nahezu allen bisherigen Betrachtungen zur Diffusion von Kritische Masse-Systemen Rückkopplungen inhärent sind, kommt ihnen eine große Bedeutung in allen Phasen der Diffusionsentwicklung von Kritische Masse-Systemen zu. Das zentrale Charakteristikum der Rückkopplungen ist darin zu sehen, daß sie sich direkt oder indirekt immer auf die **Installierte Basis** beziehen.

Die Rückkopplungseffekte im Diffusionsprozeß von Kritische Masse-Systemen und ihre Beziehung zur Installierten Basis sind in Abbildung 26 dargestellt. Versucht man eine Systematisierung der Rückkopplungen im Diffusionsprozeß vorzunehmen, so lassen sich zwei Gruppen von Rückkopplungseffekten unterscheiden:

(1)   Rückkopplungen im Bereich der unmittelbar diffusionsbestimmenden Faktoren;

(2)   Rückkopplungen zwischen den Aktionen der Marktparteien.

(1) Rückkopplungen zwischen den diffusionsbestimmenden Faktoren:
Als spezifische diffusionsbestimmende Faktoren bei Kritische Masse-Systemen können die Installierte Basis, die Existenz von Nachfragesynergien, die Kritische Masse und die Marktwiderstände in Form der Nutzungswiderstände angesehen werden. Die zwischen diesen Größen bestehenden Rückkopplungenseffekte lassen sich durch folgende Beispiele verdeutlichen:

- Der der **Installierten Basis** inhärente primäre Rückkopplungseffekt ist darin zu sehen, daß ein Kritisches Masse-System allein durch ein Ansteigen der Installierten Basis einen Zuwachs an universellem Zugriff erfährt, wodurch sich insgesamt die Attraktivität eines Kritischen Masse-Systems als Informations- und Kommunikationsmedium erhöht und diese erhöhte Attraktivität ihrerseits wiederum stimulierend auf eine weitere Vergrößerung der Installierten Basis wirkt.

- Existenz und Ausmaß von **Nachfragesynergien** sind unmittelbar an die Installierte Basis und die Kommunikationsdisziplin gebunden. Das bedeutet, daß die Ausbreitung eines Kritischen Masse-Systems über den Effekt der Anschlußzahl unmittelbar zu einer Erhöhung der Nachfragererwartungen bezüglich realisierbarer Nachfragesynergien führt. Die daraus resultierende Vergrößerung des Attraktivitätseffektes bewirkt ihrerseits einen weiteren Anstieg der Installierten Basis, wodurch die Erwartungen der Nachfrager bezüglich realisierbarer Nachfragesynergien weiter stimuliert werden.

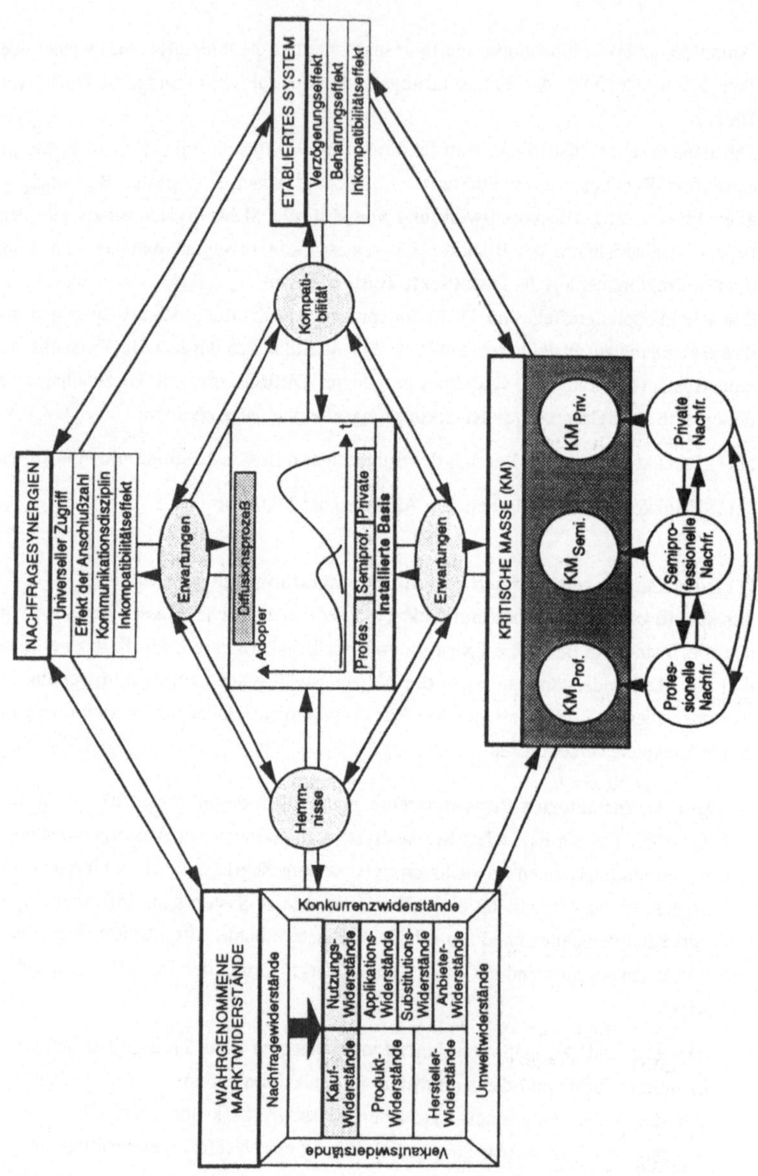

Abb. 26: Rückkopplungen im Diffusionsprozeß von Kritische Masse-Systemen

- Die **Kritische Masse** spiegelt sich auf Individualebene in der Wahrnehmung bezüglich Ausmaß und Eintrittszeitpunkt einer "ausreichenden Teilnehmerzahl" wider. Eine schnelle Entwicklung der Installierten Basis führt deshalb dazu, daß sich die Nachfragererwartungen bezüglich des Erreichens einer "ausreichenden Teilnehmerzahl" verbessern, wodurch über die Erhöhung der Aktivierungsgradienten die Diffusion beschleunigt wird und damit die Erwartungen der Nachfrager bezüglich der "ausreichenden Teilnehmerzahl" weiter stimuliert werden.

- **Applikationswiderstände** als eine Form der Nutzungswiderstände, werden u.a. dadurch determiniert, daß die effiziente Nutzung eines Kritischen Masse-Systems erst dann möglich ist, wenn der Teilnehmer eine gewisse Erfahrung im Umgang mit dem System erlangt hat. Eine Steigerung der Installierten Basis führt z.B. auf Grund der Interaktionsbeziehungen zwischen den Teilnehmern zu einer Vergrößerung des Erfahrungspotentials unter den Teilnehmern eines Kritischen Masse-Systems, wodurch Applikationswiderstände abgebaut werden können. Die Reduktion von Applikationswiderständen begünstigt ihrerseits wiederum die Diffusion, wodurch eine weitere Senkung der Applikationswiderstände unterstützt wird.

- Die Begünstigung positiver oder negativer Rückkopplungen zwischen einem neu eingeführten und einem **etablierten Kritische Masse-System** bestimmt sich über die Kompatibilität zwischen den Systemen. Während die Kompatibilität zwischen zwei Systemen auf die Diffusion eines neuen Kritischen Masse-Systems eher diffusionsfördernd wirkt, wird bei Inkompatibilität die Diffusion neu eingeführter Systeme tendenziell gehemmt.

(2) Rückkopplungen zwischen den Aktionen der Marktparteien:
Dieser Kategorie werden solche Rückkopplungen zugerechnet, die auf der Nachfragerseite zwischen der Gruppe der professionellen und der privaten Nachfrager bestehen und auf der Anbieterseite zwischen den verschiedenen Marktebenen existent sind. Beispielhaft lassen sich hier folgende Rückkopplungseffekte nennen:

- **Rückkopplungen zwischen den Marktebenen auf der Anbieterseite:**
Die Preisgestaltung auf der Ebene der Endgeräte beeinflußt den Markterfolg auf der Betreiber- und Diensteebene et vice versa. So behindern zu hohe Preise der Endgeräte den Anschluß an ein Kritische Masse-System und damit den Markterfolg auf der Betreiber- und Diensteebene ebenso, wie zu hoch angesetzte Entgelte durch die Betreiberebene den Markterfolg der Endgerätehersteller herabsetzen. Weiterhin führen qualitativ schlechte Diensteange-

bote zu Imageeinbußen beim Systembetreiber ebenso wie eine qualitativ unzureichende Systemverwaltung und -steuerung das Auffinden von Diensteangeboten erschwert und damit einem Markterfolg der Diensteanbieter entgegenwirkt.

- **Rückkopplungen speziell zwischen Nachfragergruppen:**
  Die Bereitstellung von Informations- und Kommunikationsangeboten durch die professionellen Teilnehmer erhöht die Attraktivität eines Kritischen Masse-Systems für private Nachfrager ebenso wie die intensive Nutzung eines Systems durch private Teilnehmer die Attraktivität des Systems für professionelle Nachfrager steigert. Weiterhin führen in der Gruppe der semiprofessionellen Nachfrager positive Erfahrungen im Umgang mit einem Kritische Masse-System dazu, daß sie das System auch privat nutzen und damit die Nutzung im professionellen und im privaten Bereich anstoßen.

- **Rückkopplungen zwischen den Teilnehmern eines Kritischen Masse-Systems allgemein:**
  Rückkopplungen zwischen den Teilnehmern eines Kritischen Masse-Systems begründen sich darin, daß alle Teilnehmer Informationsanbieter und -nachfrager in Personalunion darstellen. Allein auf Grund des Anschlusses an ein System vergrößert eine Person oder Organisation den universellen Zugriff des Systems und erhöht gleichzeitig dessen Attraktivität. Darüber hinaus beeinflußt die Kommunikationsdisziplin der Teilnehmer deren gegenseitiges Nutzungsverhalten. So ist z.B. die Entscheidung darüber, ob eine bestimmte Person die Nutzung eines Kritischen Masse-Systems als Kommunikationsinstrument intensiviert oder im Extremfall aufgibt, wesentlich dadurch bestimmt, ob die angesprochenen Kommunikationspartner auf die Nachrichten dieser Person reagieren oder nicht. Weiterhin ergeben sich Rückkopplungen zwischen den Teilnehmern eines Kritischen Masse-Systems aus der wechselseitigen Interdependenz zwischen den Adoptern.[225)]

Die aufgeführten Beispiele verdeutlichen primär positive Rückkopplungseffekte im Diffusionsprozeß von Kritische Masse-Systemen. Den Rückkopplungen zwischen den Marktparteien ist dabei gemeinsam, daß sie die Möglichkeiten zur Realisierung von Nachfragesynergien vergrößern, während die Rückkopplungen zwischen den diffusionsbestimmenden Faktoren durch eine unterstellte positive Entwicklung der Installierten Basis ausgelöst werden. Im letzteren Fall ist allerdings zu beachten, daß die stetige Vergrößerung der Installierten Basis keinen Automatismus für die Initialisierung positiver Rückkopplungen darstellt. Es ist vielmehr davon auszugehen, daß

---

225) Vgl. Kapitel 3.2.2.1 "Wechselseitige Interdependenz zwischen den Adoptern".

die beschriebenen Akzelerationsprozesse nur dann in Gang kommen, wenn die Diffusionsgeschwindigkeit eine bestimmte Mindestgröße erreicht hat. Ist hingegen diese Mindestgröße nicht erreicht oder kommt es zu einer Stagnation in der Entwicklung der Installierten Basis, so können in gleicher Weise negative Rückkopplungen auftreten, die sich dann diffusionshemmend auswirken und im Extremfall zu einem Rückgang der Installierten Basis führen.

Der genaue Schwellenwert, der überschritten sein muß, damit positive Rückkopplungen entstehen können, ist jedoch für jedes Kritische Masse-System und für jedes Nachfragersegment unterschiedlich hoch und damit nicht allgemeingültig bestimmbar. Es kann allerdings konstatiert werden, daß es sich bei diesem Schwellenwert nicht um eine objektivierbare Größe handelt, sondern um ein subjektives Maß, das von der Wahrnehmung der Nachfrager abhängt. Das liegt darin begründet, daß die aufgezeigten diffusionsbestimmenden Faktoren zunächst die Erwartungen der Nachfrager beeinflussen und erst die daraus resultierenden Aktionen zu den aufgezeigten Rückkopplungen führen.
Darüber hinaus wird das Auftreten von positiven und negativen Rückkopplungen aber auch durch die absolute Größe der Installierten Basis bestimmt, da eine hohe Installierte Basis die Möglichkeiten zur Erzielung von Nachfragesynergien vergrößert und damit die Wahrscheinlichkeit für positive Rückkopplungen erhöht. Das bedeutet, daß mit Überschreiten der Kritischen Masse in einer Nachfragergruppe eine Dominanz positiver Rückkopplungen zu erwarten ist und ein Kritische Masse-System einen dauerhaften Markterfolg erzielen kann.

Andererseits muß davon ausgegangen werden, daß der postulierte Schwellenwert in der Diffusionsgeschwindigkeit von Kritische Masse-Systemen und die absolute Höhe der Installierten Basis in der Markteinführungsphase gering ausgeprägt sind, so daß in der Anfangsphase der Diffusion eine Dominanz negativer Rückkopplungen vorliegt. Damit wäre der Markterfolg eines jeden Kritischen Masse-Systems aber zum Scheitern verurteilt, wenn nicht der Basis-Nutzerkreis a priori entsprechend groß ist. Daß Kritische Masse-Systeme auch bei einer relativ kleinen Installierten Basis eine Marktstabilität aufweisen, kann zum einen durch situationsspezifische Unterschiede in einzelnen Teilnehmergruppen und zum anderen durch die Rückkopplungseffekte zwischen den Marktteilnehmern erklärt werden. Insbesondere durch die Rückkopplungen zwischen den Marktteilnehmern wird auf Grund einer entsprechenden Kommunikationsdisziplin eine Beharrungstendenz begünstigt, so daß auch bei stagnierender Installierter Basis Kritische Masse-Systeme eine Marktbeständigkeit aufweisen können.

Aus den obigen Überlegungen lassen sich abschließend folgende Generalisierungen formulieren:

(1) Die Existenz von Rückkopplungseffekten in allen Phasen des Diffusionsprozesses führt zu einer entscheidenden Beeinflussung des Diffusionsverlaufs von Kritische Masse-Systemen.

(2) Rückkopplungen zwischen den diffusionsbestimmenden Faktoren beschleunigen nach Überschreiten der gruppenspezifischen Kritischen Masse den Diffusionsprozeß in einem Nachfragersegment, während sie vor Erreichen der gruppenspezifischen Kritischen Masse tendenziell diffusionshemmend wirken.

(3) Rückkopplungen zwischen den Markteilnehmern begünstigen bei einer entsprechend ausgestalteten Kommunikationsdisziplin eine Marktbeharrungstendenz von Kritische Masse-Systemen.

3.3. Einflußfaktoren auf die Diffusionsentwicklung von Kritische Masse-Systemen nach Überschreiten der Kritischen Masse

Die bisherigen Analysen haben gezeigt, daß es auf Grund einer Vielzahl von Faktoren als sehr wahrscheinlich anzusehen ist, daß die Diffusionskurve von Kritische Masse-Systemen im Anfangsstadium einen nur sehr langsamen Anstieg erfährt, wodurch die Markteinführungsphase bei Kritische Masse-Systemen besonders lang andauert.[226] Als entscheidender Bestimmungsfaktor für den nur langsamen Diffusionsanstieg ist die geringe Installierte Basis anzusehen, durch die der Nutzen von Systemgütern herabgesetzt wird. Weiterhin entwickeln sich aus der geringen Installierten Basis die aufgezeigten Probleme der Marktwiderstände sowie die Dominanz negativer Rückkopplungen, durch die die Kritische Masse nur langsam erreicht werden kann.

Die Kritische Masse war charakterisiert als diejenige absolute Größe der Installierten Basis in einer Nachfragergruppe, ab der keine Diskontinuitäten in der Abfolge des Aktivierungsgradienten von Individuen mehr auftreten und es zu einer Häufung von Personen mit gleichen Aktivierungsgradienten kommt, wodurch sich die Entscheidung zur Teilnahme an einem Kritische Masse-System wie eine Kettenreaktion in einer Nachfragergruppe ausbreitet. Das bedeutet aber, daß nach Überschreiten der Kritischen Masse die Diffusionskurve bei Kritische Masse-Systemen einen überproportionalen Anstieg erfahren muß. Damit tritt die Diffusion in eine neue Phase ein, die sich mit HEUSS als "Selbstentzündung der Nachfrage" umschreiben läßt: "Wie ein Lauffeuer breitet sich die Nachfrage aus, indem jeder neue Abnehmer wiederum in Kontakt mit anderen steht, die durch diesen mit dem neuen Produkt vertraut werden und es ihrerseits nachfragen. Ist einmal diese Kettenreaktion ausgelöst, so ist die Bahn für eine allgemeine Verbreitung des Produktes frei."[227]

Die Ursachen dafür, daß nach Überschreiten der Kritischen Masse eine Kettenreaktion in der Diffusionsentwicklung ausgelöst wird, sind in einer Umkehrung der anfänglich diffusionshemmend wirkenden Faktoren in diffusionsfördernde Faktoren zu

---

226) Diffusionsgeschwindigkeit und Länge der Markteinführungsphase bestimmen sich dabei durch die Konstellation aller aufgezeigten Faktoren und der Intensität bestehender Rückkopplungen. Der vermutete linksschiefe und mehrgipflige Verlauf von Adoptions- und Diffusionskurve kann deshalb nicht als "Gesetzmäßigkeit" verstanden werden. Als Beispiel kann hier das Telefax-System genannt werden. Nachdem "akzeptable" Übertragungsqualitäten bei entsprechenden Gerätepreisen erreicht waren, stellte sich bei Telefax unmittelbar eine schnelle Breitendiffusion ein. Allerdings erfolgte auch bei Telefax die Diffusion bisher nahezu ausschließlich im professionellen Bereich.
Vgl. auch ZWIßLER, Jürgen: Telefaxdienst, in: Arnold, Franz (Hrsg.): Handbuch der Telekommunikation, Loseblatt-Ausgabe, (Grundwerk) Köln 1989, Kap. 5.1.5.0, S.2ff.
227) HEUSS, Ernst: Allgemeine Markttheorie, Tübingen Zürich 1965, S.37.

sehen. Von zentraler Bedeutung ist dabei die "Umkehrung"

- des Adoptions-Nachteils in einen Adoptions-Vorteil;

- der negativen Rückkopplungen in positive Rückkopplungen;

- des Latenznutzens in einen Evidenznutzen;

- der Marktwiderstände in diffusionsfördernde Faktoren.

(1) Umkehrung des Adoptions-Nachteils:

Auf Grund der geringen Installierten Basis müssen die Erstadopter einen Adoptions-Nachteil in Kauf nehmen. Mit zunehmender Nutzung sind sie dann aber in der Lage, entsprechende Erfahrungen im Umgang mit einem Kritische Masse-System aufzu-bauen. Diese verschaffen ihnen in dem Moment einen Adoptions-Vorteil, in dem durch das Überschreiten der Kritischen Masse die Ursachen des anfänglichen Adop-tions-Nachteils beseitigt sind. Der Aufbau eines entsprechenden Erfahrungspotentials führt weiterhin zu einer erhöhten Kommunikationsdisziplin der entsprechenden Per-sonen, wodurch sich die Voraussetzungen zur Realisierung von Nachfragesynergien für alle Teilnehmer verbessern, was sich insgesamt in einem diffusionsfördernden Effekt niederschlägt.

(2) Umkehrung negativer Rückkopplungen:

Das Entstehen negativer Rückkopplungen ist insbesondere darin begründet, daß sowohl die Diffusionsgeschwindigkeit als auch die Größe der Installierten Basis nur gering ausgeprägt sind. Mit Überschreiten der Kritischen Masse erreicht aber auch die Installierte Basis eine Größe, die entsprechend den Ausführungen in Kapitel 3.2.3 die Voraussetzungen zur Entwicklung positiver Rückkopplungen schafft. Die damit in Gang gesetzten Akzelerationsprozesse führen zu einer entsprechenden Erhöhung der Diffusionsgeschwindigkeit, wodurch sich die Basis der negativen Rückkopplun-gen immer mehr abbaut und gleichzeitig die Grundlagen für eine Dominanz positiver Rückkopplungen geschaffen werden. Der den Rückkopplungen inhärente Selbstver-stärkungsprozeß begünstigt seinerseits die Entwicklung einer Kettenreaktion nach Überschreiten der Kritischen Masse.

(3) Umkehrung des Latenznutzens:

Bei Kritische Masse-Systemen läßt sich eine Eigendynamik beobachten, die darauf schließen läßt, daß sich tendenziell jedes innovative System in mehr oder weniger starkem Umfang eine eigene Nachfrage schafft. Diese resultiert aus den spezifischen Möglichkeiten, die ein innovatives Kritische Masse-System zur Erledigung von Kommunikationsaufgaben bietet. Dabei geht die "eigenständige" Nachfragekomponente über die sich aus den Substitutionsvorgängen zu etablierten Systemen ergebende Nachfrage hinaus.

Es wurde gezeigt, daß sich die erste Nutzung eines Kritischen Masse-Systems meist auf die Bewältigung bekannter Aufgaben bezieht, d.h. es wird zu Beginn der Einführung eines Systems meist versucht, den Evidenznutzen herauszustellen, der sich in der Regel aus der Beziehung zu bekannten Tätigkeiten mit bekannten Nutzen(beiträgen) ergibt.[228] Zunehmende Erfahrungen im Umgang mit neuen Technologien führen dann jedoch dazu, daß sich durch sie neue Anwendungen erschließen, die mit Hilfe etablierter Systeme nicht, nur wesentlich schwieriger oder kostenintensiver erledigen lassen. Die Entdeckung **neuer Anwendungsfelder** kehrt den ursprünglichen Latenznutzen in einen Evidenznutzen um und begünstigt somit die Kettenreaktion nach Überschreiten der Kritischen Masse. Die Entdeckung neuer Anwendungsfelder mit eigenständigem Verkehrsaufkommen läßt sich z.B. beobachten bei

- **Videotex-Systemen:**

  Während das Télétel-System in Frankreich zunächst das Telefonbuch ersetzen sollte, entfällt das höchste Verkehrsaufkommen in Télétel heute auf den anonymen Computerkontakt in Form der sog. Messagerien.[229] Sie ermöglichen einen anonymen Online-Computerkontakt, der in vielen Fällen durch eine sehr hohe Freizügigkeit in der Kommunikation gekennzeichnet ist und beispielsweise in Frankreich ungefähr eine Million monatliche Nutzungsstunden ausmacht.[230] Darüber hinaus bieten Videotex-Systeme den Vorteil, daß mit einem einzigen Medium Nachrichten oder Dokumente ortsungebunden zu jeder Zeit abgerufen und hinterlegt werden können, Informationen sich in andere Systeme übernehmen und weiterverarbeiten lassen, Datenbanken abgefragt und bestimmte Vorgänge, wie z.B. die Kontenführung bei einer Bank, zeitunabhängig erledigt werden können. Diese Möglichkeiten führen zu einer weiteren spezifischen Nachfrage nach Videotex-Systemen.

  Die gleichen Anwendungsmöglichkeiten wie das Télétel-System bietet auch das deutsche Btx-System. Darüber hinaus entwickelt sich Btx verstärkt zu einem medienvermittelnden System, indem es Verbindungen zwischen Btx und Telex, Telefax, Cityruf, Euromessage, dem Briefdienst sowie Videotex-Systemen anderer Länder wie etwa Schweiz, Österreich, Niederlande und

---

228) Vgl. hierzu die Ausführungen in Kapitel 3.2.1.2.2.2 "Substitutionswiderstände".
229) Vgl. O. V. (1988c), a.a.O., S.10ff.
230) Vgl. NEUE MEDIENGESELLSCHAFT ULM mbH/ SOCIALDATA GmbH (Hrsg.)(1988), a.a.O., S.105. Auf den anonymen Computerkontakt entfällt auch im deutschen Btx-System ein großer Anteil. Vgl. NEUBAUER, Dirk: Nepp im Fernsehkanal, in: Wirtschaftswoche, Nr. 43, 44(1990), S.186f.

USA ermöglicht und damit ein weiteres neues Anwendungsgebiet erschließt.

- **Telefon-Systemen**, die zunächst als Ersatz für das Schreiben von Briefen angesehen wurden, heute jedoch ein vollkommen eigenständiges Verkehrsaufkommen entwickelt haben.

- **Videokonferenz-Systemen**, die ursprünglich als Ersatz für das Reisen gedacht waren, heute aber zunehmend zur Vor- und Nachbereitung von Konferenzen Anwendung finden.[231]

- **Computer-Systemen**, deren Anwendungsschwerpunkt nicht in einem Ersatz der Schreibmaschine zu sehen ist, sondern die zu völlig neuen Anwendungsfeldern geführt haben.

- dem **ISDN-Netz**, für das heute noch mit dem verbesserten Komfort des (digitalen) Telefonierens geworben wird, dessen Vorteile sich aber erst dann ergeben, wenn die hohen Datenübertragungsraten und die beiden zur Verfügung stehenden Nutzkanäle genutzt werden.

Die Eröffnung neuer Anwendungsfelder führt darüber hinaus zur Bildung neuer sozialer Gruppen, die zu einer Vergrößerung der Installierten Basis beitragen, wodurch sie ihrerseits einen diffusionsfördernden Effekt besitzen.[232] Der Latenznutzen innovativer Kritische Masse-Systeme begünstigt damit in der späten Phase der Diffusion die Entwicklung eines "eigenen Verkehrs" und somit das Entstehen einer Kettenreaktion nach Überschreiten der Kritischen Masse.

(4) Umkehrung der Marktwiderstände:

Als wesentliche Determinante für die lang anhaltende Markteinführungsphase wurden die Marktwiderstände herausgestellt. Sie führen in der Summe zu **Nachfragestaus** und dem sehr langsamen Anstieg der Diffusionskurve. Eine zentrale Ursache der Nachfragestaus ist in den negativen Erwartungen potentieller Nachfrager bezüglich der Realisierung von Nachfragesynergien zu sehen. Sie schieben deshalb auf Grund des Verzögerungseffektes den Wechsel zu einem neuen Kritische Masse-System hinaus. Mit Erreichen der Kritischen Masse ist aber die Basis für positive Erwartungen gegeben, und es existiert jetzt eine Reihe von Personen, die ihre subjektiv empfundene "ausreichende Teilnehmerzahl" erreicht und quasi zeitgleich Teilnehmer des neuen Kritischen Masse-Systems werden möchte. Der in diesem Moment entstehende überproportionale Anstieg der Diffusionskurve ist offensichtlich.

---

231) Vgl. SCHUBERT, Wolfgang: Distanziertes Styling, in: Wirtschaftswoche, Nr. 39, 44(1990), S.138.

232) Vgl. hierzu auch die Ausführungen in Kapitel 3.2.1.2.2.1 "Applikationswiderstände".

Die zunehmende Ausbreitung eines neuen Kritischen Masse-Systems führt weiterhin dazu, daß es immer mehr zu einem Medium wird, dessen Nutzung "dem üblichen Geschäftsverkehr und den Gepflogenheiten" entspricht. Daraus ergibt sich auch für Nichtteilnehmer und solche Personen, die ein anderes Kritische Masse-System einsetzen, ein Zwang, ebenfalls das neue System zu verwenden, um sich nicht aus dem **"normalen Geschäftsverkehr"** auszuschließen. Damit wird der Wechsel von Teilnehmern eines etablierten Systems zu dem neuen System verstärkt, und der ursprüngliche Inkompatibilitätseffekt wirkt sich jetzt zu Gunsten des neuen Systems aus. In dem Maße, in dem ein Teilnehmerwechsel von einem etablierten Kritische Masse-System zu einem neuen System stattfindet,

- sinkt die Installierte Basis des etablierten Systems, während sie sich in dem neuen System ausweitet;

- sinkt die Attraktivität des etablierten Systems, während sie sich für das neue System vergrößert;

- sinken die Möglichkeiten zur Erzielung von Nachfragesynergien innerhalb des etablierten Systems, während sie für das neue System steigen.

Resümierend läßt sich feststellen, daß mit Überschreiten der Kritischen Masse bei Kritische Masse-Systemen die Diffusion eine Eigendynamik entwickelt und Selbstverstärkungseffekte relevant werden, die die Postulation einer Kettenreaktion bei Kritische Masse-Systemen rechtfertigen.

In der Realität ist allerdings zu beachten, daß durch das Entstehen einer Kettenreaktion die Kapazitäten des Systembetreibers zum Anschluß von Teilnehmern nicht ausreichen können, so daß sich **Wartelisten** aufbauen, die insgesamt den Verlauf der Diffusionskurve dämpfen. In diesen Fällen muß zwischen der "potentiellen Diffusionskurve" und der um die Warteliste "korrigierten Diffusionskurve" unterschieden werden. Die Entwicklung der Warteliste für das Telefonsystem in Deutschland zeigt Abbildung 27. Dabei wird deutlich, daß für die Warteliste im Telefonsystem ein Bodensatz von ca. 300.000 Anträgen existiert, während sich die Warteliste in den Jahren 1970/71 auf über 800.000 aufgebaut hatte.

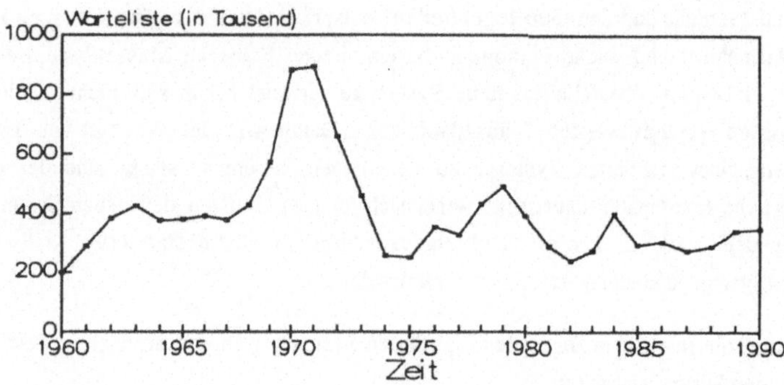

Abb. 27: Entwicklung der Warteliste im Telefonsystem
Quelle: Daten der DEUTSCHEN BUNDESPOST TELEKOM

Auf Grund der vorangegangenen Überlegungen lassen sich abschließend folgende Generalisierungen vornehmen:

(1) Nach Überschreiten der Kritischen Masse kommt es zu einer Umkehrung von anfänglich diffusionshemmenden in diffusionsfördernde Faktoren, wodurch eine Häufung und kontinuierliche Abfolge von Aktivierungsgradienten entsteht und sich die Diffusion in einer Kettenreaktion über ein soziales System ausbreitet.

(2) Der sich nach Überschreiten der Kritischen Masse ergebende Selbstverstärkungseffekt sichert einen dauerhaften Markterfolg eines Kritischen Masse-Systems.

(3) Die Diffusionskurve von Kritische Masse-Systemen nimmt nach Überschreiten der Kritischen Masse einen progressiv ansteigenden Verlauf.

(4) Die Auflösung von Nachfragestaus nach Überschreiten der Kritischen Masse kann zum Aufbau von Wartelisten führen, wodurch eine Unterscheidung zwischen "potentieller Diffusionskurve" und "korrigierter Diffusionskurve" erforderlich wird.

(5) Ein hoch ausgeprägter Novitätscharakter bei neuen Kritische Masse-Systemen führt über die Erschließung neuer Anwendungsfelder dazu, daß sich innovative Kritische Masse-Systeme ihre eigene spezifische Nachfrage schaffen.

3.4. Konsequenzen der Besonderheiten von Kritische Masse-Systemen für die Diffusionstheorie

3.4.1. Zusammenfassung der diffusionsspezifischen Besonderheiten von Kritische Masse-Systemen

Zielsetzung der bisherigen Ausführungen war die Erarbeitung solcher diffusionsspezifischer Besonderheiten von Kritische Masse-Systemen, durch die eine Relativierung der Aussagen der klassischen Diffusionstheorie auf die Spezifika von Kritische Masse-Systemen erforderlich wird, bzw. um die die Erkenntnisse der klassischen Diffusionstheorie zu erweitern sind. Die zentralen Einflußgrößen, die sich bestimmend auf den Diffusionsprozeß von Kritische Masse-Systemen auswirken, sind zusammenfassend in Abbildung 28 dargestellt.

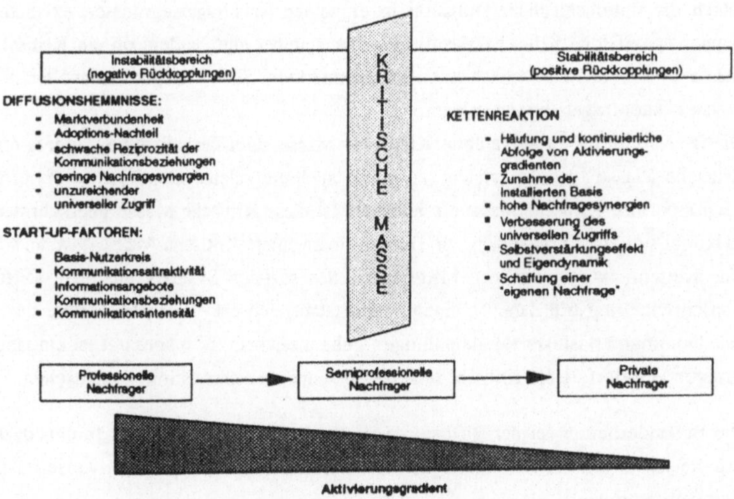

Abb. 28: Einflußfaktoren auf den Diffusionsprozeß von Kritische Masse-Systemen

Die Abbildung soll verdeutlichen, daß der Kritschen Masse bei Kritische Masse-Systemen eine Schwellenwertfunktion zukommt, die darüber entscheidet, ob ein System auf Dauer am Markt Erfolg hat. Solange die Kritische Masse nicht überschritten ist, bewegt sich der Diffusionsprozeß in einem Instabilitätsbereich, der durch eine Dominanz negativer Rückkopplungen gekennzeichnet ist. In diesem Bereich besteht auf Grund einer Reihe von Diffusionshemmnissen immer die latente Gefahr, daß keine Adoptionen erfolgen und Adopter ihre Teilnahmeentscheidungen revidieren, wodurch es zu einer Rückbildung des Diffusionsverlaufs kommen kann. Die Überwindung des Instabilitätsbereichs kann aber durch das Ergreifen von "Start-up-Maßnahmen" erleichtert werden, die dazu führen müssen, daß der Attraktivitäts-effekt vergrößert und damit der Aktivierungsgradient der Nachfrager erhöht werden kann. Beim Einsatz von "Start-up-Maßnahmen" ist zu berücksichtigen, daß sich die Diffusion in unterschiedlichen Nachfragersegmenten vollzieht und zum großen Teil einer sequentiellen Abfolge vergleichbar ist. Es konnte herausgearbeitet werden, daß zunächst eine verstärkte Diffusion im Bereich der professionellen Nachfrager zu erwarten ist, durch die die Attraktivität eines Kritischen Masse-Systems vergrößert werden kann. Die Diffusionsgeschwindigkeit im Privatbereich ist im Vergleich zum Unternehmensbereich am Anfang wesentlich geringer und wird durch die zeitlich vorgelagerte Diffusion bei professionellen Nachfragern und die Existenz semiprofessioneller Nachfrager begünstigt.

Durch die unterschiedliche Diffusion in einzelnen Nachfragersegmenten existieren segmentspezifische Kritische Massen, die u.a. darüber entscheiden, ob ein Kritische Masse-System auch tatsächlich einen Massenmarkt im Sinne von professionellen und privaten Nachfragern erreichen kann.

Die in Abbildung 28 aufgeführte Kritische Masse stellt deshalb eine "aggregierte Kritische Masse" dar, die erreicht ist, wenn auch die zuletzt adoptierende Nachfragergruppe ihre Kritische Masse erreicht hat. Ist diese Kritische Masse überschritten, so breitet sich die Entscheidung zur Teilnahme an einem Kritische Masse-System wie eine Kettenreaktion unter den Mitgliedern des sozialen Systems aus. Die Diffusionsentwicklung tritt damit in einen Stabilitätsbereich ein, der insbesondere durch eine Dominanz positiver Rückkopplungen gekennzeichnet ist. Insgesamt ist ein langfristiger Markterfolg des Kritischen Masse-Systems als wahrscheinlich anzusehen.

Die Besonderheiten bei der Diffusion von Kritische Masse-Systemen führen dazu, daß die Aussagen der klassischen Diffusion teilweise erweitert und teilweise relativiert werden müssen.

3.4.2. Relativierung der zentralen Aussagen der klassischen Diffusionstheorie für Kritische Masse-Systeme

Versucht man ein Resümee über die Erkenntnisse zu ziehen, die die vorgetragenen theoretischen Diffusionsüberlegungen bei Kritische Masse-Systemen im Vergleich zur klassischen Diffusionstheorie liefern, so ist zunächst herauszustellen, daß sich die Betrachtungen auf eine bestimmte Kategorie von Gütern beziehen, die als **System-güter** bezeichnet werden, während die klassische Diffusionstheorie für Singulärgüter entwickelt wurde. Die zentralen Unterschiede zwischen den Aussagen der klassischen Diffusionstheorie im Vergleich zur Diffusion von Kritische Masse-Systemen lassen sich wie in Abbildung 29 dargestellt zusammenfassen.

Klassische Diffusionstheorie	Diffusion von Kritische Masse-Systemen
Betrachtung einzelner Produkt-kategorien	Betrachtung von Systemen
entwickelt für Singulärgüter	entwickelt für Systemgüter
Adoption entspricht dem Kaufakt	Adoption besteht aus Kauf-, Anschluß- und Nutzungsakt
Kauf für Diffusion entscheidend	Nutzung für Diffusion entscheidend
Kaufakt ist irreversibel	Nutzungsakt ist reversibel
Berücksichtigung von Netzeffekten	Berücksichtigung von Netzeffekten und hohe Bedeutung der Nachfragesynergien
Kritische Masse nur im Sinne eines Diffusions-take off berücksichtigt	herausragende Stellung gruppen-spezifischer Kritischer Massen
Installierte Basis nur bedeutsam für die Entwicklung von Imitationsprozessen	Installierte Basis als eigenständiger Erklärungsfaktor
Diffusionskurve monoton steigend	auch fallende Diffusionskurve möglich

Abb. 29: Zentrale Unterschiede in den Aussagen der klassischen Diffusionstheorie und der Diffusion von Kritische Masse-Systemen

Aus den in Abbildung 29 aufgeführten Unterscheidungsmerkmalen lassen sich drei wesentliche Charakteristika herausstellen, die eine Veränderung bzw. Erweiterung gegenüber der klassischen Diffusionstheorie darstellen. Diese liegen in

- der veränderten Bedeutung des Adoptionsbegriffs;

- den dichotomen Stadien der Marktstabilität;

- der erweiterten Bedeutung des Begriffs der Kaufbereitschaft.

(1) Der Adoptionsbegriff bei Kritische Masse-Systemen:
In der klassischen Diffusionstheorie steht der *Kauf* im Vordergrund der Betrachtungen, während der Nutzung eines Produktes im Prinzip keine Bedeutung zukommt. Dieser Sachverhalt gilt bei Kritische Masse-Systemen nur für die Endgerätehersteller. Auf der Betreiber- und Diensteebene hingegen ist nicht der Kauf eines Endgerätes entscheidend, sondern der *Anschluß* an ein Kritisches Masse-System und dessen *Nutzung*. Der **Nutzungsaspekt** ist damit für die Diffusion von Kritische Masse-Systemen von zentraler Bedeutung, da er Anbieter- und Nachfragerseite nachhaltig determiniert:
Der Nutzen eines Kritischen Masse-Systems für einen Nachfrager ist auf Grund der Nachfragesynergien um so höher, je größer die Nutzungsintensität des Systems bei allen Teilnehmern ist. Auf der Anbieterseite führt erst die Nutzung eines Systems für die Betreiber- und Diensteebene zur Realisierung eines kontinuierlichen Einnahmenflusses.

Damit kann aber die Teilnahme eines Nachfragers an einem Kritische Masse-System nicht als zeitlich singuläres Ereignis betrachtet werden, wie es der Kauf von klassischen Konsum- und Investitionsgütern darstellt. Für den Markterfolg der Anbieter ist die **kontinuierliche Nutzung** eines Kritischen Masse-Systems durch die Nachfrager das primäre Kriterium, durch das sich ihr Markterfolg direkt bestimmt. Eine Ausnahme bilden hier lediglich die Endgeräteanbieter, deren Markterfolg von der Nutzungsintensität eines Kritischen Masse-Systems nur indirekt beeinflußt wird. Mit Ausnahme der Endgerätehersteller ist deshalb für alle Marktparteien nicht der Kauf eines Endgerätes entscheidend, sondern die Nutzung eines Kritischen Masse-Systems durch die angeschlossenen Teilnehmer.
Da für die Nutzung eines Kritischen Masse-Systems der Anschlußakt entscheidend ist, stellt die Zahl der **Erstanschlüsse** die empirische Grundlage zur Bestimmung der Installierten Basis dar und nicht die Erstkäufe von Endgeräten. Das bedeutet, daß der Adoptionsbegriff bei Kritische Masse-Systemen nicht wie in der klassischen Diffusionstheorie der Anzahl von Personen entspricht, die ein Produkt gekauft haben, sondern der Anzahl der Erstanschlüsse, die durch eine **Adoptionseinheit** genutzt

werden.[233] Adoptionseinheiten umfassen alle Personen, die gemeinsam ein Kritisches Masse-System über einen bestimmten Anschluß nutzen. "Adoptoren" bei Kritische Masse-Systemen im Sinne von Adoptionseinheiten beinhalten damit meist mehrere Personen, die ein Kritisches Masse-System zur Kommunikation einsetzen. So lag die Anschlußzahl des Btx-Systems am 30.06.1991 bei 285.312 Teilnehmern. Berücksichtigt man, daß die Zahl der einen Anschluß mitnutzenden Personen nicht in der Anschlußzahl enthalten ist, so wird deutlich, daß die Zahl der Personen, die tatsächlich adoptiert haben, auf jeden Fall über der Zahl der Erstanschlüsse liegen muß.

Erstanschlüsse unterscheiden sich von dem Begriff der Erstkäufe in der klassischen Diffusionstheorie aber noch durch ein weiteres Merkmal: Ist ein Erstkauf bei klassischen Konsum- oder Investitionsgütern getätigt, so beeinflußt dieser den Diffusionsverlauf in positiver Richtung und kann auch nicht mehr rückgängig gemacht werden; allenfalls können Wiederholungskäufe ausfallen. Demgegenüber können Teilnehmeranschlüsse bei Kritische Masse-Systemen wieder abgemeldet werden, wodurch die Möglichkeiten zur Realisierung von Nachfragesynergien sinken. Da durch die Abmeldung von Teilnehmeranschlüssen die Zahl der Erstanschlüsse reduziert wird, kann es im Extremfall auch zu einem **Rückgang der Diffusion** kommen. Das aber bedeutet, daß sich der Diffusionsverlauf bei Kritische Masse-Systemen im Gegensatz zur klassischen Diffusionstheorie nicht zwingend in einer monoton steigenden Kurve widerspiegeln muß.

(2) Dichotome Stadien der Marktstabilität:

Die Überlegungen zu den Rückkopplungseffekten haben gezeigt, daß bis zum Erreichen der Kritischen Masse eine Dominanz negativer Rückkopplungen vorliegt, die sich nach Überschreiten der Kritischen Masse in positive Rückkopplungen umkehren. Das bedeutet, daß die Kritische Masse einem Wendepunkt entspricht, bei dem die Marktentwicklung von Kritische Masse-Systemen von einer Instabilitätsphase in eine Stabilitätsphase wechselt:

Solange die Kritische Masse nicht erreicht ist, können sich Nachfragesynergien nur in eingeschränktem Umfang entfalten, d.h. der Nutzen eines Kritischen Masse-Systems ist nur gering, und es besteht die Gefahr, daß der Diffusionsprozeß stoppt und das System nicht mehr genutzt wird.[234] Die Besonderheit ist dabei darin zu sehen, daß der Originärnutzen von Singulär- und Netzeffektgütern auch bei nicht Erreichen der Kritischen Masse vorhanden ist, während sich der Derivativnutzen von Kritische

---

233) Dabei kann die Nutzungsintensität eines Anschlusses z.B. durch das Entgeltaufkommen erfaßt werden.

234) Vgl. HILTZ, Starr Rosanne (1984), a.a.O., S. 84ff. MARKUS, M. Lynne (1987), a.a.O., S.499ff. UHLIG, Ronald P./ FARBER, David J./ BAIR, James H. (1979), a.a.O., S.251f.

Masse-Systemen erst mit Überschreiten der Kritischen Masse voll entfaltet. Wird die Kritische Masse bei einem Kritische Masse-System langfristig nicht erreicht, so werden die Erwartungen der Nachfrager nicht erfüllt, und auf Grund negativer Rückkopplungen wird das System wahrscheinlich wieder vom Markt verschwinden (**Marktflop**). Die Dauer, mit der sich ein Kritisches Masse-System trotz Nichterreichen der Kritischen Masse am Markt halten kann, ist von der Stärke der Rückkopplungen zwischen den Marktteilnehmern abhängig, die bei einer entsprechend ausgestalteten Kommunikationsdisziplin eine Marktbeharrungstendenz von Kritische Masse-Systemen hervorrufen. Diese Beharrungstendenzen führen aber nur dann zu einer langfristigen Marktstabilität bei geringer Teilnehmerzahl, wenn die Nutzungsintensität so hoch ist, daß sich die Bereitstellung von Systemarchitektur und Diensteangeboten für die Anbieterseite lohnt. Das muß aber bei einer geringen Teilnehmerzahl als die Ausnahme angesehen werden.

Sobald die Kritische Masse überschritten ist, ist die Basis für weitgehend positive Erwartungen bei den Nachfragern gegeben, und die entstehenden Kettenreaktionen führen in ein Stadium der Marktbeständigkeit mit hoher Teilnehmerzahl (**Markterfolg**).

Beispielhaft läßt sich diese Dichotomie der Marktstabilität an der Marktentwicklung der Videosysteme BETA, Video 2000 und VHS verdeutlichen, von denen sich nur das VHS-System am Markt behaupten konnte, obwohl das System Video 2000 den beiden anderen technisch überlegen war.[235] Die Ursache ist darin zu sehen, daß auf Grund einer breit angelegten Distributions- und Lizenzvergabestrategie das VHS-System schnell die "Kritische Masse" überschreiten konnte. Von dieser Schwelle an erlangten die Videofilme im VHS-Format breite Verfügbarkeit, und es war ein problemloser Tausch von VHS-Kassetten zwischen den Nutzern möglich.[236]

(3) Erweiterte Bedeutung des Begriffs der Kaufbereitschaft:
In der traditionellen Diffusionstheorie findet die Installierte Basis in der Interpretation des Bekanntheitsgrades eines Produktes oder als Marktsättigungsgrad Berücksichtigung. Dabei wird in den meisten Fällen unterstellt, daß der Bekanntheitsgrad eine Funktion der bisher registrierten Nachfrage (Installierten Basis) darstellt, wobei sich ein steigender Bekanntheitsgrad zunehmend diffusionsfördernd auswirkt.[237]

---

235) 90% der bis 1987 verkauften Video-Rekorder waren VHS-Systeme. Vgl. KLEIN, Roland (1987): Wegweiser für die Konkurrenz, in: manager magazin, 17(1987), S.148.

236) Vgl. OHMAE, Kenichi: Macht der Triade, Wiesbaden 1985, S.31ff. KLEINALTENKAMP, Michael/ UNRUHE, Halko: Die Standardisierungsentwicklung auf den Märkten für Video-Rekorder und Camcorder, in: Kleinaltenkamp, Michael (Hrsg.): Standardisierungsprozesse, Arbeitspapier des SFB 187 "Neue Informationstechnologien und flexible Arbeitssysteme", Ruhr Universität Bochum, 2. Aufl. Bochum 1991, S.2ff.

237) Vgl. z.B.: BASS, Frank M. (1969), a.a.O., S.216ff. MANSFIELD, Edwin (1961), a.a.O., S.745f.

Analog erfolgt die Interpretation der Installierten Basis als Marktsättigungsgrad. In beiden Fällen wird letztlich davon ausgegangen, daß mit zunehmender Produktverbreitung und damit einem größer werdenden Bekanntheits- bzw. Marktstättigungsgrad, ein steigender sozialer Kaufdruck erzeugt wird, der zu einer Erhöhung der Kaufbereitschaft führt. Der Zusammenhang zwischen Kaufbereitschaft und Marktsättigung bzw. Bekanntheitsgrad wird dabei in der Regel als linear unterstellt.[238]

Im Falle eines Kritischen Masse-Systems ist allerdings die Installierte Basis wesentlich weiter zu fassen als in der Interpretation des Bandwagon- bzw. Mitläufer-Effektes. Hier kommt als zentrales Kennzeichen hinzu, daß die Installierte Basis über das Wirksamwerden von Nachfragesynergien einen direkten Einfluß auf die Einsatz- und Nutzungsmöglichkeiten des Kritischen Masse-Systems für die Nachfrager ausübt. Es muß deshalb davon ausgegangen werden, daß kein linearer Zusammenhang zwischen der Kaufbereitschaft bzw. **Teilnahmebereitschaft** und dem Marktsättigungsgrad bei Kritische Masse-Systemen besteht und sich die Teilnahmebereitschaft in Abhängigkeit von der relativen Installierten Basis (Marktsättigungsgrad) insgesamt progressiv entwickelt, worin der bei Kritische Masse-Systemen herausgestellte linksschiefe Verlauf der Adoptionskurve zum Ausdruck kommt.

Die Teilnahmebereitschaft bei Kritische Masse-Systemen kann damit als Potenz des Marktsättigungsgrades ausgedrückt werden. Mit Hilfe einer Verhaltenskonstanten "v", die ein Ausdruck für die sich im Zeitablauf exponentiell entwickelnde Bereitschaft zum Anschluß an ein System darstellt, läßt sich die Teilnahmebereitschaft wie folgt operationalisieren:

MEFFERT, Heribert/ STEFFENHAGEN, Hartwig: Marketing-Prognosemodelle, Stuttgart 1977, S.70. MERTENS, Peter: Mittel- und langfristige Absatzprognosen auf der Basis von Sättigungsmodellen, in: Derselbe (Hrsg.): Prognoserechnung, 4. Aufl. Würzburg Wien 1981, S.192. SAHAL, Devendra: Patterns of Technological Innovations, London Massachusetts 1981, S. 76ff. SCHMALEN, Helmut (1989), a.a.O., S.212.

238) Vgl. BASS, Frank M. (1969), a.a.O., S.216ff. BONUS, H.: Die Ausbreitung des Fernsehens, Meisenheim am Glan 1968, S.62ff. BÖCKER, Franz/ GIERL, Heribert (1988), a.a.O., S.34. GIERL, Heribert (1987), a.a.O., S.38ff.
Modelle, die von einem nicht linearen Zusammenhang zwischen Marktsättigung und Kaufbereitschaft ausgehen, entwickeln z.B.: EASINGWOOD, Christopher J./ MAHAJAN, Vijay/ MULLER, Eitan: A Nonuniform Influence Innovation Diffuson Model of New Product Acceptance, in: Marketing Science, 2(1983), No. 3, S.276ff. EASINGWOOD, Christopher J.: Early product life cycle forms for infrequently purchased major products, in: International Journal of Research in Marketing, 4(1987), S.3ff.

Teilnahmebereitschaft bei Kritische Masse-Systemen:

$$TB_t = (MS_t)^v$$

mit: TB_t = Teilnahmebereitschaft in Periode t

v = Verhaltenskonstante; $v > 1$

MS_t = X_{t-1}/M = Marktsättigungsgrad in Periode t,

wobei X_{t-1} = kumulierte Installierte Basis in Periode t-1

M = Marktsättigungsgrenze

Die Verhaltenskonstante "v" ist ein Maß für den Einfluß, den eine sich vergrößernde Installierte Basis, z.B. in Form zunehmender Nachfragesynergien und einem steigenden universellen Zugriff, auf den Verlauf des Diffusionsprozesses ausübt. Dabei ist im Fall von Kritische Masse-Systemen zu erwarten, daß $v > 1$ gilt, da für $0 < v < 1$ die Teilnehmerzahl bereits in der Markteinführungsphase einen überproportionalen Anstieg erfahren würde. Das aber würde einer hohen Akzeptanz eines Kritischen Masse-Systems entsprechen, und Marktwiderstände wären in diesem Fall ohne Bedeutung. Für $v < 0$ kann die Teilnahmebereitschaft Werte größer 1 annehmen, was außerhalb des relevanten Betrachtungsintervalls liegt. Zwischen Marktsättigung und Teilnahmebereitschaft ergibt sich damit die in Abbildung 30 dargestellte Beziehung.

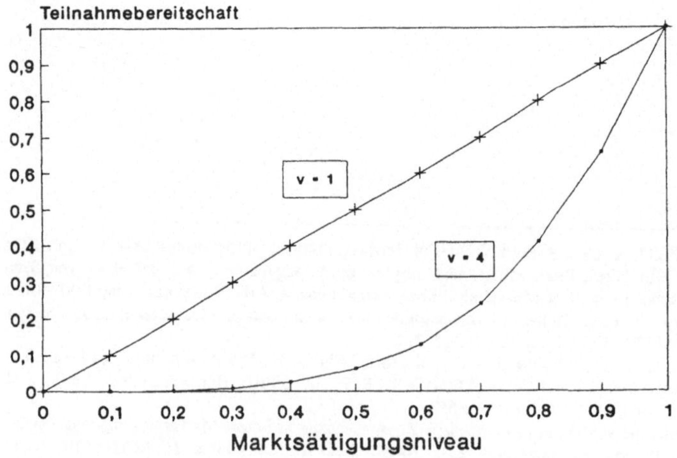

Abb. 30: Teilnahmebereitschaft und Installierte Basis

3.4.3. Die Adoptions- und Diffusionskurve bei Kritische Masse-Systemen

Die Ausführungen des vorangegangenen Kapitels haben nochmals die wesentlichen Unterschiede zwischen den Ansatzpunkten und Erkenntnissen der klassischen Diffusionstheorie und der Diffusion von Kritische Masse-Systemen verdeutlicht. Der theoretische Verlauf der Adoptions- und Diffusionskurve bei Kritische Masse-Systemen läßt sich nun auf Grund folgender Erkenntnisse ableiten:

(1) Linksschiefer Verlauf von Adoptions- und Diffusionskurve:
Die Ausführungen des Kapitels 3.2.1 "Marktwiderstände bei der Diffusion von Kritische Masse-Systemen" haben gezeigt, daß Kritische Masse-Systemen zu Beginn des Marktprozesses eine Reihe von Widerständen entgegengebracht wird. Diese Marktwiderstände begründen sich in dem meist hohen Latenznutzen, dem Erfahrungsgutcharakter und der herausragenden Bedeutung der Nachfragesynergien. Es entsteht ein Circulus Vitiosus der Systemattraktivität, der zu einer lang andauernden Markteinführungsphase führt. Auf Grund von Diskontinuitäten in der Abfolge der Aktivierungsgradienten potentieller Nachfrager wird die Diffusionsgeschwindigkeit herabgesetzt und das Erreichen der Kritischen Masse hinausgezögert. Im Ergebnis läßt sich damit schließen, daß Adoptions- und Diffusionskurve durch einen stark linksschiefen Verlauf gekennzeichnet sind.

(2) Mehrgipfligkeit der Adoptions- und Diffusionskurve:
Auf Grund der Analysen in Kapitel 3.2.2 "Die zeitliche Abfolge der Adoptionen im Diffusionsprozeß von Kritische Masse-Systemen" konnte konstatiert werden, daß bei einer sequentiellen und zeitverzögerten Diffusion in den Segmenten professionelle und private Nachfrager Adoptions- und Diffusionskurve einen mehrgipfligen Verlauf aufweisen müssen. Diese Mehrgipfligkeit wird durch den zeitverzögerten Abbau von Marktwiderständen in den unterschiedlichen Nachfragergruppen begünstigt.

(3) Kettenreaktion nach Überschreiten der Kritischen Masse:
Die Betrachtungen in Kapitel 3.3 "Einflußfaktoren auf die Diffusionsentwicklung von Kritische Masse-Systemen nach Überschreiten der Kritischen Masse" haben gezeigt, daß mit Überschreiten der Kritischen Masse eine Umkehrung diffusionshemmender in diffusionsfördernde Faktoren entsteht. Die sich dabei entwickelnden positiven Rückkopplungen führen zu einem insgesamt progressiv ansteigenden Verlauf von Adoptions- und Diffusionskurve.

Auf Grund dieser Erkenntnisse läßt sich der theoretische Verlauf der Adoptions- und Diffusionskurve bei Kritische Masse-Systemen, wie in Abbildung 31 gezeigt, darstellen.

Der Verlauf von Adoptions- und Diffusionskurve entsprechend Abbildung 31 kann allerdings nur als Prinzipdarstellung angesehen werden. Die deutliche Ausprägung der Mehrgipfligkeit und die Anzahl der insgesamt auftretenden Extrema hängt entscheidend davon ab, wie lang sich der Überschneidungszeitraum zwischen professioneller und privater Adoption gestaltet und welche absolute Größe beide Adoptergruppen aufweisen. Unterstellt man beispielsweise, daß die privaten Nachfrager am gesamten Nachfragerpotential 80% und die professionellen Nachfrager 20% umfassen, so ist eine Überlagerung der Adoption im professionellen Bereich durch diejenige im privaten Bereich sehr wahrscheinlich.

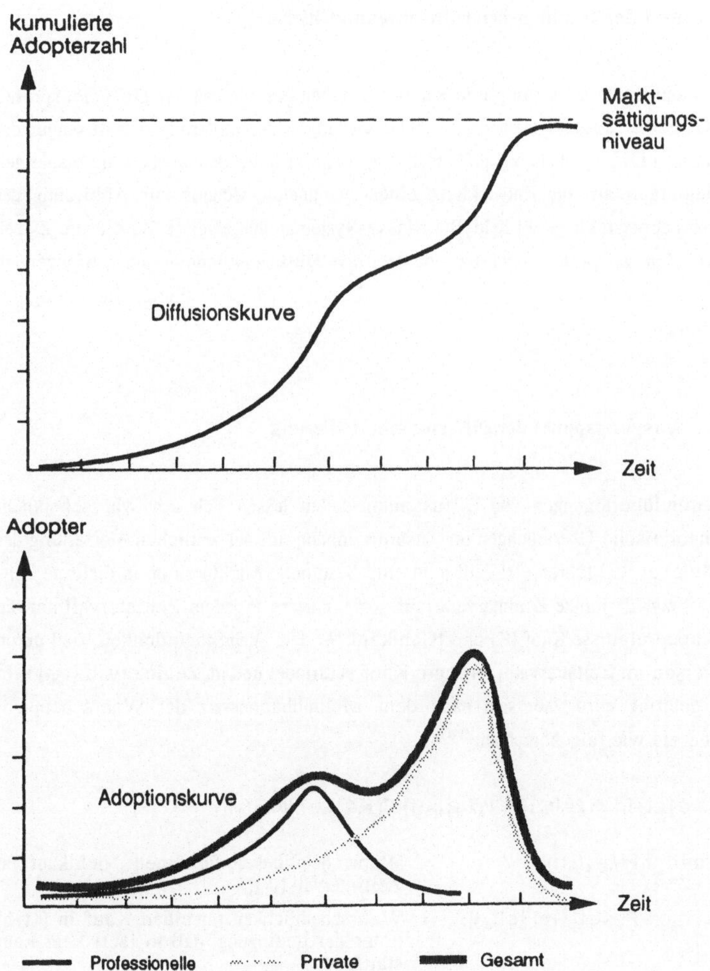

Abb. 31: Theoretischer Verlauf von Adoptions- und Diffusionskurve bei Kritische Masse-Systemen

4. DIAGNOSEMODELL FÜR DIE DIFFUSION VON KRITISCHE MASSE-SYSTEMEN

4.1. Stand der traditionellen Diffusionsmodellierung

Die Plausibilitätsbetrachtungen in Kapitel 3 haben gezeigt, daß der Diffusionsprozeß von Kritische Masse-Systemen eine Relativierung und Erweiterung der Aussagen der klassischen Diffusionstheorie erforderlich macht. Im folgenden werden die bisherigen Überlegungen auf die Entwicklung eines geeigneten Modells zur Abbildung der Diffusionsentwicklung bei Kritische Masse-Systemen ausgeweitet. Zu diesem Zweck ist zunächst zu prüfen, inwieweit bestehende Diffusionsmodelle den aufgezeigten diffusionsspezifischen Besonderheiten von Kritische Masse-Systemen Rechnung tragen können.

4.1.1. Ausgangspunkt der Diffusionsmodellierung

Die Grundüberlegungen von Diffusionsmodellen lassen sich auf wahrscheinlichkeitstheoretische Überlegungen im Zusammenhang mit der zeitlichen Verteilung der Erstkäufer zurückführen.[239] Teilt man eine bestimmte Marktperiode in diskrete Zeitpunkte bzw. disjunkte Zeitintervalle auf, so existieren in jedem Zeitintervall nur die Elementarereignisse Kauf (K) und Nichtkauf (k). Die Wahrscheinlichkeit, daß durch eine Person im Zeitintervall [t,t+h] ein Kauf stattfindet und im Zeitintervall [t_0,t] kein Kauf getätigt wird, läßt sich nach dem Multiplikationssatz der Wahrscheinlichkeitstheorie wie folgt berechnen:[240]

$$(1) \quad P(K \in [t,t+h] \cap k \in [t_0,t]) = P(k \in [t_0,t]) \, P(K \in [t,t+h] | k \in [t_0,t])$$

$$
\begin{array}{lll}
\textbf{mit:} & P(k \in [t_0,t]) & = \text{Wahrscheinlichkeit für einen Nichtkauf im} \\
& & \quad\text{Zeitintervall } [t_0,t]. \\
& P(K \in [t,t+h] | k \in [t_0,t]) & = \text{Wahrscheinlichkeit für einen Kauf in } [t,t+h] \\
& & \quad\text{unter der Bedingung, daß in } [t_0,t] \text{ kein Kauf} \\
& & \quad\text{stattfand.}
\end{array}
$$

---

239) Vgl. zu den nachfolgenden Betrachtungen und Herleitungen:
  MASSY, William F./ MONTGOMERY, David B./ MORRISON, Donald G.: Stochastic Models of Buying Behavior, Cambridge Mass. London 1970, S.279f. MEFFERT, Heribert/ STEFFENHAGEN, Hartwig (1977), a.a.O., S.73f.
240) Vgl. HÄRTTER, Erich (1974), a.a.O., S.73.

Interpretiert man die Adoptionskurve als Dichtefunktion der Erstkaufzeitpunkte (f(t)) zwischen der Markteinführung eines Produktes in t_0 und den Erstkäufen der Konsumenten, so läßt sich der obige Sachverhalt auch wie folgt verdeutlichen:

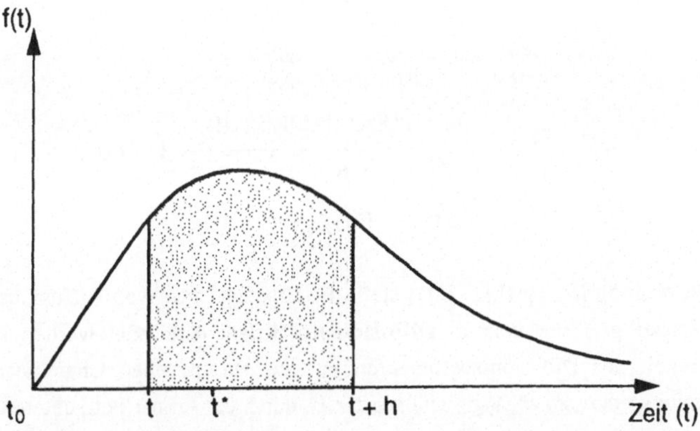

Abb. 32:   Dichtefunktion der Erstkaufzeitpunkte

Entsprechend Abbildung 32 errechnet sich die Wahrscheinlichkeit, daß ein potentieller Erstkäufer zu einem beliebigen Zeitpunkt t^* innerhalb des Zeitintervalls [t,t+h] kauft, mit Hilfe der Verteilungsfunktion (F) wie folgt:

$$(2)\ P(t < t^* \leq t+h) = F(t+h) - F(t)$$

Diese Wahrscheinlichkeit entspricht der Wahrscheinlichkeit in Gleichung (1), daß ein Individuum innerhalb des Zeitintervalls [t,t+h] einen Kauf tätigt und im Zeitintervall $[t_0,t]$ nicht gekauft hat. Die Gleichungen (1) und (2) sind also identisch und es gilt:

$$(3)\ F(t+h) - F(t) = P(k \in [t_0,t])\ P(K \in [t,t+h] | k \in [t_0,t])$$

Weiterhin kann die Wahrscheinlichkeit für einen Nichtkauf im Zeitintervall $[t_0,t]$ auch durch die Fläche unter der Dichtefunktion ab Zeitpunkt t ausgedrückt werden und es gilt:

$$(4)\ P(k \in [t_0,t]) = 1 - F(t)$$

Mit (4) läßt sich für (3) auch schreiben:

$$(3a)\ F(t+h) - F(t) = P(K \in [t,t+h]|k \in [t_0,t])\ \{1 - F(t)\}$$

Dividiert man den Ausdruck (3a) durch h und bildet den Grenzübergang von h gegen Null so ergibt sich:

$$(5)\quad \lim_{h \to 0} \frac{F(t+h) - F(t)}{h} = \frac{dF(t)}{dt} =$$

$$f(t) = \lim_{h \to 0} \frac{P(K \in [t,t+h]|k \in [t_0,t])}{h}\ \{1 - F(t)\}$$

$$= g(t)\ \{1 - F(t)\}$$

Die Beziehung $f(t) = g(t)\ \{1 - F(t)\}$ stellt die Grundgleichung von Diffusionsmodellen dar, wobei $g(t)$ allgemein als **Diffusionskoeffizient** bezeichnet werden kann. Die Wertigkeit des Diffusionskoeffizienten ist von den speziellen Charakteristika des Diffusionsprozesses abhängig und wird z.B. durch die Art der betrachteten Produktinnovation, den gegebenen Kommunikationsbeziehungen und den Kennzeichen des betrachteten sozialen Systems beeinflußt.

Multipliziert man weiterhin (5) mit dem Marktpotential (M), so folgt:

$$(5a)\ f(t)\ M = g(t)\ \{M - F(t)\ M\}$$

Mit $f(t)\ M = dN(t)/dt = N'(t)$ und $F(t)\ M = N(t)$ ergibt sich:

$$\boxed{(6)\ \ N'(t) = g(t)\ \{M - N(t)\}}$$

wobei als "Startwert" der Wert N_0 vorgegeben werden muß, der der kumulierten Zahl der Adoptoren zum Zeitpunkt t_0 entspricht.

Interpretiert man $g(t)$ als Adoptionswahrscheinlichkeit zum Zeitpunkt t, so spiegelt Gleichung (6) die Adoptionsrate bzw. die erwartete Käuferzahl zum Zeitpunkt t wider, wobei M dem Marktsättigungsniveau entspricht und $N(t)$ die kumulierte Käuferzahl seit Markteinführung bis hin zum Zeitpunkt t darstellt. Löst man Gleichung (6) nach $g(t)$ auf, so entspricht der Ausdruck

$$(7)\ g(t) = N'(t)/\ \{M - N(t)\}$$

der Diffusionsgeschwindigkeit.

4.1.2. Grundmodelle der Diffusionsforschung

Der Kern der Diffusionsmodellierung kann auf die Konkretisierung des Diffusionskoeffizienten g(t) zurückgeführt werden. Üblicherweise wird dabei g(t) als Funktion der bisherigen Adopter aufgefaßt und allgemein gilt:

$$(8)\quad g(t) = a + b\ N(t)$$

Mit der Spezifizierung des Diffusionskoeffizienten gemäß Gleichung (8) resultiert aus Gleichung (6) das semilogistische Diffusionsmodell, das auch als **Mixed-Influence-Modell** bezeichnet wird.[241] Es läßt sich durch folgende, nicht lineare Differentialgleichung erster Ordnung ausdrücken und spiegelt bei gegebener Parametrisierung der Koeffizienten a und b den Verlauf der Adoptionskurve wider:

Semilogistisches Diffusionsmodell:

$$N'(t) = a\{M - N(t)\} + b\ N(t)\ \{M - N(t)\}$$

Die daraus resultierende Diffusionskurve ergibt sich durch die allgemeine Lösung dieser Differentialgleichung, die gegeben ist durch:[242]

$$N(t) = \frac{-a\ (M - N_0) + M\ (a + b\ N_0)\ \exp((a + b\ M)\ t)}{b\ (M - N_0) + (a + b\ N_0)\ \exp((a + b\ M)\ t)}$$

wobei: N_0 = Startwert

Das semilogistische Diffusionsmodell kann als **allgemeines Grundmodell** der Diffusionsforschung angesehen werden, da es für a=0 das logistische Diffusionsmodell und für b=0 das exponentielle Diffusionsmodell als Spezialfälle enthält.

Im **exponentiellen Modell** ist der Diffusionskoeffizient gegeben durch: g(t) = a und es gilt:

---

241) Die Bezeichnung Mixed-Influence-Modell soll verdeutlichen, daß durch das Modell sowohl externe als auch interne Einflüsse auf den Diffusionsprozeß erfaßt werden. Die externen Einflüsse, deren Ursachen außerhalb eines sozialen Systems zu suchen sind, werden durch die Konstante a repräsentiert, während die Konstante b die internen Einflüsse widerspiegelt, die insbesondere auf die Kommunikation zwischen den Mitgliedern eines sozialen Systems zurückgeführt werden. Vgl. MAHAJAN, Vijay/ PETERSON, Robert A.: Models for Innovation Diffusion, Sage University Papers, Series: Quantitative Applications in the Social Sciences, No. 48, Beverly Hills London New Delhi 1985, S.15ff.

242) Vgl. MAHAJAN, V./ SCHOEMAN, M.E.F.: Generalized Model for the Time Pattern of the Diffusion Process, in: IEEE Transactions on Engineering Management, Vol. EM-24, No. 1, 1977, S.15. GIERL, Heribert (1987), a.a.O., S.54.

> **Exponentielles Diffusionsmodell:**
>
> $N'(t) = a \{M - N(t)\}$

Das bedeutet, daß die Diffusionsgeschwindigkeit durch eine als konstant angenommene Größe (a) beeinflußt wird, die extern, d.h. außerhalb des betrachteten sozialen Systems, bestimmt wird. Als primäre Einflußgröße wird dabei meist die unpersönliche Kommunikation bzw. Massenkommunikation herangezogen. Der Adoptionsanreiz wird somit von außerhalb in das soziale System hineingetragen. Da diese Funktion vor allem den Innovatoren zuzuschreiben ist, wird der Koeffizient a auch häufig als *Innovationskoeffizient* definiert. Das exponentielle Modell wird aus obigen Gründen in der Literatur auch als **External-Influence-Modell** oder Pure-Innovative-Modell bezeichnet.[243]

Im **logistischen Modell** ist der Diffusionskoeffizient gegeben durch: $g(t) = b\,N(t)$ und es gilt:

> **Logistisches Diffusionsmodell:**
>
> $N'(t) = b\,N(t)\,\{M - N(t)\}$

In diesem Fall wird der Diffusionsprozeß maßgeblich durch die vorhandene Käuferzahl $N(t)$ bestimmt. Primäre Einflußgröße ist die persönliche Kommunikation potentieller Adoptoren mit den Käufern. Der Adoptionsanreiz wird somit durch diejenigen Personen ausgelöst, die dem sozialen System angehören, und es werden Imitationsprozesse in Gang gesetzt, weshalb der Koeffizient b häufig auch als *Imitationskoeffizient* identifiziert wird. Das logistische Modell wird aus diesen Gründen in der Literatur auch als **Internal-Influence-Modell** oder Pure-Imitative-Modell bezeichnet.

Bei entsprechender Wahl des Parameters b im logistischen bzw. der Parameter a und b im semilogistischen Modell lassen sich mit beiden Modellen der Normalverteilung entsprechende Verläufe der Adoptionskurve erzeugen, was den theoretischen Überlegungen der klassischen Diffusionstheorie entspricht.

Das **semilogistische Modell** wurde bereits 1961 von MANSFIELD untersucht und hat durch die empirischen Arbeiten von BASS eine weite Verbreitung in der Diffusionsforschung erfahren.[244] Ende der siebziger Jahre löste es den bis dahin dominie-

---

243) Vgl. zu den Unterscheidungen zwischen Internal-Influence-, External-Influence- und Mixed-Influence-Modell sowie Pure Innovative- und Pure Imitative-Modell z.B.: LILIEN, Gary L./ KOTLER, Philip: Marketing Decision Making: A Model-Building Approach, New York usw. 1983, S.706ff. MAHAJAN, Vijay/ PETERSON, Robert A. (1985), a.a.O., S.15ff.

244) Vgl. MANSFIELD, Edwin (1961), a.a.O., S.747. BASS, Frank M. (1969), a.a.O., S.216ff. Das semilogistische Modell wurde bereits sehr früh im soziologischen Bereich zur Analyse der

renden exponentiellen Modellansatz in der empirischen Forschung ab.[245] Das semilogistische Modell kann heute als das Standardmodell der Diffusionsforschung angesehen werden und wird häufig auch als BASS-Modell bezeichnet.[246]

Das BASS-Modell weist gegenüber dem semilogistischen Modell allerdings eine geringfügige Abweichung auf, da BASS unterstellt, daß sich Imitationsprozesse nicht an der absoluten kumulierten Käuferzahl orientieren, sondern am relativen Marktsättigungsniveau (N(t)/M):

$$\text{BASS-Modell:}$$

$$N'(t) = a\{M - N(t)\} + b\,N(t)/M\,\{M - N(t)\}$$

Abbildung 33 stellt beispielhaft für den Bereich der Schwarzweiß-Fernsehgeräte eine Schätzung der Koeffizienten nach der Untersuchung von BASS auf Basis empirischer Daten von 1946 bis 1961 graphisch dar.[247] Es zeigt sich, daß sich sowohl im logistischen Modellteil (Imitatoren-Kurve) als auch im semilogistischen Modell insgesamt (Gesamt-Kurve) der Normalverteilung angenäherte Funktionsverläufe ergeben, was den theoretischen Überlegungen der klassischen Diffusionstheorie entspricht.

Ausbreitung von Informationen angewandt. Vgl. z.B. TAGA, Y./ ISII, K.: On a Stochastic Model Concerning the Pattern of Communication - Diffusion of News in a Social Group, in: Annals of the Institute of Statistical Mathematics, 11(1959), S.25ff. DODD, Stuart Carter: Testing Message Diffusion in Harmonic Logistic Curves, in: Psychometrika, 21(1956), S.191ff.

245) Das exponentielle Modell hatte insbesondere durch die Arbeiten von FOURT und WOODLOCK weite Verbreitung gefunden und dominierte bis Anfang der 1970er Jahre die Diffusionsforschung. Vgl. FOURT, Louis A./ WOODLOCK, Joseph W.: Early Prediction of Market Success for New Grocery Products, in: Journal of Marketing, 25(1960), S.31ff.

246) Vgl. GIERL, Heribert (1987), a.a.O., S.82.
Zum BASS-Modell und Weiterentwicklungen bzw. Modifikationen des BASS-Modells vgl. BASS, Frank M. (1969), a.a.O., S.215ff. Derselbe: The Relationship between Diffusion Rates, Experience Curve, and Demand Elasticities for Consumer Durable Technological Innovations, in: Journal of Business, 53(1980, No. 3, S.S51ff. NORTON, John A./ BASS, Frank M.: A Diffusion Theory Model of Adoption and Substitution for Successive Generations of High-Technology Products, in: Management Science, 33(1987), No. 9, S.1069ff. SCHMALEN, Helmut (1989), a.a.O., S.210ff. Derselbe: Models of Diffusion Research in Marketing: Depiction and Computer-Based Analysis, Working Paper, Passau 1987, S.4ff. Derselbe: Marketing-Mix für neuartige Gebrauchsgüter, Wiesbaden 1979, S.45ff.

247) Die Daten wurden entnommen aus: BASS, Frank M. (1969), a.a.O., S.218.

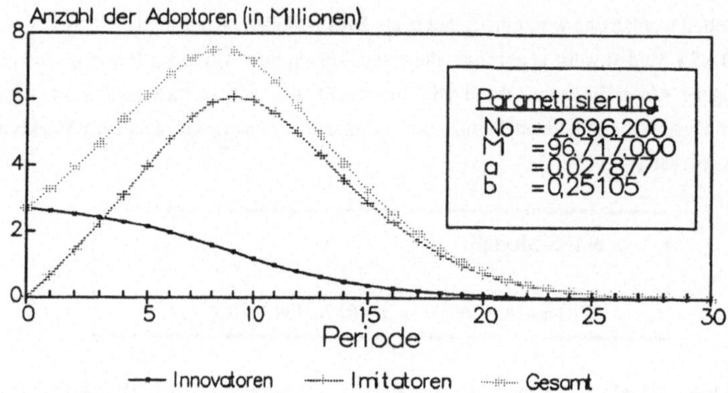

Abb. 33: BASS-Modell für Schwarzweiß-Fernsehgeräte

Das exponentielle, das logistische und das semilogistische Modell können als die Grundmodelle der empirischen Diffusionsforschung bezeichnet werden. Auf diesen Modelltypen liegt zum einen der Schwerpunkt der empirischen Anwendungen,[248] und zum anderen läßt sich die überwiegende Zahl der entwickelten Diffusionsmodelle auf diese Grundmodelle zurückführen.[249]

Abbildung 34 zeigt eine Auswahl existierender Diffusionsmodelle, die sich bei gegebener Spezifizierung der Koeffizienten a und b aus dem semilogistischen Modell entwickeln lassen. Zur Parametrisierung der Modelle werden i.d.R. den Differentialgleichungen entsprechende Differenzengleichungen zugrunde gelegt, und einzelne Parameter, wie z.B. der Startwert (N_0) und das Marktsättigungsniveau (M), werden exogen vorgegeben.

---

248) Vgl. GIERL, Heribert (1987), a.a.O., S.98.

249) Eine Rückführung existierender Diffusionsmodelle auf die genannen drei Grundmodelle liefern z.B. auch: FANTAPIÉ ALTOBELLI, Claudia (1991), a.a.O., S.35ff. BÖCKER, Franz/ GIERL, Heribert (1988), a.a.O., S.37ff. GIERL, Heribert (1987), a.a.O., S.78ff. HESSE, Hans-Werner (1987), a.a.O., S.8ff. Derselbe: Prognose und Diagnose der Diffusion von Bankinnovationen mit Diffusionsmodellen, in: Jahrbuch der Absatz- und Verbrauchsforschung, 1988, Nr. 1, S.29ff. LILIEN, Gary L./ KOTLER, Philip (1983), a.a.O., S.706ff. MAHAJAN, Vijay/ PETERSON, Robert A. (1985), a.a.O., S.12ff. STONEMAN, Paul: The Economic Analysis of Technological Change, New York: Oxford 1983, S.93ff.

Allgemeines Diffusionsmodell:[*] $N_t = (a + b \cdot N_{t-1}) \cdot P$			
a	**b**	**P bzw. M**	**AUTOR(EN)**
EXPONENTIELLES MODELL:			
1	$b=0$		KAAS(1973); FOURT/ WOODLOCK(1960)
LOGISTISCHE MODELLE:			
2	$a = 0$	b_1/M_0		MANSFIELD(1961)
3	$a = 0$	b_1/M_0	$P=1 - (N_{t-1}/M_0)^c$	LEWANDOWSKI(1974)
4	$a = 0$	b_1/N_{t-1}	$M_t=M_0 \cdot \exp(g \cdot t)$	OZGA(1960)
5	$a = 0$	b_1/M_t	$M_t=1/g \cdot (M'_t/M_{max}-M_t)$	BONUS(1968)
6	$a = 0$		$P=\ln(M_0/N_{t-1})$	LEWANDOWSKI(1974)
7	$a = 0$		$P=\ln(M_0/N_{t-1})^a$	LEWANDOWSKI(1974)
8	$a = 0$	b_1/t	$P=N_{t-1}$ $M_t \to \infty$	ALBACH(1965); BROCKHOFF(1966); LUHMER(1978)
9	$a = 0$	b_1/M_0	$P=(M_0-N_{t-1}) \cdot X_{1t}{}^y \cdot X_{2t}{}^z$	MASSY/MONTGOMERY MORRISON(1970)
10	$a = 0$	b_1/t	$M=1$	WEBLUS(1965)
SEMILOGISTISCHE MODELLE:			
11		b_1/M_0		MANSFIELD(1961); BASS(1969)
12	$a_1 \, f(t)$	$(b_1/M_0) \cdot f(t)$		DOOD(1956) KAAS(1973);
13		b_1/N_{t-1}	$M_t=M_0 \cdot \exp(g \cdot t)$	BERNHARDT/ MACKANZIE(1972)
14		$b_1/N_{t-1} \cdot y^{c-1}$		EASINGWOOD/ MAHAJAN/ MULLER(1983)
15		b_1/M_0	$P=\exp(c \cdot x_t) \cdot (M_0-N_{t-1})$	ROBINSON/ LAKHANI(1975); DOLAN/JEULAND(1981) KALISH/LILIEN(1983)
16		b_1/M_0	$P=x_t{}^c \cdot (M_0-N_{t-1})$	JEULAND/DOLAN(1982)
17		b_1/M_0	$M_t=\dfrac{M'_t\text{-}c \cdot (M_{max}\text{-}M_t)}{d \cdot (M_{max}\text{-}M_t)}$	PETERSON/ MAHAJAN(1978)

[*] Soweit nicht anders vermerkt gilt: $M = M_0$ und $P = (M - N_{t-1})$

Abb. 34: Ausgewählte Modelle der Diffusionsforschung

Auf eine vollständige Bestandsaufnahme existierender Diffusionsmodelle kann hier verzichtet werden, da gerade in neuerer Zeit eine Reihe deutsch- und englischsprachiger Systematisierungen vorgelegt wurde.[250] Die aufgeführten Beispiele decken jedoch die grundlegenden Modellkategorien ab.

Sucht man nach geeigneten Diffusionsmodellen für Kritische Masse-Systeme, so sind zunächst einmal solche Ansätze zu beachten, die sich mit der Diffusion technischer Produkte beschäftigen. Dabei zeigt sich, daß Untersuchungen von Diffusionsprozessen bei technisch orientierten Produkten in der überwiegenden Zahl auf dem logistischen oder dem semilogistischen Diffusionsmodell basieren, wobei dem **logistischen Ansatz** die größere Bedeutung beizumessen ist.[251] Eine Zusammenstellung ausgewählter Untersuchungen ist in Abbildung 35 wiedergegeben.

In Anlehnung an die Theorie der Ausbreitung von Epidemien wird das logistische Modell häufig als Kontakt- oder Ansteckungsmodell interpretiert.[252] Als zentrale Antriebskraft der Diffusion wird danach der Kontakt zu den Käufern gesehen, wodurch potentielle Adoptoren zum Kauf "angesteckt" werden. Dabei wird ein Lernprozeß unterstellt, der durch die Kontakte zwischen potentiellen Adoptoren und Käufern ausgelöst und vorangetrieben wird.[253] Nach einer bestimmten Anzahl von Kontakten kommt es dann zum Kauf. Die Zahl der Personen, die in einer Periode ein Produkt kaufen, wird damit durch die Zahl der vorausgegangenen Kontakte mit Adoptoren bestimmt. Die Zahl dieser Kontakte ist um so größer, je weiter ein Produkt bereits diffundiert ist, und mit zunehmender Verbreitung eines Produktes steigt die Übernahmewahrscheinlichkeit.[254]

---

250) Umfassende Systematisierungen liefern z.B.:
BAUMBERGER, Jörg/ GMÜR, Urs Max/ KÄSER, Hanspeter (1973), a.a.O., S.439ff. BÖCKER, Franz/ GIERL, Heribert (1988), a.a.O., S.32ff. GIERL, Heribert (1987), a.a.O., S.35ff. GATIGNON, Hubert A./ ROBERTSON, Thomas S.: Integration of Consumer Diffusion Theory and Diffusion Models: New Research Directions, in: Mahajan, Vijay/ Wind, Yoram (Hrsg.): Innovation Diffusion Models of New Product Acceptance, Cambridge Massachusetts 1986, S.39ff. HESSE, Hans-Werner (1987), a.a.O., S.8ff. KENNEDY, Anita M. (1983), a.a.O., S.31ff. LEWANDOWSKI, Rudolf: Prognose- und Informationssysteme und ihre Anwendungen, Band 1, Berlin New York 1974, S.260ff. LILIEN, Gary L./ KOTLER, Philip (1983), a.a.O., S.706ff. MAHAJAN, Vijay/ MULLER, Eitan/ BASS, Frank M.: New Product Diffusion Models in Marketing: A Review and Directions for Research, in: Journal of Marketing, 54(1990), S.1ff. MERTENS, Peter (1981), a.a.O., S.189ff.

251) Vgl. EWERS, Hans-Jürgen/ BECKER, Carsten/ FRITSCH, Michael: Wirkungen des Einsatzes computergestützter Techniken in Industriebetrieben, Berlin New York 1990, S.22. SCHÜNEMANN, Thomas M./ BRUNS, Thomas: Entwicklung eines Diffusionsmodells für technische Innovationen, in: ZfB, 55(1985, Heft 2, S.169.

252) Zur Erklärung von Ausbreitungsverläufen in der Epidemie-Forschung vgl. z.B.: BARTLETT, M. S.: Stochastic Population Models in Ecology and Epidemiology, London 1960, S.54ff. BAILEY, N.T.J.: The Mathematical Theory of Epidemics, London 1957, passim. Derselbe: A simple stochastic epidemic, in: Biometrica, 37(1959), S.193ff.

253) Vgl. BONUS, H. (1968), a.a.O., S.19ff.

254) Vgl. zur Kritik an dieser Interpretation die Ausführungen in Kapitel 4.2.2.2 "Anwendungsbezogene Vorbehalte gegenüber dem logistischen Diffusionsmodell".

Auf Grund von Unterschieden in den Verhaltensweisen der Konsumenten sowie den Übernahmewahrscheinlichkeiten kommt es jedoch nicht zu einer exponentiellen Diffusionsentwicklung, sondern zu dem typischen S-förmigen Diffusionsverlauf, der sich durch das logistische Modell abbilden läßt.[255]

UNTERSUCHUNGSFELDER	AUTOR(EN)
Diesellokomotiven; Lokalbussysteme; Abfallfeueranlagen; Verkehrsregelungssysteme; PKW-Bremssysteme; Palettenladeeinrichtungen; Flaschenabfülleinrichtungen	MANSFIELD(1961)
Fernsehgeräte	WEBLUS (1965); BONUS(1968)
Klimaanlagen; Schwarzweiß-Fernsehgeräte	BASS(1969); EASINGWOOD/ MAHAJAN/MULLER(1983)
Kabelfernsehen	DODDS(1973)
Farbfernsehgeräte	BASS(1980)
Scannerkassen	TIGERT/FARIVAR(1981)
CNC-Technologien	KLEINE(1983)
Videorekorder	LANCASTER/WRIGHT(1983)
DRAM-Chips	NORTON/BASS(1987)
Satelliten-Direktempfangsanlagen; Kabelfernsehen; Videogeräte; Farbfernsehgeräte	FANTAPIÉ-ALTOBELLI(1991)

Abb. 35: Empirische Untersuchungen bei technisch orientierten Produkten auf Basis des logistischen bzw. semilogistischen Diffusionsmodells

---

255) Vgl. EWERS, Hans-Jürgen/ BECKER, Carsten/ FRITSCH, Michael (1990), a.a.O., S.25.

4.2. Die Anwendbarkeit des logistischen Diffusionsmodells auf Kritische Masse-Systeme

4.2.1. Im logistischen Modell abbildbare Diffusionsaspekte von Kritische Masse-Systemen

Empirische Studien zur Diffusion von Kritische Masse-Systemen können allenfalls im Bereich der Telekommunikation aufgefunden werden, da Telekommunikationssysteme als paradigmatisch für Kritische Masse-Systeme herausgestellt wurden. Allerdings finden sich in der Literatur hierzu nur wenige Untersuchungen. Die existierenden Untersuchungen basieren auf dem logistischen Diffusionsmodell oder dem BASS-Modell. Von den in Abbildung 36 aufgeführten Analysen ist insbesondere die Untersuchung von FANTAPIÉ ALTOBELLI zu erwähnen, die für die genannten Untersuchungsfelder Schätzungen auf Basis alternativer Diffusionsmodelle vornimmt. Sie kommt dabei in der überwiegenden Zahl der Fälle zu dem Ergebnis, daß die besten Schätzungen das logistische Diffusionsmodell und das BASS-Modell erbringen, die signifikant von Null verschiedene Parameterwerte und Bestimmtheitsmaße von grösser 0,7 aufweisen.[256]

UNTERSUCHUNGSFELDER	AUTOR(EN)
Telefax; Teletex; Telex; Bildschirmtext	FANTAPIÉ ALTOBELLI(1991)
Telefon	BÖHM(1970); BÖHM(1982); WACKER/BÖHM(1979); SIMON(1982); SIMON/SEBASTIAN(1987)
Bildschirmtext	RABE(1988a); RABE(1988b); HECHELTJEN(1985)

Abb. 36: Empirische Untersuchungen bei Telekommunikationssystemen auf Basis des logistischen bzw. semilogistischen Diffusionsmodells

Abbildung 37 zeigt die Ergebnisse der Parameterschätzungen von FANTAPIÉ ALTOBELLI für das logistische Diffusionsmodell (a=0) sowie das BASS-Modell bei konstantem und exogen vorgegebenem Marktsättigungsniveau.[257]

---

256) Vgl. FANTAPIÉ ALTOBELLI, Claudia (1991), a.a.O., S.74ff.
257) Vgl. ebenda, S.71ff.

Dienst	Markt-sättigung	a	b	Zeitreihe (Jahresdaten)
Telefax	2,6Mio.	---	0,00000046	1979-1988
Telefax	2,6Mio.	0,003316	0,00000053	
Teletex	190Tsd.	---	0,0000011	1981-1988
Teletex	190Tsd.	0,011449	0,0000002	
Telex	190Tsd.	0,003346	0,0000006337	1956-1988
Btx(prv.)	5,6Mio.	---	0,000000035	1982-1988[*]
Btx(prv.)	5,6Mio.	0,000099	0,000000027	
Btx(prof.)	2,6Mio.	---	0,00000011	1982-1988[*]
Btx(prof.)	2,6Mio.	0,00046	0,000000097	
[*]	Halbjahreswerte			

Abb. 37: Empirische Schätzwerte für das logistische bzw. semilogistische Diffusionsmodell bei ausgewählten Telekommunikationssystemen

Da der aus dem BASS-Modell resultierende Diffusionsverlauf wesentlich durch den *logistischen Modellteil* bestimmt wird, beschränken sich die folgenden Analysen auf das logistische Diffusionsmodell.

Das logistische Diffusionsmodell kann dann als adäquater Modellierungsansatz für die Diffusionsprozesse bei Kritische Masse-Systemen angesehen werden, wenn sich durch ihn die diffusionsspezifischen Besonderheiten von Kritische Masse-Systemen abbilden lassen. Vordergründig betrachtet kann dem logistischen Modell eine gewisse Eignung als Modellierungsansatz für die Abbildung der Diffusionsprozesse bei Kritische Masse-Systemen zugesprochen werden. Diese Eignung ist z.B. in folgenden Aspekten zu sehen:

- Der **Basis-Nutzerkreis** findet explizit Berücksichtigung:
  Bei allen Diffusionsmodellen, die auf dem logistischen Ansatz basieren, muß ein Startwert N_0 vorgegeben werden, damit der logistische Wachstumsprozeß ausgelöst werden kann. Die Größe dieses Startwertes beeinflußt ceteris paribus den weiteren Verlauf der Diffusionskurve, so daß bei gleichen Parameterschätzungen unterschiedliche Startwerte unterschiedliche Kurvenverläufe erzeugen. Dieser Nachteil ist bei der Anwendung des logistischen Modells auf den Bereich der Kritische Masse-Systeme als Vorteil anzusehen, da der Startwert aus Anwendungssicht den bei Kritische Masse-Systemen zur Markteinführung erforderlichen Basis-Nutzerkreis widerspiegelt.

- Die **Installierte Basis** ist im logistischen Modell als zentraler Ausbreitungsimpuls enthalten:

  Der Nutzen, den ein Nachfrager aus einem Kritische Masse-System ziehen kann, ist um so größer, je mehr Teilnehmer angeschlossen sind. Durch die Spezifizierung des Diffusionskoeffizienten gemäß b N(t) ist im logistischen Modell die Diffusionsgeschwindigkeit unmittelbar an die Installierte Basis (N(t)) gekoppelt. Damit ist im logistischen Modell die für Kritische Masse-Systeme herausgestellte zentrale Wirkungsbeziehung zwischen Installierter Basis und Diffusionsgeschwindigkeit explizit enthalten.

- Es lassen sich **Diffusionsverzögerungen** abbilden:

  Die Anbindung der Diffusionsgeschwindigkeit an die Installierte Basis führt dazu, daß sich der Diffusionskoeffizient mit zunehmendem N(t) ebenfalls vergrößert. Je kleiner der Koeffizient b dabei gewählt wird, desto langsamer entwickelt sich der logistische Wachstumsprozeß. Damit können durch das logistische Modell Verzögerungen der Diffusion, die durch das Auftreten von Marktwiderständen bedingt sind, abgebildet werden. Durch die Einführung einer Verhaltenskonstanten und die Betrachtung des Marktsättigungsgrades anstelle der absoluten Installierten Basis können Diffusionsverzögerungen verstärkt berücksichtigt werden, und es lassen sich linksschiefe Adoptionskurven erzeugen.[258]

- Es können spezielle **Adoptionsrückgänge** erzeugt werden:

  Auf Grund des Nutzungsaspektes wurde als besonderes Kennzeichen des Diffusionsverlaufs von Kritische Masse-Systemen die Möglichkeit von *Adoptionsrückgängen* herausgestellt. Adoptionsrückgänge lassen sich auch grundsätzlich im logistischen Modell erzeugen. Allerdings sind Rückgänge erst dann möglich, wenn das Marktsättigungsniveau überschritten ist. Man könnte diese Adoptionsrückgänge als Abwanderungen aus einem etablierten Kritische Masse-System in ein neues Kritisches Masse-System interpretieren.[259] Es ist allerdings zu beachten, daß solche Rückgänge **nicht** den Adoptionsrückgängen auf Grund von Widerständen in der Markteinführungsphase entsprechen. Abbildung 38 zeigt auf Basis der Schätzungen von FANTAPIÉ ALTOBELLI für die Diffusion von Telefax die ab Periode 11 entstehenden

---

258) Vgl. hierzu die Ausführungen in Kapitel 3.4.2 "Relativierung der zentralen Aussagen der klassischen Diffusionstheorie für Kritische Masse-Systeme".

259) Vgl. zu einer solchen Interpretation z.B.: FANTAPIÉ ALTOBELLI, Claudia (1991), a.a.O., S.126f.
Eine genauere Untersuchung solcher Adoptionsrückgänge wird in Kapitel 4.2.2.1 "Systemimmanente Probleme des logistischen Diffusionsmodells" vorgenommen.

Adoptionsrückgänge.[260]

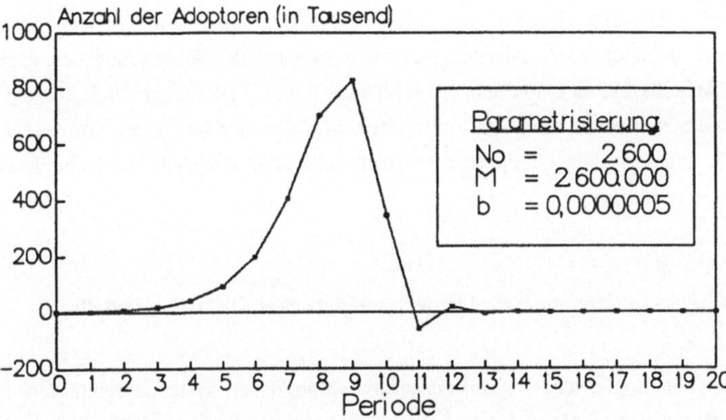

Abb. 38: Prognostizierte Adoptionsrückgänge bei Telefax

---

260) Es wurden die in Abbildung 37 aufgeführten Parameterschätzungen für das logistische Modell bei Telefax aus der Untersuchung von FANTAPIÉ ALTOBELLI verwendet. Adoptionsrückgänge zeigen sich noch weitaus deutlicher, wenn eine Dynamisierung des Marktpotentials vorgenommen wird. Vgl. FANTAPIÉ ALTOBELLI, Claudia (1991), a.a.O., S.126ff.

4.2.2. Probleme bei der Anwendung des logistischen Modells auf den Bereich der Kritische Masse-Systeme

Die Ausführungen des vorangegangenen Kapitels haben verdeutlicht, daß das logistische Modell einige Aspekte der Diffusionscharakteristika von Kritische Masse-Systemen abbilden kann. Allerdings ergeben sich bei der Anwendung des logistischen Modells auf den Bereich der Kritische Masse-Systeme grundsätzliche Probleme, die zum einen direkt im logistischen Modellansatz begründet sind und zum anderen aus den nicht abbildbaren Diffusionscharakteristika von Kritische Masse-Systemen resultieren.

4.2.2.1. Systemimmanente Probleme des logistischen Diffusionsmodells

Die mit dem logistischen Diffusionsansatz verbundenen systemimmantenten Probleme lassen sich an Hand des logistischen Wachstumsprozesses verdeutlichen. Wir betrachten zu diesem Zweck die logistische Grundgleichung, die sich als Differenzengleichung wie folgt schreiben läßt:

$$\boxed{\begin{array}{l} \textbf{Logistische Grundgleichung:} \\[1em] (1)\ n_t = c\, n^{*}_{t-1}\, \{1 - n^{*}_{t-1}\} \end{array}}$$

Im Sinne der Diffusionstheorie kann Gleichung (1) als die Abbildung der relativen Adoptionszugänge in einer Periode t (n_t) interpretiert werden, wobei das Marktsättigungsniveau 100% entspricht und n^{*}_{t-1} die kumulierte relative Adopterzahl der Vorperiode darstellt. Die absolute Zahl der Adoptionszugänge dagegen ergibt sich bei einem Marktsättigungsniveau von M aus dem Produkt der relativen Adoptionszugänge und M. Das logistische Diffusionsmodell kann damit als Differenzengleichung auch geschrieben werden als:

$$(2)\ n_t\, M = b\, (n^{*}_{t-1}\, M)\, \{M - (n^{*}_{t-1}\, M)\}$$

Die absolute Zahl der Adoptionszugänge läßt sich aber auch mit Hilfe der logistischen Grundgleichung errechnen, indem Gleichung (1) mit dem Marktsättigungsniveau M multipliziert wird:

$$(1.1)\ n_t\, M = c\, (n^{*}_{t-1}\, M)\, \{1 - n^{*}_{t-1}\}$$

Durch Gleichsetzen von (2) und (1.1) folgt:

$$b \, (n^*_{t-1} \, M) \, \{M - (n^*_{t-1} \, M)\} = c \, (n^*_{t-1} \, M) \, \{1 - n^*_{t-1}\}$$

$$\boxed{b \; = \; c/M}$$

Diese Beziehung bringt zum Ausdruck, daß das logistische Diffusionsmodell lediglich eine Skalentransformation der logistischen Grundgleichung darstellt. Damit ist die Entwicklung des logistischen Wachstumsprozesses unabhängig von dem jeweils betrachteten Markstättigungsniveau und wird nur durch den Startwert N_0 und die Höhe des Diffusionskoeffizienten b bzw. c bestimmt. Das bedeutet, daß sich der bei logistischen Diffusionsmodellen ergebende Wachstumsprozeß allgemeingültig an Hand der logistischen Grundgleichung diskutieren läßt.

Entsprechend der Parameter der logistischen Grundgleichung wird im folgenden analysiert, in welchem Ausmaß und in welcher Richtung der Diffusionsprozeß im logistischen Modell durch den Startwert N_0 und den Diffusionskoeffizienten c beeinflußt wird.

4.2.2.1.1. Der Einfluß des Startwertes auf den Diffusionsprozeß

Die logistische Funktion (Diffusionsfunktion) besitzt genau einen Wendepunkt bei einem Marktsättigungsniveau von 50% (bzw. M/2).[261] Die Adoptionsfunktion erreicht im logistischen Modell dementsprechend ihr Maximum, wenn ein Produkt von der Hälfte der potentiellen Nachfrager adoptiert wurde. Die Diffusionsfunktion weist bis zu diesem Punkt eine kontinuierliche Beschleunigung auf, während sich der Wachstumsprozeß nach Überschreiten des Wendepunktes verlangsamt und zu einer asymptotischen Annäherung der Diffusion an das Marktsättigungsniveau führt.[262]
Die Größe des Startwertes bestimmt dabei ceteris paribus den Zeitraum, der benötigt wird, bis die Adoptionsfunktion ihr Maximum erreicht. Je größer (kleiner) der Startwert gewählt wird, desto früher (später) wird der Wendepunkt der Diffusionsfunktion erreicht. Die Größe des Startwertes beeinflußt hingegen nicht den Zeitraum, der benötigt wird, um nach Überschreiten des Wendepunktes eine hundertprozentige Marktsättigung zu erlangen. Diese Zeitspanne ist immer gleich groß und unabhängig

---

261) Vgl. zum Beweis: LEWANDOWSKI, Rudolf (1974), a.a.O., S.269. MERTENS, Peter (1981),
a.a.O., S.194.
262) Vgl. LEWANDOWSKI, Rudolf (1974), a.a.O., S.269f.

von der Größe des Startwertes. Die absolute Anzahl der benötigten Perioden ist identisch.[263] Abbildung 39 verdeutlicht beispielhaft für einen Diffusionskoeffizienten von c = 0,4, daß mit einem steigenden Startwert eine zunehmende Verkürzung der Markteinführungsphase bis zum Erreichen des Adoptionsmaximums verbunden ist, während die Phase nach Überschreiten des Adoptionsmaximums bis zum Erreichen einer hundertprozentigen Marktsättigung in allen Fällen konstant 14 Perioden beträgt. In Abbildung 40 ist für ausgewählte Startwerte die entsprechende Entwicklung graphisch dargestellt.

(1)	(2)	(3)	(4)
Startwert (N_0)	Marktsättigungs-periode	Periode des Adoptionsmaximums	Differenz (2) - (3)
0,001	35	21	14
0,01	28	14	14
0,1	21	7	14
0,2	19	5	14
0,3	17	3	14
0,4	16	2	14
0,5	15	1	14

Abb. 39: Verkürzung der Markteinführungsphase bei steigenden Startwerten

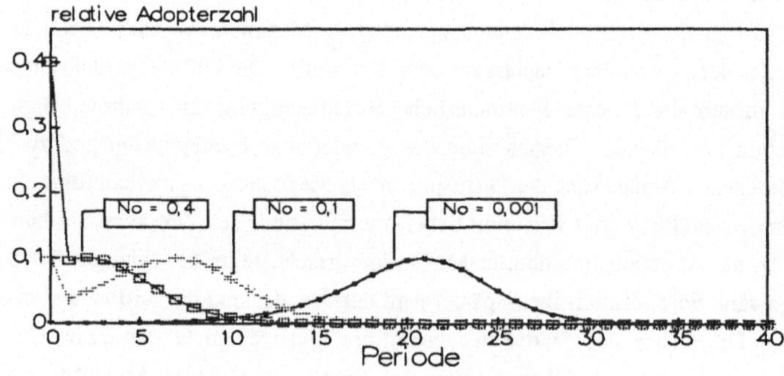

Abb. 40: Verkürzung des Diffusionsprozesses bei steigenden Startwerten

---

263) Dabei ist vorausgesetzt, daß der Startwert kleiner als 0,5 bzw. M/2 bleibt. Ist der Startwert hin-

Während der Startwert nur den Zeitraum beeinflußt, der bis zum Erreichen des Adoptionsmaximums benötigt wird, determiniert der Diffusionskoeffizient den Wachstumsprozeß insgesamt. Sowohl der Zeitraum bis zum Wendepunkt der Diffusionsfunktion als auch der Zeitraum nach Überschreiten des Wendepunktes bis zur Marktsättigung sind um so kürzer (länger), je größer (kleiner) der Diffusionskoeffizient ist. Allerdings führt auch ein kleiner Diffusionskoeffizient auf Grund des systemimmanenten Wachstumsprozesses immer zu einer hundertprozentigen Marktpenetration. Das bedeutet, daß es im logistischen Modell nicht möglich ist, einen Rückgang der Adoption *vor* dem Überschreiten der Marktsättigungsgrenze zu erreichen und einen Diffusionsabbruch abzubilden. Adoptionsrückgänge in der Anfangsphase der Markteinführung, wie sie im Fall der Kritische Masse-Systeme auftreten können, lassen sich somit mit Hilfe des logistischen Modells nicht abbilden. Durch eine entsprechende Wahl des Diffusionskoeffizienten kann der Wachstumsprozeß lediglich verlangsamt werden, woraus sich allenfalls Diffusionsverzögerungen ergeben. Allerdings wird auch in diesen Fällen für t gegen Unendlich immer das Marktsättigungsniveau erreicht.

---

gegen größer als 50%, so wird auch diese Zeitspanne verkürzt.

4.2.2.1.2. Der Einfluß des Diffusionskoeffizienten auf den Diffusionsprozeß

Adoptionsrückgänge lassen sich im logistischen Modell erst dann darstellen, wenn das Marktsättigungsniveau überschritten ist, wie bereits in Abbildung 38 verdeutlicht wurde. Gegen die Interpretation solcher Adoptionsrückgänge als Ausstieg aus einem etablierten Kritische Masse-System lassen sich jedoch gewichtige Einwände vorbringen, die daraus resultieren, daß das Auftreten von Adoptionsrückgängen *nach* Überschreiten des Marktsättigungsniveaus

- in der Parametrisierung des logistischen Diffusionsmodells als Differenzengleichung begründet ist;
- zu einer Chaosentwicklung führen kann.

4.2.2.1.2.1. Parametrisierung des logistischen Modells als Differenzengleichung

Das Auftreten von Adoptionsrückgängen nach Überschreiten der Marktsättigungsgrenze läßt sich verdeutlichen, wenn man die logistische Grundgleichung (1) wie folgt umformt:

$$(1.2)\ n_t = c\ \{n^*_{t-1} - (n^*_{t-1})^2\}; \qquad c > 0$$

Aus Gleichung (1.2) ist ersichtlich, daß Adoptionsrückgänge nur dann entstehen können, wenn der Klammerausdruck negativ wird, d.h. wenn $(n^*_{t-1})^2 > n^*_{t-1}$.
Da n^*_{t-1} die kumulierte relative Kaufhäufigkeit von der Markteinführung bis zum Zeitpunkt t darstellt, ist n^*_{t-1} immer kleiner 1, und folglich wird der Klammerausdruck nur dann negativ, wenn der Parameter c größer 1 ist.[264] Das aber bedeutet, daß Adoptionsrückgänge im logistischen Modell nur dann erzeugt werden können, wenn insgesamt eine sehr schnelle Diffusion erfolgt und bereits nach kurzer Zeit eine hundertprozentige Marktsättigung eingetreten ist. Darüber hinaus kann der Klammerausdruck in Gleichung (1.2) nur dann negativ werden, wenn das relative Diffusionsniveau zu keinem Zeitpunkt genau den Wert 1 erreicht. Sobald das relative Diffusionsniveau genau 100% entspricht, wird der Klammerausdruck Null, und der Diffusionsprozeß stoppt, so daß ein Überschreiten des Marktsättigungsniveaus ausgeschlossen ist. Das Auftreten negativer Adoptionsraten ist somit nur möglich, wenn

---

264) In der logistischen Grundgleichung sind Werte von c > 1 zulässig, da sich im logistischen Diffusionsmodell der Diffusionskoeffizient als b= c/M bestimmt, und b kann damit immer noch als Wahrscheinlichkeit interpretiert werden. Vgl. hierzu auch die Ausführungen in Kapitel 4.2.2.1.2.2 "Chaosentwicklung im logistischen Diffusionsmodell".

eine Parametrisierung des logistischen Modells in Form einer Differenzengleichung vorgenommen wird, d.h. wenn diskrete Zeitpunkte betrachtet werden, da nur in diesem Fall die Möglichkeit besteht, daß ein relatives Diffusionsniveau von genau 100% übersprungen werden kann. Wird hingegen ein stetiger Diffusionsverlauf betrachtet, wie es bei der Formulierung des logistischen Modells als Differentialgleichung der Fall ist, gibt es immer ein $N'(t)$ mit dem $N(t)$ genau den Wert 1 erreicht und somit der Diffusionsprozeß zum Stillstand kommt. Bei empirischen Untersuchungen ist das Auftreten negativer Adoptionen nach Überschreiten der Marktsättigungsgrenze insbesondere deshalb gegeben, weil der Schätzung des Diffusionskoeffizienten in den meisten Fällen das logistische Modell in der Formulierung einer Differenzengleichung zugrunde liegt.

Bei einem Diffusionskoeffizienten von $c > 1$ kommt es jedoch nach Überschreiten der Marktsättigungsgrenze nicht nur zu negativen Adoptionsraten, sondern es treten abwechselnd negative und positive Adoptionsraten auf, d.h. es entsteht eine oszillierende Entwicklung um das Marktsättigungsniveau. Eine solche Entwicklung der Adoptionsfunktion ist in Abbildung 41 beispielhaft für einen Parameterwert von $c=1,9$ dargestellt, und die aufgeführte Tabelle zeigt die zugehörigen Einzelwerte für die ersten 40 Perioden. Die Abbildung macht deutlich, daß das Maximum der Adoptionsfunktion in Periode 7 liegt, und bereits in Periode 8 das vorgegebene Marktsättigungsniveau erstmals überschritten wird. Bezogen auf den Bereich der Kritische Masse-Systeme kann die ab Periode 8 einsetzende Entwicklung als permanentes Aus- und Einsteigen der Teilnehmer in das System interpretiert werden, wobei die positiven und negativen Adoptionsraten immer kleiner werden und bei langfristiger Betrachtung gegen Null konvergieren. Eine solche Entwicklung kann jedoch als nur wenig realistisch angesehen werden, wenn man die Adoptionsrückgänge nach Überschreiten der Marktsättigungsgrenze als Wechsel in ein anderes System interpretiert. Da ein Systemwechsel eine Verringerung der Installierten Basis und damit einen Attraktivitätsverlust für die Teilnehmer bedeutet, ist bei einem Abbau der Installierten Basis in der späten Marktphase eine fortgesetzte Reduktion der Teilnehmer als wahrscheinlicher anzusehen als ein permanenter Wechsel zwischen Über- und Unterschreitung des Marktsättigungsniveaus. Außerdem ist zu beachten, daß das Marktsättigungsniveau als konstant betrachtet wurde, so daß eine Überschreitung dieser Obergrenze als Verschiebung der Marktsättigungsgrenze interpretiert werden muß.

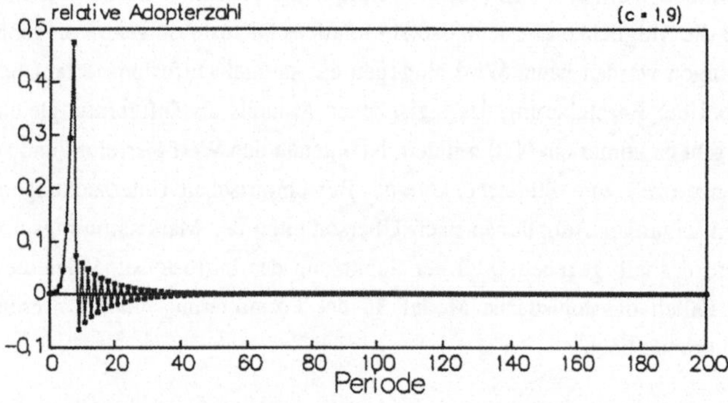

Zeit-punkt	Adoptions-entwicklung	Diffusions-entwicklung	Zeit-punkt	Adoptions-entwicklung	Diffusions-entwicklung
0	0,001	0,001	21	- 0,01807	0,99138
1	0,00189	0,00289	22	0,01629	1,00767
2	0,00549	0,00838	23	- 0,01463	0,99299
3	0,01580	0,02418	24	0,01319	1,00618
4	0,04485	0,06903	25	- 0,01184	0,99434
5	0,12213	0,19116	26	0,01068	1,00502
6	0,29380	0,48496	27	- 0,00959	0,99543
7	**0,47457**	**0,95953**	28	0,00864	1,00407
8	**0,07375**	**1,03328**	29	- 0,00777	0,99630
9	- 0,06537	0,96791	30	0,00700	1,00330
10	0,05899	1,02690	31	- 0,00629	0,99701
11	- 0,05250	0,97440	32	0,00567	1,00268
12	0,04739	1,02179	33	- 0,00509	0,99759
13	- 0,04230	0,97949	34	0,00459	1,00218
14	0,03818	1,01767	35	- 0,00413	0,99805
15	- 0,03415	0,98352	36	0,00372	1,00177
16	0,03082	1,01434	37	- 0,00334	0,99843
17	- 0,02760	0,98674	38	0,00301	1,00144
18	0,02490	1,01164	39	- 0,00270	0,99874
19	- 0,02233	0,98931	40	0,00244	1,00118
20	0,02014	1,00945			

Abb. 41: Oszillierende Entwicklung um das Marktsättigungsniveau

Auch bei der Betrachtung eines dynamischen Marktsättigungsniveaus, was eine durchaus sinnvolle Erweiterung des logistischen Ansatzes darstellt, kommt es zu oszillierenden Adoptionsraten, wenn die Zuwachsraten des Marktsättigungsniveaus kleiner als die Zuwachsraten der Adoption sind. Davon kann in der Realität aber ausgegangen werden.

4.2.2.1.2.2. Chaosentwicklung im logistischen Diffusionsmodell

Bezüglich der Vorhersagbarkeit des Verhaltens von Systemen wird zwischen deterministischen, stochastischen und chaotischen Systemen unterschieden. Das Verhalten von deterministischen Systemen kann auf Grund mathematischer Gleichungen eindeutig vorhergesagt werden, während das Verhalten stochastischer Systeme nicht eindeutig prognostizierbar ist. Aussagen bezüglich des Eintretens bestimmter Systemzustände sind bei stochastischen Systemen nur auf der Basis von Wahrscheinlichkeitsaussagen möglich. Zwischen den deterministischen und den stochastischen Systemen sind die chaotischen Systeme angesiedelt, da sie eine Ähnlichkeit sowohl mit den deterministischen als auch den stochastischen Systemen aufweisen. Einerseits ist das Verhalten chaotischer Systeme wie bei deterministischen Systemen durch mathematische Gleichungen eindeutig vorherbestimmt, während andererseits *geringe Variationen* der Parameter *zu gravierenden Systemveränderungen* führen, so daß die langfristige Vorhersagbarkeit chaotischer Systeme dem Verhalten stochastischer Systeme gleicht. Die logistische Grundgleichung ist auf Grund der durch sie abgebildeten dynamischen, nichtlinearen Beziehung in den Bereich der **chaotischen Systeme** einzuordnen.

Im Gegensatz zu stochastischen Systemen spielt bei chaotischen Systemen der Zufall jedoch keine Rolle, sondern das scheinbar regellose Systemverhalten unterliegt genau definierten Regeln, ist eindeutig vorherbestimmt, und man spricht auch von einem **deterministischen Chaos.** Die Analyse chaotischer Systeme hat insbesondere in der Mathematik und Physik einen neuen Forschungszweig begründet, der als **Chaostheorie** bezeichnet wird.[265)]

Die Bedeutung chaotischer Systeme für die Abbildung komplexer Phänomene wurde Anfang der sechziger Jahre durch den Meteorologen Edward LORENZ entdeckt, der ein einfaches nichtlineares rekursives Gleichungssystem zur Simulation des Wetters

---

265) Eine allgemein verständliche Einführung in die Chaostheorie liefern z.B.: GLEICK, James: Chaos - die Ordnung des Universums, München 1990. BRIGGS, John/ PEAT, F. David: Die Entdeckung des Chaos, München Wien 1990.

entwickelte und dabei den sog. **Schmetterlingseffekt** entdeckte.[266] Mit der Bezeichnung "Schmetterlingseffekt" soll verdeutlicht werden, daß z.B. bereits der Flügelschlag eines Schmetterlings in Brasilien ausreicht, um über Rückkopplungs- und Verstärkungseffekte einen Tornado in Texas zu verursachen oder zu verhindern.[267] Bezogen auf ein mathematisches Gleichungssystem umschreibt der Schmetterlingseffekt die **sensitive Abhängigkeit des Systemverhaltens von den Anfangsbedingungen**. Das bedeutet, daß kleine Variationen der Parameter zu gravierenden Veränderungen im Systemverhalten führen können. Sind aber bereits kleine Variationen der Parameter eines Gleichungssystems in der Lage, ein grundsätzlich anderes Systemverhalten zu erzeugen, und kommt es zu ungeordnet erscheinenden Schwankungen der Ergebniswerte von Periode zu Periode, so spricht man von einem **Chaossystem**. Chaos bedeutet, daß sich keine Anhaltspunkte mehr finden lassen, die eine Kontrolle der sich entwickelnden Prozesse ermöglichen. Ein besonderes Merkmal von Chaossystemen ist darin zu sehen, daß ein System nicht für beliebige Parameterwerte ein ungeordnetes Verhalten zeigt, sondern daß sich in der Regel Pfade beschreiben lassen, über die das Systemverhalten in eine Chaosentwicklung mündet.[268] Entsprechend dieser Pfade lassen sich verschiedene Typen von Chaossystemen bilden, von denen hier die **Bifurkationssysteme** relevant sind.

Das zentrale Charakteristikum von Bifurkationssystemen ist darin zu sehen, daß sich in Abhängigkeit von einem **Kontrollparameter** Bereiche identifizieren lassen, die von einem völlig geordneten Systemverhalten über die Bildung von Bifurkationen zu einem chaotischen Systemverhalten führen. Die Unterschiede im Verhalten von Bifurkationssystemen sind lediglich darin zu sehen, daß diejenigen Werte des Kontrollparameters unterschiedlich ausgeprägt sind, die einen Übergang zwischen den Bereichen identifizieren.[269] Das logistische Diffusionsmodell ist in die Klasse der Bifurkationsmodelle einzuordnen.

---

266) Vgl. zu den Untersuchungen von Lorenz: LORENZ, Edward N.: Deterministic Nonperiodic Flow, in: Journal of the Atmospheric Sciences, 20(1963), S.130ff. SPARROW, Colin: The Lorenz Equations: Bifurcations, Chaos, and Strange Attractors, New York Heidelberg Berlin 1982.

267) Vgl. GLEICK, James (1990), a.a.O., S.20ff.

268) Vgl. WOLSCHIN, Georg: Wege zum Chaos, in: Spektrum der Wissenschaft (Hrsg.): Chaos und Fraktale, Heidelberg 1990, S.21.

269) Unterschiedliche Gleichungen aus der Klasse der Bifurkationssysteme werden z.B. analysiert von MAY, Robert M.: Simple mathematical models with very complicated dynamics, in: Nature, 261(1976), S.462ff. MAY, Robert M./ OSTER, George F.: Bifurcations and Dynamic Complexity in Simple Ecological Models, in: The American Naturalist, 110(1976), No. 974, S.574ff. SCHAFFER, William M./ KOT, Mark: Nearly One Dimensional Dynamics in an Epidemic, in: Journal of Theoretical Biology, 112(1985), S.405ff. Dieselben: Chaos in Ecological Systems: The Coals that Newcastle Forgot, in: Trends in Ecology and Evolution Systems, 1(1986), No. 3, S.59ff.

Das chaotische Systemverhalten des logistischen Ansatzes wurde erstmals von MAY im Bereich der Biologie zur Analyse von Populations- und Epidemie-Prozessen untersucht.[270] In der logistischen Grundgleichung entspricht der Kontrollparameter dem Diffusionskoeffizienten c. In Abhängigkeit von c lassen sich vier Bereiche identifizieren, die wie folgt charakterisiert werden können:

(1) Stabilitätsbereich für $c \leq 1$:

Die Ausführungen im vorangegangenen Kapitel haben bereits verdeutlicht, daß ein Adoptionsrückgang durch die logistische Grundgleichung nur dann erzeugt werden kann, wenn der Diffusionskoeffizient Werte größer 1 annimmt. Für $c<1$ konvergiert die Adoptionsfunktion immer gegen Null bzw. die Diffusionsfunktion besitzt eine hundertprozentige Marktsättigung als Stabilitätspunkt, auf den das System langfristig zustrebt.

(2) Oszillationsbereich für $1 < c < 2$:

Überschreitet der Diffusionskoeffizient den Wert 1, so entstehen Oszillationen um das Marktsättigungsniveau, bei denen sich Adoptionszu- und -abgänge von Periode zu Periode abwechseln. Allerdings strebt auch in diesem Bereich die Adoptionsfunktion langfristig gegen Null, so daß auch hier das Marktsättigungsniveau als Stabilitätspunkt angesehen werden kann. Dabei ist allerdings zu berücksichtigen, daß mit einem größer werdenden Diffusionskoeffizienten der Zeitpunkt bis zum Erreichen des Konvergenzpunktes immer weiter nach hinten verschoben wird, was bereits durch die Darstellung in Abbildung 41 für $c=1,9$ verdeutlicht wurde. Das Hinausschieben des Konvergenzzeitpunktes kann jedoch dazu führen, daß je nach Anwendungssituation ein solcher Zeitpunkt außerhalb des für den Diffusionsprozeß relevanten Betrachtungsintervalls liegt.

(3) Bifurkationsbereich für $2 \leq c \leq 2,57$:

Sobald der Diffusionskoeffizient den Wert 2 erreicht, gibt es keinen eindeutigen Stabilitätspunkt mehr, und es kommt zu einer Gabelung des Systemverhaltens auf zwei stabile Punkte zwischen denen das Systemverhalten oszilliert. Diese Verzweigungsstelle wird als Bifurkation bezeichnet. Mit größer werdendem Diffusionskoeffizienten kommt es zu einer Kaskade von Bifurkationen, die einer Folge von Fixpunkten mit der Periode 2^n entspricht.

---

270) Vgl. MAY, Robert M.: On Relationships among various types of population models, in: The American Naturalist, 107(1973), No. 953, S.46ff. Derselbe: Biological Populations with Nonoverlapping Generations: Stable Points, Stable Cycles, and Chaos, in: Science, 186(1974), S.645ff. Derselbe (1976), a.a.O., S.459ff.

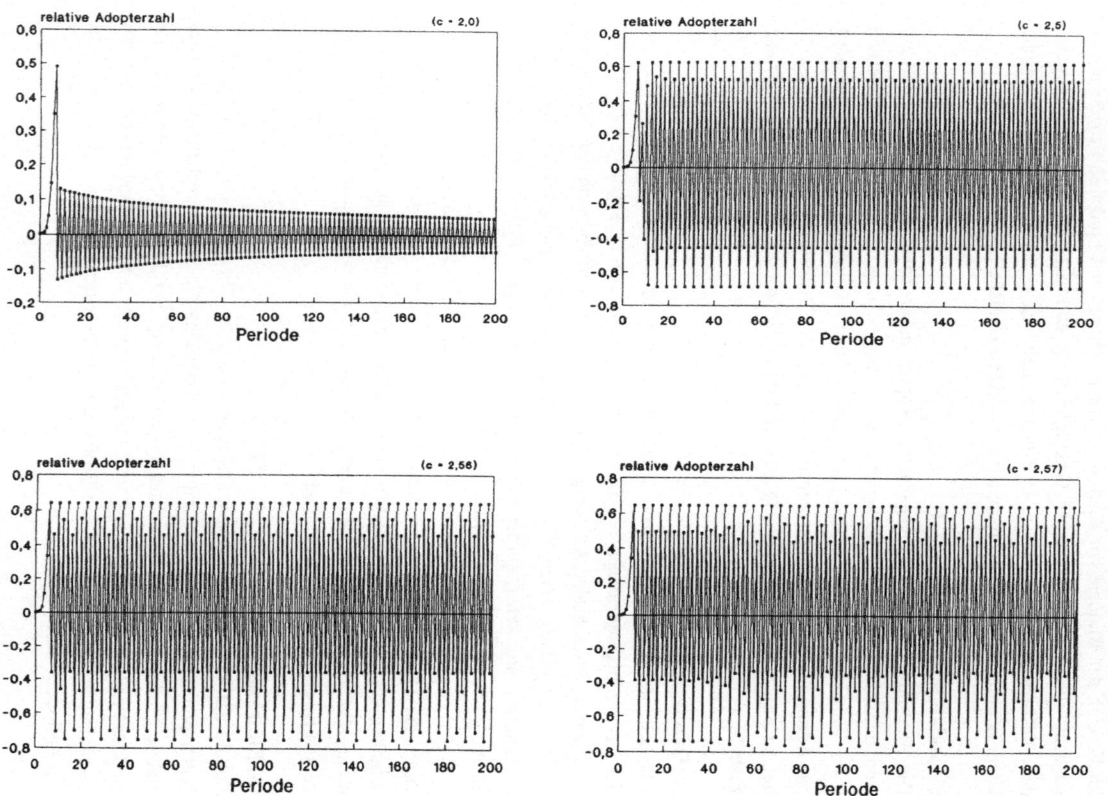

Abb. 42: Ausgewählte Bifurkationsbereiche der Periode 2^n der logistischen Grundgleichung

Als Periode wird die Anzahl der Zeitpunkte bezeichnet, die ein oszillierendes System benötigt, um in einen stabilen Zustand zurückzukehren. Für die logistische Grundgleichung ist die Folge von 2, 4, und 8 Bifurkationen in Abbildung 42 für die Adoptionsfunktion verdeutlicht. Die zeitliche Abfolge dieser Bifurkationen unterliegt einer genauen Gesetzmäßigkeit, die durch die Feigenbaumkonstante abgebildet werden kann. Diese Konstante beschreibt die Verkürzung der Intervalle zwischen periodenverdoppelnden Bifurkationen bei zunehmendem Diffusionskoeffizienten. FEIGENBAUM hat bewiesen, daß folgender Zusammenhang gilt:[271]

$$\frac{c_{n+1} - c_n}{c_{n+2} - c_{n+1}} = 4{,}66920160910 29\ldots$$

Die Größe c_n entspricht dabei dem Wert des Parameters c, bei dem eine Periodenverdopplung zum n-ten mal stattfindet.

Die Feigenbaumkonstante besitzt für Bifurkationssysteme eine Universalität, und es lassen sich mit ihr die Werte der Diffusionskoeffizienten der logistischen Grundgleichung bestimmen, bei denen die jeweils nächste Periodenverdopplung eintritt.

(4) Chaosbereich für 2,57 < c < 3,000344286

Die universelle Bedeutung der Feigenbaumkonstanten ist vor allen Dingen darin zu sehen, daß Bifurkationssysteme *immer* den Übergang zu einer Chaosentwicklung beschreiben.[272] Für die logistische Grundgleichung liegt der Übergang von einem Bifurkationsverhalten zu einer Chaosentwicklung bei einem Diffusionskoeffizienten von größer 2,57. Abbildung 43 macht das chaotische Verhalten für verschiedene Parameterwerte der logistischen Grundgleichung evident. Der dabei aufgeführte Diffusionskoeffizient b soll beispielhaft für ein Marktsättigungsniveau von 2,6 Mio. verdeutlichen, daß die aufgezeigten Verhaltensmuster der logistischen Grundgleichung in identischer Weise für das logistische Diffusionsmodell gelten.[273] Die Chaosentwicklung bricht für c=3,000344286 bzw. b=0,000001153978572 in sich zusammen, d.h. bereits nach wenigen Perioden strebt die Entwicklung gegen minus Unendlich.

---

271) Vgl. FEIGENBAUM, Mitchell J.: Quantitative Universality for a Class of Nonlinear Transformations, in: Journal of Statistical Physics, 19(1978), No. 1, S.30. Derselbe: Universal Behavior in Nonlinear Systems, in: Los Alamos Science, 1(1980), Nr. 1, S.5.

272) Vgl. WOLSCHIN, Georg (1990), a.a.O., S.21.

273) Für den Diffusionskoeffizienten b gilt in diesem Fall: b=c/2600000.

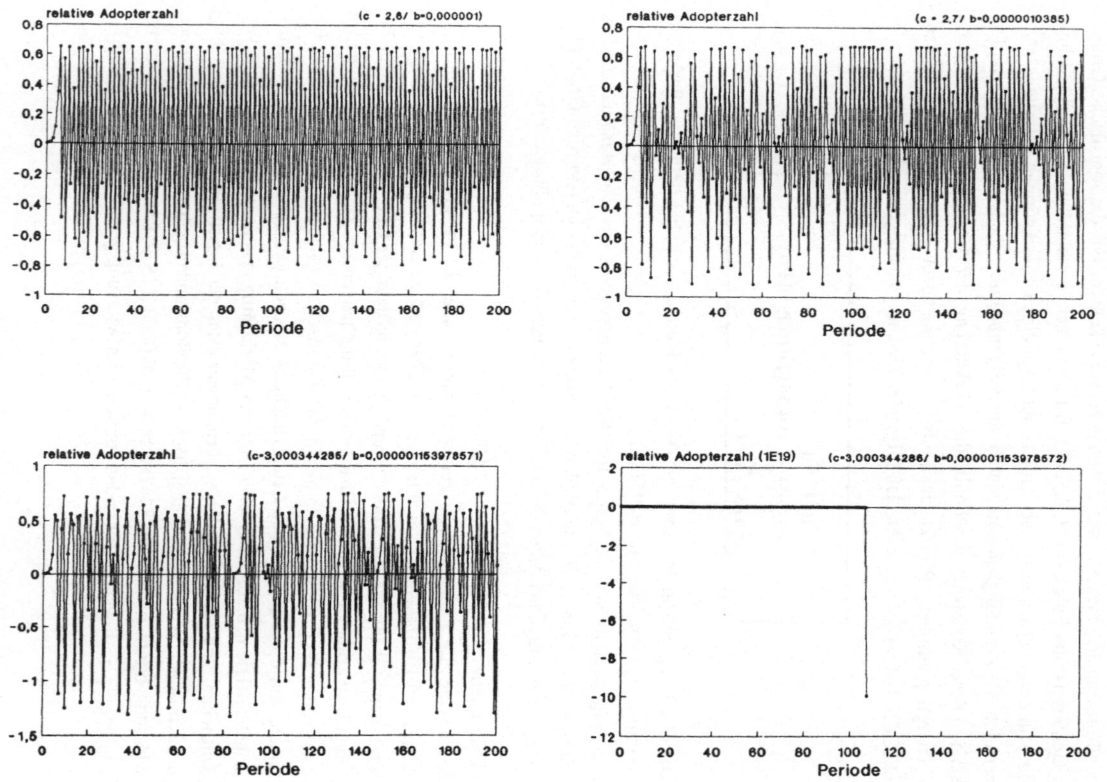

Abb. 43: Ausgewählte Chaosentwicklungen der logistischen Grundgleichung

Die beschriebenen Bereiche, die das logistische Diffusionsmodell mit größer werdendem Diffusionskoeffizienten durchwandert, lassen sich in ihrer Gesamtheit in einem *Phasenraum* darstellen. Die Dimensionen des Phasenraums werden durch die Größen aufgespannt, die erforderlich sind, um die Entwicklungsstadien eines Systems zu beschreiben. Zur Darstellung der Entwicklung der logistischen Grundgleichung sind zwei Dimensionen erforderlich: der Diffusionskoeffizient (c) und der relative Anteil der Adopter (A).

Im Phasenraum ist nicht mehr die Entwicklung des Diffusionsprozesses im Zeitablauf bei einem bestimmten Diffusionskoeffizienten von Interesse, sondern es steht die Frage im Vordergrund, welche stabilen Zustände das System bei *variierendem* Diffusionskoeffizienten durchläuft. Ein stabiler Zustand wird dabei auch als "Anziehungspunkt" oder "Attraktor" eines Systems bezeichnet. Mit Hilfe eines **Bifurkationsdiagramms**, das in Abbildung 44 dargestellt ist, kann die Entwicklung des Konvergenzverhaltens der Adoptionsfunktion in Abhängigkeit des Diffusionskoeffizienten c verdeutlicht werden.[274]

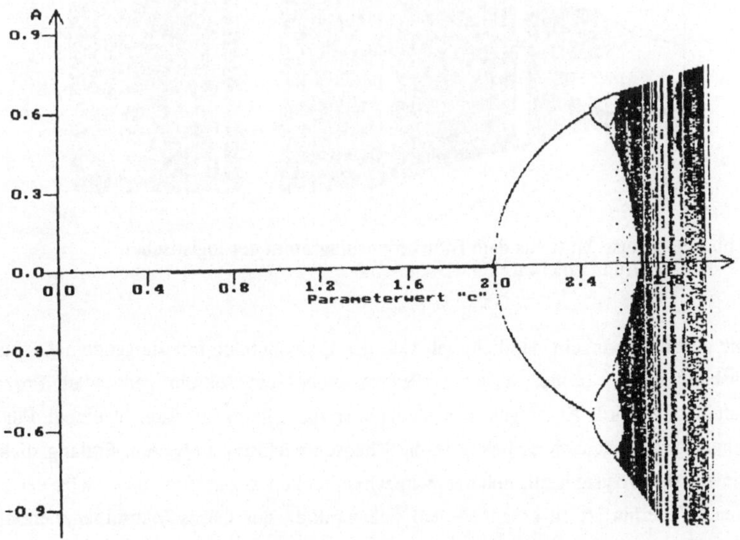

Abb. 44: Bifurkationsdiagramm der logistischen Grundgleichung

---

274) Ebenso könnte auch die Entwicklung der Diffusionsfunktion dargestellt werden. In diesem Fall würde der Stabilitätsbereich entlang des Wertes Eins (hundertprozentiges Marktsättigungsniveau) anstatt entlang der Null verlaufen.

Es ist zu erkennen, daß nach Überschreiten des Parameterwertes c=2 Bifurkationen der Periode 2, 4 und 8 entstehen, die dann in eine Chaosentwicklung münden. Die Strukturen, die sich dabei ergeben, treten noch deutlicher hervor, wenn man nur einen Ausschnitt des gesamten Bifurkationsdiagramms für 2,5 <c <3,0 betrachtet, der in Abbildung 45 wiedergegeben ist.

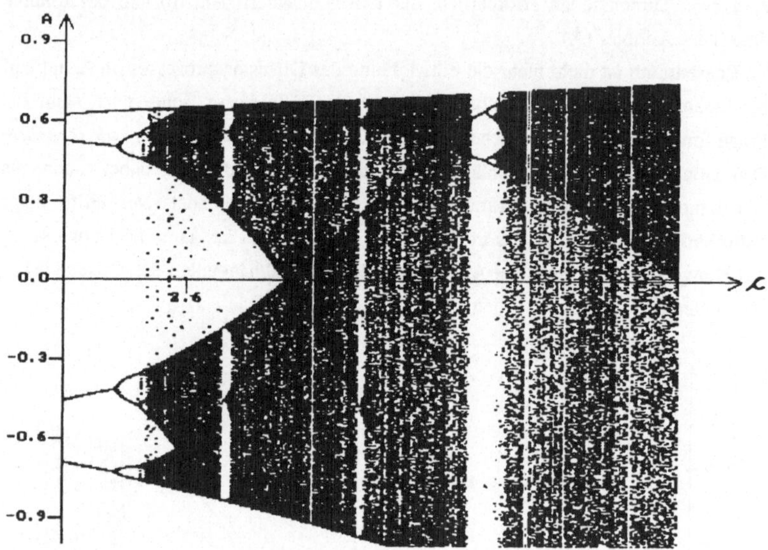

Abb. 45: Ausschnitt aus dem Bifurkationsdiagramm der logistischen Grundgleichung für 2,5 < c < 3,0

Die Abbildung macht deutlich, daß sich der Chaosbereich mit steigendem Diffusionskoeffizienten immer weiter auffächert, wobei ein seltsam geordneter Prozeß durchlaufen wird. Es zeigen sich parabelförmige Linien, die sich in einem Punkt schneiden und danach den Weg in die Chaosentwicklung freigeben. Entlang dieser Linien ist das System mit höherer Wahrscheinlichkeit anzutreffen als jenseits der Linien. Weiterhin ist zu erkennen, daß sich inmitten des Chaos Intermittenzbereiche herausbilden. Als *Intermittenzen* werden Bereiche von Stabilität bezeichnet, die sich inmitten einer Chaosentwicklung aufspannen und sich in Abbildung 45 als weiße, senkrechte Bänder darstellen.[275] Einer dieser Intermittenzbereiche ist auszugsweise in seiner Detailentwicklung in Abbildung 46 dargestellt.

---

275) Vgl. BRIGGS, John/ PEAT, F. David (1990), a.a.O., S.84.

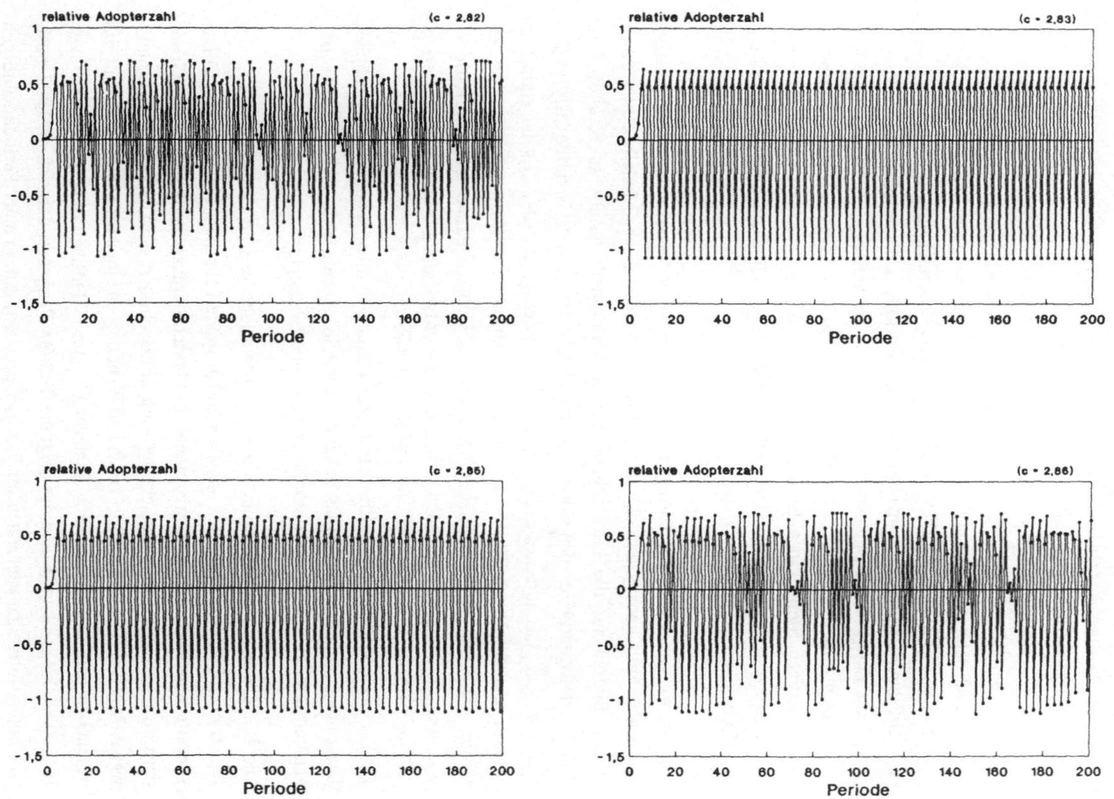

Abb. 46: Wechsel zwischen Chaos- und Bifurkationsbereich der Periode 3

Die Abbildung macht besonders deutlich, daß

- auch im logistischen Diffusionsmodell eine sensitive Abhängigkeit von den Anfangsbedingungen besteht:
  Ein Phasensprung von einem Chaosbereich zu einer geordneten Bifurkation der Periode 3 findet bei einem Wechsel des Diffusionskoeffizienten von $c=2,82$ nach $c=2,83$ statt; also bei einer Veränderung um 0,01. Bereits bei $c=2,86$ tritt die Entwicklung wieder in den Chaosbereich ein.
- eine neue Bifurkationsentwicklung mit der Periode 3, 6 usw. entsteht:
  Diese Entwicklung ist deshalb von besonderer Bedeutung, weil LI und YORK nachgewiesen haben, daß jedes eindimensionale System, das an einer beliebigen Stelle einen Entwicklungszyklus der Periode drei aufweist, ein Chaossystem darstellt. Es besitzt sowohl regelmäßige als auch chaotische Entwicklungszyklen.[276]

Ebenso wie das logistische Diffusionsmodell stellt auch das semilogistische Diffusionsmodell ein Chaossystem dar, da der logistische Teil dieses Modells einen dominanten Einfluß auf die Entwicklung des Gesamtmodells ausübt. In Kapitel 4.1.2 wurde herausgearbeitet, daß sowohl das logistische als auch das semilogistische Diffusionsmodell Grundmodelle der Diffusionsforschung darstellen. Es ist damit zu vermuten, daß eine Vielzahl der bisher existierenden Diffusionsmodelle in die Gruppe der Chaossysteme einzuordnen sind. Bei welchen Parameterkonstellationen allerdings in den einzelnen Modellen eine Chaosentwicklung eintritt, ist für den jeweiligen Einzelfall zu prüfen. Beispielhaft sei hier das BASS-Modell genannt, daß für $1 < (a+b) < 3$ über eine Bifurkationsentwicklung in einen Chaosbereich mündet. Die Entwicklung der Diffusionsfunktion im BASS-Modell ist in Abbildung 47 beispielhaft für eine Parameterkonstellation von $a+b=2,7$ dargestellt.

Die Betrachtungen dieses Kapitels haben verdeutlicht, daß die Verwendbarkeit des logistischen Diffusionsmodells, das als Standardmodell für die Abbildung von Diffusionsprozessen bei technisch orientierten Produkten herausgestellt wurde, auf Grund der ihm inhärenten Chaosentwicklung stark eingeschränkt wird. So stellte beispielsweise FANTAPIÉ ALTOBELLI bei der Anwendung des logistischen Modells auf das Telefax-System bei einer Schätzung des Diffusionskoeffizienten von $b=0,0000006411$ fest: "Allerdings zeigt die Telefax-Prognose, daß sich ab 1993 positive und negative Zuwachsraten im Wechsel ergeben, d.h. in einer Periode kündigen die Teilnehmer ihren Anschluß, in der nächsten Periode lassen sie sich wieder an-

---

276) Vgl. LI, Tien-Yien/ YORK, James A.: Period Three Implies Chaos, in: American Mathematical Monthly, 82(1975), S.986ff.

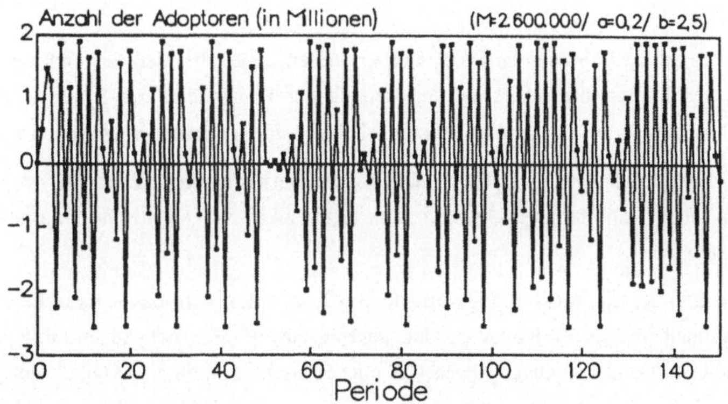

Abb. 47: Chaotische Adoptionsfunktion im BASS-Modell

schließen usw. Daß dieses Verhalten wohl kaum zu erwarten ist, dürfte selbstverständlich sein. Im übrigen ist eine derart schnelle Ausbreitung selbst bei äußerst optimistischen Erwartungen kaum anzunehmen. Trotz der sehr guten Anpassung erscheint das Modell daher für die weitere Prognose nicht besonders geeignet."[277] FANTAPIÉ ALTOBELLI befindet sich mit ihrer Schätzung im Anfangsstadium des Oszillationsbereiches des logistischen Modells, und bereits bei einem Diffusionskoeffizienten von b=0,0000010411 (also einer Erhöhung von nur 0,0000004) hätte die Schätzung der Telefaxentwicklung in einen eindeutigen Chaosbereich gemündet. Diese hohe Sensitivität in den Anfangsbedingungen stellt aber den logistischen Modellansatz als Prognoseinstrument für Diffusionsprozesse grundsätzlich in Frage.

---

277) FANTAPIÉ ALTOBELLI, Claudia (1991), a.a.O., S.126,127.

4.2.2.2. Anwendungsbezogene Vorbehalte gegenüber dem logistischen Diffusionsmodell

Neben den systemimmanenten Problemen existieren gegenüber der Anwendung des logistischen Diffusionsmodells auf den Bereich der Kritische Masse-Systeme auch anwendungsbezogene Vorbehalte. Diese Vorbehalte sind insbesondere zu sehen in:

- der Interpretation des logistischen Diffusionsansatzes als Kontaktmodell;
- den nicht abbildbaren Diffusionscharakteristika von Kritische Masse-Systemen.

In Anlehnung an die Ausbreitungsverläufe von Epidemien wird das logistische Diffusionsmodell häufig als Kontaktmodell interpretiert.[278] Bei der Ausbreitung von Krankheiten wird davon ausgegangen, daß eine Krankheit durch den Kontakt der gesunden mit den bereits erkrankten Personen zum Ausbruch kommt. Der dabei ablaufende Automatismus kann für das Entstehen von Epidemien z.B. dann als adäquat angesehen werden, wenn man unterstellt, daß keine Inkubationszeiten bestehen und bedenkt, daß sich keiner einer Ansteckung entziehen kann.[279] Die Krankheitserreger werden von den erkrankten Personen auf eine homogene und regelmäßige Weise ausgestrahlt und von den noch nicht erkrankten Personen in gleicher Weise aufgenommen. Die Ausbreitung der Krankheit wird erst dann gestoppt, wenn alle Personen angesteckt sind (Sättigungsgrenze).

Diese Interpretation kann jedoch nicht unreflektiert auf die Diffusion von Kritische Masse-Systemen übertragen werden. Würde man den Diffusionsverlauf als epidemischen Entwicklungsprozeß verstehen, so müßte unterstellt werden, daß

- die Teilnahmeentscheidung potentieller Nachfrager nur durch solche Personen beeinflußt wird, die bereits Teilnehmer eines Kritischen Masse-Systems sind:
  Die Teilnahmeentscheidung potentieller Nachfrager ist aber nicht nur an den direkten Kontakt mit den Teilnehmern gebunden, sondern wird auch z.B. durch Berichte, Zeitschriften und eigene Erfahrungen beeinflußt. Darüber hinaus kommt der Anbieterseite auf Grund der interdependenten Beziehungen zwischen den verschiedenen Anbieterparteien eine entscheidende Bedeutung für die Adoptionsentscheidung zu. Die Beeinflussung der Teilnahmebereit-

---

278) Vgl. BONUS, H. (1968), a.a.O., S.19ff. EWERS, Hans-Jürgen/ BECKER, Carsten/ FRITSCH, Michael (1990), a.a.O., S.25ff. KAAS, Klaus P. (1973), a.a.O., S.111ff. LEWANDOWSKI, Rudolf (1974), a.a.O., S.273f. MERTENS, Peter (1981), a.a.O., S.197f.
279) Vgl. BAILEY, N.T.J.: The elements of stochastic processes with applications to the natural sciences, New York 1964, S.163ff.

schaft ausschließlich durch die Teilnehmer eines Systems kann deshalb allenfalls als Sonderfall angesehen werden.

- Kontakte zwischen Teilnehmern und potentiellen Adoptern in regelmäßiger und homogener Weise stattfinden:

  Bei Kritische Masse-Systemen ist nicht davon auszugehen, daß eine gleichmäßige räumliche und soziale Ausbreitung stattfindet. Der primäre Grund hierfür ist darin zu sehen, daß sich die potentiellen Nachfrager in soziale Schichten untergliedern und über unterschiedliche geographische Regionen verteilen, so daß ein gleichmäßiger Kontakt zu den Teilnehmern unmöglich wird. Außerdem zeigt das Beispiel Telekommunikationssysteme, daß diese zunächst in Ballungsgebieten eingeführt werden, wodurch eine gleichmäßige Ausbreitung ebenfalls als unwahrscheinlich anzusehen ist. Darüber hinaus werden beispielsweise Endgeräte in unterschiedlichen Varianten mit unterschiedlicher Funktionalität angeboten, und auch Diensteangebote unterscheiden sich in Leistungsangebot und Funktionalität in erheblichem Ausmaß, wodurch eine Homogenität dieser Produkte nicht gegeben ist.

- für die Übernahmeentscheidung in einem bestimmten Zeitintervall nur die in diesem Zeitraum stattfindenden Kontakte mit Teilnehmern maßgeblich sind und keine Lerneffekte stattfinden:

  Das bedeutet, daß die potentiellen Teilnehmer einem Anschluß an ein Kritisches Masse-System ebenso passiv ausgesetzt sind, wie die Bevölkerung einer Epidemie. Die Teilnahmeentscheidung wird aber von Lernprozessen begleitet, die sich über mehrere Perioden erstrecken und nicht nur durch die Kontakte in der unmittelbar vorausgegangenen Periode bestimmt werden. Durch jeden zusätzlichen Kontakt vergrößert sich der Wissensstand über ein System, und es ist eine bestimmte Mindestzahl von Kontakten erforderlich, bis ein Anschluß erfolgt.[280] Weiterhin ist für die Adoption von Kritische Masse-Systemen auch ein "Lernen aus eigener Erfahrung" entscheidend. Solche Lerneffekte rekrutieren sich z.B. aus Erfahrungen mit artverwandten Kommunikationsprodukten und können auf Erfahrungen in andersartigen Verwendungsbereichen beruhen. Auch vergrößert sich das allgemeine Wissen über ein bestimmtes Kritisches Masse-System im Zeitablauf, wodurch die Adoptionsentscheidung ebenfalls beeinflußt wird.

- der Anteil effizienter Kontakte an der Gesamtzahl der Kontakte zwischen potentiellen Nachfragern und Teilnehmern im Zeitablauf konstant bleibt:

  Durch die Annahme eines konstanten Diffusionskoeffizienten wird im logi-

---

280) Vgl. MERTENS, Peter (1981), a.a.O., S.197.

stischen Diffusionsmodell unterstellt, daß der Anteil effizienter Kontakte an der Zahl der insgesamt möglichen Kontakte (N(t) {M - N(t)}) in jeder Periode gleich groß ist. Diese Annahme widerspricht aber den vorgetragenen Überlegungen zur Diffusion von Kritische Masse-Systemen, wonach bis zum Erreichen der Kritischen Masse der Anteil effizienter Kontakte sich nur langsam entwickelt und nach Überschreiten der Kritischen Masse eine Kettenreaktion ausgelöst wird. Für diese Entwicklung sind ebenfalls Lernprozesse verantwortlich, die nur durch eine Dynamisierung des Diffusionskoeffizienten abgebildet werden können.

- ein gegebenes und konstantes Marktsättigungsniveau vorliegt:

  Die zeitliche Invarianz des Marktsättigungsniveaus ist bei Kritische Masse-Systemen nicht gegeben, da davon auszugehen ist, daß im Zeitablauf exogene Faktoren wie z.B. die Bevölkerungsstruktur, das Realeinkommen und die Kaufkraft variieren, womit das Marktsättigungsniveau einer zeitlichen Entwicklung unterliegt. Ebenso können technische Weiterentwicklungen die Funktionalität eines Kritischen Masse-Systems erhöhen und z.B. Preisvariationen begünstigen, die ihrerseits zu einer Veränderung des Marktsättigungsniveaus führen können. Für Kritische Masse-Systeme ist deshalb die Annahme eines konstanten Marktpotentials durch die eines dynamischen Marktpotentials zu ersetzen.[281] Das bedeutet jedoch, daß auch die Entwicklung des Marktpotentials von Kritische Masse-Systemen geschätzt werden muß, wobei neben den oben genannten Aspekten insbesondere folgende Besonderheiten bei der Schätzung zu beachten sind:

  ❏ Derivativnutzen:

  Auf Grund des Systemgutcharakters von Kritische Masse-Systemen stehen die Systemkomponenten in einer unmittelbaren Nutzenbeziehung, was dazu führen kann, daß durch die Verbreitung einzelner Systemkomponenten auch die Entwicklung des Marktpotentials von Kritische Masse-Systemen beeinflußt wird.

  ❏ Kompatibilitätsaspekt:

  Durch eine direkte Kompatibilität eines neuen zu einem etablierten Kritische Masse-System kann die Installierte Basis des neuen Systems vergrößert werden, wodurch sich dessen Marktpotential erhöht. Andererseits bestehen zwischen Kritische Masse-Systemen auf Grund der gemeinsamen Zielsetzung eines multidirektionalen Kommunikationsflusses starke Substitutionsbeziehungen, die ihrerseits das Marktpotential für ein bestimmtes System verringern können.

---

281) Vgl. auch: FANTAPIÉ ALTOBELLI, Claudia (1991), a.a.O., S.79ff.

❏ Preannouncementverhalten:

Insbesondere im Bereich der Endgeräte werden von den Anbietern häufig Produktankündigungen vorgenommen, die weit vor der endgültigen Verfügbarkeit der Produkte liegen. Durch diese Preannouncementpolitik der Anbieter wird die Kaufentscheidung für ein bestimmtes Endgerät hinausgezögert, da die Nachfrager zum einen eine bessere Funktionalität des angekündigten Produktes gegenüber den vorhandenen Produkten erwarten und zum anderen ein Preisverfall bei den vorhandenen Produkten erwartet wird. Letzteres bedeutet, daß das Marktsättigungsniveau eines Kritischen Masse-Systems erhöht werden kann, während das Preannouncementverhalten der Anbieter die zeitliche Entwicklung des Marktpotentials insgesamt beeinflußt.

Es läßt sich somit feststellen, daß die Interpretation des logistischen Diffusionsmodells im Sinne eines epidemischen Entwicklungsprozesses für Kritische Masse-Systeme nicht adäquat ist, da der Kontakt mit Teilnehmern *allein* keine ausreichende Erklärungsbasis für den Diffusionsprozeß darstellt, sondern insbesondere auch Erfahrungen und spezielle Sachkenntnisse bezüglich eines Kritischen Masse-Systems die Adoptionsentscheidung beeinflussen.[282]

Weiterhin sind für die Diffusion von Kritische Masse-Systemen die **Erwartungen** von entscheidender Bedeutung, die potentielle Nachfrager bezüglich der Entwicklung der Installierten Basis besitzen. Je stärker sie davon überzeugt sind, daß eine ausreichende Teilnehmerzahl zustande kommt, durch die sie in ausreichendem Maße Nachfragesynergien realisieren können, desto eher werden sie zu einer Teilnahme bereit sein. In der Erwartungsbildung findet eine Antizipation zukünftiger Entwicklungen durch die Nachfrager statt. Die Erwartungshaltung wird dabei im wesentlichen Umfang durch das Ausmaß bestehender Marktwiderstände beeinflußt, die dafür verantwortlich sind, daß bis zum Erreichen der Kritischen Masse hohe Diffusions-

---

282) Die Bedeutung von Erfahrungen und Sachkenntnissen für die Diffusion von technischen Produkten wurde bereits von MANSFIELD herausgestellt.
Vgl. MANSFIELD, Edwin (1961), a.a.O., S.741ff. MANSFIELD, Edwin/ RAPOPORT, John/ ROMEO, Anthony/ VILLANI, Edmond/ WAGNER, Samuel/ HUSIC, Frank: The Production and Application of New Industrial Technology, New York 1977, S.108ff. Darüber hinaus betonen die Bedeutung des Erfahrungsaspektes bei der Diffusion technischer Produkte z.B. auch: EWERS, Hans-Jürgen/ BECKER, Carsten/ FRITSCH, Michael (1990), a.a.O., S.30ff. Dieselben: Der Kontext entscheidet: Wirkungen des Einsatzes computergestützter Techniken in Industriebetrieben, in: Schettkat, R./ Wagner, M. (Hrsg.): Technologischer Wandel und Beschäftigung - Fakten, Analysen, Trends, Berlin New York 1989, S.63ff. KLEINE, Josef: Investitionsverhalten bei Prozeßinnovationen, Frankfurt am Main New York 1983, S.231ff. MAAS, Christof (1990), a.a.O., S.37ff.

hemmnisse relevant sind. Die bei hohen Marktwiderständen möglicherweise entstehenden Adoptionsrückgänge in der Anfangsphase der Marktentwicklung sowie die Möglichkeit eines Diffusionsabbruchs lassen sich jedoch durch das logistische Modell nicht darstellen.

Der logistische Ansatz ist damit nicht in der Lage, zentrale diffusionsspezifische Charakteristika von Kritische Masse-Systemen adäquat abzubilden. Auf Grund der systemimmanenten und anwendungsspezifischen Vorbehalte gegenüber dem logistischen und damit auch dem semilogistischen Diffusionsmodell wird im folgenden von der Anwendung dieser Modelle auf den Bereich der Diffusion von Kritische Masse-Systemen Abstand genommen.

4.3. Diagnosemodell für die Diffusion von Kritische Masse-Systemen

4.3.1. Zielsetzungen des Diagnosemodells

Im folgenden wird versucht, ein Diffusionsmodell zu entwickeln, das es erlaubt, die zentralen Charakteristika der Diffusion von Kritische Masse-Systemen abzubilden.

Allgemein ist die Bildung von Modellen auf das Ziel gerichtet, Anhaltspunkte für die Erklärung und Gestaltung realer Zusammenhänge zu gewinnen.[283] Dabei ist zu beachten, daß die Modellbildung immer vor dem Hintergrund einer bestimmten Problemstellung erfolgen muß und sich damit der Erkenntnisgewinn, den ein Modell liefern kann, auch nur auf das zu Anfang definierte Problem bezieht. Auf Grund der Komplexität realer Phänomene ist bei der Modellbildung ein bestimmter Abstraktionsgrad erforderlich. Diese Abstraktion erfolgt vor dem Hintergrund, daß zum einen für den Modellzweck bestimmte in der Realität existierende Merkmale und Merkmalszusammenhänge unerheblich sein können und zum anderen die Komplexität des Modells nicht zu groß werden soll, damit das Modell handhabbar und überschaubar bleibt. Modelle gehen damit immer von vereinfachenden Annahmen aus, die auf Grund der gegebenen Problemstellung getroffen werden. Damit aus der Modellanalyse Erkenntnisse für die Zusammenhänge in realen Systemen gewonnen werden können, muß das in einem Modell erreichte Abbild der Realität insbesondere die Homomorphiebedingung erfüllen. Das bedeutet, daß zum einen ein Modellelement mehrere Elemente des realen Systems abbilden kann (Mehreindeutigkeit) und daß zum anderen Elemente, die im realen System zueinander in Beziehung stehen auch im Modell in Zusammenhang stehen müssen (Strukturerhaltung).[284] Nur wenn die Homomorphiebedingung erfüllt ist, lassen sich die aus der Modellanalyse gewonnenen Erkenntnisse auch auf das betrachtete reale System übertragen. Allerdings ist zu beachten, daß durch die in einem Modell vorgenommene Abstraktion immer eine Vereinfachung erfolgt und nur ein Ausschnitt der Realität wiedergegeben werden kann.

Es ist von daher nicht verwunderlich, daß insbesondere Diffusionsmodelle nur eine eingeschränkte Prognosekraft für die Voraussage tatsächlicher Entwicklungen besitzen und in der überwiegenden Zahl der Fälle erhebliche Abweichungen zwischen prognostizierter und tatsächlicher Diffusion auftreten. Ein typisches Beispiel ist hier die Prognose der Teilnehmerentwicklung des Btx-Systems, die in Abbildung 48

---

283) Vgl. zu den folgenden Ausführungen insbesondere: ADAM, Dietrich: Kurzlehrbuch Planung, Wiesbaden 1980, S.106ff.
284) Vgl. ebenda, S.108.

wiedergegeben ist.[285)]

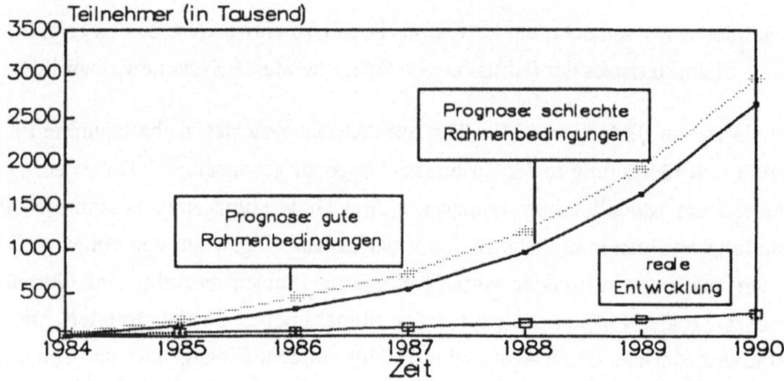

Abb. 48: Prognostizierte und tatsächliche Teilnehmerentwicklung im Btx-System

Die Entwicklung eines Diffusionsmodells für Kritische Masse-Systeme wird dadurch erschwert, daß es sich bei Kritische Masse-Systemen um Systemtechnologien handelt, die aus einer Vielzahl einzelner Produkte bestehen (Systemkomponenten), die über eine Systemarchitektur zusammengebunden sind. Im Unterschied zur klassischen Konsumgüter-Diffusionsforschung ist damit nicht ein klar abgrenzbares Produkt Gegenstand des Diffusionsprozesses, sondern eine Vielzahl von Systemkomponenten, die als Einzelprodukte interpretiert werden können, stehen in interdependenten Wirkungszusammenhängen, die in unterschiedlichem Ausmaß direkt oder indirekt die Entwicklung der Teilnehmerzahl eines Kritischen Masse-Systems beeinflussen. Die Überlegungen in Kapitel 3 haben gezeigt, daß unterschiedliche Anbieterebenen, Preis-Leistungsverhältnisse verschiedener Systemkomponenten und mehrere Nachfragergruppen den Verlauf des Diffusionsprozesses insgesamt bestimmen. Im Fall der Kritische Masse-Systeme liegt somit ein System sich gegenseitig beeinflussender Beziehungszusammenhänge vor, das den Zustand des Diffusionssystems in einem bestimmten Zeitpunkt determiniert. Die Auswirkungen, die die Veränderung einer einzelnen Einflußgröße auf das Gesamtsystem besitzt, lassen sich dabei durch eine isolierte Betrachtung einzelner Variablen nicht mehr erfassen. Durch direkte und

---

285) Die Prognosewerte wurden entnommen aus:
DIEBOLD DEUTSCHLAND GmbH (Hrsg.)(1984), a.a.O., S.207.

indirekte Rückkopplungseffekte können auf Grund einer einzelnen Variablenänderung Akzelerationsprozesse entstehen, die den Diffusionsverlauf in eine vollkommen unerwartete Richtung steuern. Der Einfluß einzelner Variablenänderungen auf die Diffusion kann deshalb nur im Zusammenwirken aller Größen des Systems erfaßt werden.

Der Diffusionsprozeß ist somit durch eine hohe Komplexität gekennzeichnet. Unter Komplexität ist dabei zum einen die Kompliziertheit in den Wirkungszusammenhängen und zum anderen die Dynamik des Diffusionsprozesses zu verstehen, die dazu führt, daß die Diffusion in einer bestimmten Zeitspanne eine große Zahl unterschiedlicher Zustände annehmen kann. Die Vielzahl möglicher Zustände, die ein Diffusionsprozeß im Zeitablauf durchläuft, lassen sich beispielhaft an Hand der Entwicklung der monatlichen Anschlußzahlen des Btx-Systems verdeutlichen, die in Abbildung 49 dargestellt ist.

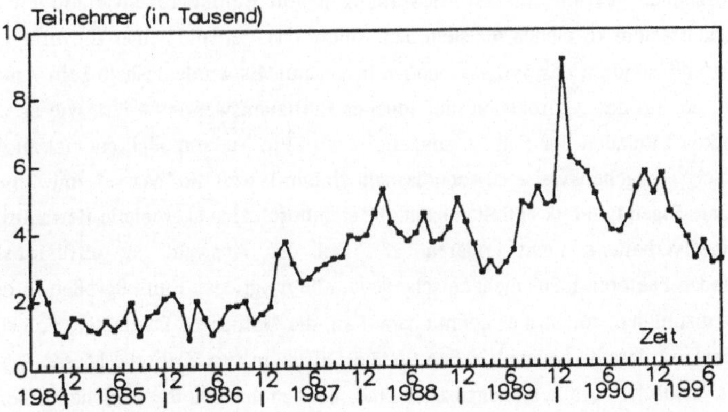

Abb. 49: Entwicklung der monatlichen Anschlüsse im Btx-System

Um ein Verständnis der Dynamik des Beziehungsgefüges zu erlangen, ist es nicht ausreichend, die Wirkungszusammenhänge zu kennen, sondern auch die zeitraumbezogenen Wirkungsverläufe müssen bekannt sein. Dabei ist zu beachten, daß die Komplexität des Diffusionssystems von Kritische Masse-Systemen als Ursache für eine ständige Veränderung des Systemverhaltens anzusehen ist, deren Erfassung und

Beeinflussung zu großen Problemen führt. "Es ist diese sich aus dem Aufbau des Systems und seiner Dynamik ergebende Eigenschaft, welche uns die prinzipiellen Grenzen des exakten Wissen-könnens, des Prognostizierens zukünftiger Zustände und des "Machens" vor Augen führt."[286]

Auf Grund der Komplexität sind reale Diffusionsprozesse immer einmalig, d.h. daß selbst an Hand bestimmter Kriterien als gleichartig einzustufende Diffusionsverläufe nicht zwangsläufig auch in Zukunft die gleiche Entwicklung nehmen müssen. Es ist deshalb nicht entscheidend, bisherige Entwicklungen möglichst exakt durch ein Diffusionsmodell abzubilden, um auf dieser Basis die weitere Entwicklung zu prognostizieren, sondern das Systemverhalten bei Variationen einzelner Variablen zu beobachten, aus den gewonnenen Erfahrungen eine Sensibilität für die Auswirkungen bestimmter Variablenänderungen zu entwickeln und damit eine der jeweiligen Anwendungssituation adäquate Vorgehensweise zu erlernen.

Vor dem Hintergrund dieser Zielsetzung ist auch die nachfolgende Modellentwicklung zu sehen. An Hand der zentralen Charakteristika der Diffusion von Kritische Masse-Systemen wird versucht, deren Wirkungszusammenhänge aufzuzeigen und einen Erkenntnisgewinn aus den Auswirkungen von Einflußgrößenvariationen auf das Gesamtsystem zu ziehen. Es steht damit nicht das Verhalten eines Einzelnen im Vordergrund, sondern das *Systemverhalten* insgesamt. Es wurde deshalb kein Ansatz gewählt, der auf der Aggregation individueller Verhaltensweisen basiert, wie es z.B. bei Markov-Modellen der Fall ist, sondern es wird ein Makromodell entwickelt.[287] Eine solche Vorgehensweise ist auch deshalb sinnvoll, weil die "Masse" eine unvorhersehbare Eigendynamik entfalten kann, die sich durch eine aggregierte Betrachtung des Einzelverhaltens nicht erklären läßt. Bei der Auswahl der diffusionsbestimmenden Faktoren ist es nicht entscheidend, alle möglichen Einflußgrößen in dem Modell abzubilden, sondern es kommt darauf an, die "kritischen Parameter" zu erfassen. Hinweise darauf, welche Größen für die Diffusion von Kritische Masse-Systemen als "kritische Parameter" anzusehen sind, können aus den theoretischen Überlegungen dieser Arbeit gewonnen werden. Sie ergeben sich aus den zentralen diffusionsspezifischen Charakteristika von Kritische Masse-Systemen und bilden die Elemente des nachfolgenden Diagnosemodells.

Die "kritischen Parameter" sind allgemein dafür verantwortlich, welche Entwick-

---

286) ULRICH, Hans/ PROBST, Gilbert J.B. (1990), a.a.O, S.98.

287) Vgl. zur Unterscheidung zwischen Mikro- und Makromodellen sowie zu Markov-Ansätzen im Marketing z.B.: FERSCHL, F.: Markovketten, Berlin Heidelberg New York 1970, passim. HOWARD, R. A.: Dynamic Programming and Markov Processes, New York 1960, passim. LEWANDOWSKI, Rudolf: Prognose- und Informationssysteme und ihre Anwendung, Band II, Berlin New York 1980, S.254ff. MASSY, William F./ MONTGOMERY, David B./ MORRISON, Donald G. (1970), a.a.O., S.80ff. MEFFERT, Heribert/ STEFFENHAGEN, Hartwig (1977), a.a.O., S.37ff und S.100ff.

lungsrichtung ein System einschlägt, wie bereits die chaostheoretischen Überlegungen verdeutlicht haben. Die Durchführung von Sensitivitätsanalysen erlaubt es, die Schwellenwerte kritischer Parameter zu erkennen und deren Auswirkungen auf das Gesamtsystem zu erfassen. Es sind gerade diese Schwellenwerte, die die Aufmerksamkeit auf die Quellen vorhandener Planungsunsicherheiten, möglicher Zusammenbrüche des Diffusionsprozesses und etwaiger Destabilisierungen lenken und somit wertvolle Hinweise für anstehende Entscheidungen liefern können.

Das nachfolgende Diffusionsmodell versteht sich damit weder als Prognose- noch als Entscheidungsmodell, dessen strenge Einhaltung stets zur Findung der besten Lösung führt. Es ist vielmehr als **Diagnosemodell** zu interpretieren, das dazu dient, mit Hilfe von Sensitivitätsanalysen die Sensibilität des Entscheidenden bezüglich des Erkennens von Wirkungszusammenhängen im Diffusionsprozeß von Kritische Masse-Systemen zu erhöhen. Unter Diagnose wird dabei die Beschreibung und Erklärung eines Sachverhaltes verstanden, die der Prognose zeitlich und kausal vorgelagert ist. Es wird versucht, das Modell möglichst flexibel zu halten. Diese Flexibilität manifestiert sich insbesondere darin, daß die verschiedenen Verhaltensannahmen, die sich in den unterstellten Funktionstypen niederschlagen, zum Teil durch alternative Verhaltensannahmen ersetzt werden können, wodurch sich die Möglichkeiten zur Durchführung von Sensitivitätsanalysen erhöhen lassen. Das Diagnosemodell hat zum Ziel, die Entwicklung des Adopterbestandes im Zeitablauf zu beschreiben, wobei zur Erklärung des Diffusionsprozesses bewußt eine Eingrenzung auf die kritischen Parameter vorgenommen wird.

Vor diesem Hintergrund kann das nachfolgende Modell auch im Sinne einer Heuristik verstanden werden, die einen Lösungsbeitrag zur Strukturierung des Diffusionsproblems bei Kritische Masse-Systemen liefert.[288]

---

288) Der Begriff Heuristik wird dabei im Sinne einer Strukturierungsregel verstanden, die es erlaubt, Strukturmängel schlecht-strukturierter Problemsituationen zu beseitigen. Vgl. zu diesem Verständnis: ADAM, Dietrich: Planung, heuristische, in: Handwörterbuch der Planung, Stuttgart 1989, Sp.1415ff. RIEPER, Bernd: Hierarchische Entscheidungsmodelle in der Produktionswirtschaft, in: ZfB, 55(1985), Heft 8, S.775.
Zu dem Begriff und den Kennzeichen schlecht-strukturierter Problemsituationen vgl.: ADAM, Dietrich: Zur Problematik der Planung in schlecht strukturierten Entscheidungssituationen, in: Jacob, H. (Hrsg.): Neue Aspekte der betrieblichen Planung, Schriften zur Unternehmensführung, Band 28, Wiesbaden 1980, S.48ff. Derselbe: Planungsüberlegungen in bewertungs- und zielsetzungsdefekten Problemsituationen (I), in: WISU, 9(1980), S.127ff. Derselbe: Planungsüberlegungen in wirkungsdefekten Problemsituationen, in: WISU, 9(1980), S.382ff. WITTE, Thomas: Heuristisches Planen - Vorgehensweisen zur Strukturierung betrieblicher Planungsprobleme, Wiesbaden 1979, S.76ff.

4.3.2. Elemente des Diagnosemodells

Empirische Analysen von Diffusionsprozessen konzentrieren sich in den meisten
Fällen auf solche Personen, die bereits adoptiert haben. Die dabei gewonnenen Er-
kenntnisse werden anschließend dazu verwandt, um Aussagen über das Verhalten der
Nicht-Adoptoren zu treffen. Durch die Übertragung der aus dem Verhalten der
Adoptoren gewonnenen Erkenntnisse auf das Verhalten der Nicht-Adoptoren wird
aber implizit unterstellt, daß auch die Nicht-Adoptoren auf jeden Fall in irgendeiner
Phase des Diffusionsprozesses adoptieren werden. Nur wenn diese Voraussetzung erfüllt ist, kann von einer Gleichartigkeit des Übernahmeprozesses bei Adoptoren und
Nicht-Adoptoren ausgegangen werden. Somit unterstellt aber eine Analyse, die auf
dem Verhalten der Adoptoren basiert, "that an innovation should be diffused and
adopted by all members of a social system, that it should be diffused more rapidly,
and that the innovation should be neither re-invented nor rejected".[289]
Diese Voraussetzung ist bei Kritische Masse-Systemen in der Regel nicht erfüllt, und
insbesondere die Erstadopter eines Kritischen Masse-Systems können nicht als typische Repräsentanten der Mitglieder eines sozialen Systems angesehen werden. Versucht man trotzdem, aus dem Verhalten der Adoptoren Rückschlüsse auf das Adoptionsverhalten der potentiellen Nachfrager zu ziehen, so begeht man einen "pro-
innovation bias".[290] Es ist von daher sinnvoll, die Analyse nicht am Verhalten der
Teilnehmer auszurichten, sondern an den Einflußfaktoren anzusetzen, die das Verhalten der bisherigen *Nicht-Teilnehmer* betreffen. Aus diesem Grund liegt der Fokus
des nachfolgenden Diagnosemodells auf den Ursachen möglicher **Diffusionshemmnisse**, d.h. diejenigen Personen stehen im Vordergrund der Betrachtungen, die noch
nicht adoptiert haben.

Die Betrachtungen in Kapitel 3. haben gezeigt, daß die Diffusionsentwicklung von
Kritische Masse-Systemen bis zum Erreichen der Kritischen Masse insbesondere
durch die Existenz von Marktwiderständen, wechselseitigen Interdependenzen und
den mangelnden Abstimmungsgrad zwischen den Anbieterparteien behindert werden
kann. Die Modellierung dieser diffusionshemmenden Faktoren bildet den zentralen
Ansatzpunkt des nachfolgenden Diagnosemodells. Zu diesem Zweck geht das Modell
von einer **theoretischen Adoptionsfunktion** aus, die je nach Anwendungssituation
festzulegen ist, und die sich bei einem Diffusionsprozeß ohne den störenden Einfluß
von Marktwiderständen oder sonstigen Einflußgrößen vermuten läßt. Bei der Wahl
des Funktionstyps der theoretischen Adoptionsfunktion ist streng darauf zu achten,

---

289) ROGERS, Everett M. (1983), a.a.O., S.92.
290) Vgl. ebenda, S.92ff.

daß nicht bereits Informationen über den tatsächlichen Diffusionsverlauf die Wahl beeinflussen. So ist z.B. die logistische Funktion, die in vielen empirischen Studien zur Diffusion technischer Produkte zur Anwendung kommt, als theoretische Adoptionsfunktion ungeeignet, da sie bei empirischen Untersuchungen insbesondere deshalb verwendet wird, weil sich durch sie ein nur langsam entwickelnder Diffusionsprozeß in der Markteinführungsphase erzeugen läßt.[291] Damit würden aber bereits Informationen über den tatsächlichen Diffusionsprozeß in die Wahl der theoretischen Adoptionsfunktion eingebracht.

Ist die theoretische Adoptionsfunktion bestimmt, so werden anschließend die Einflüsse der relevanten diffusionshemmenden Faktoren auf den Diffusionsprozeß durch Wirkungsfunktionen abgebildet. Bei der Herleitung dieser Funktionen wird versucht, von allgemeinen Annahmen auszugehen, ohne eine Anleihe bei empirisch beobachtbaren Diffusionsverläufen zu machen. Damit ist sichergestellt, daß Spezifika real existierender Diffusionsprozesse, die singulären Charakter und nur für ein bestimmtes System Gültigkeit besitzen, nicht durch das Modell zur Allgemeingültigkeit erhoben werden. Bei der Ableitung der erforderlichen Wirkungsfunktionen wird auf die Funktionalgleichungstheorie zurückgegriffen, die eine Bestimmung von Funktionstypen auf Basis allgemeiner Annahmen ermöglicht. Die so gewonnenen Funktionstypen bringen zum Ausdruck, in welchem Ausmaß die diffusionshemmenden Faktoren zu einer Störung der theoretischen Adoptionsfunktion führen. Störungen führen bei potentiellen Nachfragern zu einer Verlagerung der Teilnahmeentscheidung auf einen späteren Zeitpunkt, und bei Teilnehmern schlagen sie sich in einem Ausstieg aus dem System nieder. Die periodenbezogene Differenz zwischen den theoretisch zu erwartenden Adoptoren und den auf Störung beruhenden Teilnehmerausfällen stellt die *tatsächliche Adopterzahl* dar, deren zeitliche Entwicklung in der **tatsächlichen Adoptionsfunktion** zusammengefaßt wird.

Auf Grund der theoretischen Überlegungen zur Diffusion von Kritische Masse-Systemen werden in dem Diagnosemodell folgende Einflußgrößen berücksichtigt, die im Sinne von "kritischen Parametern" die Diffusionsentwicklung entscheidend beeinflussen:

(1) Nachfrageseitige Einflußgrößen:

Zu den nachfrageseitigen Einflußgrößen zählen die Marktwiderstände, die Erwartungshaltung der Nachfrager bezüglich des Eintretens einer bestimmten Teilnehmerzahl und Rahmenbedingungen, wie z.B. die Realeinkommensverhältnisse der potentiellen Nachfrager. Durch die Erwartungshaltung der

---

291) Vgl. hierzu auch die Ausführungen auf Seite 152f. dieser Arbeit.

Nachfrager werden die Auswirkungen modelliert, die die Installierte Basis und die damit verbundenen erwarteten Nachfragesynergien auf das Teilnahmeverhalten der Nachfrager besitzen. Durch die Abbildung der Erwartungshaltungen ist es möglich, sowohl Adoptionsrückgänge vor Erreichen der Kritischen Masse als auch Kettenreaktionen nach Überschreiten der Kritischen Masse zu berücksichtigen.

(2) Anbieterseitige Einflußgrößen:

Durch die Berücksichtigung einer Marketing-Mix-Funktion wird der Mehrdimensionalität der Anbieterebene Rechnung getragen. Darüber hinaus wird eine Warteliste in das Modell einbezogen, durch die mögliche anbieterseitige Kapazitätsengpäße bezüglich des Teilnehmeranschlusses berücksichtigt werden können.

(3) Kritische Masse:

Die theoretischen Überlegungen haben gezeigt, daß die Diffusionsentwicklung von Kritische Masse-Systemen entscheidend davon beeinflußt wird, ob die Kritische Masse eines Systems bereits erreicht ist oder nicht. Es wird deshalb explizit eine Kritische Masse im Modell vorgegeben, an die die Entwicklungsprozesse angebunden sind.

Das Diagnosemodell wird nachfolgend in mehreren, aufeinander aufbauenden Schritten entwickelt, wobei noch keine Unterscheidung zwischen verschiedenen Nachfragersegmenten vorgenommen wird, sondern die Ableitungen erfolgen für **ein beliebiges Marktsegment:**

- Zunächst wird die Bestimmung der theoretischen (ungestörten) Adoptionsfunktion vorgenommen, wobei beispielhaft der idealtypische Fall eines der Normalverteilung folgenden Diffusionsprozesses diskutiert wird.

- Daran anschließend wird die tatsächliche (gestörte) Adoptionsfunktion bestimmt. Die Ableitung erfolgt dabei in drei Schritten:

  ❑ Im ersten Schritt wird auf Grund allgemeiner Annahmen der Funktionstyp der Störfunktion abgeleitet, die zum Ausdruck bringt, in welchem Ausmaß Marktwiderstände zu einem Ausfall von Teilnehmern (Störung der theoretischen Adoptionsfunktion) und damit zu einer **Absenkung** der theoretischen Adoptionsfunktion führen. Der sich dabei ergebende funktionale Zusammenhang zwischen Teilnehmerausfällen und Marktwiderständen wird anschließend weiter konkretisiert, in dem eine genauere Spezifikation der Marktwiderstände vorgenommen wird und die anbieterseitigen Einflüsse auf die Entwicklung von Marktwiderständen in Form einer Marketing-Mix-Funktion Berücksichtigung finden.

❏ Die aus der Existenz von Marktwiderständen resultierende Absenkung der theoretischen Adoptionsfunktion spiegelt zunächst einen Teilnehmerausfall wider. Die auf Grund von Marktwiderständen in einer Periode ausfallenden Nachfrager sind aber nicht für immer als Teilnehmer verloren, sondern es findet nur eine Teilnahmeverzögerung statt, d.h. es kommt zu einer **Verschiebung** der Adoptionsfunktion. Im zweiten Schritt wird auf der Basis von Plausibilitätsbetrachtungen bestimmt, in welcher Weise sich diejenigen Nachfrager an ein Kritisches Masse-System anschließen, die in vorangegangenen Perioden ihre Teilnahme verzögert haben.

❏ Im dritten Schritt wird die Erwartungshaltung der Adoptoren bezüglich der zukünftigen Teilnehmerentwicklung modelliert und die Existenz einer Warteliste auf Grund anbieterseitiger Kapazitätsengpäße in das Modell einbezogen.

• Die einzelnen Elemente des Modellansatzes werden abschließend zusammengefaßt, wobei durch die Berücksichtigung unterschiedlicher Nachfragersegmente eine Verallgemeinerung des Diagnosemodells erreicht wird. Daran anschließend wird dargestellt, welche Charakteristika ein Testmarkt aufweisen muß, mit dessen Hilfe die erforderlichen Daten zur Bestimmung der Parameter des Diagnosemodells gewonnen werden können. Abschließend wird die Anwendbarkeit des Modells an Hand einer beispielhaft konzipierten Fallstudie aufgezeigt und der Aussagewert für Marketingentscheidungen verdeutlicht.

4.3.3. Entwicklung des Diagnosemodells

4.3.3.1. Bestimmung der theoretischen Adoptionsfunktion mit Basis-Nutzerkreis

Ausgangspunkt der Betrachtungen bildet die Überlegung, daß sich eine Diffusionsfunktion bestimmen läßt, die in der Lage ist, den Diffusionsprozeß eines Kritischen Masse-Systems für den Fall abzubilden, in dem **keine Diffusionshemmnisse** relevant sind. Diese Diffusionsfunktion wird als *theoretische Diffusionsfunktion* bezeichnet. Entsprechend heißt die zugehörige Adoptionsfunktion theoretische Adoptionsfunktion. Durch das Auftreten von Marktwiderständen (w) kommt es jedoch zu Störungen der theoretischen Diffusionsfunktion, die dazu führen, daß in einer Periode t nicht die Gesamtzahl der theoretisch erwarteten (potentiellen) Nachfrager adoptiert, sondern eine bestimmte Anzahl von Nachfragern auf Grund von Marktwiderständen ausfällt.

Für die **theoretische Adoptionsfunktion** gilt allgemein:

$$(1) \quad N(t,0) \; = \; f(t) \cdot M$$

mit: $N(t,0)$: = Adoptionsniveau zum Zeitpunkt t ohne Störung (0);

$\quad\quad\;\;$ $f(t)$: = Kaufwahrscheinlichkeit zum Zeitpunkt t, wenn keine Marktwiderstände auftreten;

$\quad\quad\;\;$ M: = Marktsättigungsniveau

Als Funktion der theoretischen Kaufwahrscheinlichkeit $f(t)$ kann **jede beliebige Verteilung** herangezogen werden, die vor dem Hintergrund der jeweiligen Anwendungssituation die Entwicklung der theoretischen Kaufwahrscheinlichkeit am besten abbildet. Sie muß lediglich den in der Anfangssituation existierenden Basis-Nutzerkreis berücksichtigen. Weiterhin wird die Frage eines konstanten oder dynamischen Marktsättigungsniveaus auf die Wahl der theoretischen Adoptionsfunktion verlagert. Bei der Bestimmung der theoretischen Adoptionsfunktion ist zu beachten, daß sich für den Verlauf der theoretischen Adoptionsfunktion nur wenige empirische Anhaltspunkte finden lassen, da davon ausgegangen werden kann, daß reale Diffusionsprozesse immer von gewissen Marktwiderständen begleitet sind.[292] Außerdem sei an dieser Stelle nochmals herausgestellt, daß das Diagnosemodell einen Erkenntnisbeitrag liefern soll, durch den eine Abschätzung **zukünftiger** Diffusionsprozesse innovativer Kritische Masse-Systeme verbessert werden kann. Der Rückgriff auf

---

[292] Hinweise auf einen ungestörten Diffusionsprozeß lassen sich z.B. mittels Befragungen oder Expertengespräche ermitteln.

Vergangenheitsdaten ist in diesem Fall aber nur dann zulässig, wenn unterstellt werden kann, daß das empirisch beobachtete Kritische Masse-System auch mit dem innovativen Kritische Masse-System vergleichbar ist.

Da eine Vielzahl theoretischer Studien gezeigt hat, daß die Normalverteilung als idealtypische Adoptionskurve anzusehen ist, erscheint die Normalverteilung als geeignete Annahme für die Funktion der theoretischen Kaufwahrscheinlichkeit.[293] Im folgenden wird deshalb beispielhaft eine Normalverteilung mit einem bestimmten Basis-Nutzerkreis (B) betrachtet.

Es gilt:

$$(2) \quad f(t) = \begin{cases} f(F^{-1}(B)) & \text{für } t = 0 \\ 1/(\sigma(2\pi)^{1/2}) \cdot \exp(-1/2(t\text{-}\mu/\sigma)^2) & \text{für } t > 0 \end{cases}$$

Dabei ist B gegeben durch:

$$(3) \quad B = 1/(\sigma(2\pi)^{1/2}) \cdot \int_{-\infty}^{0} \exp(-1/2(t\text{-}\mu/\sigma)^2)\, dt \quad ; 0 < B < 1$$

Bei gegebenem Basis-Nutzerkreis (B) und gegebenem Marktsättigungsniveau bzw. gegebener Endperiode (T) sind μ und σ eindeutig bestimmt.

Es gilt:

$(4) \quad \sigma = T/6(1\text{-}B)$ da 99,7% der Fälle im 6-σ-Intervall liegen.

$(5) \quad \mu = -z \cdot \sigma$

$(6) \quad z = F^{-1}(B)$ d.h. z ist aus der Tabelle der standardisierten Normalverteilung für F(z)=B ablesbar und z = -μ/σ.

Für einen Basis-Nutzerkreis von z.B. B = 0,03 ergibt sich bei Unterstellung einer Normalverteilung der in Abbildung 50 dargestellte Verlauf der theoretischen Kaufwahrscheinlichkeit im Zeitablauf.

---

293) Vgl. hierzu die Ausführungen in Kapitel 4.1.3. "Zentrale Aussagen der Diffusionstheorie". Es sei an dieser Stelle darauf hingewiesen, daß die im theoretischen Teil gewonnene zwei- oder mehrgipflige (tatsächliche) Adoptionsfunktion auf Grund der Betrachtung aller Nachfragersegmente gewonnen wurde. Die Annahme einer normalverteilten theoretischen Adoptionsfunktion hingegen bezieht sich nur auf *ein* Nachfragersegment.

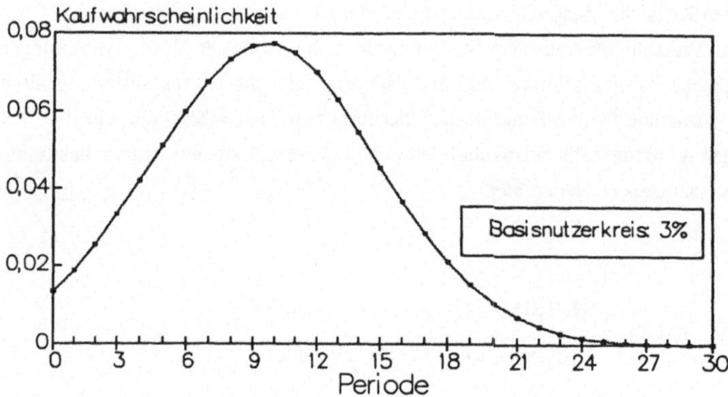

Abb. 50: Verlauf der theoretischen Kaufwahrscheinlichkeiten mit Basis-Nutzerkreis

Es wird deutlich, daß die Höhe des Basis-Nutzerkreises die Lage der theoretischen Adoptionsfunktion bestimmt, nicht aber deren Verlauf. Dieser Zusammenhang ist deshalb als sinnvoll anzusehen, da die theoretische Adoptionsfunktion einen störungsfreien und damit idealtypischen Diffusionsprozeß widerspiegelt. Die Größe des Basis-Nutzerkreises kann deshalb nur bestimmen, an welcher Stelle des Diffusionsprozesses der Einstieg in den Prozeß der Idealdiffusion erfolgt. Da zum Zeitpunkt des Markteintritts noch keine Störungen relevant sein können, muß auch der weitere Verlauf der theoretischen Adoptionsfunktion unabhängig vom Niveau des Basis-Nutzerkreises sein. Demgegenüber wird der Verlauf der tatsächlichen Adoptionsfunktion sehr wohl durch die Größe des Basis-Nutzerkreises beeinflußt, da durch einen großen Basis-Nutzerkreis die Kritische Masse wesentlich schneller erreicht werden kann. Unterstellt man beispielsweise, daß der Einfluß von Störungen auf Grund von Marktwiderständen vor Erreichen der Kritischen Masse am größten ist und nach Überschreiten der Kritischen Masse nur noch in geringem Ausmaß besteht, so könnten anfängliche Störeinflüsse dann nahezu vollständig umgangen werden, wenn es gelingt, einen Basis-Nutzerkreis in der Nähe der Kritischen Masse zu etablieren.

4.3.3.2. Bestimmung der tatsächlichen Adoptionsfunktion

Die theoretische Adoptionsfunktion hat zum Ziel, einen störungsfreien und damit idealtypischen Diffusionsprozeß abzubilden und ist je nach Anwendungssituation zu spezifizieren. Die theoretischen Überlegungen haben jedoch gezeigt, daß es insbesondere die Marktwiderstände und die Erwartungshaltungen der Adopter sind, die für die Diffusion von Kritische Masse-Systemen von entscheidender Bedeutung sind und einen idealtypischen Diffusionsverlauf behindern.

Durch das Auftreten von **Marktwiderständen** kommt es zu einer Verringerung der theoretischen Kaufwahrscheinlichkeit, d.h. die tatsächliche Kaufwahrscheinlichkeit in einer Periode t ist kleiner als die theoretische. Dabei ist allerdings zu berücksichtigen, daß die Einflußstärke der Marktwiderstände durch das Ergreifen von Marketing-Mix-Maßnahmen sowie die allgemeinen Rahmenbedingungen sowohl vergrößert als auch vermindert werden kann. Bezogen auf den Bereich der Kritische Masse-Systeme setzen sich die Marketing-Mix-Maßnahmen aus den Aktivitäten der einzelnen Anbieterparteien zusammen und beinhalten z.B. die Preisgestaltungen der Endgerätehersteller, der Diensteanbieter, des Systembetreibers, des Netzbetreibers und die wahrgenommene Qualität der Diensteangebote. Unter den Rahmenbedingungen ist vor allem das Bruttosozialprodukt pro Kopf oder die Realeinkommenshöhe der potentiellen Nachfrager als maßgeblicher Bestimmungsfaktor für die Adoption anzusehen. So wird insbesondere bei Telekommunikationssystemen die Teilnehmerentwicklung gerade im Bereich der privaten Nachfrager in starkem Maße durch das Realeinkommen bestimmt.[294] Die Abbildung 51 macht beispielhaft für Telefonsysteme deutlich, daß die Entwicklung der Sprechstellendichte in insgesamt 32 erfaßten Ländern eng mit der Entwicklung des Bruttosozialproduktes pro Kopf (GNP: gross national product) in diesen Ländern gekoppelt ist. Sie liefert damit einen empirischen Beleg dafür, daß beim Telefon die Adoptionsentscheidung stark mit der Höhe des Realeinkommens korreliert, wobei darauf zu achten ist, daß Abbildung 51 keine Aussage über die Diffusionsgeschwindigkeit des Telefons in den jeweiligen Ländern zuläßt. Es läßt sich aber feststellen, daß die Vermutung gestärkt wird, daß das Einkommen einen Einfluß auf das Adoptionsniveau bei Kritische Masse-Systemen besitzt.

---

294) Vgl. z.B. BÖHM, Erich: Forecasting methods for telephone services in the Federal Republic of Germany, in: Telecommunication Journal, 49(1982), No. III, S.169ff. SOMBEEK, Peter: Developing a national telecommunications industry, in: SIEMENS telcom report international, 14(1991), No. 2, S.8ff. WACKER, W./ BÖHM, E.: Wachstumsfunktionen mit Sättigungsverhalten und ihre Anwendung in ökonomischen Prognosemodellen für den Fernsprechdienst, in: ARCHIV für das Post- und Fernmeldewesen, 31(1979), Nr. 4, S.318ff.

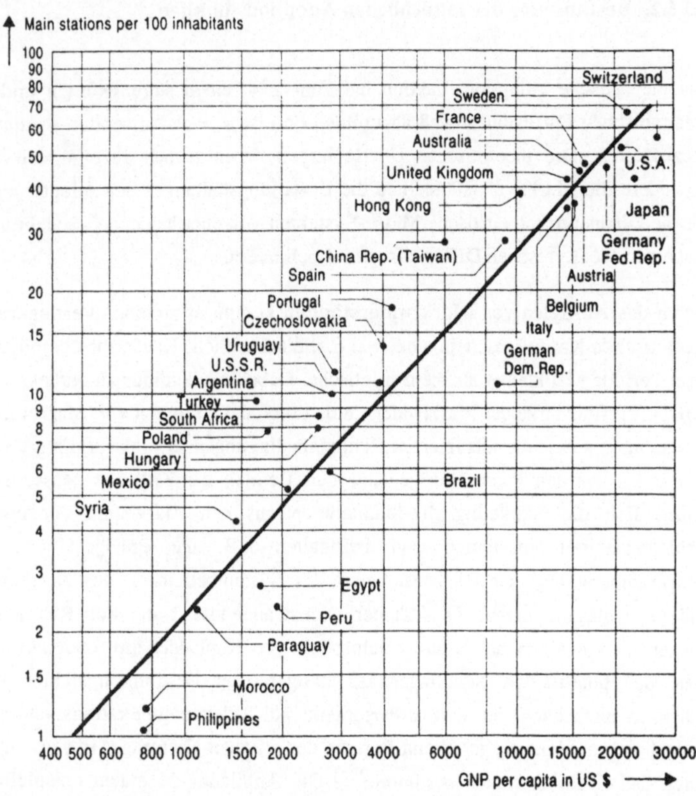

Abb. 51: Sprechstellendichte und Bruttosozialprodukt je Einwohner
Quelle: SOMBEEK, Peter (1991), S.8
Stand: 1. Januar 1989

Während Marktwiderstände die Anschlußentscheidung potentieller Nachfrager hinausschieben oder ganz verhindern können, konkretisiert sich in der **Erwartungshaltung der Nachfrager** das Phänomen der wechselseitigen Interdependenz zwischen den Adoptoren.[295] Werden die Erwartungen der Adopter nicht erfüllt, so werden sie ihre Teilnahmeentscheidung revidieren und aus dem System ausscheiden. Der zentrale Unterschied in den Auswirkungen von Marktwiderständen und Erwartungen ist somit darin zu sehen, daß Marktwiderstände dazu führen, daß die theoretische

---

295) Vgl. hierzu die Ausführungen in Kapitel 3.2.2.1 "Wechselseitige Interdependenz zwischen den Adoptern".

Adoptionsfunktion eine **Absenkung** und/oder **Verschiebung** erfährt, während die Teilnehmererwartungen für etwaige Adoptionsrückgänge verantwortlich sind. Die aus den oben genannten Einflußgrößen resultierende prinzipielle Veränderung der tatsächlichen Adoptionsfunktion im Vergleich zur theoretischen wird durch Abbildung 52 veranschaulicht.

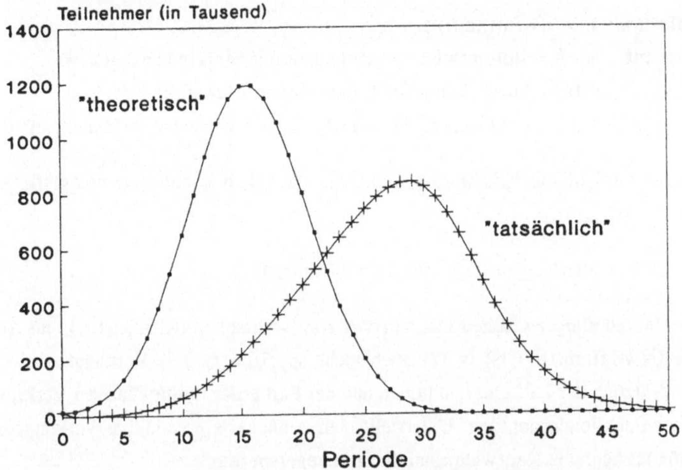

Abb. 52: Theoretische und tatsächliche Adoptionsfunktion

Im folgenden werden die durch Marktwiderstände hervorgerufenen Störungen der theoretischen Adoptions- bzw. Diffusionsfunktion in einer Störfunktion (s) erfaßt. Damit eine allgemeingültige Bestimmung der Störfunktion gewährleistet ist, wird zunächst *nur* die Annahme getroffen, daß ein funktionaler Zusammenhang zwischen der Störfunktion und den Marktwiderständen existiert. Mit Hilfe der Funktionalgleichungstheorie läßt sich, unter Zugrundelegung zu erwartender Einflußgrößen, dieser funktionale Zusammenhang allgemeingültig spezifizieren. Ist der Funktionstyp der Störfunktion bestimmt, so wird anschließend eine Differenzierung zwischen einzelnen Bestimmungsfaktoren der Marktwiderstände vorgenommen und die Erwartungshaltung der Adoptoren sowie der Aufbau möglicher Wartelisten in das Modell einbezogen.

4.3.3.2.1. Der Einfluß von Störungen auf den theoretischen Adoptionsverlauf

Die Störfunktion (s) bestimmt sich allgemein aus den Marktwiderständen (w), die im Zeitablauf wiederum durch den Einfluß des Marketing-Mix-Einsatzes (m) einerseits und der Teilnahmebereitschaft (h) andererseits beeinflußt werden. Die Störfunktion läßt sich damit allgemein wie folgt definieren:

Definition: $s: = s(w(h(t),m(t)))$

    mit $s(w)$: = Störeinfluß in Abhängigkeit der Marktwiderstände w

              $h(t)$: = Entwicklung der Teilnahmebereitschaft im Zeitablauf

              $m(t)$: = Entwicklung des Marketing-Mix-Einsatzes im Zeitablauf

Für die tatsächliche Kaufwahrscheinlichkeit läßt sich somit allgemeingültig schreiben:

$$(7) \quad P(t,w(h(t),m(t))) = f(t) \circ s(w(h(t),m(t)))$$

Die Verknüpfung zwischen theoretischer Kaufwahrscheinlichkeit ($f(t)$) und Störeinfluß ($s(w(h(t),m(t)))$) ist in (7) noch nicht spezifiziert. Als Verknüpfungsregel ist grundsätzlich der Fall einer additiven und der Fall einer multiplikativen Verknüpfung beider Funktionen denkbar. Unterstellt man zunächst eine additive Verknüpfung, so ist die tatsächliche Kaufwahrscheinlichkeit gegeben durch:

$$(8) \quad P(t,w(h(t),m(t))) = f(t) - s^*(w(h(t),m(t))) \cdot f(t)$$

Gleichung (8) bringt zum Ausdruck, daß auf Grund von Störeinflüssen ein bestimmter Anteil der theoretischen Kaufwahrscheinlichkeit tatsächlich nicht zum Tragen kommt, der durch die Störfunktion s^* bestimmt wird und von der theoretischen Kaufwahrscheinlichkeit subtrahiert werden muß. Für (8) läßt sich auch schreiben:

$$(8.1) \quad P(t,w(h(t),m(t))) = f(t) \cdot [1 - s^*(w(h(t),m(t)))]$$

Setzt man

$$(8.2) \quad s(w(h(t),m(t))) = 1 - s^*(w(h(t),m(t)))$$

so kann die einfache additive Verknüpfung auf eine multiplikative Verknüpfung zurückgeführt werden.

Im folgenden wird der allgemeine Fall der multiplikativen Verknüpfung zwischen theoretischer Kaufwahrscheinlichkeit und Störfunktion entsprechend Gleichung (9) betrachtet:

$$(9) \quad P(t,w(h(t),m(t))) = f(t) \cdot s(w(h(t),m(t)))$$

Während die Störfunktion s* in Gleichung (8) den relativen Anteil der Störungen zum Ausdruck bringt, spiegelt die Störfunktion s in Gleichung (8.2) bzw. (9) den nach der Störung verbleibenden relativen Anteil der Adopter wider. Ergibt sich beispielsweise in einer bestimmten Periode auf Grund von Störungen ein Teilnehmerausfall von s* = 0,4 so entspricht das einer verbleibenden Teilnehmerzahl von s = 1 - 0,4 = 0,6. Bezeichnet M das Marktsättigungsniveau, so ergeben sich zusammenfassend folgende Beziehungen:

$(10) \quad N(t,w(h(t),m(t))) = P(t,w(h(t),m(t))) \cdot M \qquad$ gestörte Adoptionsfunktion;

$(11) \quad P(t,w(h(t),m(t))) = f(t) \cdot s(w(h(t),m(t))) \qquad$ tatsächliche Kaufwahrscheinlichkeit;

$(12) \quad N(t,0) = f(t) \cdot M \qquad$ theoretische Adoptionsfunktion;

Die Bestimmung der Störfunktion erfolgt in drei Schritten:

(1) Mit Hilfe der Funktionalgleichungstheorie wird im ersten Schritt der Funktionstyp der Störfunktion allgemeingültig bestimmt, und die relevanten Betrachtungsbereiche werden festgelegt. Dabei wird zunächst von einer gegebenen Teilnahmebereitschaft (h_0) und gleichbleibenden Aktivitäten der Anbieterseite (konstanter Marketing-Mix-Einsatz in Höhe von m_0) ausgegangen, so daß sich die Störfunktion vereinfacht zu: $s(w(h_0,m_0) =: s(w)$.

(2) Ist s(w) bestimmt, so werden die Marktwiderstände (w) einer genaueren Analyse unterzogen und der auf die theoretische Adoptionsfunktion wirkende *Senkungseffekt* der Störfunktion untersucht. Dabei wird die Annahme einer gegebenen Teilnahmebereitschaft aufgegeben, während die Annahme gleichbleibender Aktivitäten der Anbieterseite (m_0) noch bestehen bleibt. Für die Störfunktion gilt in diesem Fall: $s(w(h(t),m_0) =: s(w(h(t)))$.

(3) Im letzten Schritt wird auch die Annahme eines konstanten Marketing-Mix-Einsatzes aufgegeben und der Einfluß der anbieterseitigen Aktivitäten auf die Entwicklung der Marktwiderstände in Form eines im Zeitablauf variierenden Marketing-Mix-Einsatzes (m(t)) in die Betrachtung einbezogen. Die Störfunktion wird damit in ihrer allgemeinen Form s(w(h(t),m(t))) betrachtet.

4.3.3.2.1.1. Bestimmung der Störfunktion

Die Auswirkungen von Marktwiderständen auf den Verlauf der theoretischen
(ungestörten) Adoptionsfunktion manifestieren sich in einer Reduktion der theoretisch denkbaren Adopterzahl in einer bestimmten Periode. Bezüglich des Auftretens
von Marktwiderständen wird folgende **Annahme** getroffen:

Eine Veränderung des Marktwiderstandsniveaus von w1 um w2 auf Grund einer
autonomen (von t unabhängigen) Änderung der Einflußgrößen Marketing-Mix-Einsatz oder Teilnahmebereitschaft führt zu einer Veränderung der Adoptionsfunktion
s(w1)·f(t) um das s(w2)-fache. Mit w1 < w1+w2 muß gelten:

$$s(w1) \cdot f(t) \; > \; s(w1 + w2) \cdot f(t) \; = \; s(w1) \cdot s(w2) \cdot f(t)$$

In dieser Annahme kommt die Überlegung zum Ausdruck, daß mit einer Erhöhung
des Marktwiderstandsniveaus die Störeinflüsse steigen müssen. Da durch die Störfunktion (s) der aus einer Störung resultierende **relative Teilnehmerausfall** zum
Ausdruck kommt, kann die Störfunktion, ebenso wie die theoretische Kaufwahrscheinlichkeit, nur Werte im Intervall [0,1] annehmen.
Auf Grund der **multiplikativen Verknüpfung** zwischen der Funktion der theoretischen Kaufwahrscheinlichkeit f(t) und der Störfunktion s(w) implizieren somit ab-
nehmende Marktwiderstände eine Zunahme der Störfunktion. Für die Störfunktion
gilt damit, daß mit steigenden Marktwiderständen die Werte der Störfunktion sinken
et vice versa. Führen die Marktwiderstände zu einem völligen Ausfall aller Adopter,
so besitzt die Störfunktion den Wert 0, während sie beim Ausbleiben von Marktwiderständen, d.h. bei keiner Störung den Wert 1 annimmt. Im letzten Fall muß also
gelten: s(0) = 1. Unterstellt man realistischer Weise, daß mit steigender Teilnehmerzahl die Marktwiderstände sinken, so muß die Störfunktion mit Vergrößerung der
Teilnehmerzahl ansteigen. Der grundsätzliche Zusammenhang zwischen der Entwicklung der Marktwiderstände und der Störfunktion ist in Abbildung 53 dargestellt.
Weiterhin bringt die Annahme zum Ausdruck, daß das Marktwiderstandsniveau einer
Periode in beliebige Teilwiderstände zerlegt werden kann und an Stelle der Betrachtung des Marktwiderstandes in seiner Gesamtheit sich auch eine Separierung in
Teilwiderstände vornehmen läßt. Diese Separierung bedeutet dabei nicht zwangsläufig, daß eine eindeutige Zerlegung eines Marktwiderstandsniveaus in die Komponenten Teilnahmebereitschaft und Marketing-Mix-Einsatz möglich sein muß. Ein
Teilwiderstand kann also auch ohne weiteres sowohl durch die Teilnahmebereitschaft
als auch durch den Marketing-Mix-Einsatz bedingt sein.

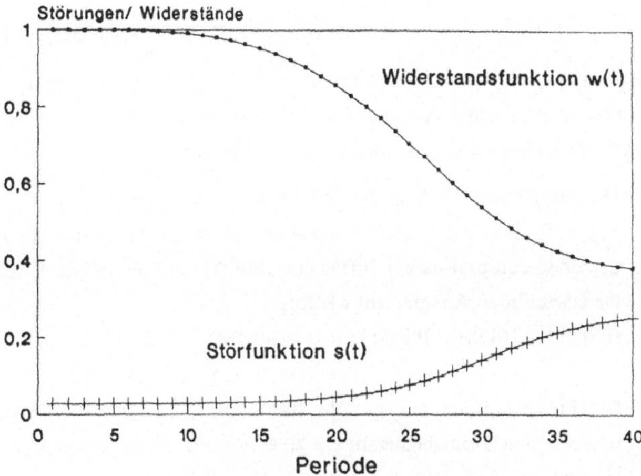

Abb. 53: Beispielhafte Entwicklung der Störfunktion und der Marktwiderstände

Erhöht sich das Marktwiderstandsniveau einer bestimmten Periode auf Grund einer Veränderung der Einflußgrößen z.B. um den Wert w2, so ergibt sich das Gesamtniveau aus w = w1 + w2. Die Addition von Teilwiderständen ist dabei nur deshalb möglich, weil mit der gesetzten Annahme unterstellt wird, daß das **Störniveau** s(w2) unabhängig davon ist, welches **Marktwiderstandsniveau** vor der Änderung bestanden hat. Störungen treten also **innerhalb** einer Periode zufällig auf.[296]

Die Annahme der Unabhängigkeit eines Störeffektes vom bestehenden Marktwiderstandsniveau besagt, daß absolut gleiche Marktwiderstandserhöhungen immer zu dem gleichen **relativen** Teilnehmerausfall führen. Ein Beispiel soll die Aussage verdeutlichen:

Es sei unterstellt, daß sich Marktwiderstände nur aus den Endgerätepreisen ergeben, wobei der Marktwiderstand um so größer ist, je höher der Endgerätepreis liegt. Dabei sollen beispielhaft folgende Werte der Störfunktion ermittelt worden sein:[297]

---

296) An dieser Stelle sei darauf hingewiesen, daß durch die gesetzte Annahme **nicht** eine Unabhängigkeit der Marktwiderstände unterstellt wird.

297) Die beispielhaft gewählten Zahlen machen weiterhin deutlich, daß geringe Markwiderstände (in diesem Fall beispielhaft eingeschränkt auf die Endgerätepreise) mit einem hohen Wert der Störfunktion verbunden sind und umgekehrt.
Bei der Anwendung des Diagnosemodells müssen die Werte der Störfunktion z.B. über einen

$$s(10DM) = 0{,}8 \qquad s(20DM) = 0{,}64 \qquad s(90DM) = 0{,}13$$

Es sei nun eine Phase im Diffusionsprozeß betrachtet, bei der die Zahl der theoretisch möglichen Adopter 200.000 Teilnehmer beträgt. In dieser Diffusionsphase sollen zwei Situationen analysiert werden:

(a) Der Endgerätepreis liege bei 90DM, was einer tatsächlichen Adopterzahl von 0,13 · 200.000 = 26.000 entspricht. Es kommt nun zu einer Erhöhung des Endgerätepreises um 10DM auf 100DM. In diesem Fall reduziert sich die tatsächliche Adopterzahl wie folgt:

$$
\begin{aligned}
s(90DM + 10DM) \cdot 200.000 \;&=\; s(90DM) \cdot s(10DM) \cdot 200.000 \\
&=\; 0{,}13 \cdot 0{,}8 \cdot 200.000 = 20.800
\end{aligned}
$$

Die Preiserhöhung um 10 DM führt somit zu einer Verringerung der tatsächlichen Teilnehmerzahl um 20%, was in dieser Situation 5.200 Teilnehmern entspricht.

(b) Der Endgerätepreis liege bei 20DM, was einer tatsächlichen Adopterzahl von 0,64 · 200.000 = 128.000 entspricht. Es kommt auch hier zu einer Erhöhung des Endgerätepreises um 10DM auf 30DM. In dieser Situation reduziert sich die tatsächliche Adopterzahl wie folgt:

$$
\begin{aligned}
s(20DM + 10DM) \cdot 200.000 \;&=\; s(20DM) \cdot s(10DM) \cdot 200.000 \\
&=\; 0{,}64 \cdot 0{,}8 \cdot 200.000 = 102.400
\end{aligned}
$$

Die Preiserhöhung um 10 DM führt auch in dieser Situation zu einer Senkung der tatsächlichen Teilnehmerzahl um 20%, was hier aber einem absoluten Teilnehmerausfall von 25.600 gleichkommt.

Die angenommene Unabhängigkeit des sich aus einer Marktwiderstandserhöhung ergebenden Störeffektes vom bestehenden Marktwiderstandsniveau läßt sich durch einen Vergleich der beiden Situationen verdeutlichen:

Im ersten Fall kommt es durch eine 11%ige Preissteigerung zu einem absoluten Teilnehmerausfall von 5.200, während in der zweiten Situation die 50%ige Erhöhung des Endgerätepreises zu einem Teilnehmerausfall von 25.600 führt. Das bedeutet, daß in der subjektiven Wahrnehmung der Nachfrager eine prozentual geringere Preiserhöhung als weniger gravierend empfunden wird als eine relativ hohe Preissteigerung.

Das Beispiel macht deutlich, daß die Konsequenz, die sich aus der Annahme der Unabhängigkeit ergibt, vor dem Hintergrund der subjektiven Einschätzung der Nachfrager als durchaus realistisch angesehen werden kann.

Testmarkt bestimmt werden. Vgl. hierzu die Ausführungen in Kapitel 4.3.3.4.1 "Informationsgewinnung mit Hilfe von Testmarktdaten".

Ausgehend von Gleichung

$$(13) \qquad P(t,w) = f(t) \cdot s(w)$$

setzen wir entsprechend obiger Überlegung w: = w1 + w2 und es folgt:

$$(13.1) \quad P(t,w) \; = P(t,w1 + w2) = f(t) \cdot s(w1 + w2)$$
$$= P(t,w1) \cdot s(w2)$$
$$= f(t) \cdot s(w1) \cdot s(w2)$$

Für f(t) $\neq$ 0 folgt die Cauchy-Gleichung:

$$(13.2) \quad s(w1 + w2) \; = \; s(w1) \cdot s(w2)$$

Speziell für w: = w + 0 ergibt sich:

$$(13.3) \quad P(t,w) \; = P(t,w + 0) = f(t) \cdot s(w + 0)$$
$$= f(t) \cdot s(w) \cdot s(0)$$
$$= P(t,w) \cdot s(0)$$

Ist $P(t,w) \neq 0$ für ein geordnetes Paar $(t,w) \in \Re^2$, so gilt $s(0) = 1 \; \forall \; (w,t) \in \Re^2$. Gemäß Satz 2.2 im Anhang besitzt die Cauchy'sche Funktionalgleichung (13.2) folgende allgemeine Lösung:

$$s(w) = \begin{cases} 0 & \text{für alle } w \in \Re \\ \exp{(c \cdot w)} & \text{mit } w \in \Re; \, c \in \Re \\ & \text{eine Konstante und } c = \ln(s(1)) \end{cases}$$

Die Lösung $s(w) = 0$ ist als Extremfall zu betrachten, da hier die Störungen bei jedem Marktwiderstandsniveau (auch bei w=0) so groß sind, daß in keiner Periode eine Adoption erfolgt. Außerdem steht diese Lösung im Widerspruch zu der anfänglichen Überlegung, daß bei keiner Störung die Störfunktion den Wert 1 annehmen muß (s(0)=1).

Es ist damit die Lösung $s(w) = \exp{(c \cdot w)}$ relevant, und es läßt sich feststellen, daß die Störfunktion unter den gesetzten Annahmen der Exponentialfunktion entspricht. Die Konstante "c" spiegelt dabei die Intensität wider, mit der Marktwiderstände (w) zu Störungen der theoretischen Adoptionsfunktion führen. Im folgenden muß noch das für c relevante Betrachtungsintervall bestimmt werden. Es werden drei Fälle unterschieden, wobei nur **positive** Marktwiderstände (w > 0) betrachtet werden:

Fall 1: c > 0

Für c > 0 folgt:

$P(t,w) = f(t) \cdot \exp(c \cdot w) > f(t) = P(t,0) \Rightarrow s(w) > 1$

Damit wäre die tatsächliche größer als die theoretische Kaufwahrscheinlichkeit. Das ist ein Widerspruch zu der Überlegung, daß $s(w) \in [0,1]$ gelten muß.

Fall 2: c = 0

Für c = 0 folgt:

$P(t,w) = f(t) \cdot \exp(c \cdot w) = f(t)$

Dieser Fall ist als nicht relevant anzusehen, da Marktwiderstände zu keinen Störeinflüssen der theoretischen Adoptionsfunktion führen würden.

Fall 3: c < 0

Für c < 0 folgt:

$P(t,w) = f(t) \cdot \exp(c \cdot w) < f(t) \cdot \exp(c \cdot 0) = f(t) = P(t,0)$

In diesem Fall ist die tatsächliche kleiner als die theoretische Kaufwahrscheinlichkeit. Die unterstellte Annahme ist somit erfüllt und es folgt das **Ergebnis**:

$$\boxed{\begin{array}{c} (14) \quad s(w) = \exp(c \cdot w) \leq 1 \quad \text{für alle } w \in \Re_+ \\ \text{mit } c = \ln(s(1)) < 0 \end{array}}$$

Die Konstante c wird im folgenden als **Störintensität** interpretiert, die zum Ausdruck bringt, mit welcher Intensität Marktwiderstände zu einer Störung und damit zu einem Ausfall von Teilnehmern führen. Durch die Störintensität wird der Wirkungsgrad aller nachfragespezifischen Widerstandsfaktoren auf den Teilnehmerausfall in einer Periode erfaßt.

4.3.3.2.1.2. Analyse und Aufspaltung der Marktwiderstandsfunktion bei konstantem Marketing-Mix-Einsatz

Die Marktwiderstände wurden bisher als Variable (w) der Störfunktion betrachtet. Das bedeutet jedoch eine Einschränkung der Betrachtungen, da die theoretischen Überlegungen verdeutlicht haben, daß sich Marktwiderstände insbesondere in Abhängigkeit der Installierten Basis und den existierenden Rahmenbedingungen entwickeln. Unter Rahmenbedingungen werden dabei z.B. die Realeinkommensverhältnisse der potentiellen Nachfrager verstanden. Weiterhin wird zunächst noch von im Zeitablauf variierenden Aktivitäten der Anbieterparteien abstrahiert, und sie werden als konstant in Höhe von m_0 angesehen. Damit werden im folgenden also nur die Einflüsse betrachtet, die von der Nachfragerseite ausgehend die Marktwiderstände beeinflussen und von t abhängig sind.

Es existiert damit eine **Marktwiderstandsfunktion**, die wie folgt definiert ist:

$$(15) \qquad w: = w(h^{*}(l(t)),m_0)$$

mit $\qquad l(t)$: $\quad=$ Einfluß der Installierten Basis der Vorperiode

$\qquad\qquad m_0$: $\quad=$ konstanter Einsatz des Marketing-Mix

Die Funktion $h^{*}(l(t))$ bildet dabei die sich im Zeitablauf verändernde Einflußstärke der nachfrageseitigen Faktoren auf den Marktwiderstand ab. Betrachtet man zunächst die in einer Periode existierende relative Installierte Basis, so entspricht diese dem Marktsättigungsgrad (l), der sich wie folgt bestimmt:

$$(16) \qquad l: = l(t) = X(t\text{-}1,w)/M$$

$\qquad\qquad$ wobei $X(t\text{-}1,w) =$ Installierte Basis in Periode t-1

$\qquad\qquad\qquad M:\quad =$ Marktsättigungsgrenze

Im folgenden muß der in Gleichung (15) unterstellte funktionale Zusammenhang zwischen Installierter Basis und nachfrageseitigen Faktoren spezifiziert werden, d.h. es ist die Funktion

$$(17) \qquad h(t) = h^{*}(l(t))$$

zu konkretisieren. Dabei wird unterstellt, daß eine Veränderung des Marktsättigungsgrades $l(t)$ um λ zu einer Veränderung der Funktion der Teilnahmebereitschaft, die den Marktwiderstand über die Funktion w bestimmt, um das $g(\lambda)$-fache führt. Formal kommt dieser Sachverhalt in folgender Beziehung zum Ausdruck:

$$(18) \qquad h^{*}(\lambda\cdot l(t)) = g(\lambda) \cdot h^{*}(l(t)); \ \lambda \in \Re; \ \lambda\cdot l(t) \in [0,1]$$

Für $\lambda = 1$ folgt nach Anwendung des Kommutativgesetzes:

$$(18.1) \quad h^*(l(t)) = h^*(l(t)) \cdot g(1)$$

Mit $h^*(l(t)) \neq 0$ folgt für ein $t \in \Re$ $g(1) = 1$.

Da in (18) λ und l multiplikativ verknüpft sind, sind λ und l nach dem Kommutativgesetz beliebig austauschbar und für (18.1) läßt sich auch schreiben:

$$(18.2) \quad h^*(l(t)) = h^*(1) \cdot g(l(t))$$

Erfüllt $h^*: \Re_+ \to \Re_+$ die Funktionalgleichung (18), so ist $h^*(1)$ eine Konstante und die Funktion $g(l)$ ist zu bestimmen. Zu diesem Zweck wird folgender Sachverhalt betrachtet:

Für $\lambda_1, \lambda_2 \in \Re_+$ ergibt sich für die "Niveauvariation" $(\lambda_1 \cdot \lambda_2 \cdot l) \in \Re_+$ mit (18) und $\lambda_1 \cdot \lambda_2 \cdot l(t) \in [0,1]$:

$$(18.3) \quad h^*(\lambda_1 \cdot [\lambda_2 \cdot l(t)]) = h^*(\lambda_2 \cdot l(t)) \cdot g(\lambda_1) = h^*(l(t)) \cdot g(\lambda_1) \cdot g(\lambda_2)$$

$$(18.4) \quad h^*([\lambda_1 \cdot \lambda_2] \cdot l(t)) = h^*(l(t)) \cdot g(\lambda_1 \cdot \lambda_2)$$

und für $h^*(l(t)) \neq 0$ für ein $l(t) \in \Re$ folgt:

$$(18.5) \quad g(\lambda_1 \cdot \lambda_2) = g(\lambda_1) \cdot g(\lambda_2)$$

Gleichung (18.5) ist eine Cauchy'sche-Funktionalgleichung, die gemäß Satz 3.2 im Anhang folgende Lösung besitzt:

$$(18.6) \qquad g(\lambda) = \lambda^V \qquad \text{wobei } g: \Re_+ \to \Re_+ \text{ als stetig vorausgesetzt;}$$
$$\text{v eine Konstante}$$

Für (18.6) läßt sich auch schreiben:

$$(18.7) \qquad g(l(t)) = [l(t)]^V; \quad \text{v eine Konstante}$$

Setzt man (18.7) in (18.2) ein, so folgt:

$$(18.8) \quad h^*(l(t)) = h^*(1) \cdot [l(t)]^V; \quad h^*(1) \text{ eine beliebige Konstante}$$

Dabei entspricht $h^*(1)$ dem Zustand, in dem alle theoretisch denkbaren Teilnehmer auch tatsächliche Teilnehmer sind. In diesem Fall muß der Einfluß der Störfunktion Null werden bzw. der Wert der Störfunktion muß 1 sein, und die Marktwiderstände streben gegen Null (vgl. auch Abbildung 55). Die Konstante $h^*(1)$ wird im weiteren Verlauf dieses Kapitels auf Grund von Plausibilitätsüberlegungen fixiert.

Mit (16) und (18.8) ist (17) eindeutig bestimmt und es folgt das **Ergebnis**:

$$(17.1) \quad h(t) = h^*(1) \cdot [\, X(t\text{-}1,w)/M \,]^v$$

$$\text{mit} \quad v = \text{Sensibilitätskonstante}$$

$$h^*(1) = \text{beliebige Konstante}$$

Mit Gleichung (17.1) wird die Abhängigkeit der Teilnahmebereitschaft von der relativen Installierten Basis der Vorperiode [X(t-1,w)/M] modelliert, wodurch die Abhängigkeit des Marktwiderstandsniveaus zwischen der aktuellen Periode und den Vorperioden Berücksichtigung findet. Diese Abhängigkeit bezieht sich jedoch nur auf Beeinflussungseffekte *zwischen* zwei Betrachtungsperioden, wodurch die für die Ableitung der Störfunktion zu Anfang gesetzte Annahme der Unabhängigkeit eines Störeffektes vom bestehenden Marktwiderstandsniveau *innerhalb* einer bestimmten Betrachtungsperiode nicht beeinflußt wird.

Weiterhin bestimmt in (17.1) die Konstante v die Stärke des Einflußes der relativen Installierten Basis [X(t-1,w)/M] auf die Teilnahmebereitschaft und damit den Verlauf des Diffusionsprozesses, was bereits in Kapitel 3.4.2 herausgestellt wurde. In diesem Kapitel wurde v als Verhaltenskonstante interpretiert, die die Summe der nachfrageseitigen Einflußfaktoren auf die Teilnahmebereitschaft umfaßt. Im Rahmen des vorliegenden Modells kann nun aber eine differenziertere Betrachtung vorgenommen werden. Während die Intensität, mit der Marktwiderstände zu Störungen der Adoption führen, bereits durch die Störintensität (c) im Rahmen der Störfunktion s(w) = exp(c·w) erfaßt wird, wird die Konstante v als ein alleiniges Maß dafür interpretiert, in welchem Ausmaß die allgemeinen Rahmenbedingungen, wie z.B. die Realeinkommensverhältnisse, zu einer Verzögerung der Teilnahmebereitschaft führen oder diese begünstigen. Sie wird deshalb als **Sensibilitätskonstante** bezeichnet, die die Sensibilität der Teilnahmebereitschaft bezüglich der allgemeinen Rahmenbedingungen widerspiegelt. Als relevantes Betrachtungsintervall kann $v \in \mathfrak{R}_+$ angesehen werden. Führen die allgemeinen Rahmenbedingungen zu einer Begünstigung der Teilnahmebereitschaft, so muß v im Intervall [0,1] liegen. Je mehr sich dabei v dem Wert Null nähert, desto größer ist die Teilnahmebereitschaft bereits bei einem geringen Marktsättigungsniveau anzusehen. Wird durch die allgemeinen Rahmenbedingungen hingegen eine Verzögerung der Teilnahmebereitschaft verursacht, so muß v > 1 gelten, und die Teilnahmebereitschaft erfährt erst in den späteren Marktphasen einen überproportionalen Anstieg.

Die Entwicklung der Teilnahmebereitschaft in Abhängigkeit des Marktsättigungsniveaus ist für alternative Werte der Sensibilitätskonstanten in Abbildung 54 dargestellt. Die Abbildung verdeutlicht die Wirkungsweise der Sensibilitätskonstanten auf die Teilnahmebereitschaft. Da die Entwicklung der Teilnahmebereitschaft entsprechend Gleichung (17.1) auch durch die bisher noch nicht eindeutig bestimmte Konstante $h^*(1)$ beeinflußt wird, wurde zur Verdeutlichung des allgemeinen Zusammenhangs in Abbildung 54 $|h(t)|$ mit $|h^*(1)|=1$ betrachtet und somit der Einfluß von $h^*(1)$ neutralisiert.

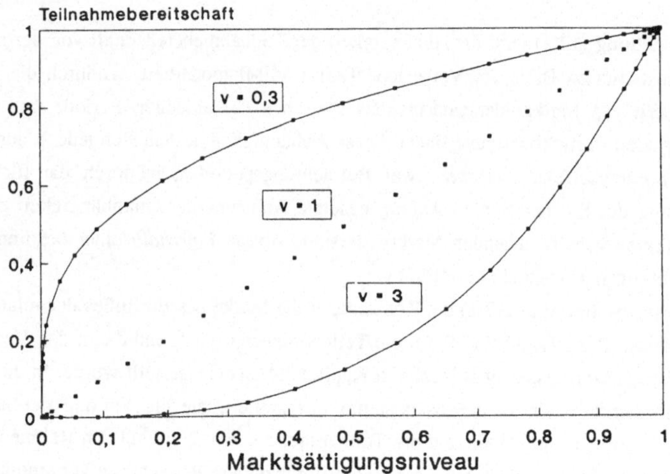

Abb. 54: Beispielhafter Verlauf der Funktion $|h(t)|$; mit $|h^*(1)|=1$ für alternative Werte der Sensibilitätskonstanten v

Eine vollständige Spezifikation der in Gleichung (15) dargestellten Marktwiderstandsfunktion ist aber erst dann erreicht, wenn abschließend noch der funktionale Zusammenhang zwischen den Marktwiderständen (w) und der Teilnahmebereitschaft (h) bestimmt ist. Da die Teilnahmebereitschaft vom Niveau der Installierten Basis der Vorperiode abhängt, läßt sich die Beziehung zwischen Marktwiderständen und Teilnahmebereitschaft nicht mehr allgemeingültig bestimmen. Es ist deshalb erforderlich eine Plausibiliätsbetrachtung vorzunehmen. Grundsätzlich kann hier ein linearer und ein nicht linearer Zusammenhang diskutiert werden:

Die Unterstellung einer **linearen Beziehung** zwischen Teilnahmebereitschaft und Marktwiderstand impliziert, daß eine bestimmte Veränderung der Teilnahmebereitschaft stets in gleichem Ausmaß zu einer Veränderung der Marktwiderstände führt. Das aber bedeutet, daß eine Erhöhung der Teilnahmebereitschaft z.B. um den Wert h1 bei einem geringen Marktsättigungsgrad die Marktwiderstände in gleichem Ausmaß beeinflußt wie bei einem hohen Marktsättigungsgrad. Diese Unterstellung erscheint jedoch wenig realistisch. Es ist deshalb von einem **nicht-linearen** Zusammenhang zwischen Teilnahmebereitschaft und Marktwiderständen auszugehen. Weiterhin ist es plausibel, daß mit steigender Teilnahmebereitschaft die Marktwiderstände sinken. Dementsprechend muß w in Abhängigkeit von $|h|$ einen fallenden Verlauf nehmen und es muß gelten: $w'(t) < 0$.

Im folgenden wird unterstellt, daß bei isolierter Betrachtung des Einflusses der Installierten Basis auf die Marktwiderstände eine Erhöhung der Installierten Basis und damit der Teilnahmebereitschaft in der Markteinführungsphase die Marktwiderstände wesentlich stärker reduzieren kann als in einer späten Marktphase. Entsprechend den Überlegungen im theoretischen Teil dieser Arbeit können nämlich am Anfang durch eine Vergrößerung der Teilnehmerzahl auf Grund steigender Nachfragesynergien Marktwiderstände erheblich reduziert werden, während die Reduktion von Marktwiderständen in einer späten Marktphase **allein** auf Grund einer steigenden Teilnehmerzahl immer schwieriger wird. Diese Überlegungen lassen sich beispielsweise durch die Unterstellung eines *exponentiellen Zusammenhangs* zwischen Teilnahmebereitschaft und Marktwiderständen abbilden, der im folgenden angenommen wird, und es soll gelten:

$$(15.1) \quad w(t) = \exp(h(t))$$

Mit (17.1) läßt sich für (15.1) auch schreiben:

$$(15.2) \quad w(t) = \exp(h^*(1) \cdot [\, X(t\text{-}1,w)/M \,]^V); \quad h^*(1) = \text{eine Konstante}$$

Damit entsprechend den obigen Überlegungen die Bedingung $w'(t) < 0$ erfüllt ist, muß $h^*(1) < 0$ gelten, und wir setzen $h^*(1) = k$; $k < 0$. Damit folgt:

$$\boxed{\begin{array}{l} (15.3) \quad w(t) = \exp(k \cdot [\, X(t\text{-}1,w)/M \,]^V); \quad k = \text{Dämpfungsfaktor} < 0 \\ \hphantom{(15.3) \quad w(t) = \exp(k \cdot [\, X(t\text{-}1,w)/M \,]^V); \quad} v = \text{Sensibilitätskonstante} > 0 \end{array}}$$

In Gleichung (15.3) wird noch von einem im Zeitablauf variierenden Einfluß der Aktivitäten auf der Anbieterseite (Marketing-Mix-Einsatz) abstrahiert und ein konstanter Marketing-Mix-Einsatz in Höhe von m_0 unterstellt.
Die Konstante k spiegelt für $|k| > 1$ die Intensität wider, mit der Marktwiderstände reduziert werden können, und sie wird deshalb als **Dämpfungsfaktor** bezeichnet. Der Absolutbetrag von k ist um so größer, je stärker die Marktwiderstände verringert werden können. Unterstellt man ein wirksames Marketing, so entspricht ein konstanter Marketing-Mix-Einsatz ebenfalls einer Dämpfung der durch die Installierte Basis bestimmten Marktwiderstände, womit formal eine *multiplikative Verknüpfung*

zwischen dem konstanten Marketing-Mix-Einsatz m_0 und der Funktion der Teilnahmebereitschaft h(t) angenommen werden kann. Unter einem **wirksamen Marketing** ist dabei zu verstehen, daß durch eine Vergrößerung der Marketing-Aktivitäten bzw. - Ausgaben auch tatsächlich Marktwiderstände abgebaut werden können und sich damit eine Reduktion des Teilnehmerausfalls erzielen läßt.

Im folgenden wird unterstellt, daß eine Dämpfung der Marktwiderstände allein aus dem bisher noch als konstant angesehenen Marketing-Mix-Einsatz resultiert, und es gilt: $k = -m_0$.

Die Funktion (15.3) ist für eine beispielhafte Parameterkonstellation in Abbildung 55 dargestellt.

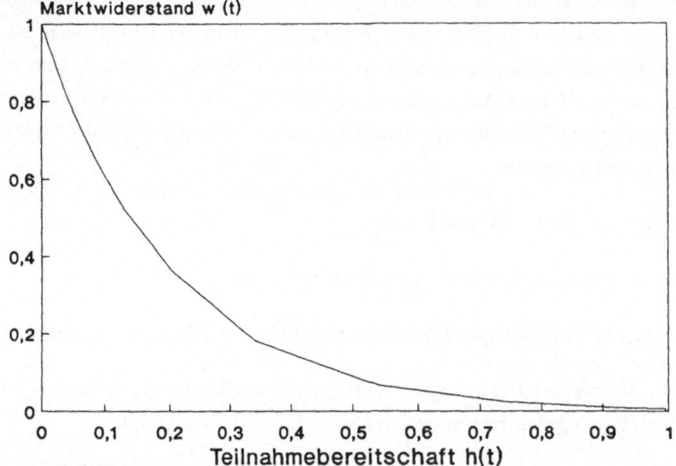

Abb. 55: Beispielhafter Verlauf der Marktwiderstandsfunktion in Abhängigkeit von der Teilnahmebereitschaft

4.3.3.2.1.3. Einführung eines variablen Marketing-Mix-Einsatzes

Die Aktivitäten der Anbieterseite können dazu führen, daß Marktwiderstände sowohl abgebaut als auch vergrößert werden. Die theoretischen Überlegungen haben gezeigt, daß auf Grund des Mehrebenenproblems auf der Anbieterseite die Aktivitäten einzelner Anbieterparteien durchaus zuwider laufen können und beispielsweise überhöhte Preisforderungen prohibitiv auf nutzungsfördernde Aktivitäten der übrigen Anbieterparteien wirken können. Faßt man die Auswirkungen der getroffenen Marketing-Mix-Maßnahmen aller Anbieterparteien auf die Entwicklung des Marktwiderstandes in der Funktion m(t) zusammen, so erweitert sich die in (15) definierte Marktwiderstandsfunktion zu:

$$(19) \qquad w: \; = \; w(h(t),m(t))$$

Bezüglich der Funktion der Teilnahmebereitschaft (h) und der Funktion des Marketing-Mix-Einsatzes (m) wurde im vorangegangenen Kapitel bereits eine multiplikative Verknüpfung als plausibel herausgestellt, die im folgenden auch beibehalten wird. Damit folgt unter Verwendung von (15.3) für die allgemeine Marktwiderstandsfunktion in (19) das **Ergebnis**:

$$(19.1) \quad w(h(t),m(t)) \; = \; \exp(k \cdot [\, X(t\text{-}1,w)/M \,]^{v} \cdot m(t))$$
$$\text{mit} \quad k = \text{Dämpfungsfaktor} < 0$$
$$v = \text{Sensibilitätskonstante} > 0$$

Betrachtet man k = -1, so kann die Marketing-Mix-Funktion auch als eine Dynamisierung des Dämpfungsfaktors (k) interpretiert werden, wobei für $0 < m(t) < 1$ die Aktivitäten auf der Anbieterseite zu einer *Vergrößerung* der Marktwiderstände führen, während für m(t)>1 die anbieterseitigen Faktoren eine *Reduktion* der Marktwiderstände zur Folge haben. Durch die Mehrdimensionalität der Marktebene auf der Anbieterseite ist eine Erhöhung der Marktwiderstände auf Grund von Marketing-Mix-Maßnahmen der Anbieterseite um so wahrscheinlicher, je weniger koordiniert diese Aktionen erfolgen. Da davon ausgegangen werden kann, daß der Marketing-Mix-Einsatz der unterschiedlichen Anbieterparteien auf der Nachfragerseite ganzheitlich wahrgenommen wird, kann die Funktion der anbieterseitigen Einflüsse auf die Entwicklung der Marktwiderstände nicht allgemeingültig hergeleitet werden. Zur funktionalen Spezifikation der Marketing-Mix-Funktion (m) ist es sinnvoll, auf geeignete Testmarktdaten zurückzugreifen, wobei z.B. folgender Regressionsansatz Verwendung finden könnte:[298]

---

298) Vgl. zur Regressionsanalyse: BACKHAUS, Klaus/ ERICHSON, Bernd/ PLINKE, Wulff/

(20) m: = $m(P^*_N(t), P^*_S(t), P^*_D(t), P^*_E(t))$

mit P^*_N: = subjektiv wahrgenommene Preissetzung des Netzbetreibers

P^*_S: = subjektiv wahrgenommene Preissetzung des
Systembetreibers

P^*_D: = subjektiv wahrgenommene Preissetzungen der
Diensteanbieter

P^*_E: = subjektiv wahrgenommene Preissetzungen der
Endgerätehersteller

Der Einbezug der Marketing-Mix-Funktion m in das Diagnosemodell muß auch hier allerdings auf Grund von Plausibilitätsüberlegungen erfolgen. Da Marktwiderstände in der Markteinführungsphase besonders stark ausgeprägt sind und mit steigender Teilnehmerzahl abnehmen, ist es sinnvoll, in der Anfangsphase einen verstärkten Marketing-Mix-Einsatz zu betreiben, der bei steigender Teilnehmerzahl wieder reduziert wird. Geht man dabei von einem wirksamen Marketing aus, so können durch den Marketing-Mix-Einsatz die Marktwiderstände in dem Ausmaß reduziert werden, in dem auch Marketing-Mix-Anstrengungen unternommen werden. In diesem Fall entspricht die Marketing-Mix-Funktion einer Maximumfunktion, wie sie beispielhaft in Abbildung 56 dargestellt ist.

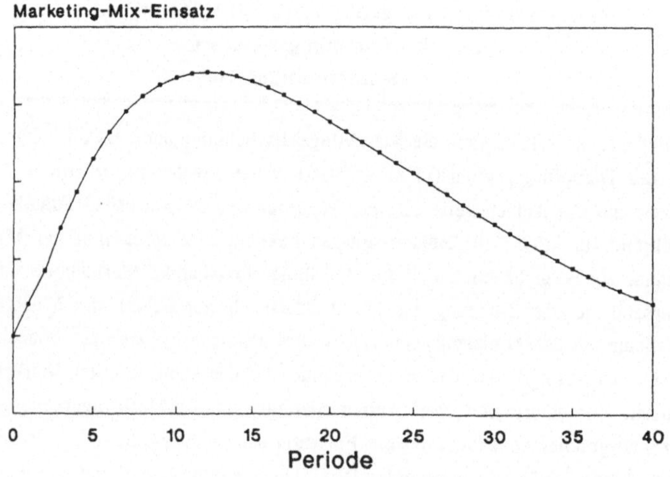

Abb. 56: Beispielhafter Verlauf der Marketing-Mix-Funktion

WEIBER, Rolf: Multivariate Analysemethoden, 6. Aufl. Berlin usw. 1990, S.1ff.

Mit Hilfe der Marketing-Mix-Funktion lassen sich im Rahmen einer Sensitivitäts-analyse unterschiedliche Szenarien analysieren. So können z.B. die Auswirkungen

- unterschiedlicher Zeitpunkte eines maximalen Marketing-Mix-Einsatzes,

- eines wirksamen und/oder eines nicht vollständig wirksamen Marketing,

- eines im Zeitablauf steigenden oder fallenden Marketing-Mix-Einsatzes,

- eines koordinierten und/oder nicht koordinierten Marketing-Mix-Einsatzes der Anbieterparteien

auf den Verlauf der Adoptionsfunktion analysiert werden.

4.3.3.2.2. Modellierung der Teilnahmeverzögerungen

Mit den Plausibilitätsbetrachtungen zur Marketing-Mix-Funktion sind die aus den Marktwiderständen resultierenden Störungen der theoretischen Adoptionsfunktion vollständig bestimmt, und die in Gleichung (10) in Verbindung mit (11) allgemein formulierte **gestörte Adoptionsfunktion** ergibt sich mit (14) und (19.1) zu:

$$(21) \quad N(t,w) = f(t) \cdot \exp(c \cdot \exp(k \cdot [X(t-1,w)/M]^V \cdot m(t))) \cdot M; \quad \text{mit } c,k < 0; \; v > 0$$

Die Störungen führen damit aber nur zu einer **Absenkung** (Stauchung) der theoreti-schen Adoptionsfunktion, d.h. die auf Grund von Störungen ausfallenden potentiellen Adopter sind für immer als Teilnehmer für das betrachtete Kritische Masse-System verloren. Die in Gleichung (21) spezifizierte gestörte Adoptionsfunktion kann damit nicht die Verzögerung der Teilnahmeentscheidung erfassen und stellt somit einen Spezialfall dar. Bezüglich des Verhaltens von Nachfragern, die in einer Periode auf Grund von Marktwiderständen ihre Teilnahmeentscheidung **hinauszögern**, ist es jedoch plausibel, daß auch sie in einer der nachfolgenden Perioden Teilnehmer des Systems werden. Dabei kann davon ausgegangen werden, daß sich die Teilnahmeentscheidung an der Höhe des Marktwiderstandsniveaus orientieren wird. Bestehen keine Marktwiderstände mehr, so werden umgehend alle Nachfrager in das System einsteigen, die bis zu diesem Zeitpunkt ihre Teilnahme hinausgezögert haben. Die sich aus der Teilnahmeverzögerung ergebende **Verschiebung** der tatsächlichen im Vergleich zur theoretischen Adoptionsfunktion, läßt sich mit Hilfe eines korrigierten Marktsättigungsniveaus wie folgt erfassen:

$$(22) \quad M^*(t) = M + \vartheta(t\text{-}1)/f(t)$$

mit $M^*(t)$ = korrigiertes Marktsättigungsniveau in Periode t

$\vartheta(t\text{-}1)$ = bis zur Periode t-1 kumulierter Teilnehmerausfall auf Grund von Teilnahmeverzögerungen

$f(t)$ = theoretische Kaufwahrscheinlichkeit

Durch das entsprechend Gleichung (22) definierte korrigierte Marktsättigungsniveau wird unterstellt, daß sich von den kumulierten Teilnehmerausfällen auf Grund von Teilnahmeverzögerungen in einer Periode ein bestimmter Anteil zur Teilnahme entschließt. Dieser Anteil bestimmt sich nach Maßgabe der Störfunktion. Der Zusammenhang wird deutlich, wenn man die tatsächliche Adoptionsfunktion unter Verwendung des korrigierten Marktsättigungsniveaus betrachtet. Es gilt:

$$(23) \quad N(t,w) = f(t) \cdot s(w(h(t),m(t))) \cdot M^*(t)$$

Mit (22) folgt:

$$(24) \quad N(t,w) = f(t) \cdot s(w(h(t),m(t))) \cdot [M + \vartheta(t\text{-}1)/f(t)]$$

$$(24.1) \quad N(t,w) = f(t) \cdot s(w(h(t),m(t))) \cdot M + s(w(h(t),m(t))) \cdot \vartheta(t\text{-}1)$$

Gleichung (24.1) macht deutlich, daß von den kumulierten Teilnehmerausfällen entsprechend der Störfunktion in jeder Periode ein bestimmter Anteil adoptiert. Die Verwendung der Störfunktion in diesem Zusammenhang ist vor dem Hintergrund der folgenden Überlegung als plausibel anzusehen:

Die Störfunktion kann nur Werte im Intervall [0,1] annehmen, wobei steigende Marktwiderstände mit sinkenden Werten der Störfunktion verbunden sind et vice versa. Insbesondere gilt bei einem Marktwiderstandsniveau von Null: $s(0) = 1$. Zu Anfang wurde unterstellt, daß, sobald keine Marktwiderstände mehr vorhanden sind, sich umgehend alle Nachfrager zum Anschluß an das System entscheiden, die bis zu diesem Zeitpunkt ihre Teilnahme hinausgezögert hatten. Da bei einem Marktwiderstandsniveau von w = 0 für die Störfunktion $s(w{=}0) = 1$ gilt, ist diese Bedingung erfüllt. Weiterhin erlaubt die Störfunktion eine Anbindung des Teilnahmeverhaltens der "verzögernden" Nachfrager an die Entwicklung des Marktwiderstandsniveaus. Je geringer das Marktwiderstandsniveau wird, desto größer werden die Funktionswerte der Störfunktion und desto größer ist der Anteil der "verzögernden" Nachfrager, der sich an das System anschließt.

Mit diesen Überlegungen bestimmt sich die **tatsächliche Adoptionsfunktion** wie folgt:

(25) $N(t,w) = f(t) \cdot \exp(c \cdot \exp(k \cdot [X(t-1,w)/M]^V \cdot m(t))) \, M^*(t); \, \text{mit } c, k < 0; \, v > 0$

Die entsprechend Gleichung (25) spezifizierte tatsächliche Adoptionsfunktion enthält nun sowohl die aus den Störungen resultierende *Senkung* als auch die sich aus den Teilnahmeverzögerungen ergebende *Verschiebung* der theoretischen Adoptionsfunktion.

4.3.3.2.3. Erwartungshaltung der Adopter und Warteliste

Neben den Marktwiderständen bestimmt auch die Erwartungshaltung der Adoptoren, zu welchem Zeitpunkt eine Teilnahmeentscheidung getroffen wird. Die Erwartungen der Adoptoren beziehen sich dabei zum einen auf den Zeitpunkt, zu dem sie glauben, auf Grund der vorhandenen Installierten Basis in ausreichendem Maß Nachfragesynergien erzielen zu können (Attraktivitätseffekt und Effekt der ausreichenden Teilnehmerzahl), und zum andern schlägt sich in der Erwartungshaltung das Phänomen der wechselseitigen Interdependenz zwischen den Adoptoren nieder. Im letzten Fall entscheidet die Erwartungshaltung der Teilnehmer darüber, ob sie langfristig an ein Kritisches Masse-System angeschlossen bleiben oder aber ihre Teilnahme nach einer bestimmten Zeitspanne wieder beenden.

Die theoretische Adoptionsfunktion gibt dabei Auskunft darüber, wieviele Teilnehmer bei einer bestimmten Installierten Basis *maximal* in einer Periode adoptieren. Diejenigen Teilnehmer, die sich an ein Kritisches Masse-System anschließen, obwohl die theoretisch erforderliche Höhe der Installierten Basis (ausreichende Teilnehmerzahl) noch nicht erreicht ist, antizipieren damit die Teilnahmeentscheidung nachfolgender Adoptoren. Teilnehmer, die eine solche Antizipation vornehmen, werden jedoch nur dann auf Dauer Teilnehmer bleiben, wenn sich die erwartete Teilnehmerzahl auch innerhalb einer bestimmten Zeitspanne einstellt oder aber in der Zwischenzeit die Kritsche Masse des Systems überschritten wurde. Ist das nicht der Fall, so werden sie ihre Teilnahme beenden und aus dem System aussteigen. Damit wird gleichzeitig unterstellt, daß mit Überschreiten der Kritischen Masse die erforderliche Mindestteilnehmerzahl für alle potentiellen Nachfrager erreicht ist, und die Erwartungshaltung bezüglich der Installierten Basis besitzt dann keinen Einfluß mehr auf die Teilnahmeentscheidung. Durch die Kopplung des Ausstiegsverhaltens an die Kritische Masse wird der Überlegung Rechnung getragen, daß wechselseitige Interdependenzen primär in den frühen Marktphasen existieren, während sie in den späten Marktphasen eine nur noch untergeordnete Rolle spielen. Die entsprechende Erwartungshaltung solcher "Aussteiger" kann z.B. wie folgt modelliert werden:

Nachfrager, die zu einem Zeitpunkt t* Teilnehmer werden, in dem die theoretisch erwartete Teilnehmerzahl [X(t*-1,0)] noch nicht erreicht ist, werden insgesamt p Perioden lang warten und dann ihre Teilnahmeentscheidung neu überdenken.[299] Ist nach p Perioden die beim Einstieg erwartete theoretische Teilnehmerzahl der *Orientierungsperiode* immer noch nicht erreicht und hat das System bis dahin auch seine Kritische Masse noch nicht überschritten, so werden sie ihre Teilnahme in der *Folgeperiode* wieder beenden.

Der Ausstieg (A) von Teilnehmern nach (p+1)-Perioden entsprechend der oben skizzierten Erwartungshaltung läßt sich formal für die Entscheidungsperiode t bezüglich Ausstieg oder Verbleib wie folgt spezifizieren:

$$A(t) = \begin{cases} N^G(t\text{-}(p+1),w) & \text{für } X(t\text{-}1,w) < X(t_q,0) < KM \\ 0 & \text{sonst} \end{cases}$$

$$\text{mit} \quad N^G(t\text{-}(p+1),w) = N(t\text{-}(p+1),w) - A(t\text{-}(p+1)) + E(t\text{-}(p+1)) + L(t\text{-}(p+2))$$

mit $N^G(t\text{-}(p+1),w)$ = Zahl der Adoptoren in Periode t-(p+1) (unter Berücksichtigung von Aussteigern (A), Einsteigern (E) und Warteliste (L))[300]

$X(t_q,0)$ = theoretisch erwartetes Diffusionsniveau gemäß der Orientierungsperiode t_q

$X(t\text{-}1,w)$ = tatsächliches Diffusionsniveau in Periode t-1

KM = Höhe der Kritischen Masse

Bei dem entsprechend A(t) modellierten Ausstiegsverhalten von Teilnehmern wird unterstellt, daß die Adoptoren nur deshalb aussteigen, weil die von ihnen erwartete ausreichende Teilnehmerzahl oder die Kritische Masse nicht erreicht wurde. Bezüglich einer erneuten Adoption von "Aussteigern" lassen sich nun z.B. folgende Fälle diskutieren:

(1) Nach der Aufgabe der Teilnahme erfolgt kein erneuter Einstieg mehr in das System, womit "Aussteiger" als Teilnehmer eines Kritischen Masse-Systems für immer verloren sind.

(2) Teilnehmer, die einmal aus einem System ausgeschieden sind, werden erst dann wieder in das System einsteigen, wenn die Kritische Masse überschritten ist. Solange die Kritische Masse noch nicht erreicht ist, findet keine erneute Teilnahme statt.

---

299) Die Periode t*-1 wird hier als **Orientierungsperiode** bezeichnet.

300) Die Funktion N^G bestimmt die tatsächliche Adopterzahl unter Berücksichtigung von Teilnahmeverzögerungen, Aussteigern, Einsteigern und Warteliste. Die Bestimmung der Zahl der Einsteiger und die Höhe der Warteliste in einer Periode werden nachfolgend vorgenommen.

Da das hier modellierte Ausstiegsverhalten allein von der Höhe der Installierten Basis bzw. der Kritischen Masse abhängig ist, soll im folgenden der zweite Fall näher betrachtet werden. Ob nach einem einmal erfolgten Ausstieg ein erneuter Einstieg in das System vorgenommen wird, ist davon abhängig, ob das System seine Kritische Masse überschreiten kann oder nicht.

Der in einer Periode mögliche erneute Einstieg (E) von "Aussteigern" läßt sich damit wie folgt modellieren:

$$E(t) = \begin{cases} A(t-u) & \text{für } X(t-1,w) > KM \\ 0 & \text{sonst} \end{cases}$$

$$
\begin{aligned}
\text{mit} \quad A(t-u) \quad &= \text{Zahl der "Aussteiger" in der Periode } t-u, \text{ wobei} \\
&\quad u = a_t - e_t \text{ (Anzahl der Perioden, vor denen zum} \\
&\quad\quad\quad\quad \text{ersten Mal ein "Ausstieg" stattfand)} \\
&\quad a_t = \text{Periode, in der erstmalig ein Ausstieg erfolgt ist} \\
&\quad e_t = \text{Periode, in der die Kritische Masse erstmalig} \\
&\quad\quad\quad\quad \text{überschritten wird} \\
X(t-1,w) \quad &= \text{tatsächliches Diffusionsniveau in der Periode } t-1 \\
KM \quad &= \text{Höhe der Kritischen Masse}
\end{aligned}
$$

Bei dem mit E unterstellten Einstiegsverhalten findet nach Überschreiten der Kritischen Masse ein *sukzessiver Wiederanschluß* der "Aussteiger" an das Kritische Masse-System statt. Durch diesen sukzessiven Prozeß wird unterstellt, daß die "Einsteiger" unterschiedliche Kritische Massen besitzen. Die Kritische Masse der "Einsteiger" ist dabei um so größer, je höher das Diffusionsniveau zum Zeitpunkt ihres Ausstiegs war. Alternativ zu diesem Verhalten könnte auch davon ausgegangen werden, daß sich mit Überschreiten der Kritischen Masse alle bisherigen "Aussteiger" unmittelbar wieder an das System anschließen wollen.

Mit Überschreiten der Kritischen Masse ist eine Kettenreaktion als wahrscheinlich anzusehen, da zum einen keine Teilnahmeentscheidungen mehr revidiert werden und sich zum anderen Systemaussteiger wieder sukzessiv an das System anschließen. Durch das Entstehen einer Kettenreaktion und das Auftreten von Nachfragespitzen, ist es denkbar, daß die anbieterseitig bestehenden Kapazitäten nicht ausreichen, um die zu einem bestimmten Zeitpunkt Teilnahmewilligen auch tatsächlich an das System anzuschließen. In diesem Fall kommt es zum Aufbau von Wartelisten (L), die erst in den folgenden Perioden sukzessiv abgebaut werden können. Die Entstehung von Wartelisten ist insbesondere dann als wahrscheinlich anzusehen, wenn die von den Anbietern erwartete Teilnehmerentwicklung von der tatsächlichen Teilnehmerentwicklung überschritten wird oder die Anbieter für den Ausgleich von Nachfragespitzen, wie sie vor allem nach Überschreiten der Kritischen Masse entstehen können, keine zusätzlichen Anschlußkapazitäten schaffen. Wartelisten führen immer zu einer Dämpfung und Verschiebung im Verlauf der Adoptionsfunktion.

Im folgenden wird unterstellt, daß eine konstant bleibende Kapazitätsgrenze (KG) maximal möglicher Anschlüsse pro Periode besteht, die nicht überschritten werden kann, und es gilt:

$$L(t) = \begin{cases} N^G(t,w) - KG & \text{für } N^G(t,w) > KG \\ 0 & \text{sonst} \end{cases}$$

$$\begin{aligned} \text{mit} \quad N^G(t,w) \quad &= \quad N(t,w) - A(t) + E(t) + L(t-1) \\ &\quad \text{Zahl der Adoptoren in der Periode t} \\ &\quad \text{(unter Berücksichtigung von Aussteigern,} \\ &\quad \text{Einsteigern und dem Niveau der Warte-} \\ &\quad \text{liste der Vorperiode)} \\ KG \quad &= \quad \text{maximale Anschlußkapazität} \end{aligned}$$

Die in diesem Kapitel vorgenommenen Spezifikationen für das Ausstiegsverhalten, das Einstiegsverhalten und den Aufbau von Wartelisten dürfen jedoch nicht als allgemeingültig betrachtet werden. Sie spiegeln vielmehr *eine* denkbare Modellierungsmöglichkeit wider, die vor dem Hintergrund der jeweiligen Anwendungssituation zu prüfen ist. So kann z.B. für den Fall der Warteliste durchaus auch eine im Zeitablauf variierende Kapazitätsgrenze als plausibel angesehen werden.

Insgesamt kann es als zweckmäßig erachtet werden, unterschiedliche Verhaltensannahmen bezüglich ihrer Auswirkungen auf die Diffusionsentwicklung zu simulieren.

4.3.3.3. Zusammenfassung und Verallgemeinerung des Diagnosemodells

Bei den Ableitungen der einzelnen Wirkungsfunktionen, die im Rahmen der vorangegangenen Betrachtungen vorgenommen wurden, erfolgte keine Differenzierung nach Nachfragersegmenten, da die dargestellten Zusammenhänge grundsätzlich für alle Nachfragersegmente Gültigkeit besitzen. Unterschiede zwischen den Segmenten ergeben sich erst durch die Parametrisierung der einzelnen Funktionen. Die vollständige Spezifikation des Diagnosemodells erfordert nun aber eine Unterscheidung nach verschiedenen Nachfragersegmenten, wobei allgemein n Segmente betrachtet werden. Die theoretischen Ausführungen haben dabei gezeigt, daß zumindest eine Unterscheidung nach den Segmenten professionelle und private Nachfrager als sinnvoll anzusehen ist.

Das Diagnosemodell geht von folgendem **Ansatz** aus:

$$\boxed{\begin{array}{ll} & \mathbf{P(t,w) = f(t) \ - \ s^*(w(h(t),m(t)))\ f(t)} \\ \mathbf{bzw.} & \mathbf{P(t,w) = f(t) \cdot s(w(h(t),m(t)))} \end{array}}$$

Zusammenfassend läßt sich das Diagnosemodell wie folgt spezifizieren, wobei n Segmente betrachtet werden, mit $i = 1,...,n;\ n \in N$:

Diffusionsfunktion des Gesamtmodells:

$$(1) \quad X(t,w) = \sum_{j=1}^{t} N^G(j,w)$$

Adoptionsfunktion des Gesamtmodells:

$$(2) \quad N^G(t,w) = \sum_{i=1}^{n} N^G_i(t,w)$$

Adoptionsfunktion eines Segmentes (Gesamt):

$$(3) \quad N^G_i(t,w) = \begin{cases} N_i(t,w) - A_i(t) + E_i(t) + L_i(t\text{-}1) & \text{für } N_i(t,w)\text{-}A_i(t)\text{+}E_i(t)\text{+}L_i(t\text{-}1) < KG_i \\ KG_i & \text{sonst} \end{cases}$$

Adoptionsfunktion eines Segmentes **ohne** Aussteiger, Einsteiger, Warteliste:

$$(4) \quad N_i(t,w) = f_i(t) \cdot s_i(w_i(h_i(t),m_i(t))) \cdot M^*_i(t)$$

Aussteiger eines Segmentes:

$$(5) \quad A_i(t) = \begin{cases} N^G_i(t\text{-}(p_i\text{+}1),w) & \text{für } X_i(t\text{-}1,w) < X_i(t_{qi},0) < KM_i \\ 0 & \text{sonst} \end{cases}$$

Einsteiger eines Segmentes:

$$(6) \quad E_i(t) = \begin{cases} A_i(t-u_i) & \text{für } X_i(t-1,w) > KM_i \\ 0 & \text{sonst} \end{cases}$$

Warteliste eines Segmentes:

$$(7) \quad L_i(t) = \begin{cases} N^G_i(t,w) - KG_i & \text{für } N^G_i(t,w) > KG_i \\ 0 & \text{sonst} \end{cases}$$

korrigiertes Marktsättigungsniveau:

$$(8) \quad M^*_i(t) = M_i + \vartheta_i(t-1)/f_i(t)$$

Teilnahmeverzögerung pro Periode:

$$(9) \quad \varphi_i(t) = f_i(t) \cdot M_i - f_i(t) \cdot s_i(w_i(h_i(t),m_i(t))) \cdot M^*_i(t)$$

kumulierte Teilnahmeverzögerung:

$$(10) \quad \vartheta_i(t) = \sum_{j=1}^{t} \varphi_i(j)$$

segmentspezifische theoretische Diffusionsfunktion:

$$(11) \quad X_i(t,0) = \sum_{j=1}^{t} N_i(j,0)$$

segmentspezifische theoretische Adoptionsfunktion:

$$(12) \quad N_i(t,0) = f_i(t) \cdot M_i$$

segmentspezifische theoretische Kaufwahrscheinlichkeitsverteilung:

(13) $f_i(t)$: je nach Anwendungssituation festzulegen; z.B. Normalverteilung

segmentspezifische Störfunktion:

$$(14) \quad s_i(w_i(h_i(t);m_i(t))) = \exp(c_i \cdot w_i(h_i(t),m_i(t)))$$

segmentspezifische Widerstandsfunktion:

$$(15) \quad w_i(h_i(t),m_i(t))) = \exp(h_i(t) \cdot m_i(t))$$

segmentspezifische Teilnahmebereitschaft:

$$(16) \quad h_i(t) = k_i \cdot [X_i(t-1,w)/M_i]^{v_i}; \quad k_i < 0$$

segmentspezifischer Marketing-Mix-Einsatz:

(17) $m_i(t)$: je nach Anwendungssituation festzulegen; z.B. Maximumfunktion

Folgende segmentspezifischen Größen sind dabei konstant und gegeben:[301]

c_i	=	Störintensität
k_i	=	Dämpfungsfaktor
KG_i	=	Kapazitätsgrenze
KM_i	=	Kritische Masse
M_i	=	Marktsättigungsniveau
v_i	=	Sensibilitätskonstante
p_i	=	Anzahl der Perioden, die ein Adopter wartet, bis er seine Teilnahme erneut überprüft
q_i	=	Index der Orientierungsperiode ($t-(p_i+2)$)
u_i	=	Anzahl der Perioden, vor denen zum ersten Mal ein "Ausstieg" stattfand

---

301) Die segmentspezifischen Marktsättigungs- und Kapazitätsgrenzen können auch einer Dynamisierung unterzogen werden.

4.3.3.4. Anwendung des Diagnosemodells im Rahmen einer Fallstudie

4.3.3.4.1. Informationsgewinnung mit Hilfe von Testmarktdaten und Aufbau der Fallstudie

Das Diagnosemodell dient in erster Linie zur Durchführung von Sensitivitätsanalysen, wobei die segmentspezifischen Parameter auf Grund von Testmarktdaten ermittelt werden können.[302] Die über einen Testmarkt gewonnenen Werte dienen dem Diagnosemodell aber nur als **Startwerte** zur Durchführung von Sensitivitätsanalysen, und sie sind nicht als feste Größen im Sinne eines Prognosemodells anzusehen. Erst durch die Variation der Parameterwerte und alternative Verläufe einzelner Wirkungsfunktionen wie z.B. der Marketing-Mix-Funktion kann das Systemverhalten analysiert und die Auswirkungen einzelner Parametervariationen auf das Gesamtsystem evident gemacht werden. Die Zielsetzung der Sensitivitätsanalysen ist damit in der Verdeutlichung des Systemverhaltens zu sehen und nicht in der isolierten Betrachtung einzelner Einflußgrößen.

Ein Testmarkt für Kritische Masse-Systeme (KMS-Testmarkt), der der Informationsgewinnung für das hier vorgestellte Diagnosemodell dienen kann, weist jedoch eine Reihe von Besonderheiten auf, die in folgenden Aspekten zu sehen sind:

- **Nutzungsprozeß:**
  Die Zielsetzung eines KMS-Testmarktes ist nicht nur in der Analyse des Adoptionsprozesses zu sehen, sondern auch in der Erforschung des Nutzungsprozesses. Dem Nutzungsprozeß ist dabei eine herausragende Bedeutung beizumessen, da das Nutzungsverhalten der Teilnehmer in entscheidender Weise die Attraktivität eines Systems und dessen Markterfolg bestimmt.

- **Basis-Nutzerkreis:**
  Auch für den KMS-Testmarkt muß ein Basis-Nutzerkreis etabliert werden. Dieser ist erforderlich, damit ein Testmarkt-Teilnehmer überhaupt einen Nutzen aus dem System ziehen kann. Eine Ausnahme bilden hier solche Systeme, die *nur* auf Vermittlung von Informationen z.B. im Rahmen von Datenbankabfragen gerichtet sind. In diesem Fall muß ein entsprechendes Minimum-Diensteangebot vorhanden sein.

---

302) Vgl. zum Einsatz von Testmärkten z.B.: BROCKHOFF, Klaus: Produktpolitik, 2. Aufl. Stuttgart New York 1988, S.161ff. HAMMANN, Peter/ ERICHSON, Bernd: Marktforschung, 2. Aufl. Stuttgart New York 1990, S.175ff. ERICHSON, Bernd: Prognose für neue Produkte, Teil I, in: Marketing ZFP, 1(1979), S.255ff. STOFFELS, Jörg: Der elektronische Minitestmarkt, Wiesbaden 1989.

- **Minimum-Diensteangebot:**

Damit eine Beurteilung eines Kritischen Masse-Systems durch die Nachfrager möglich ist, muß das im Testmarkt installierte System ein bestimmtes Minimum-Diensteangebot umfassen, das so gewählt sein sollte, daß es die unterschiedlichen Gruppen von Diensteangeboten des geplanten Kritischen Masse-Systems widerspiegelt. Die Besonderheit eines solchen Angebotes ist darin zu sehen, daß zu diesem Zweck mehrere Diensteanbieter auf dem Testmarkt mitwirken müssen. So umfaßte z.B. der Btx-Feldversuch mehr als 1.300 Diensteanbieter und über 5.000 Teilnehmer.[303]

- **Konkurrenzprodukte:**

Allgemein soll durch den klassischen Testmarkt u.a. herausgefunden werden, wie gut ein neues Produkt in der Lage ist, sich gegenüber Konkurrenzprodukten durchzusetzen. Unter Konkurrenzprodukten werden dabei Leistungsangebote verstanden, die der gleichen Produktkategorie wie das zu testende Produkt angehören und damit in einer Substitutionsbeziehung zu dem neuen Produkt stehen. Häufig umfassen aber innovative Kritische Masse-Systeme im Vergleich zu etablierten Systemen ein neuartiges oder aber wesentlich erweitertes Kommunikations- und Informationsangebot, so daß keine Konkurrenzprodukte im obigen Sinne existieren. In diesen Fällen steht bei KMS-Testmärkten nicht die Analyse von Substitutionsbeziehungen zu etablierten Systemen im Vordergrund, sondern der Test der Akzeptanz eines innovativen Kritischen Masse-Systems in seiner Gesamtheit.

- **Teilnehmerkreis:**

Das Gebiet, in dem ein KMS-Testmarkt installiert wird, muß so gewählt werden, daß die zum Testmarkt gehörenden Personen ein gemeinsames Kommunikationsinteresse besitzen, da nur so Ergebnisverzerrungen auf Grund der Struktur des Testmarktes verhindert werden können. So muß z.B. sichergestellt sein, daß auf Grund des Teilnehmerkreises eines Testmarktes die Entfaltung von Nachfragesynergien möglich ist, da diese in entscheidender Weise den Nutzen von Kritische Masse-Systemen bestimmen.

- **Testmarktdauer:**

Die Nutzung innovativer Kritische Masse-Systeme ist meist mit einer Veränderung des Kommunikationsverhaltens verbunden. Die Durchführung eines KMS-Testmarktes muß deshalb längerfristig erfolgen, da nur so sichergestellt werden kann, daß den Teilnehmern ausreichend Zeit zur Verfügung steht,

---

303) Vgl. FRAUENHOFER-INSTITUT FÜR SYSTEMTECHNIK UND INNOVATIONSFORSCHUNG (Hrsg.)(1982), a.a.O., S.30.

Erfahrungen im Umgang mit einem Kritische Masse-System sammeln und das "neue Kommunikationsverhalten" zu erlernen. So wurde z.B. das Btx-System in Feldversuchen von 1980 bis 1984 erprobt.

Entsprechend den aufgezeigten Besonderheiten ergibt sich für KMS-Testmärkte ein konkretes Anforderungsprofil, das erfüllt sein muß, damit die gewünschten Informationen gewonnen werden können. Dieses Anforderungsprofil muß zusätzlich um bestimmte Erhebungs- und Auswertungsverfahren erweitert werden, damit die für das hier entwickelte Diagnosemodell erforderlichen Informationen auch erhoben werden können. Zu diesem Zweck ist es sinnvoll, daß KMS-Testmärkte eine Kombination aus regionalem oder lokalem Testmarkt und **Testmarktsimulationen** darstellen.[304] Unter Testmarktsimulationen ist hier zu verstehen, daß z.B. unterschiedliche Aktionen der Diensteanbieter auf dem Testmarkt simuliert und getestet werden. Da die Basis von Kritische Masse-Systemen in der Regel Computersysteme bilden, an die die Teilnehmer angeschlossen werden, sind die Voraussetzungen zur Simulation von z.B. Diensteangeboten und Preisstrategien relativ günstig. Darüber hinaus können Verhaltensdaten der Teilnehmer, wie z.B. die Dauer einzelner Nutzungsvorgänge (Sessionsdauer), die Nutzungshäufigkeit, die Abrufhäufigkeit bzw. Inanspruchnahme bestimmter Diensteangebote und die Nutzungszeitpunkte durch entsprechende Erfassungs- und Auswertungsprogramme relativ leicht erfaßt und analysiert werden. Weiterhin sind Testmarktsimulationen besonders dazu geeignet, eine Abschätzung der Marketing-Mix-Funktion vorzunehmen, um so die aus den Aktivitäten der Anbieterparteien resultierenden positiven und/oder negativen Wirkungen auf den Diffusionsprozeß zu bestimmen.

KMS-Testmärkte sind mit den Betriebs- bzw. Feldversuchen im Telekommunikationsbereichs vergleichbar. In der Vergangenheit wurden Feldversuche für eine Reihe von Telekommunikationssystemen durchgeführt. Hierzu zählen z.B.:

- der Telex-Betriebsversuch in Berlin und Hamburg von 1933 bis 1935;[305]

- die Btx-Feldversuche von 1980 bis 1984 in Düsseldorf/ Neuss und Berlin;[306]

- die Betriebsversuche BIGFON (Breitbandiges Integriertes Glasfaser-Orts-Netz) und BERKOM (BERliner KOMmunikationssystem) im Bereich der Breitbandkommunikation;[307]

---

304) Vgl. zur Testmarktsimulation: HAMMANN, Peter/ ERICHSON, Bernd (1990), a.a.O., S.178ff. ERICHSON, Bernd: Testmarktsimulation - Ein Vergleich zwischen TESI und ASSESSOR, Arbeitspapier, Bochum 1985.

305) Vgl. HILDEBRANDT, Albrecht: Telexgerät, in: Arnold, Franz (Hrsg.): Handbuch der Telekommunikation, Loseblatt-Ausgabe, (Grundwerk) Köln 1989, Kapitel 7.2.0.0, S.1.

306) Vgl. MAYNTZ, Renate et al. (1984), a.a.O., S.12ff.

307) Vgl. OHNSORGE, Horst: Breitbanddienste, in: Arnold, Franz (Hrsg.): Handbuch der Telekom-

- das ISDN-Pilotprojekt;[308]
- der geplante Betriebsversuch für Intelligent Networks.[309]

Im Rahmen von Feldversuchen sollte auch das vorliegende Diagnosemodell zum Einsatz kommen, da es in der Lage ist, die erforderlichen diagnostischen Informationen zu liefern, mit deren Hilfe die Marktchancen eines Kritischen Masse-Systems abgeschätzt und Anhaltspunkte zu Verbesserungen eines Systems gewonnen werden können. Gleichzeitig könnten dadurch die aus den Feldversuchen gewonnen Daten besser genutzt werden.[310]

Auf Grund der speziellen Anforderungen, denen ein KMS-Testmarkt zum Einsatz des vorliegenden Modells genügen muß, konnte im Rahmen dieser Arbeit keine empirische Prüfung des Diagnosemodells vorgenommen werden. Im folgenden wird deshalb mit Hilfe einer **Fallstudie** auf der Basis fiktiv gewählter Daten beispielhaft gezeigt, welchen Einfluß ausgewählte Parametervariationen auf den Diffusionsprozeß besitzen und welche Erkenntnisse daraus zur Stützung von Marketing-Entscheidungen gewonnen werden können. Den nachfolgenden Sensitivitätsanalysen werden folgende Daten zugrunde gelegt, die für Kritische Masse-Systeme auch als plausibel angesehen werden können:[311]

---

munikation, Loseblatt-Ausgabe, (Grundwerk) Köln 1989, Kapitel 5.1.8.0, S.25f.

308) Vgl. ROSENBROCK, Karl Heinz/ HENTSCHEL, Günther (1988), a.a.O., Ergänzungslieferung 3/1989, Kapitel 6, S.2ff.

309) Vgl. SCHULZ, K.: Intelligentes Netz: Planungen der Deutschen Bundespost Telekom, in: Meier, Alfred (Hrsg.): Telekommunikation in Deutschland: Umbruch und Fortentwicklung, Kongressband "online Kongress 1991", Velbert 1991, S.II.09.05ff.

310) So basierten z.B. die Feldversuche für Btx auf fehlerhaften Ausgangshypothesen, "da sie unter unrealistischen, d.h. nicht dem Endzustand der Verbreitung entsprechenden Bedingungen abgelaufen sind. Ohnehin wurde über die endgültige Einführung bereits entschieden, bevor die Feldversuche abgeschlossen waren." MEFFERT, Heribert (1985a), a.a.O., S.39.

311) Wenn im folgenden von Teilnehmern gesprochen wird, so sind immer die Adoptionseinheiten eines Erstanschlusses gemeint.

<table>
<tr><td>

Falldaten:

</td></tr>
<tr><td>

- **Marktsättigungsniveau:**
  15.000.000 Teilnehmer

</td></tr>
<tr><td>

- **theoretische Kaufwahrscheinlichkeitsverteilung:**
  Normalverteilung, mit:
  ❏ Basis-Nutzerkreis = ein Promille des Marktsättigungsniveaus
    = 15.000 Teilnehmer;
  ❏ Erreichen der Marktsättigungsgrenze nach 30 Perioden

</td></tr>
<tr><td>

- **Kritische Masse:**
  5% des Marktpotentials = 750.000 Teilnehmer

</td></tr>
<tr><td>

- **Ausstiegsverhalten:**
  Teilnehmer scheiden drei Perioden nach ihrer Anschlußentscheidung wieder aus dem System aus, wenn bis dahin das in der Vorperiode des Einstiegs gültige theoretische Diffusionsniveau oder die Kritische Masse nicht erreicht ist.

</td></tr>
<tr><td>

- **Einstiegsverhalten:**
  Ist die Kritische Masse überschritten, so schließen sich die "Aussteiger" wieder sukzessiv an das System an.

</td></tr>
<tr><td>

- **maximale Anschlußkapazität:**
  500.000 Teilnehmer pro Periode = konstant
  (Wird die maximale Anschlußkapazität pro Periode überschritten, so kommt es zum Aufbau einer Warteliste.)

</td></tr>
</table>

Vor dem Hintergrund der hohen Interdependenzen zwischen den in dem Diagnosemodell erfaßten Einflußgrößen beschränken sich die nachfolgenden Sensitivitätsanalysen auf ausgewählte Parametervariationen, wobei der Einfluß auf den Verlauf der Adoptions- und Diffusionsfunktion im Vordergrund steht. Weiterhin wird zur Verdeutlichung der Zusammenhänge vereinfachend nur **ein Marktsegment** betrachtet.

4.3.3.4.2. Entwicklung des Diffusionsprozesses bei ausgewählten Parametervariationen

Entsprechend den gesetzten Falldaten werden im folgenden einige ausgewählte Ergebnisse des Diagnosemodells präsentiert, die die grundsätzliche Anwendbarkeit des Modells und die Auswirkungen von Störungen auf den Verlauf der Diffusionskurve verdeutlichen sollen. Die Darstellungen beschränken sich dabei auf die Analyse des Einflusses einer Variation der Störintensität (c) und des Marketing-Mix-Einsatzes (m) auf den Verlauf von Adoptions- und Diffusionskurve, da diesen Größen im Rahmen der theoretischen Überlegungen eine herausragende Bedeutung zugemessen wurde und sie als die zentralen Parameter des Diagnosemodells angesehen werden können.

Zunächst wird eine Situation betrachtet, in der die tatsächliche Diffusionsfunktion mit geringer Verzögerung gegenüber der theoretischen Diffusionsfunktion das Marktsättigungsniveau erreicht. Marktwiderstände führen in diesem Fall dazu, daß es anfänglich zu einem Verzögerungseffekt kommt, der zu einer Verschiebung der Diffusionsfunktion führt, wobei die anfängliche Verzögerung nach Überschreiten der Kritischen Masse durch entsprechende Marketing-Mix-Maßnahmen teilweise wieder kompensiert werden kann. Abbildung 57 verdeutlicht diesen Effekt.

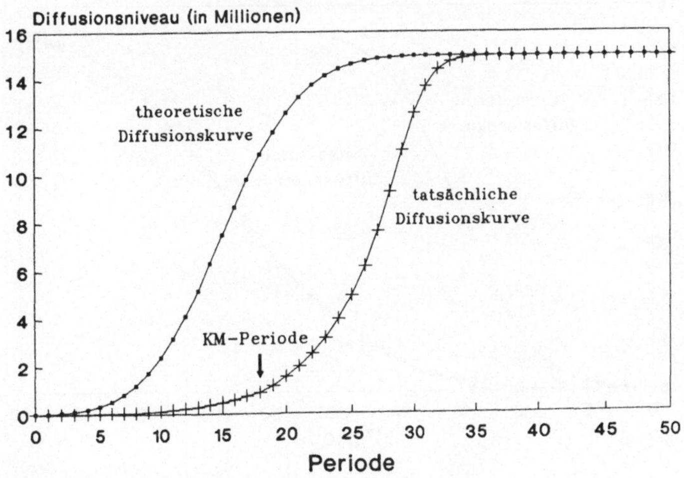

Abb. 57: Theoretische und tatsächliche Diffusionsfunktion bei quasi zeitgleicher Erreichung des Marktsättigungsniveaus

Dabei zeigt sich, daß die tatsächliche (gestörte) Diffusionsfunktion die auf 750.000 Teilnehmer festgesetzte Kritische Masse erst in Periode 18 überschreitet, während die theoretische Diffusionsfunktion die Kritische Masse bereits in Periode 7 überschritten hat. Es besteht damit in der Anfangsphase eine Entwicklungsverzögerung von 11 Perioden. Nach Überschreiten der Kritischen Masse kommt es zu einer Kettenreaktion und die tatsächliche Diffusionsfunktion erfährt einen wesentlich steileren Anstieg als die theoretische. Eine 99%ige Marktsättigung wird tatsächlich in Periode 34 erreicht, während dieses Niveau theoretisch in Periode 27 erzielt worden wäre. Allerdings konnte die anfängliche Verzögerung von 11 auf 7 Perioden reduziert werden. Dabei wurde unterstellt, daß nach Überschreiten der Kritischen Masse für alle Teilnehmer die als ausreichend angesehene Teilnehmerzahl erreicht ist, d.h. es findet kein Ausstieg aus dem System mehr statt.

Wird in der gleichen Situation von dem Einsatz geeigneter Marketing-Mix-Maßnahmen abstrahiert, so fällt die Kettenreaktion nach Überschreiten der Kritischen Masse wesentlich schwächer aus, und die tatsächliche Diffusionsfunktion erfährt eine starke Verschiebung nach rechts. Wie in Abbildung 58 dargestellt, kommt es zu einem wesentlich langsamer ansteigenden Diffusionsverlauf, bei dem erst in Periode 50 ein Diffusionsniveau von 98% erreicht ist, während das Diffusionsniveau in Periode 30 bei nur 39% liegt.

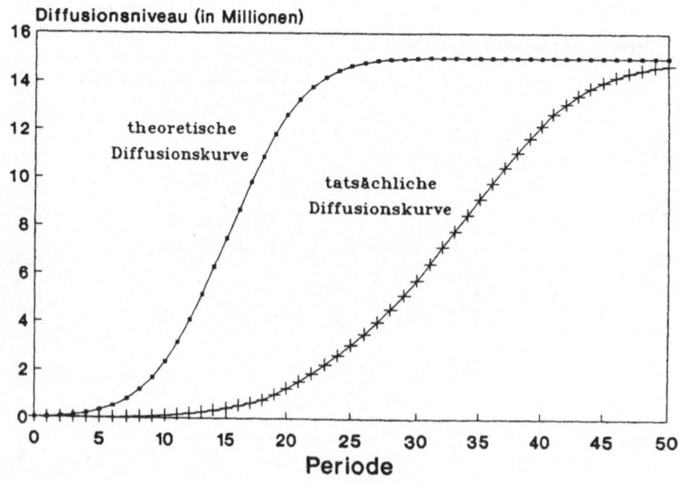

Abb. 58: Theoretische und tatsächliche Diffusionsfunktion bei verstärkten Marktwiderständen

Einen genaueren Aufschluß über die Entwicklung des Diffusionsprozesses liefert der Verlauf der entsprechenden Adoptionsfunktion, der in Abbildung 59 dargestellt ist. Zunächst wird deutlich, daß auf Grund der Marktwiderstände die tatsächliche Adoptionsfunktion im Vergleich zur theoretischen gestaucht und nach rechts verschoben ist. Nach Überschreiten der Kritischen Masse in Periode 18 ist ein deutlicher Sprung der tatsächlichen Adoptionsfunktion erkennbar. Dieser Sprung liegt darin begründet, daß mit Überschreiten der Kritischen Masse die Erwartungen bezüglich der ausreichenden Teilnehmerzahl für alle Personen erfüllt sind, die zuvor ihre Teilnahme wegen der geringen Teilnehmerzahl wieder beendet hatten. Es findet nun ein sukzessiver Wiedereinstieg dieser Personen statt, der in Periode 32 beendet ist, wodurch die Adoptionsfunktion eine erneute Sprungstelle erfährt. Dabei ist allerdings noch nicht die maximale Anschlußkapazität von 500.000 Teilnehmern pro Periode berücksichtigt.

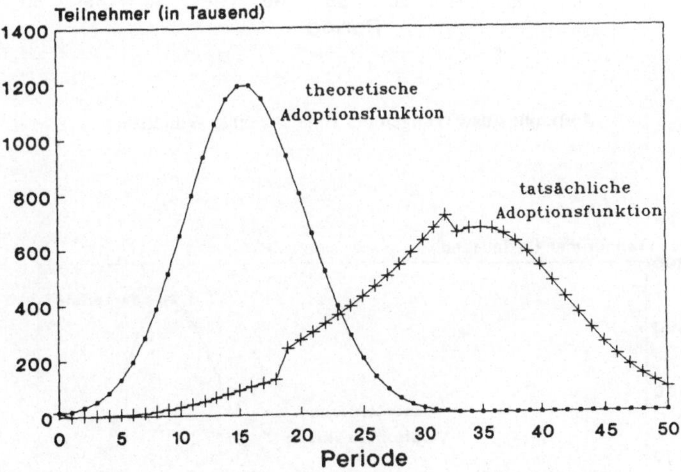

Abb. 59: Theoretische und tatsächliche Adoptionsfunktion bei verstärkten Marktwiderständen

Bezieht man die maximale Anschlußkapazität in die Betrachtungen ein, so kommt es zum Aufbau einer Warteliste und es ergibt sich das in Abildung 60 dargestellte Bild.

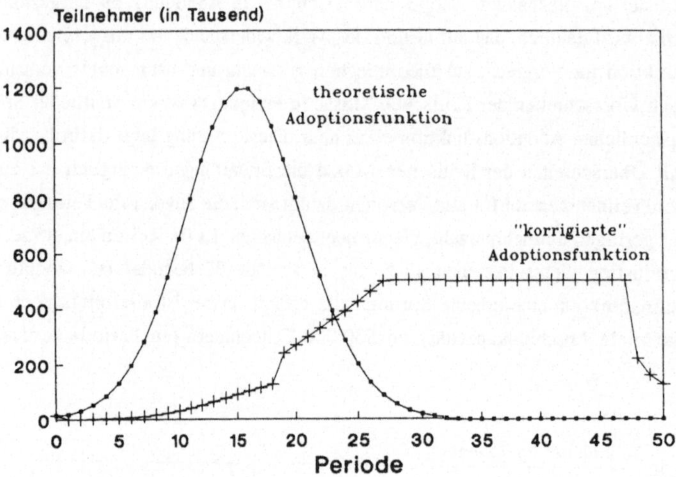

Abb. 60: Auswirkungen der Existenz einer Warteliste

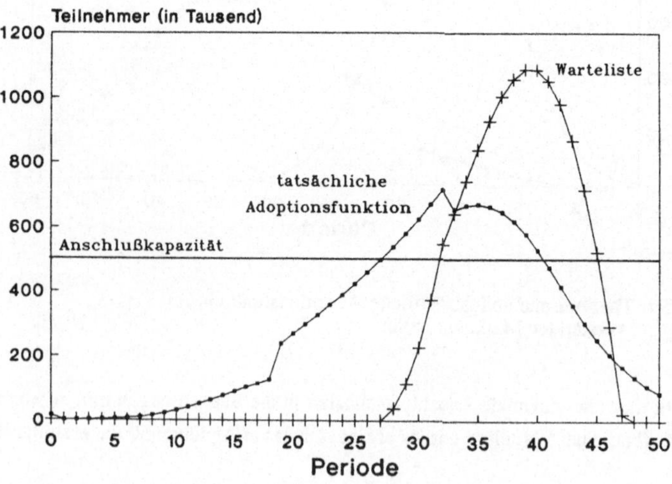

Abb. 61: Adoptionsverschiebung auf Grund einer Warteliste

Gleichzeitig wird deutlich, daß durch die Warteliste die "Spitzen" der Adoptionsfunktion reduziert wurden und in den Perioden 28 bis 47 das Adoptionsniveau konstant verläuft. Die als konstant unterstellte maximale Anschlußkapazität führt im Vergleich zur Abbildung 59 dazu, daß in den Perioden 28 bis 40 das Adoptionsniveau gesenkt wird, während es sich in den Perioden 41 bis 47 auf Grund des Aufbaus der Warteliste erhöht. Ab Periode 48 sind die vorhandenen Anschlußkapazitäten wieder ausreichend, um die gegebene Nachfrage zu befriedigen. Die Abbildung 61 zeigt, daß sich die Warteliste auf Grund der zu geringen Anschlußkapazität auf fast 1,1 Mio. Anschlußwillige aufbaut. Nur durch das Absinken des Adoptionsniveaus unter die maximale Anschlußkapazität kann die Warteliste ab Periode 41 wieder abgebaut werden.

Abschließend sei noch der Fall betrachtet, in dem die Intensität der Marktwiderstände so groß ist, daß es auf Grund der Erwartungshaltung der Teilnehmer zu Adoptionsrückgängen kommt, wodurch die Gefahr besteht, daß das System die Instabilitätsphase nicht überwinden kann und keinen langfristigen Markterfolg erzielt. Die sich dabei beispielhaft ergebende tatsächliche Diffusionsfunktion ist in Abbildung 62 und die zugehörige Adoptionsfunktion in Abbildung 63 dargestellt.
Abbildung 63 macht deutlich, daß die Adoptionsfunktion am Anfang einen der Normalverteilung ähnlichen Verlauf nimmt, wobei sie jedoch bereits in Periode 16 ihren maximalen Adoptionszuwachs von nur ca. 60.000 Teilnehmern erreicht und sich schon ab Periode 25 Adoptionsrückgänge einstellen. Unterstellt man, daß die Anbieter durch konzertierte Aktionen versuchen, diesen Tendenzen entgegenzuwirken, so können die Adoptionsrückgänge durch den Marketing-Mix-Einsatz verhindert werden, wenn ein wirksames Marketing unterstellt wird. Zu diesem Zweck ist es allerdings erforderlich, daß die Marketing-Anstrengungen bereits vor der Periode einsetzen, in der die Adoptionsrückgänge entstehen. Es ist ein Vorlauf von mehreren Perioden erforderlich, damit die von den potentiellen Systemaussteigern wahrgenommenen Marktwiderstände reduziert und deren Erwartungshaltungen erfüllt werden können. In Abbildung 64 wurde der Marketing-Mix-Einsatz so gewählt, daß die Adoptionsrückgänge gerade verhindert werden konnten. In diesem Fall erfährt die tatsächliche Adoptionsfunktion einen starken Sprung in Periode 25, während der im Zeitablauf abfallende Marketing-Mix-Einsatz sowie die Beendigung des Wiedereinstiegs ehemaliger "Aussteiger" in Periode 45 die Adoptionsfunktion wieder absinken läßt.

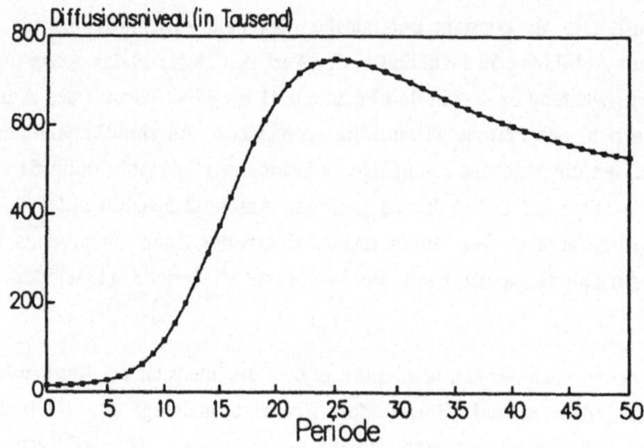

Abb. 62: Diffusionsfunktion bei Adoptionsrückgängen

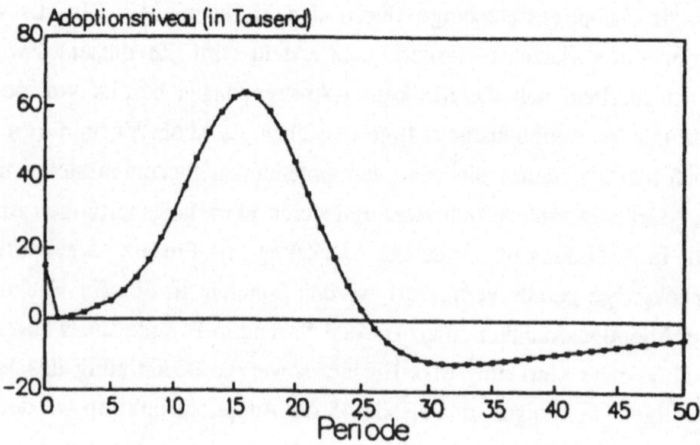

Abb. 63: Adoptionsrückgänge auf Grund von Marktwiderständen

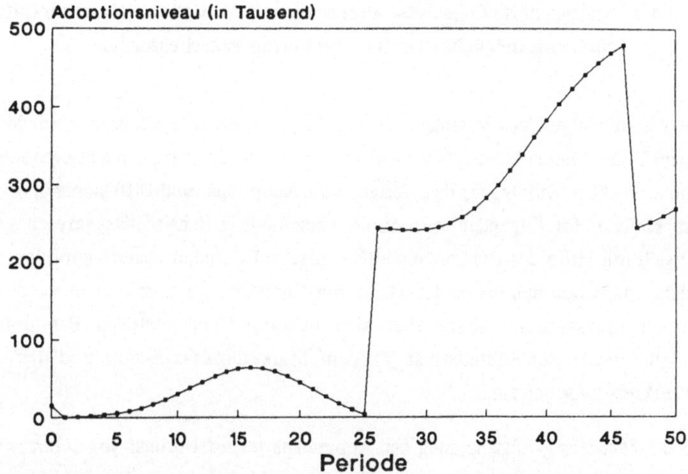

Abb. 64: Verhinderung von Adoptionsrückgängen durch entsprechenden Marketing-Mix-Einsatz

4.3.3.4.3. Ausgewählte Ergebnisse alternativer Sensitivitätsanalysen und deren Nutzungsmöglichkeiten für Marketing-Entscheidungen

Die Ausführungen des vorangegangenen Kapitels haben verdeutlicht, in welchem Ausmaß die Intensität von Marktwiderständen und die daraus resultierenden Teilnehmerausfälle (Störungen) den Verlauf von Adoptions- und Diffusionskurve verändern können. Im folgenden wird durch verschiedene Sensitivitätsanalysen gezeigt, wie sich mit Hilfe des Diagnosemodells kritische Parameter identifizieren lassen und welche Informationen daraus für Marketing-Entscheidungen gewonnen werden können. Die Betrachtung konzentriert sich dabei auf die zentralen Parameter des Modells, die in der Störintensität (c), dem Marketing-Mix-Einsatz und dem Basis-Nutzerkreis zu sehen sind.

Für die Marketing-Entscheidung der Anbieterparteien ist primär von Interesse, welche Entwicklung der Diffusionsprozeß bei verschiedener Intensität der Marktwiderstände nehmen wird. Die Konsequenzen unterschiedlich starker Marktwiderstände konkretisieren sich über die Störungen der Diffusionsfunktion in einem Ausfall potentieller Teilnehmer. Für die Anbieterseite ist dabei die Frage entscheidend, ob Marktwiderstände dazu führen, daß ein Kritisches Masse-System langfristig wieder vom Markt verschwinden wird oder ob durch einen entsprechenden Marketing-Mix-Einsatz die Kritische Masse innerhalb einer bestimmten Zeitspanne überschritten und somit das System noch zu einem Markterfolg gebracht werden kann.

Wir betrachten zu diesem Zweck die Entwicklung des Diffusionsniveaus und der Kritischen Masse-Periode in Abhängigkeit von der Störintensität c auf Basis der vorliegenden Falldaten, wobei *zunächst* von den Marketing-Aktivitäten der Anbieterparteien abstrahiert wird. Abbildung 65 zeigt bei sukzessiver Erhöhung der Störintensität die Entwicklung des Diffusionsniveaus in den Perioden 30 und 50. Die Abbildung macht deutlich, daß es erst ab einer Störintensität von c=3 zu einem deutlichen Absinken des tatsächlichen Diffusionsniveaus in Periode 30 kommt und bei c=5 das Diffusionsniveau in dieser Periode nur noch unwesentlich über dem Basis-Nutzerkreis liegt. Da in den Falldaten unterstellt wurde, daß die theoretische Diffusionsfunktion innerhalb von 30 Perioden eine vollkommene Marktsättigung erreichen könnte, überschreitet die Störintensität mit c=3 einen kritischen Wert. Es ist nun vor dem Hintergrund der jeweiligen Anwendungssitutation zu entscheiden, welche Zeitspanne (relevantes Betrachtungsintervall), in der ein bestimmtes Diffusionsniveau erreicht sein muß, aus Anbietersicht noch als akzeptabel anzusehen ist. Setzt man diese Zeitspanne z.B. mit 20 Perioden an, so zeigt die Abbildung 65 weiterhin, daß bei einer Störintensität von c=4 auch der Verlauf des Diffusionsniveaus in Periode 50 rapide abfällt. Das Gefälle des Diffusionsniveaus in Periode 50 ist dabei deutlich größer als das des Diffusionsniveaus in Periode 30. Vor diesem Hintergrund kann der Wert c=4 als kritische Schwelle interpretiert werden, bei der die Störungen so groß sind, daß in einer subjektiv festgelegten vertretbaren Zeitspanne (hier 20 Perioden) keine ausreichende Diffusion erzielt werden kann.

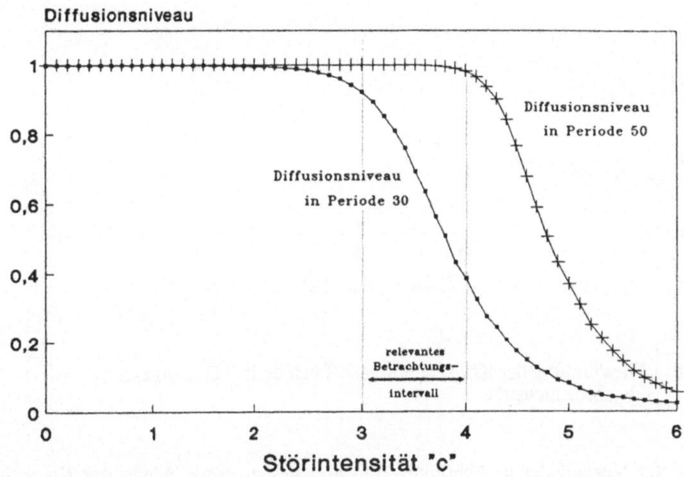

Abb. 65:   Entwicklung des Diffusionsniveaus in den Perioden 30 und 50 in Abhängigkeit der Störintensität

Einen weiteren Hinweis darauf, daß eine Störintensität von c=4 als kritische Schwelle anzusehen ist, liefert die Entwicklung der Kritischen Masse-Periode in Abhängigkeit der Störintensität, die in Abbildung 66 dargestellt ist. Zum einen ist erkennbar, daß bis zu einer Störintensität von c=4 die Kritische Masse-Periode für einzelne Intervalle von Parameterwerten auf einem bestimmten Niveau verharrt, bevor eine Vergrößerung stattfindet. Die Kurve verläuft in diesen Bereichen parallel zur Abzisse. Für Störintensitäten von größer 4 findet mit einer Ausnahme auch mit jeder Parametererhöhung um 0,1 ein Ansteigen der Kritische Masse-Periode statt. Weiterhin kann als Hilfskriterium zur Identifikation des Schwellenwertes eine möglichst gute Annäherung der Kurvenpunkte durch eine Gerade vorgenommen werden. Auch in diesem Fall wird deutlich, daß für Störintensitäten von größer 4 die Kurvenpunkte deutlich oberhalb dieser Geraden liegen.

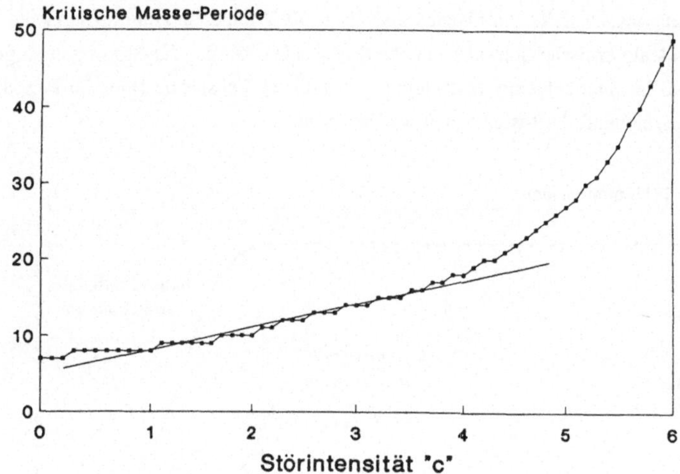

Abb. 66: Entwicklung der Kritischen Masse-Periode in Abhängigkeit
der Störintensität

Obwohl der Verlauf der in Abbildung 66 dargestellten Entwicklung der Kritischen
Masse-Periode grundsätzlich nicht verwundert, so liefert er doch Anhaltspunkte dafür, ab welcher Störintensität Marktwiderstände und daraus resultierende negative
Rückkopplungen so groß werden, daß der Diffusionsprozeß besonders stark gedämpft
wird.

Bei den bisherigen Betrachtungen wurde von den Aktivitäten der Anbieterseite abstrahiert. Im folgenden wird analysiert, inwieweit durch einen entsprechenden Marketing-Mix-Einsatz die Wirkung zunehmender Marktwiderstände und damit die
Wirkung von Diffusionshemmungen aufgefangen oder zumindest verlangsamt werden kann. Es ist dabei folgende Frage von Interesse:

"Wie hoch muß bei einer Vergrößerung der Störintensität der Marketing-
Mix-Einsatz sein, damit in einer gegebenen Zeitspanne ein bestimmtes
Diffusionsniveau erreicht werden kann?"

Zur Beantwortung dieser Frage wird im folgenden nur der Fall betrachtet, daß die
Aktivitäten der Anbieterparteien aufeinander abgestimmt sind und durch den Einsatz
von Marketing-Mix-Maßnahmen eine Reduktion der Marktwiderstände herbeigeführt
werden kann.

Es wird also ein "wirksames" Marketing unterstellt und von folgenden Überlegungen ausgegangen:

Die theoretischen Betrachtungen haben gezeigt, daß auf Grund der ganzheitlichen Wahrnehmung von Kritische Masse-Systemen auf der Nachfragerseite von besonderer Bedeutung ist, daß die unterschiedlichen Anbieterparteien ihre Aktionen aufeinander abstimmen. Auf Grund dieser Notwendigkeit kann davon ausgegangen werden, daß es den Anbietern auch gelingt, eine gemeinsame Zielsetzung bezüglich des zu erreichenden Diffusionsniveaus festzulegen. Im folgenden wird als **Zielsetzung** beispielhaft unterstellt, daß sich die Anbieterseite auf die Erreichung eines Diffusionsniveaus von 99% innerhalb von 30 Perioden geeinigt hat.

Mit Hilfe des Diagnosemodells kann nun für alternative Werte der Störintensität die Größe des Dämpfungsfaktors errechnet werden, der durch den Einsatz von Marketing-Mix-Maßnahmen erzielt werden muß, damit stets die gesetzte Zielgröße von 99% Marktsättigung innerhalb von 30 Perioden erreicht wird. Verbindet man die Werte der Störintensität mit den entsprechenden Werten des Dämpfungsfaktors, so läßt sich eine **Iso-Diffusionslinie** ableiten, die für die vorliegenden Falldaten in Abbildung 67 dargestellt ist.

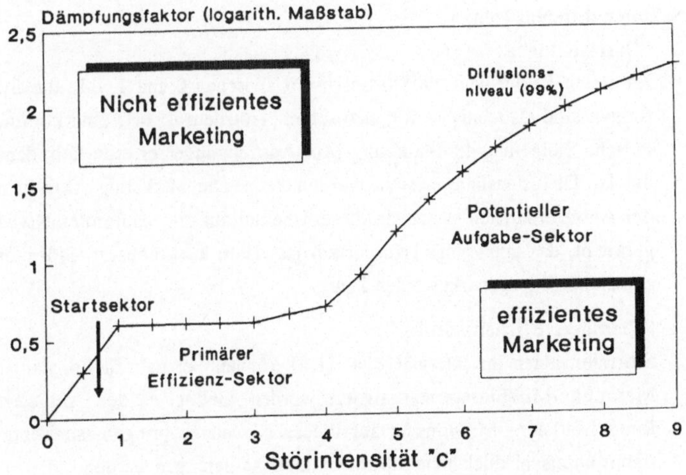

Abb. 67: Iso-Diffusionslinie als Trenngröße zwischen effizientem und nicht effizientem Marketing-Mix-Einsatz

Die Höhe des Marketing-Mix-Einsatzes (Dämpfungsfaktor), die zur Neutralisierung der Störungen des Diffusionsprozesses erforderlich ist, ist dabei auf der Ordinate im logarithmischen Maßstab abgetragen. Die sich für ein 99%iges Diffusionsniveau ergebende Iso-Diffusionslinie kann als Maximallinie angesehen werden, bei der die tatsächliche Diffusion auch bei Existenz von Marktwiderständen ein der theoretischen Diffusionsfunktion entsprechendes Niveau erreicht. Sie stellt damit eine Grenzlinie dar, die es erlaubt, einen nicht effizienten Marketing-Mix-Einsatz von einem effizienten Marketing-Mix-Einsatz zu trennen. Es lassen sich z.B. folgende Informationen gewinnen:

- Marketing-Anstrengungen, die einem Dämpfungsfaktor entsprechen, der oberhalb der Iso-Diffusionslinie liegt, können die Diffusion nicht weiter erhöhen und sind damit als ineffizient anzusehen. Der Bereich oberhalb der Iso-Diffusionslinie wird deshalb als Bereich eines **nicht effizienten Marketing** bezeichnet.

- Entsprechen die Marketing-Anstrengungen einem Dämpfungsfaktor, der unterhalb der Iso-Diffusionslinie liegt, so kann dadurch eine teilweise oder vollständige Neutralisierung der Störeffekte bewirkt werden. Dieser Bereich wird deshalb als **effizientes Marketing** bezeichnet.

Der Bereich eines effizienten Marketing läßt sich dabei nach drei weiteren Sektoren differenzieren:

❏ **"Startsektor":**

Im ersten Sektor liegt die Störtintensität zwischen 0 und 1, d.h. die Störungen sind als relativ gering anzusehen. Trotzdem ist hier eine kontinuierliche Steigerung der Marketing-Mix-Anstrengungen erforderlich, damit die Iso-Diffusionslinie erreicht werden kann. Die Marketing-Aktivitäten der Anbieterparteien werden in diesem Sektor auf ein bestimmtes Niveau gebracht, das mindestens erforderlich ist, damit auch höheren Störintensitäten entgegengewirkt werden kann.

❏ **"Primärer Effizienz-Sektor":**

Störintensitäten im Intervall $c \in [1,4]$ können bei nahezu konstantem Marketing-Mix-Einsatz neutralisiert werden. Gelingt es den Anbietern, ihren Marketing-Mix-Einsatz auf dieses Niveau zu bringen, so können damit unterschiedlich hohe Störintensitäten aufgefangen werden.

❏ **"Potentieller Aufgabe-Sektor":**

Übersteigt die Störintensität einen Wert von 4, so macht die Iso-Diffusionslinie deutlich, daß ein überproportional ansteigender Marketing-Mix-Einsatz erforderlich ist, damit die Störeinflüsse neutralisiert werden können. Es ist von daher zu überlegen, ob der dazu erforderliche Mitteleinsatz die Forcierung des Systems rechtfertigt oder ob das System nicht aufgegeben werden soll. Es zeigt sich damit auch hier, daß eine Störintensität von c=4 als kritische Schwelle anzusehen ist, bei der die Entscheidung über eine potentielle Aufgabe eines Systems ansteht.

- In Abbildung 68 ist eine zweite Iso-Diffusionslinie eingetragen, die ein gleichbleibendes Diffusionsniveau von 80% widerspiegelt. Die Abbildung macht deutlich, daß mit dem Marketing-Mix-Einsatz, der bei einer Störintensität zwischen 1 und 4 ein 99%iges Diffusionsniveau erreicht, auch bei einer Störintensität von 5 noch ein Diffusionsniveau von 80% erzielbar ist. Nach Überschreiten einer Störintensität von c=5 entwickeln sich beide Iso-Diffusionslinien quasi parallel. Da der Dämpfungsfaktor im logarithmischen Maßstab dargestellt wurde, sind die zur Erreichung eines 99%igen Diffusionsniveaus erforderlichen Marketing-Anstrengungen im Durchschnitt drei mal so groß wie diejenigen zur Erreichung eines 80%igen Diffusionsniveaus. Es ist von daher zu überlegen, ob die Verdreifachung der Marketing-Mix-Anstrengungen den erzielbaren Diffusionszuwachs (schraffierter Bereich) rechtfertigen können.

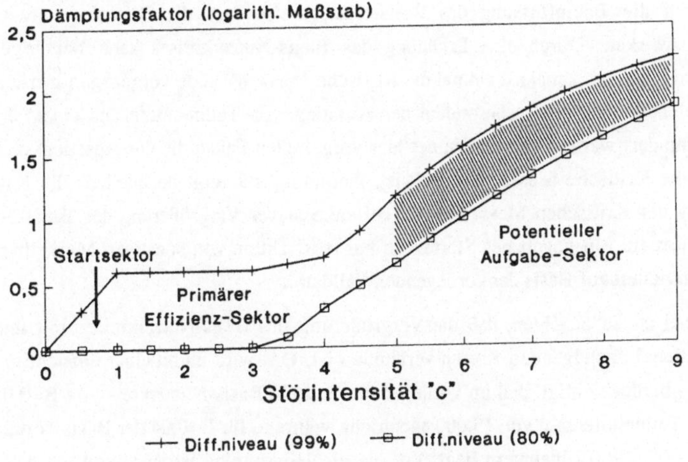

Abb. 68: Iso-Diffusionslinien für unterschiedliche Diffusionsniveaus

Die vorangegangenen Überlegungen machen deutlich, daß die Marketing-Mix-Anstrengungen zunächst einmal kontinuierlich bis zu einem bestimmten Niveau gesteigert werden müssen. Ist dieses Niveau erreicht, so kann damit eine ganze Bandbreite von Störungen (c $\in$ [1,4]) neutralisiert werden. Überschreitet die Störintensität hingegen einen bestimmten Schwellenwert, so muß der Marketing-Mix-Einsatz überproportional erhöht werden, damit eine vollkommene Neutralisierung der Störungen möglich ist. Dieser Schwellenwert konnte für die vorliegende Fallstudie auf c=4 festgelegt werden. Zur Festsetzung des Marketing-Mix-Einsatzes sind somit zwei Grundsatzentscheidungen zu treffen:

(1) Soll ein bestimmtes Diffusionsniveau erreicht werden, so ist bis zur Erreichung des Schwellenwertes der Störintensität ein bestimmtes Niveau an Marketing-Mix-Anstrengungen erforderlich. Dieses Niveau stellt dann das Erreichen der "*Zieldiffusion*" für eine ganze Bandbreite von Störintensitäten sicher.

(2) Überschreitet die Störintensität allerdings den ermittelten Schwellenwert, so ist zu prüfen, ob die zur Erreichung des Zielwertes erforderlichen überproportional ansteigenden Marketing-Mix-Anstrengungen die weitere Forcierung des Systems rechtfertigen können.

Neben der Variation des Marketing-Mix-Einsatzes besteht aber auch die Möglichkeit, durch die Beeinflussung des Basis-Nutzerkreises auf die Diffusionsentwicklung einzuwirken. Durch eine Erhöhung des Basis-Nutzerkreises kann bei gegebenen Störeinflüssen zunächst einmal die Kritische Masse-Periode vorgezogen werden. Das aber bedeutet, daß insbesondere der Ausstieg von Teilnehmern aus einem System verhindert werden kann, da in der hier vorgelegten Fallstudie das Ausstiegsverhalten an die Kritische Masse gekoppelt ist. Abbildung 69 zeigt beispielhaft die Entwicklung der Kritischen Masse-Periode bei sukzessiver Vergrößerung des Basis-Nutzerkreises für ein gegebenes Störniveau bei Abstraktion von sonstigen Marketing-Mix-Aktivitäten auf Basis der vorliegenden Falldaten.

Dabei ist zu beachten, daß die Vergrößerung des Basis-Nutzerkreises mit überproportional ansteigenden Kosten verbunden ist. Das wird unmittelbar einsichtig, wenn man berücksichtigt, daß im vorliegenden Fall ein Basis-Nutzerkreis von B=0,001 einer Teilnehmerzahl von 15.000 entspricht, während für B=0,04 der Basis-Nutzerkreis bei 600.000 Teilnehmern liegt. Vor diesem Hintergrund ist zu prüfen, ob der angestrebte Basis-Nutzerkreis auch tatsächlich erreicht werden kann und ob der dazu erforderliche Mittelaufwand gerechtfertigt ist.

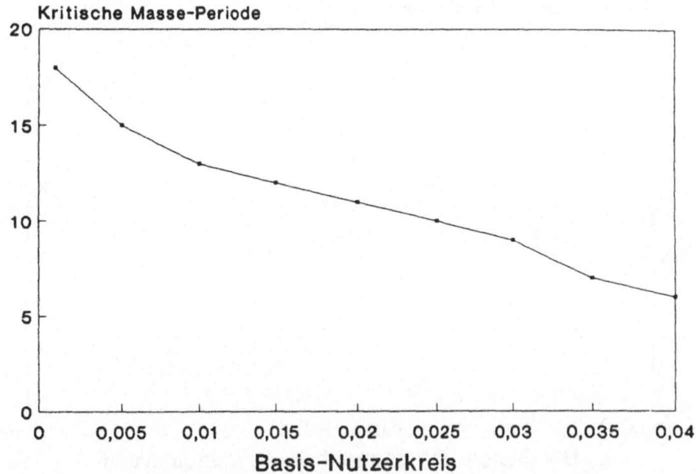

Abb. 69: Entwicklung der Kritischen Masse-Periode bei Variation des Basis-Nutzerkreises

Es sind von daher die Kosten einer Basis-Nutzerkreis-Erhöhung mit den Kosten eines entsprechenden Marketing-Mix-Einsatzes zu vergleichen. Zur Durchführung eines solchen Vergleichs muß ermittelt werden, in welchem Ausmaß daß Diffusionsniveau durch die Vergrößerung des Basis-Nutzerkreises erhöht werden kann. Abbildung 70 zeigt den jeweiligen Zuwachs des Diffusionsniveaus gegenüber dem Ausgangsniveau bei sukzessiver Variation des Basis-Nutzerkreises.

Gelingt es z.B. den Basis-Nutzerkreis um 0,009 von 0,001 auf 0,01 zu erhöhen, so kann dadurch das Diffusionsniveau um ca. 0,2 vergrößert werden. Die dabei entstehenden Kosten sind mit den Kosten einer entsprechenden Vergrößerung des Marketing-Mix-Einsatzes zu vergleichen. Auf dieser Basis kann dann eine Entscheidung für eine der beiden Strategien oder eine kombinierte Vorgehensweise getroffen werden.

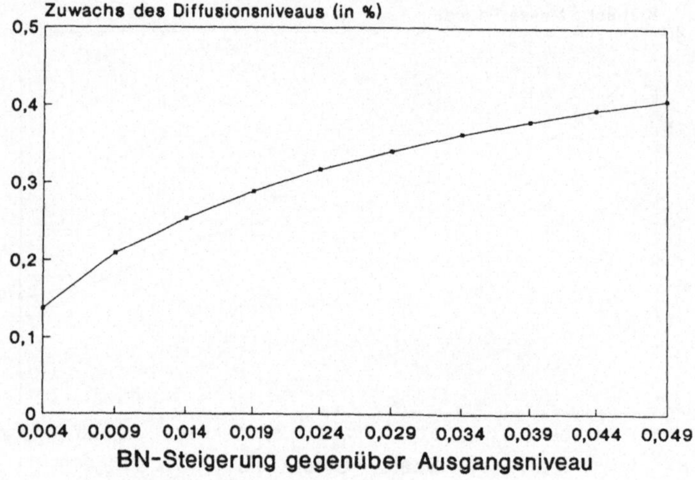

Abb. 70: Relativer Diffusionszuwachs bei sukzessiver Vergrößerung des Basis-Nutzerkreises

4.4. Anwendbarkeit und Nutzen des Diagnosemodells für die Beurteilung von Diffusionsprozessen bei Kritische Masse-Systemen

Im vorangegangenen Kapitel wurden die Anwendungsmöglichkeiten des Diagnosemodells für Marketing-Entscheidungen an ausgewählten Beispielen auf der Basis einer Fallstudie demonstriert. Im folgenden werden die zentralen Informationen aufgezeigt, die aus dem Diagnosemodell für die Entscheidungsunterstützung gewonnen werden können. Wir betrachten zu diesem Zweck nochmals den grundsätzlichen Aufbau des Modells, der in Abbildung 71 dargestellt ist:

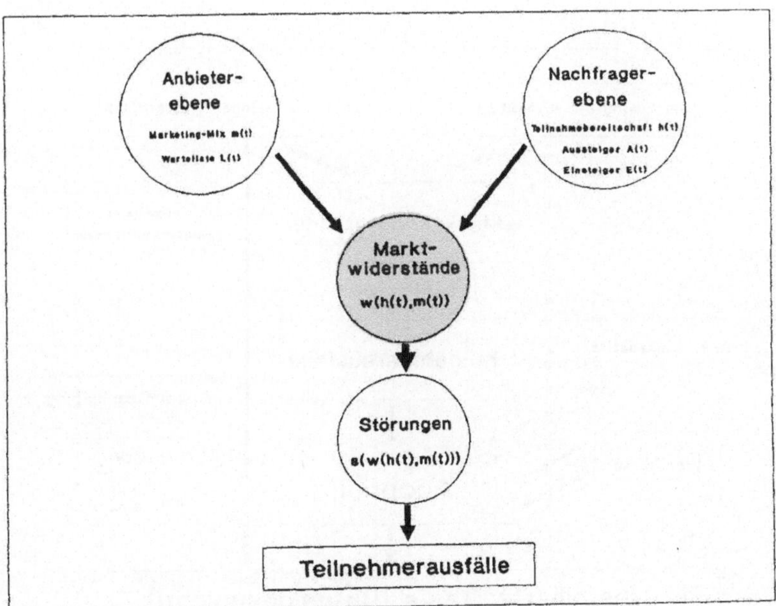

Abb. 71: Prinzipdarstellung des Diagnosemodell-Aufbaus

Das Diagnosemodell versucht, sowohl die Anbieter- als auch die Nachfragerseite zu modellieren. Die Anbieterseite wird dabei durch die Funktion des Marketing-Mix-Einsatzes m(t) und die Warteliste L(t) erfaßt, während die Nachfragerseite beschrieben ist durch die Teilnahmebereitschaft h(t) und die Erwartungshaltung potentieller Teilnehmer, die sich in dem unterstellten Ausstiegsverhalten A(t) und Einstiegsverhalten E(t) niederschlägt. Die Aktivitäten der Anbieterparteien und die Wahrnehmung der Nachfragerseite beeinflussen den Grad an Marktwiderständen, die ihrerseits zu einer Störung der Adoptionsfunktion derart führen, daß von den theoretisch erwarteten Adoptoren einer Periode ein Teil nicht adoptiert. Das Modell ist dabei in der Lage, Rückkopplungseffekte abzubilden, die bei Kritische Masse-Systemen von zentraler Bedeutung sind. Wie aus Abbildung 72 ersichtlich ist, werden sowohl direkte als auch indirekte Rückkopplungen erfaßt. Ein direkter Rückkopplungseffekt ergibt sich z.B. zwischen dem Aufbau einer Warteliste und dem Adoptionsniveau einer Periode (vgl. die grau, schraffiert eingezeichneten Pfeile), während ein indirekter Rückkopplungseffekt z.B. zwischen Teilnahmebereitschaft und Installierter Basis (Diffusionsniveau) besteht (vgl. die fett eingezeichneten Pfeile).

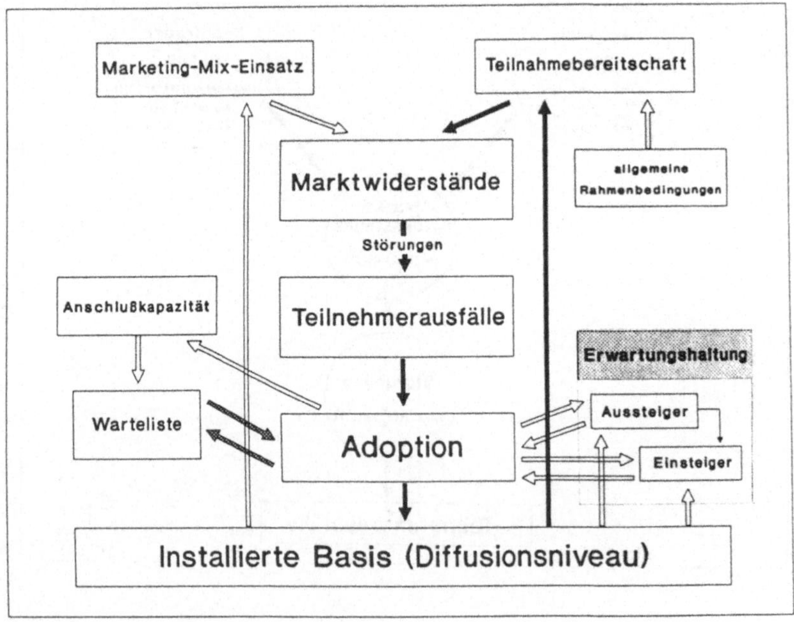

Abb. 72: Durch das Diagnosemodell modellierbare Beeinflussungs-
und Rückkopplungseffekte

Die Konzeption des Diagnosemodells ist insgesamt auf eine hohe **Flexibilität** ausgelegt, die eine Anpassung des Modells an unterschiedliche Anwendungssituationen ermöglicht. Diese Flexibilität ergibt sich daraus, daß sich bei empirischen Anwendungen in Teilelementen des Modells unterschiedliche Spezifikationen vornehmen lassen, wodurch sich auch die Möglichkeiten zur Durchführung von Sensitivitätsanalysen vergrößern. Unterschiedliche Spezifikationen sind dabei für folgende Modellelemente möglich:

- **theoretische Adoptionsfunktion:**
  Im Fallbeispiel wurde als theoretische Adoptionsfunktion die Normalverteilung verwendet. Es kann aber auch jede beliebige andere Verteilung unterstellt werden, die vor dem Hintergrund der jeweiligen Anwendungssituation als geeignet anzusehen ist. Ebenso können im Rahmen von Sensitivitätsanalysen verschiedene theoretische Adoptionsfunktionen betrachtet werden.

- **Störfunktion:**
  Die Störfunktion wurde im vorliegenden Modell als unabhängig von der Kritischen Masse spezifiziert. Es ist allerdings auch denkbar, daß die auftretenden Störeffekte durch das Überschreiten der Kritischen Masse so stark abgeschwächt werden, daß eine Funktionsunterteilung in Abhängigkeit der Kritischen Masse sinnvoll erscheint. Inwieweit das der Fall ist, kann nur vor dem Hintergrund der jeweiligen Anwendungssituation entschieden werden, wobei sich entsprechende Hinweise z.B. aus den Auswertungen von Testmarktdaten gewinnen lassen.

- **Marketing-Mix-Einsatz:**
  In der Funktion des Marketing-Mix-Einsatzes werden alle Aktivitäten der Anbieterparteien erfaßt. In der Fallstudie wurde beispielhaft von einem wirksamen Marketing ausgegangen, d.h. durch den Einsatz von Marketing-Mix-Maßnahmen können Marktwiderstände und damit Teilnehmerausfälle reduziert werden. Es besteht aber auch die Möglichkeit, ein nicht vollständig wirksames Marketing oder einen Wechsel zwischen wirksamem und nicht vollständig wirksamem Marketing zu modellieren. Weiterhin wurde der Marketing-Mix-Einsatz beispielhaft als Maximumfunktion angenommen, d.h. es wurden im Zeitablauf ansteigende und nach Überschreiten einer bestimmten Periode abfallende Marketing-Aktivitäten unterstellt. Ebenso kann aber auch ein konstanter Marketing-Mix-Einsatz, ein im Zeitablauf fallender oder steigender Marketing-Mix-Einsatz oder eine mehrgipflige Marketing-Mix-Funktion betrachtet werden.

- **Anschlußkapazitäten und Warteliste:**
  Die maximale Anschlußkapazität von Teilnehmern innerhalb einer Periode wurde im Fallbeispiel als gegeben und konstant angesehen.

Es ist aber auch ebenso denkbar, daß eine im Zeitablauf variierende Anschlußkapazität besteht oder aber sich die Anschlußkapazität z.B. an einem Durchschnittswert der Teilnehmeranschlüsse vergangener Perioden orientiert.

- **Erwartungshaltung der Nachfrager:**

  Das Ausstiegs- und Einstiegsverhalten der Nachfrager orientierte sich in der Fallstudie an der erwarteten ausreichenden Teilnehmerzahl der Vorperiode des Teilnehmeranschlusses. Die Erwartungshaltung der Nachfrager wurde damit ausschließlich von der Installierten Basis sowie der Kritischen Masse bestimmt. Auch hier sind unterschiedliche Verhaltensweisen modellierbar, und neben der Installierten Basis können auch andere Größen, wie z.B. die Attraktivität eines Kritischen Masse-Systems, zur Bestimmung der Erwartungshaltung herangezogen werden.

- **Marktsättigungsniveau:**

  Das Marktsättigungsniveau wurde in der Fallstudie als konstant angenommen. Es kann aber problemlos auch ein im Zeitablauf variables Marktsättigungsniveau in das Modell aufgenommen werden. Letzteres erscheint unter langfristigen Aspekten auch sinnvoll, da ein zeitvariantes Marktsättigungsniveau, z.B. bedingt durch eine Veränderung der allgemeinen Rahmenbedingungen wie etwa der Einkommensverhältnisse und der Bevölkerungsentwicklung sowie der Aktivitäten der Anbieterparteien, als wahrscheinlich anzusehen ist.[312]

- **Anschlußverzögerungen:**

  Anschlußverzögerungen wurden im Diagnosemodell derart erfaßt, daß **alle** Nachfrager, die sich in vergangenen Perioden auf Grund von Marktwiderständen nicht zur Teilnahme entschlossen haben, dann Teilnehmer werden, sobald die Marktwiderstände in einer Periode auf Null absinken. Sind in einer Periode die Marktwiderstände hingegen nicht Null, so wird von denjenigen, die ihren Anschluß verzögert haben, nur ein bestimmter Anteil in der Folgeperiode adoptieren. Dieser Anteil bestimmt sich nach Maßgabe der Störfunktion. Diese Verhaltensannahme kann aber auch durch andere Annahmen ersetzt werden.

---

312) Überlegungen zur Dynamisierung des Marktsättigungsniveau in Diffusionsmodellen finden sich z.B. bei: FANTAPIÉ ALTOBELLI, Claudia (1991), a.a.O., S.46ff. BONUS, H.(1968), a.a.O., S.70ff. MAHAJAN, Vijay/ PETERSON, Robert A.: Innovation Diffusion in a Dynamic Potential Adopter Population, in: Management Science, 24(1978), No. 15, S.1590ff. LEWANDOWSKI, Rudolf (1974), a.a.O., S.333ff.

So ist es z.B. denkbar, daß alle Nachfrager, die ihren Anschluß verzögert haben, genau dann Teilnehmer werden, wenn die Kritische Masse erreicht ist.

- **Allgemeine Rahmenbedingungen:**
  Die allgemeinen Rahmenbedingungen konkretisierten sich in der Sensibilitätskonstanten v und wurden als konstant unterstellt. Es ist aber auch eine Dynamisierung der Sensibilitätskonstanten denkbar, wodurch unterschiedliche Entwicklungen der allgemeinen Rahmenbedingungen und deren Auswirkungen auf das Adoptionsverhalten simuliert werden können.

Neben der Variation der oben aufgeführten Modellelemente liegt der primäre Ansatzpunkt zur Durchführung von Sensitivitätsanalysen bei gegebener Spezifikation in der Variation der zentralen Modellparameter. Als zentrale Modellparameter sind die Störintensität, die unterstellte Kritische Masse, der Basis-Nutzerkreis und die Sensibilitätskonstante anzusehen. Die Annahmen zur Gestaltung der Modellelemente und die Startwerte für die zentralen Modellparameter sollten dabei mit Hilfe von Testmarktdaten gewonnen werden.[313]

Abschließend sei nochmals herausgestellt, daß das vorgestellte Diffusionsmodell als Diagnose- und nicht als Prognoseinstrument konzipiert wurde. Es versteht sich damit als ein Verfahren, das zur Entscheidungsunterstützung dient und seinen Einsatzschwerpunkt in der Durchführung von Sensitivitätsanalysen kritischer Parameter besitzt. Dadurch kann die Planungsunsicherheit bei Kritische Masse-Systemen auf der Anbieterseite evident gemacht werden. Bei der Konzeption des Modells stand nicht die Vollständigkeit der Erfassung möglicher Einflußfaktoren auf die Diffusion von Kritische Masse-Systemen im Vordergrund, sondern die Abbildung der Wirkungszusammenhänge, die zum Aufbau von Marktwiderständen führen und damit den Diffusionsprozeß beeinflussen. Der zentrale **Erkenntnisgewinn**, der durch das vorliegende Diagnosemodell im Bereich der Kritische Masse-Systeme erzielt werden kann, ist insbesondere in folgenden Aspekten zu sehen:

- Das Modell ist in der Lage, die Auswirkungen, die isolierte oder kombinierte Parametervariationen auf Grund von Rückkopplungseffekten und interdependenter Zusammenhänge auf den Diffusionsprozeß besitzen, in ihrer **Gesamtheit** zu verdeutlichen.

- Es läßt sich nachvollziehen, in welcher Weise und in welchem Ausmaß eine Veränderung der betrachteten Einflußgrößen das Erreichen der **Kritischen Masse-Periode** hinauszögert oder beschleunigt. Je später dabei die Kritische

---

313) Vgl. hierzu die Ausführungen in Kapitel 4.3.3.4.1 "Informationsgewinnung mit Hilfe von Testmarktdaten und Aufbau der Fallstudie".

Masse-Periode erreicht wird, um so mehr ist anbieterseitig eine Aufgabe des Kritischen Masse-Systems angezeigt.

- Es lassen sich Hinweise darüber gewinnen, wann es zu **Adoptionsrückgängen** kommt. Adoptionsrückgänge können sich dabei sowohl in einer Abschwächung der Adoptionszuwächse als auch in einer Absenkung der Diffusionsfunktion konkretisieren. Im letzteren Fall ist davon auszugehen, daß sich ein Kritisches Masse-System langfristig am Markt nicht etablieren kann.

- Aus der Stärke der Auswirkungen, die einzelne Parametervariationen auf den Diffusionsprozeß besitzen, lassen sich Ausschlußkritierien ableiten, die die Aufgabe eines Kritischen Masse-Systems aus Anbietersicht nahelegen. Diese Ausschlußkriterien lassen sich daraus ableiten, daß die Störintensität und die Kritische Masse-Periode bestimmte **Schwellenwerte** nicht überschreiten dürfen. Allerdings sind auch hier diese Schwellenwerte nicht im streng metrischen Sinne zu interpretieren, sondern sie erfüllen primär eine Warnfunktion.

- Mit Hilfe von **Iso-Diffusionslinien** ist es möglich, die Wirkungsstärke von Marketing-Mix-Maßnahmen vor dem Hintergrund gegebener Zielgrößen abzuschätzen und somit Anhaltspunkte für ein effizientes Marketing zu gewinnen.

- Mit Hilfe des Diagnosemodells lassen sich weiterhin Anhaltspunkte für den zeitlichen Aufbau der **Anschlußkapazitäten** gewinnen.

- Die **Flexibilität** des Modellansatzes ermöglicht es, einzelne Wirkungsfunktionen unterschiedlich zu spezifizieren, wodurch sich eine ganze Bandbreite an Möglichkeiten zur Durchführung von Sensitivitätsanalysen eröffnet und alternative Szenarien mit Hilfe des Modells simuliert werden können. Hier wird in besonderer Weise deutlich, daß das Modell nicht für Prognosezwecke entwickelt wurde, sondern einen Diagnose- und Lerncharakter besitzt.

Neben der direkten Entscheidungsunterstützung können die mit Hilfe des Modells durchgeführten Sensitivitätsanalysen auch zur Aufdeckung weiterer Untersuchungsfelder führen. So ist es z.B. sinnvoll, die Beziehungen zwischen den Parteien auf der Anbieterseite einer eigenständigen Analyse zu unterziehen. Dabei sollte das Marketing-Instrumentarium der Anbieter differenzierter betrachtet werden, da sich auf diese Weise bestehende trade offs genauer analysieren lassen.

ANHANG:

Vorbemerkung:

Funktionalgleichungen bestehen aus ein oder mehreren Funktionen in n (n $\in$ N) Veränderlichen. Die Funktionalgleichungstheorie versucht die allgemeine Form einer Funktionalgleichung

$$(1) \qquad G(f(h_1(x_1,...,x_n)), f(h_2(x_1,...,x_n)),..., f(h_k(x_1,...,x_n)))$$
$$= \phi(f(x_1),...,f(x_n))$$

zu lösen. Zur Lösung der Funktionalgleichung sind Funktionen f zu bestimmen, die der Gleichung (1) für alle $(x_1,...,x_n)$ aus einer vorgegebenen Menge M genügen, wobei ϕ, G und h_i, i = 1,...,k, gegebene Funktionen sind.

Ein Spezialfall von (1) folgt für k=1 und G(z)=z für alle z $\in$ $\Re$:

$$(2) \qquad f(h(x_1,...,x_n) = \phi(f(x_1),...,f(x_n))$$

Jede Funktion f, die die Funktionalgleichung (1) bzw. (2) erfüllt, heißt Lösung der Funktionalgleichung. Dabei ist die allgmeine Lösung "die Gesamtheit aller zur zugelassenen Funktionsklasse gehörenden Lösungen. Eine Funktionalgleichung ... zu lösen, heißt die allgmeine Lösung angeben."[314] Spezielle Lösungen von Funktionalgleichungen werden auch als partikuläre Lösungen bezeichnet.

Die Anwendung der Funktionalgleichungstheorie auf die Diffusion von Kritische Masse-Systemen beschränkt sich in dieser Arbeit darauf, die in Kapitel 4 betrachteten Funktionen auf grundlegende Funktionalgleichungen zurückzuführen. Relevant sind dabei nur drei grundlegende Cauchy'sche Funktionalgleichungen, deren allgemeine Lösungen zunächst bestimmt werden sollen.[315]

---

314) ACZÉL, J.: Vorlesungen über Funktionalgleichungen und ihre Anwendungen, Birkhäuser Verlag, Basel Stuttgart 1961, S.21.

315) Vgl. zu den folgenden Betrachtungen:
ACZÉL, J. (1961), a.a.O.. EICHHORN, W.: Functional Equations in Economics, Applied Mathematics and Computation, Vol. 11, London Amsterdam Sydney Tokoyo 1978.
GUMBSHEIMER, Michael: Untersuchung von Produktionsfunktionen mit Hilfe von Funktionalgleichungen, Regensburg 1989, S.133ff.

1. Die Cauchy'sche Basisgleichung

Eine Funktionalgleichung der Form

$$(A.1) \qquad f(x+y) = f(x) + f(y)$$

heißt Cauchy'sche Basisgleichung.

Satz 1.1:

Erfüllt f die Gleichung (A.1), dann gilt für alle $z \in \Re$ und $r \in \mathbf{Q}$:

$$f(r\,z) = r\,f(z) \qquad \text{und für } z = 1$$
$$f(r) = r\,c \qquad \text{mit dem Parameter } c \in \Re;\ c = f(1)$$

Beweis:

Sei $u \in \Re$ beliebig, aber fest. Dann läßt sich u schreiben als $u = n\,x$, $n \in \mathbf{N}$, $x \in \Re$ und es gilt:

$$f(u) = f(n\,x) = f(x + x + ... + x)$$

Mit (A.1) läßt sich schreiben:

$$(*) \qquad f(n\,x) = f(x + x + ... + x) = f(x) + f(x) + ... + f(x) = n\,f(x)$$

Setzt man nun $x = m\,z/n$ so folgt für $m,n \in \mathbf{N}$:

$$f(n\,x) = f(m\,z) \text{ und mit } (*) \text{ folgt:}$$
$$n\,f(x) = m\,f(z)$$

Mit $x = m\,z/n$, erhält man weiter

$$f(m\,z/n) = m/n\,f(z)$$

Für $m/n = r \in \mathbf{Q}_+$ läßt sich schreiben:

$$f(r\,z) = r\,f(z); \quad r \in \mathbf{Q}_+$$

Somit gilt für die Funktionalgleichung (A.1) als Lösung:

$$f(r\,z) = r\,f(z) \text{ bzw. für } z = 1$$

$$f(r) = r\,c; \quad c = f(1) \text{ eine reelle Konstante und } r \in \mathbf{Q}_+$$

Es ist nun zu zeigen, daß die Lösung für $r \in \mathbf{Q}$ und $r = 0$ ebenfalls gültig ist. Für $r = 0$ erhalten wir:

$$f(0\,z) = f(0) = 0\,f(z) \quad \text{für alle } z \in \mathfrak{R} \text{ und damit}$$
$$f(0) = 0$$

Betrachten wir die Gleichung in A(.1) mit $y = 0$, so folgt:
$$f(x + 0) = f(x) = f(x) + f(0)$$
Diese Gleichung ist nur gültig, wenn gilt:
$$f(0) = 0$$
Damit gilt die Lösung in Satz 1.1 auch für $r = 0$.

Weiterhin ist zu zeigen, daß für $-r < 0$; $r \in \mathbf{Q}_+$ die Lösung gültig ist.

Für $f(0)$ läßt sich auch schreiben:

$$0 = f(0) = f(x - x) = f(x) + f(-x) \quad x \in \mathfrak{R}, \text{ also}$$
$$f(x) = -\,f(-x)$$

d. h., es liegt eine ungerade Funktion vor.

Somit läßt sich für $-r < 0$ auch schreiben:

$$f(-r\,u) = -r\,f(u)$$

und damit gilt die Beziehung in Satz 1.1 auch für $r \in \mathbf{Q}$.

q.e.d.

Satz 1.2:

Erfüllt f: $\mathfrak{R} \to \mathfrak{R}$ die Funktionalgleichung (A.1), dann ist auch g: $\mathfrak{R} \to \mathfrak{R}$ mit $g(x) = f(x) - f(1)\,x$ Lösung von (A.1).

<u>**Beweis:**</u>

Mit (A.1) und $x, y \in \mathfrak{R}$ ergibt sich:

$$
\begin{aligned}
g(x+y) &= f(x+y) - f(1)\,(x+y) \\
&= f(x) + f(y) - f(1)\,x - f(1)\,y \\
&= f(x) - f(1)\,x \; + \; f(y) - f(1)\,y \\
&= g(x) + g(y)
\end{aligned}
$$

q.e.d.

Satz 1.3:

Ist f stetig in $\Re$, so ist die allgemeine Lösung f: $\Re \to \Re$ von (A.1) gegeben durch

$$(A.1.2) \qquad f(x) = c\,x \qquad \text{mit dem Parameter } c \in \Re;\ c = f(1)$$

<u>**Beweis:**</u>

Da f stetig ist, folgt aus Satz 1.1 durch Grenzübergang nach x die Behauptung des Satzes:

Ist f gemäß Voraussetzung in x_0 stetig, so gilt für die Lösung f in einer Umgebung von $x_0 \in \Re$:

$$\lim_{x \to x_0} f(x) = f(x_0).$$

Sei $u \in \Re$ beliebig, aber fest. Setze $t := x - u + x_0$.
Dann ist

$$\lim_{x \to u} f((x - u + x_0) + (u - x_0)) = \lim_{t \to x_0} f(t + (u - x_0))$$

Mit (A.1) kann man auch schreiben:

$$\lim_{t \to x_0} f(t + (u - x_0)) = \lim_{t \to x_0} f(t) + f(u - x_0)$$

$$= \lim_{t \to x_0} f(t) + f(u) + f(-x_0)$$

$$= f(x_0) + f(-x_0) + f(u)$$

Da f eine ungerade Funktion ist, gilt $f(x_0) = -f(-x_0)$, und es folgt

$$\lim_{t \to x_0} f(t + (u - x_0)) = f(u)$$

Damit besitzt f eine konstante Steigung in Höhe von f(u).

Die Annahme, f(x) sei für genügend kleine und positive x nichtnegativ (bzw. nicht positiv) ist gleichbedeutend mit der Aussage $f(x) = c\,x$.[316]
q.e.d.

---

[316] Vgl. ACZÉL, J. (1961), a.a.O., S.45.

2. Die Cauchy'sche Funktionalgleichung f(x+y) = f(x) f(y)

Betrachtet wird die Funktionalgleichung

$$(A.2) \qquad f(x+y) = f(x)\, f(y)$$

Satz 2.1:

Die allgemeine Lösung $f: \Re \rightarrow \Re$ der Funktionalgleichung (A.2) ist gegeben durch:

$f(x) = 0 \qquad\qquad \forall\, x \in \Re \qquad\qquad$ und

$f(x) = \exp(\phi(x)) \qquad \forall\, f(x) > 0$; wobei $\phi: \Re \rightarrow \Re$ Lösung von (A.1) ist.

Beweis:

(i) Sei $f(x_0) = 0$.

Dann gilt für alle $x \in \Re$ mit $x := x_0 + y$; $y \in \Re$:

$f(x) = f(x_0 + y) = f(x_0)\, f(y) = 0$ und es folgt

$f(x) = 0 \qquad\qquad \forall\, x \in \Re.$

(ii) Sei $f(x) > 0$ für alle $x \in \Re$:

Dann läßt sich (A.2) logarithmieren und es folgt:

$\ln f(x + y) = \ln f(x) + \ln f(y).$

Dies ist die Cauchy'sche Basisgleichung (A.1).

Setze $\ln f(x) =: \phi(x)$.

Ist $\phi(x)$ die Lösung der Funktionalgleichung (A.1), so muß die Funktion $f: \Re \rightarrow \Re$ mit

$$f(x) = \exp(\phi(x))$$

Lösung von (A.2) sein, was sich durch Einsetzen und Anwendung der Umkehrfunktion des Logarithmus leicht nachprüfen läßt.

q.e.d.

Satz 2.2:

Ist f stetig in $\Re$, so ist die allgemeine Lösung f: $\Re \to \Re$ der Funktionalgleichung (A.2) gegeben durch:

$$f(x) = \begin{cases} 0 & \text{für alle } x \in \Re \\[2mm] \exp(c\,x) & \text{mit } x \in \Re;\; c \in \Re \\ & \text{eine Konstante und } c := \ln f(1) \end{cases}$$

<u>Beweis:</u>

Nach Satz 2.1 ist die allgmeine Lösung der Funktionalgleichung (A.2) gegeben durch

$f(x) = 0 \qquad\qquad \forall\, x \in \Re \qquad\qquad$ und

$f(x) = \exp(\phi(x)) \qquad \forall\, f(x) > 0;$ wobei $\phi: \Re \to \Re$ Lösung von (A.1) ist.

Da f nach Voraussetzung stetig ist, muß auch ϕ, die Lösung von (A.1), stetig sein. Mit Satz 1.2 ist ϕ gegeben durch:

$\phi(x) = c\,x \qquad\qquad c \in \Re$ ein reeller Parameter, $c := \phi(1)$.

Setzt man dies in den Satz 2.1 ein, so folgt:

$f(x) = 0 \qquad\qquad \forall\, x \in \Re$

$f(x) = \exp(c\,x) \qquad$ mit $c \in \Re$, konstant; $c = \ln f(1)$.

q.e.d.

3. Die Cauchy'sche Funktionalgleichung f(x y) = f(x) f(y)

Betrachtet wird die Funktionalgleichung

(A.3) $\qquad$ $f(x\,y) = f(x)\ f(y)$

Satz 3.1:

Die allgemeine Lösung $f: \Re \to \Re$ der Funktionalgleichung (A.3) ist mit $f(0)=0$ gegeben durch:

$f(x) = 0$ $\qquad$ $\forall\, x \in \Re$ $\qquad$ und

$f(x) = \exp(\phi(\ln|x|))$ $\qquad$ mit $x \in \Re\backslash\{0\}$ und

$f(x) = \operatorname{sgn}(x)\ \exp(\phi(\ln|x|))$ $\qquad$ $\phi: \Re \to \Re$ ist Lösung von (A.1).

<u>Beweis:</u>

(i) Es gelten folgende Substitutionen:

$x := e^u$

$y := e^v$

$g(u) := f(e^u)$

$g(v) := f(e^v)$

$g(u + v) := f(e^u\, e^v)$

Sei $(x,y) \in \Re^2_{++}$, dann erhält man mit obigen Substitutionen für (A.3):

$g(u + v) = g(u)\, g(v)$ $\qquad$ $(u,v) \in \Re^2$

und mit Satz 2.1 ist die allgemeine Lösung dieser Gleichung gegeben durch:

$g(u) = 0$ $\qquad$ $\forall\, u \in \Re$ $\qquad$ und

$g(u) = \exp(\phi(u))$ $\qquad$ $\forall\, g(u) > 0$; wobei $\phi: \Re \to \Re$ Lösung von (A.1) ist.

Damit folgt als Lösung der Funktionalgleichung (A.3) mit

(a) $\quad g(u) = f(e^u) = 0 \quad \forall\, u \in \Re$; und da $e^u = x$ ist

$\qquad f(x) = 0 \qquad \forall\, x \in \Re_+.$

(b) $\quad g(u) = g(\ln|x|) = \exp(\phi(\ln|x|)); \quad \ln|x| = u$.

$\qquad$ Da $g(u) = f(x)$ ist folgt:

$\qquad f(x) = \exp(\phi(\ln|x|)) \forall\, x \in \Re_+.$

(ii) Sei $(x,y) \in \Re^2_{++}$, mit $-x < 0$ und f eine **gerade Funktion**, dann folgt:

$f(-x) = f(x) = \exp(\phi(\ln|x|))$.

Ist aber f eine **ungerade Funktion**, so gilt:

$f(-x) = -f(x) = -\exp(\phi(\ln|x|))$.

Also folgt für $x \in \Re\backslash\{0\}$:

$f(x) = \text{sgn}(x)\exp(\phi(\ln|x|))$.

(iii) Sei $(x,y) \in \Re^2$.

Für $y = 0$ folgt mit (A.3):

$(*)\ f(0) = f(x\ 0) = f(x)\ f(0)$

Die Gleichung (*) ist dann erfüllt, wenn für

(a) $x \neq 0$, aber beliebig

    $f(0) \neq 0$ und damit $f(x) = 1\ \forall\ x \in \Re\backslash\{0\}$.

(b) $x = 0$

    $f(0) = 1$ also $f(x) = 1\ \forall\ x \in \Re$ oder

    $f(0) = 0$ und damit $f(x)$ beliebig.

Für $f(0) = 0$ muß f $\forall\ x \in \Re\backslash\{0\}$ die Funktionalgleichung (A.3) erfüllen und ist von der in (ii) angegebenen Form.

Faßt man (i), (ii) und (iii) zusammen, so folgt die Behauptung.

q.e.d.

Satz 3.2:

Ist f: $\mathfrak{R}_+ \to \mathfrak{R}$ (bzw. f: $\mathfrak{R}_{++} \to \mathfrak{R}$) stetige Lösung der Funktionalgleichung (A.3), so ist die allgemeine Lösung für f gegeben durch:

Für f(0) = 0:

f(x) = 0   **für alle** $x \in \mathfrak{R}_{++}$ **und**

f(x) = x^c   **für alle** $x \in \mathfrak{R}_{++}$

Für f(0) $\neq$ 0:

f(x) = 1   **für alle** $x \in \mathfrak{R}_+$ **(bzw.** $x \in \mathfrak{R}_{++}$**)**

<u>Beweis:</u>

Nach Satz 1.3 ist die stetige allgemeine Lösung ϕ: $\mathfrak{R} \to \mathfrak{R}$ gegeben durch $\phi(x) = c\,x$; $c = \phi(1)$; $c \in \mathfrak{R}$. Da f: $\mathfrak{R} \to \mathfrak{R}$ stetig in $\mathfrak{R}\backslash\{0\}$ ist und da die Exponential- und die Logarithmusfunktion stetig in $\mathfrak{R}\backslash\{0\}$ sind, folgt mit Bezeichnungen aus Beweis zu Satz 3.1 und mit Satz 1.3, daß die stetige allgemeine Lösung ϕ: $\mathfrak{R} \to \mathfrak{R}$ gegeben ist durch $\phi(x) = c\,x$.

Somit läßt sich die allgemeine Lösung aus Satz 3.1 im Stetigkeitsfalle auch schreiben als

$f(x) = \exp(c\,\ln|x|) = \exp(\ln|x|^c) = |x|^c$ bzw.

$f(x) = \text{sgn}\,(x)\,|x|^c$ mit $c := \ln f(1)$.

Wird x eingeschränkt auf $\mathfrak{R}_{++}$, so folgt die Behauptung.

q.e.d.

LITERATURVERZEICHNIS:

ACZÉL, J. (1961):
Vorlesungen über Funktionalgleichungen und ihre Anwendungen, Basel
Stuttgart 1961.

ADAM, Dietrich (1989):
Planung, heuristische, in: Handwörterbuch der Planung, Stuttgart 1989,
Sp.1414-1419.

ADAM, Dietrich (Hrsg.)(1988):
Fertigungssteuerung I, Wiesbaden 1988.

ADAM, Dietrich (Hrsg.)(1987):
Neuere Entwicklungen in der Produktions- und Investitionspolitik, Wiesbaden 1987.

ADAM, Dietrich (1980a):
Kurzlehrbuch Planung, Wiesbaden 1980.

ADAM, Dietrich (1980b):
Zur Problematik der Planung in schlecht strukturierten Entscheidungssituationen,
in: Jacob, H. (Hrsg.): Neue Aspekte der betrieblichen Planung, Schriften zur Unternehmensführung, Band 28, Wiesbaden 1980, S.47-75.

ADAM, Dietrich (1980c):
Planungsüberlegungen in bewertungs- und zielsetzungsdefekten Problemsituationen (I), in: WISU, 9(1980), S.127-130.

ADAM, Dietrich (1980d):
Planungsüberlegungen in wirkungsdefekten Problemsituationen, in: WISU, 9(1980),
S.382-386.

ADAM, Dietrich/BACKHAUS, Klaus/MEFFERT, Heribert/WAGNER, Helmut
(Hrsg.)(1990):
Integration und Flexibilität: Eine Herausforderung für die Allgmeine Betriebswirt-
schaftslehre, Wiesbaden 1990.

ALBACH, Horst (Hrsg.)(1989):
Innovationsmanagement: Theorie und Praxis im Kulturvergleich, ZfB-Ergänzungsheft, 1/89, Wiesbaden 1989.

ALBACH, Horst (1965):
Zur Theorie des wachsenden Unternehmens, in: Krelle, W. (Hrsg.): Theorien des
einzelwirtschaftlichen und gesamtwirtschaftlichen Wachstums, Berlin 1965, S.9-97.

ALBENSÖDER, Albert (Hrsg.) (1990):
Netze und Dienste der Deutschen Bundespost Telekom, 2. Aufl. Heidelberg 1990.

AMBROSCH, Wolf-Dietrich/ MAHER, Anthony/ SASSCER, Barry (1989):
The Intelligent Network, Berlin Heidelberg New York London Paris Tokyo 1989.

ARBEITSKREIS 'MARKETING IN DER INVESTITIONSGÜTER-INDUSTRIE
DER SCHMALENBACH-GESELLSCHAFT (1975):
Systems Selling, in: zfbf, 27(1975), S.757-773.

ARLT, Volker/ BACKHAUS, Klaus (1977):
Ein Vertriebsinformationssystem für das Anlagengeschäft, in: zfbf-Kontaktstudium,
29(1977), S.31-38.

ARNOLD, Franz (Hrsg.)(1989):
Handbuch der Telekommunikation, Loseblatt-Ausgabe, (Grundwerk) Köln 1989.

ARONSON, Sidney H. (1977):
Bells's Electrical Toy: What's the Use? The Sociology of Early Telephone Usage,
in: de Sola Pool, Ithiel (Ed.): The Social Impact of the Telephone, Cambridge London
1977, S.15-39.

BAAKEN, Thomas (1987):
Besonderheiten des Technologiemarketing - Veränderungen im Marketing durch
technologische Entwicklungen, in: Baaken, Thomas/ Simon, Dieta (Hrsg.): Abnehmerqualifizierung als Instrument des Technologie-Marketing, Berlin 1987, S.1-13.

BAAKEN, Thomas/ SIMON, Dieta (Hrsg.) (1987):
Abnehmerqualifizierung als Instrument des Technologie-Marketing, Berlin 1987.

BACKHAUS, Klaus (1990):
Investitionsgütermarketing, 2. Aufl. München 1990.

BACKHAUS, Klaus (1988a):
Die Macht der Allianz, in: absatzwirtschaft, 30(1987), Heft 11, S.122-130.

BACKHAUS, Klaus (1988b):
Grundbegriffe des Industrieanlagen- und Systemgeschäfts, 2. Aufl. München Münster
1988.

BACKHAUS, Klaus (1985):
Portfolio-Modelle in der strategischen Unternehmens- und Marketingplanung, in:
Investitionsgüter-Marketing unter Portfolio-Aspekten, 23. Würzburger Werbefach-
gespräch, hrsg. vom Vogel-Verlag, Würzburg 1985, S. 7-18.

BACHKAUS, Klaus (1982):
Investitionsgüter-Marketing, 1. Aufl. München 1982.

BACKHAUS, Klaus (1980):
Auftragsplanung im industriellen Anlagengeschäft, Stuttgart 1980.

BACKHAUS, Klaus/ PILZ, Klaus (Hrsg.)(1990a):
Strategische Allianzen, zfbf-Sonderheft, Nr. 27, Düsseldorf Frankfurt am Main 1990.

BACKHAUS, Klaus/ PILTZ, Klaus (1990b):
Strategische Allianzen - eine neue Form kooperativen Wettbewerbs?, in: Dieselben (Hrsg.): Strategische Allianzen, zfbf-Sonderheft, Nr. 27, Düsseldorf Frankfurt am Main 1990, S.1-10.

BACKHAUS, Klaus/ PLINKE, Wulff (1990):
Strategische Allianzen als Antwort auf veränderte Wettbewerbsstrukturen, in: Backhaus, Klaus/ Pilz, Klaus (Hrsg.): Strategische Allianzen, zfbf-Sonderheft, Nr. 27, Düsseldorf Frankfurt am Main 1990, S.21-33.

BACKHAUS, Klaus/ SPÄTH, Michael (1991):
Marketing für Metropolitan Area Networks, unveröffentlichtes Manuskript, Münster 1991.

BACKHAUS, Klaus/ WEIBER, Rolf (1988):
Technologieintegration und Marketing, Arbeitspapier Nr. 10 des Betriebswirtschaftlichen Instituts für Anlagen und Systemtechnologien, hrsg. von Klaus Backhaus, Münster 1988.

BACKHAUS, Klaus/ WEIBER, Rolf (1987):
Systemtechnologien - Herausforderung des Investitionsgütermarketing, in: Harvard-Manager, 9(1987), Heft 4, S. 70-80.

BACKHAUS, Klaus/ WEIBER, Rolf (1986):
Marktsegmentierungsprobleme in sich verändernden Märkten, in: VDI-Gesellschaft (Hrsg.): Wege zur Branchenspitze, VDI Berichte, Nr. 616, Düsseldorf 1986, S.139-155.

BACKHAUS, Klaus/ WEISS, Peter A. (1988):
Integration von betriebswirtschaftlich und technisch orientierten Systemtechnologien in der Fabrik der Zukunft, in: Adam, Dietrich (Hrsg.): Fertigungssteuerung I, Grundlagen der Produktionsplanung und -steuerung, Wiesbaden 1988 S. 49-72.

BACKHAUS, Klaus/ ERICHSON, Bernd/ PLINKE, Wulff/ WEIBER, Rolf (1990):
Multivariate Analysemethoden, 6. Aufl. Berlin usw. 1990.

BAETGE, Jörg (1977):
Systemtheorie, in: Handwörterbuch der Wirtschaftswissenschaft, Band 7, Stuttgart
New York Tübingen Göttingen Zürich 1977, S.510-534.

BAETGE, Jörg (Hrsg.)(1975):
Grundlagen der Wirtschafts- und Sozialkybernetik, Opladen 1975.

BAETGE, Jörg (1974):
Betriebswirtschaftliche Systemtheorie - Regelungstheoretische Planungs-Über-
wachungsmodelle für Produktion, Lagerung und Absatz, Opladen 1974.

BAILEY, N.T.J. (1964):
The elements of stochastic processes with applications of the natural sciences,
New York 1964.

BAILEY, N.T.J. (1959):
A simple stochastic epidemic, in: Biometrica, 37(1959), S.193-202.

BAILEY, N.T.J. (1957):
The Mathematical Theory of Epidemics, London 1957.

BARTLETT, M. S. (1960):
Stochastic Population Models in Ecology and Epidemiology, London 1960.

BASS, Frank M. (1980):
The Relationship betwenn Diffusion Rates, Experience Curves, and Demand
Elasticities for Consumer Durable Technological Innovations, in: Journal of
Business, 53(1980), No. 3, S.S51-S67.

BASS, Frank M. (1969):
A New Product Growth Model for Consumer Durables, in: Management Science,
15(1969), No. 5, S. 215-227.

BAUMBERGER, Jörg/ GMÜR, Urs Max/ KÄSER, Hanspeter (1973):
Ausbreitung und Übernahme von Neuerungen: Ein Beitrag zur Diffusionsforschung,
Band I, Diss. Bern 1973.

BEAL, George M. and others (1957):
Validity of the Concept of Stages in the Adoption Process, in: Rural Sociology,
22(1957), S.166-168.

BECKURTS, Karl Heinz (1986a):
Technischer Fortschritt, Herausforderung und Erwartungen, Berlin München 1986.

BECKURTS, Karl Heinz (1986b):
Wirtschaftsfaktor Informationstechnik, in: Harvard manager, 8(1986), Heft 2,
S.26-33.

BERKE, Jürgen/ BIALLO, Horst/ DETTMAR, Markus/ HÜLSMEIER, Christian/
SCHUBERT, Wolfgang (1990):
Vorsicht, Flutwelle - Der Rohstoff Information ist längst ein Produktionsfaktor, der
wie Arbeit und Kapital effizient verwaltet werden muß, in: Wirtschaftswoche, vom
19.10.1990, Nr. 43, Special: Computer und Kommunikation, 44(1990), S.157-159.

BERNHARDT, Irwin/ MACKANZIE, Kenneth D. (1972):
Some Problems in Using Diffusion Models for New Products, in: Management
Science, 19(1972), No. 2, S.187-200.

BERTALANFFY, Ludwig von (1951):
General System Theory: A New Approach to Unity of Science, in: Human Biology,
23(1951), S. 302-312.

BERTALANFFY, Ludwig von (1932):
Theoretische Biologie, Berlin 1932.

BISCHOF, Peter (1976):
Produktlebenszyklen im Investitionsgüterbereich, Göttingen 1976.

BÖCKER, Franz/ GIERL, Heribert (1988):
Die Diffusion neuer Produkte - Eine kritische Bestandsaufnahme, in: zfbf, 40(1988),
Heft 1, S.32-48.

BÖHM, Erich (1982):
Forecasting methods for telephone services in the Federal Republic of Germany,
in: Telecommunication Journal, 49(1982), No. III, S.168-175.

BÖHM, Erich (1970):
Modelle für Entwicklungsprognosen im Fernsprechwesen, Diss. Stuttgart 1970.

BÖHMER, Günther (1987):
Bull setzt bei OSI auch auf den engagierten Anwender, in: Computerwoche,
vom 9.1.87, 14(1987), Schwerpunkt: Open Systems, S.19-21.

BÖHMER, Reinhold (1988):
Bunte Allianzen, in: Wirtschaftswoche, Nr. 15, 42(1988), S.162-165.

BÖNIG, Jürgen (1980):
Technik und Rationalisierung in Deutschland zur Zeit der Weimarer Republik,
in: Troitzsch, Ulrich/ Wohlauf, Gabriele (Hrsg.): Technik-Geschichte,
Frankfurt am Main 1980, S.390-419.

BOHM, Jürgen/ SCHÖN, Helmut/ TENZER, Gerd:
Mehrwertdienste - ein offener Wettbewerbsmarkt in der Bundesrepublik Deutschland, in: Jahrbuch der Deutschen Bundespost, 38(1987), S.207-235.

BONUS, H. (1968):
Die Ausbreitung des Fernsehens, Meisenheim am Glan 1968.

BRAUN, Hans-Joachim (1987):
Produktionstechnik und Arbeitsorganisation, in: Troitzsch, Ulrich/ Weber, Wolfhard (Hrsg.): Die Technik - Von den Anfängen bis zur Gegenwart, Stuttgart 1987, S.398-419.

BRIGGS, John/ PEAT, F. David (1990):
Die Entdeckung des Chaos, München Wien 1990.

BROCKHOFF, Klaus (1988):
Produktpolitik, 2. Aufl. Stuttgart New York 1988.

BROCKHOFF, Klaus (1966):
Unternehmenswachstum und Sortimentsänderungen, Köln Opladen 1966.

BUCHNER, Dietrich (1970):
Marketing und Diffusionsforschung, in: Der Marktforscher, 14(1970), S.12-16.

BUELL, V. P./ HEYEL, C. (Eds.)(1970):
Handbook of Modern Marketing, New York 1970.

BULLINGER, Hans-Jörg/ NIEMEIER, Joachim (1989):
Patentrezepte in vielfältiger Form vorhanden, in: Computerwoche, 16(1989), Nr. 3, vom 13.1.1989, S.23/24.

BUNDESMINISTERIUM FÜR DAS POST- UND FERNMELDEWESEN (Hrsg.) (1961):
Zahlenspiegel der Deutschen Bundespost 1946 bis 1959, Bonn 1961.

BUNDESMINISTERIUM FÜR DAS POST- UND FERNMELDEWESEN (Hrsg.) (1957):
Zahlenspiegel der Deutschen Reichspost (1871 bis 1945), 2. Aufl. Bonn 1957.

CARLTON, Dennis W./ KLAMER, Mark J. (1983):
The Need for Coordination Among Firms, with Special Reference to Network Industries, in: The University of Chicago Law Review, 1983, S.446-465.

CHAPUIS, R. J. (1978):
Technology and Structures: Man and Machine, in: Telecommunications Policy, 2(1978), S.39-48.

COLEMAN, James/ KATZ, Elihu/ MENTZEL, Herbert (1957):
The Diffusion of an Innovation among Physicians, in: Sociometry, 20(1957),
S.253-270.

CULNAN, Mary J. (1985):
The dimenions of perceived accessibility to information: Implicatoins for the delivery
of information systems and services, in: Journal of the American Society for
Information Science, No. 5, 36(1985), S.302-308.

CULNAN, M. J./ BAIR, J. H. (1983):
Human Communication Needs and Organizational Productivity: The Potential Impact
of Office Automation, in: Journal of the American Society for Information Science,
No. 3, 34(1983), S.215-221.

DARBY, Michael R./ KARNI, Edi (1973):
Free Competition and the Optimal Amount of Fraud, in: The Journal of Law and
Economics, 16(1973), S. 67-88.

DAVID, Paul A. (1985):
Clio and the Economics of Qwerty, in: The American Economic Review, Papers and
Proceedings, No. 2, 75(1985), S.332-337.

de SOLA POOL, Ithiel (Ed.)(1977):
The Social Impact of the Telephone, Cambridge London 1977.

DEGENHARDT, Werner (1986):
Akzeptanzforschung zu Bildschirmtext, München 1986.

DEUTSCHE BUNDESPOST (Hrsg.) (1988):
Marketingkonzeption 1988: Bildschirmtext, Bonn 1988.

DIEBOLD DEUTSCHLAND GmbH (Hrsg)(1984):
Bildschirmtext '85, unveröffentlichte Studie, Frankfurt am Main 1984.

DODD, Stuart Carter (1956):
Testing Message Diffusion in Harmonic Logistic Curves, in: Psychometrika,
21(1956), S.191-205.

DODDS, Wellesly (1973):
An Application of the Bass Model in Long-Term New Product Forecasting,
in: Journal of Marketing Research, 10(1973), S.308-311.

DOLAN, Robert J./ JEULAND, Abel P. (1981):
Experience Curves and Dynamic Demand Models: Implications for Optimal Pricing
Strategies, in: Journal of Marketing, 45(1981), S.52-62.

DURAND, Philippe (1983):
The public service ootential of videotex and teletext, in: Telecommunications Policy,
7(1983), S.149-162.

DUTTON, William H./ ROGERS, Everett M./ JUN, Suk-Ho (1987):
Diffusion and Social Impacts of Personal Computers, in: Communication Research,
14(1987), No. 3, S.219-250.

DVORAK, August et al (1936):
Typewriting Behavior, New York 1936.

EASINGWOOD, Christopher J. (1987):
Early product life cycle forms for infrequently purchased major products,
in: International Journal of Research in Marketing, 4(1987), S.3-9.

EASINGWOOD, Christopher J./ MAHAJAN, Vijay/ MULLER, Eitan (1983):
A Nonuniform Influence Innovation Diffusion Model of New Product Acceptance,
in: Marketing Science, No. 3, 2(1983), S.273-295.

EASTON, Anthony T. (1980):
Viewdata - A Product in Search of a Market?, in: Telecommunications Policy,
4(1980), S.221-225.

EG-KOMMISSION (Hrsg.)(1989):
Analyse des Europäischen Marktes für Mehrwertdienste, London 1989.

EICHHORN, Wolfgang (1989):
Volkswirtschaftliche Auswirkungen der Mikroelektronik, in: Spremann, Klaus/
Zur, Eberhard (Hrsg.): Informationstechnologie und strategische Führung,
Wiesbaden 1989, S.367-377.

EICHHORN, Wolfgang (1978):
Funcitional Equations in Economics, Applied Mathematics and Computation,
Vol. 11, London Amsterdam Sydney Tokyo 1978.

ENGELHARDT, Hans Werner (1990):
Dienstleistungsorientiertes Marketing - Antwort auf die Herausforderung durch neue
Technologien, in: Adam, D. et al. (Hrsg.): Integration und Flexibilität,
Wiesbaden 1990, S.269-288.

ENGELHARDT, Werner Hans (1977):
Grundlagen des Anlagen-Marketing, in: Engelhardt, Werner Hans/ Laßmann, Gert
(Hrsg.): Anlagen-Marketing, zfbf-Sonderheft 7/77, Opladen 1977, S.9-37.

ENGELHARDT, Werner Hans (1976):
Erscheinungsformen und absatzpolitische Probleme von Angebots- und Nachfrageverbunden, in: zfbf, 28(1976), S.77-90.

ENGELHARDT, Werner Hans/ GÜNTER, Bernd (1981):
Investitionsgüter-Marketing, Stuttgart Berlin Köln Mainz 1981.

ENGELHARDT, Werner Hans/ KLEINALTENKAMP, Michael/
RECKENFELDERBÄUMER, Martin (1992):
Dienstleistungen als Absatzobjekt, Arbeitsbericht Nr. 52 des Instituts für Unternehmensführung und Unternehmensforschung, Ruhr Universität-Bochum, Bochum
1992.

ENGELHARDT, Werner Hans/ LAßMANN, Gert (Hrsg.)(1977):
Anlagen-Marketing, zfbf-Sonderheft, Nr. 7, Opladen 1977.

ERICHSON, Bernd (1985):
Testmarktsimulation - Ein Vergleich zwischen TESI und ASSESOR, Arbeitspapier,
Bochum 1985.

ERICHSON, Bernd (1979):
Prognose für neue Produkte, in: Marketing ZFP, 1(1979), S.255-266.

EWERS, Hans-Jürgen/ BECKER, Carsten/ FRITSCH, Michael (1990):
Wirkungen des Einsatzes computergestützter Techniken in Industriebetrieben,
Berlin New York 1990.

EWERS, Hans-Jürgen/ BECKER, Carsten/ FRITSCH, Michael (1989):
Der Kontext entscheidet: Wirkungen des Einsatzes computergestützter Techniken in
Industriebetrieben, in: Schettkat, R./ Wagner, M. (Hrsg.): Technologischer Wandel
und Beschäftigung - Fakten, Analysen, Trends, Berlin New York 1989, S.27-70.

FANTAPIÉ ALTOBELLI, Claudia (1991):
Die Diffusion neuer Kommunikationstechniken in der Bundesrepublik Deutschland,
Heidelberg 1991.

FARRELL, Joseph/ SALONER, Garth (1985):
Standardization, compatibility, and innovation, in: Rand Journal of Economics,
No. 1, 16(1985), S.70-83.

FARRELL, Joseph/ SALONER, Garth (1987):
Competition, Compatibility and Standards: The Economics of Horses, Penguins and
Lemmings, in: GABEL, Landis H. (Ed.): Product Standardization and Competitive
Strategy, Amsterdam New York Oxford Tokyo 1987, S.1-21.

FARRELL, Joseph/ SALONER, Garth (1986):
Installed Base and Compatibility: Innovation, Product Preannouncements,
and Predation, in: The American Economic Review, No. 5; 76(1986), S.940-955.

FEIGENBAUM, Mitchell J. (1980):
Universal Behavior in Nonlinear Systems, in: Los Alamos Science, 1(1980),
No. 1, S.4-27.

FEIGENBAUM, Mitchell J. (1978):
Quantitive Universality for a Class of Nonlinear Transformations, in:
Journal of Statistical Physics, 19(1978), No. 1, S.25-52.

FESTINGER, Leon (1978):
Theorie der kognitiven Dissonanz, Bern Stuttgart Wien 1978.

FERSCHL, F. (1970):
Markovketten, Berlin Heidelberg New York 1970.

FLECHTNER, Hans-Joachim:
Grundbegriffe der Kybernetik, Stuttgart 1970.

FORRESTER, Jay W. (1973):
Industrial Dynamics, 8. Aufl. Cambridge Massachusetts 1973.

FOURT, Louis A./ WOODLOCK, Joseph W. (1960):
Early Predicition of Market Success for New Grocery Products, in:
Journal of Marketing, 25(1960), S.31-38.

FRAUENHOFER-INSTITUT FÜR SYSTEMTECHNIK UND INNOVATIONS-
FORSCHUNG (Hrsg.) (1982):
Organisations-Fallstudien: Auswirkungen des Einsatzes von Bildschirmtext auf
Leistung, Wirtschaftlichkeit, Organisation und Arbeitsplätze in Unternehmen und
Behörden, Band 6, Landesregierung Nordrhein-Westfalen, Wissenschaftliche
Begleituntersuchung Feldversuch Bildschirmtext Düsseldorf/Neuss, 1982.

GABEL, Landis H. (1987):
Product Standardization and Competitive Strategy, Amsterdam New York Oxford
Tokyo 1987.

GAHL, Andreas (1991):
Die Konzeption strategischer Allianzen, Berlin 1991.

GAHL, Andreas (1990):
Die Konzeption der strategischen Allianz im Spannungsfeld zwischen Flexibilität und
Funktionalität, in: Backhaus, Klaus/ Piltz, Klaus (Hrsg.): Strategische Allianzen, zfbf-
Sonderheft, Nr. 27, Düsseldorf Frankfurt am Main 1990, S.35-48.

GATIGNON, Hubert A./ ROBERTSON, Thomas S. (1986):
Integration of Consumer Diffusion Theory and Diffusion Models: New Research
Directions, in: Mahajan, Vijay/ Wind, Yoram (Hrsg.): Innovation Diffusion Models
of New Product Acceptance, Cambridge Massachusetts, S.37-59.

GENERALDIREKTION POSTDIENST (Hrsg.) (1990):
Statistisches Jahrbuch 1989, Bonn 1990.

GIERL, Heribert (1987):
Die Erklärung der Diffusion technischer Produkte, Berlin 1987.

GLATTKI, Thorsten (1989):
Comeback eines totgesagten Post-Datendienstes?, in: PC Magazin, Nr. 12,
vom 15.3.1989, S.76-89.

GLEICK, James (1990):
Chaos - die Ordnung des Universums, München 1990.

GOMEZ, Peter (1981):
Modelle und Methoden des systemorientierten Managements, Bern Stuttgart 1981.

GOTTL-OTTLILIENFELD, Friedrich Freiherr von (1923):
Grundriß der Sozialökonomik, II.Abteilung, II.Teil: Wirtschaft und Technik,
Tübingen 1923.

GRANOVETTER, Mark (1978):
Threshold Models of Collective Behavior, in: American Journal of Sociology,
No. 6, 83(1978), S.1420-1443.

GROCHLA, Erwin/ WITTMANN, Waldemar (Hrsg.) (1975):
Handwörterbuch der Betriebswirtschaft, Stuttgart 1975.

GRÜHSEM, Stephan (1989):
Kommunikation als vierter Produktionsfaktor, in: Handelsblatt, Nr. 38,
vom 22.2.1989, S.21.

GUMBSHEIMER, Michael (1989):
Untersuchung von Produktionsfunktionen mit Hilfe von Funktionalgleichungen,
Regensburg 1989.

GÜNTER, Bernd (1988):
Systemdenken und Systemgeschäft im Marketing, in: Marktforschung &
Management, (1988), Heft 4, S.106-110.

GÜNTER, Bernd (1979):
Das Marketing von Großanlagen - Strategieprobleme des Systems Selling,
Berlin 1979.

GÜNTER, Bernd/ KLEINALTENKAMP, Michael (1987a):
Marketing-Management für neue Fertigungstechnologien, in: zfbf, 39 (1987), Heft 5,
S.323-354.

GÜNTER, Bernd/ KLEINALTENKAMP, Michael (1987b):
Wer steuert das CIM-Geschäft der Zukunft: DV-Hersteller oder Maschinenbau?,
in: Information Management, Nr. 4, 1987, S.45-49.

GUTENBERG, Erich (1979):
Grundlagen der Betriebswirtschaftslehre, Zweiter Band: Der Absatz, 16. Aufl. Berlin
Heidelberg New York 1979.

GUTENBERG, Erich (1962):
Unternehmensführung, Organisation und Entscheidungen, Wiesbaden 1962.

HAMMANN, Peter/ ERICHSON, Bernd (1990):
Marktforschung, 2. Aufl. Stuttgart New York 1990.

HAMMANN, P./ KROEBER-RIEL, W./ MEYER, C.W. (Hrsg.)(1974):
euere Ansätze der Marketingtheorie, Berlin 1974.

HÄRTTER, Erich (1974):
Wahrscheinlichkeitsrechnung für Wirtschafts- und Naturwissenschaftler,
Göttingen 1974.

HANNAFORD, William J. (1976):
Systems Selling: Problems and Benefits for Buyers and Sellers, in: Industrial
Marketing Management, 5(1976), S.139-146.

HECHELTJEN, Peter (1985):
Bildschirmtext-Prognosen: Ausbreitung und Nutzung eines neuen Kommunika-
tionsmediums, Berlin Offenbach 1985

HEIDINGSFELDER, Michael M. (1990):
Das Marketing innovativer Informationstechnologien, Diss. Saarbrücken 1990.

HERMANNS, Arnold (Hrsg.)(1986):
Neue Kommunikationstechniken: Grundlagen und betriebswirtschaftliche
Perspektiven, München 1986.

HESSE, Hans-Werner (1988):
Prognose und Diagnose der Diffusion von Bankinnovationen mit Diffusionsmodellen, in: Jahrbuch der Absatz- und Verbrauchsforschung, 1988, Nr. 1, S.28-60.

HESSE, Hans-Werner (1987):
Kommunikation und Diffusion von Produktinnovationen im Konsumgüterbereich,
Berlin 1987.

HEUERMANN, Arnulf (1987):
Der Markt für Mehrwertdienste in der Bundesrepublik Deutschland, Diskussionsbeiträge zur Telekommunikationsforschung, Nr. 25, Bad Honnef 1987.

HEUSS, Ernst (1965):
Allgemeine Markttheorie, Tübingen Zürich 1965.

HEYWOOD, Peter (1991):
European VARs Step into the Spotlight, in: Data Communications International,
February 1991, S.65-68.

HILDEBRANDT, Albrecht (1989):
Telexgerät, in: Arnold, Franz (Hrsg.): Handbuch der Telekommunikation, Loseblatt-
Ausgabe, (Grundwerk) Köln 1989, Kapitel 7.2.0.0.

HILTZ, Starr Roxanne (1984):
Online Communities: A case study of the office of the future, Norwood, N.J. 1984.

HINTERHUBER, Hans H.:
Normung, Typung und Standardisierung, in: Grochla, Erwin/ Wittmann, Waldemar
(Hrsg.): Handwörterbuch der Betriebswirtschaft, Stuttgart 1975, Sp.2776-2782.

HOFFMANN, Klaus (1972):
Der Produktlebenszyklus, Freiburg 1972.

HOFMEISTER, Ernst (1981):
Innovationsbarrieren, in: Hofmeister, Ernst/ Ulbricht, Mechthild (Hrsg.):
Von der Bereitschaft zum Technischen Wandel, Berlin usw. 1981, S.83-124.

HOFMEISTER, Ernst/ ULBRICHT, Mechthild (Hrsg.) (1981):
Von der Bereitschaft zum Technischen Wandel, Berlin usw. 1981.

HOWARD, R. A. (1960):
Dynamic Programming and Markov Processes, New York 1960.

IBM DEUTSCHLAND GmbH (Hrsg.) (1986):
Was hat die IBM mit Bildschirmtext zu tun?, IBM Enzyklopädie der Informationsverarbeitung, Stuttgart 1986.

JACOB, H. (1980):
Neue Aspekte der betrieblichen Planung, Schriften zur Unternehmensführung,
Band 28, Wiesbaden 1980.

JEULAND, Abel P./ DOLAN, Robert J. (1982):
An Aspect of New Product Planning: Dynamic Pricing, in: Zoltners, Andris A.
(Hrsg.): Marketing Planning Models, Amsterdam New York Oxford 1982, S.1-21.

KAAS, Klaus P. (1973):
Diffusion und Marketing, Stuttgart 1973.

KAHL, Hans-Peter (1987):
Die Fabrik der Zukunft, in: ADAM, Dietrich (Hrsg.): Neuere Entwicklungen in der
Produktions- und Investitionspolitik, Wiesbaden 1987, S.97-117.

KALISH, Shlomo/ LILIEN, Gary L. (1983):
Optimal Price Subsidy Policy for Accelerating the Diffusion of Innovation,
in: Marketing Science, 2(1983), No. 4, S.407-420.

KAPITZA, Rüdiger (1988):
Interaktionsprozesse im Investitionsgüter-Marketing, Würzburg 1988.

KARCHER, Harald (1984):
Büro der Zukunft, Diss. München, 6. Aufl. Baden Baden 1984.

KARCHER, Harald/ KARAMANOLIS, Stratis (1985):
Mikroelektronik und das Büro der Zukunft, München 1985.

KATZ, Elihu/ LAZARSFELD, Paul F. (1972):
Meinungsführer beim Einkauf, in: Kroeber-Riel, Werner (Hrsg.): Marketingtheorie,
Köln 1972, S.107-121.

KATZ, Elihu/ LAZARSFELD, Paul F. (1962):
Persönlicher Einfluß und Meinungsbildung, Wien 1962.

KATZ, Michael L./ SHAPIRO, Carl (1986a):
Product Compatibility Choice in a Market with Technological Progress, in:
Oxford Economic Papers, 38(1986), supplement, S. 146-165.

KATZ, Michael L./ SHAPIRO, Carl (1986b):
Technology Adoption in the Presence of Network Externalities, in:
Journal of Political Economy, No. 4, 94(1986), S. 822-841.

KATZ, Michael L./ SHAPIRO, Carl (1985):
Network Externalities, Competition and Compatibility, in: The American Economic
Review, No. 3, 75(1985), S.424-440.

KENNEDY, Anita M. (1983):
The Adoption and Diffusion of New Industrial Products: A Literature Review,
in: European Journal of Marketing, 17(1983), No. 3, S. 31-88.

KIEFER, K. (1967):
Die Diffusion von Neuerungen, Tübingen 1967.

KIESLER, Sara (1986):
Die geheime Botschaft des Computers, in: Harvard manager, 8(1986),
Heft 3, S.109-113.

KLEIN, Roland (1987):
Wegweiser für die Konkurrenz, in: manager magazin, 17(1987), S.148-151.

KLEINALTENKAMP, Michael (Hrsg.)(1991a):
Standardisierungsprozesse, Arbeitspapier des SFB 187 'Neue Informationstechnologien und flexible Arbeitssysteme', Ruhr Universität Bochum,
2. Aufl. Bochum 1991.

KLEINALTENKAMP, Michael (1991b):
Analyse der den Verlauf und die Dauer von Standardisierungsprozessen beeinflussenden Faktoren, in: Derselbe (Hrsg.): Standardisierungsprozesse, Arbeitspapier des
SFB 187 'Neue Informationstechnologien und flexible Arbeitssysteme', Ruhr Universität Bochum, 2. Aufl. Bochum 1991, S.31-47.

KLEINALTENKAMP, Michael (1990):
Der Einfluß der Normung und Standardisierung auf die Diffusion technischer Inno-
vationen, Arbeitspapier des SFB 187 'Neue Informationstechnologien und flexible
Arbeitssysteme', Ruhr Universität Bochum, Bochum 1990.

KLEINALTENKAMP, Michael (1987):
Die Bedeutung von Produktstandards für eine dynamische Ausrichtung strategischer
Planungskonzeptionen, in: Strategische Planung, 1987, Band 3, S.1-16.

KLEINALTENKAMP, Michael/ SCHUBERT, Klaus (Hrsg.)(1990):
Entscheidungsverhalten bei der Beschaffung Neuer Technologien, Berlin 1990.

KLEINALTENKAMP, Michael/ UNRUHE, Halko (1991):
Die Standardisierungsentwicklung auf den Märkten für Video-Rekorder und
Camcorder, in: Kleinaltenkamp, Michael (Hrsg.): Standardisierungsprozesse,
Arbeitspapier des Sonderforschungsbereich 187 'Neue Informationstechnologien und
flexible Arbeitssysteme', Ruhr Universität Bochum, 2. Aufl. Bochum 1991, S.2-8.

KLEINE, Josef (1983):
Investitionsverhalten bei Prozeßinnovationen, Frankfurt New York 1983.

KNERR, Ralf (1987):
Ein Medium wird erwachsen, in: Personal Computer + PC Soft, Nr. 8, 1987, S.26-28.

KREIKEBAUM, Hartmut/ LIESEGANG, Günter/ SCHAIBLE, Siegfried/
WILDEMANN, Horst (Hrsg.) (1985):
Industriebetriebslehre in Wissenschaft und Praxis, Festschrift für Theodor Ellinger
zum 65. Geburtstag, Berlin 1985.

KRELLE, W. (Hrsg.)(1965):
Theorien des einzelwirtschaftlichen und gesamtwirtschaftlichen Wachstums,
Berlin 1965.

KROEBER-RIEL, Werner (1990):
Konsumentenverhalten, 4. Aufl. München 1990.

KROEBER-RIEL, Werner (Hrsg.)(1972):
Marketingtheorie, Köln 1972.

KUCHLING, Horst (1988):
Taschenbuch der Physik, 11. Aufl. Thun Frankfurt am Main 1988.

LANCASTER, G.A./ WRIGHT, G. (1983):
Forecasting the Future of Video Using a Diffusion Model, in: European Journal
of Marketing, 17(1983), No. 2, S.70-79.

LEDER, Matthias (1989):
Innovationsmanagement, in: Albach, Horst (Hrsg.): Innovationsmanagement: Theorie
und Praxis im Kulturvergleich, ZfB-Ergänzungsheft, 1/89, S.1-54.

LEIBENSTEIN, Harvey (1950):
Bandwagon, Snob, and Veblen Effects in the Theory of Consumers' Demand,
in: The Quarterly Journal of Economics, 64(1950), S.183-207.

LENTES, Hans-Peter (1986):
Die Fabrik der Zukunft, Schriftenreihe des Verbands der Metallindustrie Baden-
Württemberg, Stuttgart 1986.

LEWANDOWSKI, Rudolf (1980):
Prognose- und Informationssysteme und ihre Anwendung, Band II,
Berlin New York 1980.

LEWANDOWSKI, Rudolf (1974):
Prognose- und Informationssysteme und ihre Anwendungen, Band I,
Berlin New York 1974.

LI, Tien-Yien/ YORKE, James A. (1975):
Period Three Implies Chaos, in: American Mathematical Monthly, 82(1975), S.985-992.

LILIEN, Gary L./ KOTLER, Philip (1983):
Marketing Decision Making: A Model Building Approach, New York usw. 1983.

LISSON, Alfred (1987):
Qualität - Die Herausforderung, Berlin Heidelberg New York Tokyo 1987.

LITTLE, Arthur D. International (Hrsg.)(1987):
Management der Geschäfte von morgen, 2. Aufl. Wiesbaden 1987.

LITTLE, Arthur D. International (Hrsg.)(1985):
Management im Zeitalter der strategischen Führung, Wiesbaden 1985.

LORENZ, Edward N. (1963):
Deterministic Nonperiodic Flow, in: Journal of the Atmospheric Sciences, 20(1963), S.130-141.

LUHMER, A. (1978):
Eine theoretische Begründung der Albach-Brockhoff-Formel des Produkt-Lebenszyklus, in: ZfB, 48(1978), S.666-671.

LUTSCHEWITZ, Harmut/ KUTSCHKER, Michael (1977):
Die Diffusion von innovativen Investitionsgütern, München 1977.

MAAS, Christof (1989):
Determinanten betrieblichen Innovationsverhaltens, Berlin 1989.

MAHAJAN, Vijay/ PETERSON, Robert A. (1985):
Models of Innovation Diffusion, Sage University Papers, Series: Quantitative Applications in the Social Sciences, No. 48, Beverly Hills London New Delhi 1985.

MAHAJAN, Vijay/ PETERSON, Robert A. (1978):
Innovation Diffusion in a Dynamic Potential Adopter Population, in: Management Science, 24(1978), No. 15, S.1589-1597.

MAHAJAN, Vijay/ SCHOEMAN, M.E.F. (1977):
Generalized Model for the Time Pattern of the Diffusion Process, in:
IEEE Transactions on Engineering Management, Vol. EM-24, No. 1, 1977, S.12-18.

MAHAJAN, Vijay/ WIND, Yoram (Hrsg.)(1986):
Innovation Diffusion Models of New Product Acceptance, Cambridge Massachusetts 1986.

MAHAJAN, Vijay/ MULLER, Eitan/ BASS, Frank M. (1990):
New Product Diffusion Models in Marketing: A Review and Directions for Research,
in: Journal of Marketing, 54(1990), No. 1, S.1-26.

MAIER-ROTHE, Christoph (1985):
Wettbewerbsvorteile durch höhere Produktivität und Flexibilität, in: Arthur D. Little
International (Hrsg.): Management im Zeitalter der strategischen Führung,
Wiesbaden 1985, S.123-161.

MALIK, F. (1984):
Strategie des Managements komplexer Systeme, Bern Stuttgart 1984.

MANSFIELD, Edwin (1963):
The Speed of Response of Firms to New Techniques, in: Quarterly Journal
of Economics, 77(1963), S. 290-311.

MANSFIELD, Edwin (1961):
Technical Change and the Rate of Imitation, in: Econometrica, 29(1961), No. 4,
S.741-766.

MANSFIELD, Edwin/ RAPOPORT, John/ ROMEO, Anthony/ VILLANI, Edmond/
WAGNER, Samuel/ HUSIC, Frank (1977):
The Production and Application of New Industrial Technology, New York 1977.

MANZ, Ulrich (1983):
Zur Einordnung der Akzeptanzforschung in das Programm sozialwissenschaftlicher
Begleitforschung, München 1983.

MARKUS, M. Lynne (1987):
Toward a 'Critical Mass' Theory of Interactive Media, in: Communication Research,
No. 5, 14(1987), S.491-511.

MARRIS, Robin (1964):
The Economic Theory of 'Managerial' Capitalism, London 1964.

MASSY, William F./ MONTGOMERY, David B./ MORRISON, Donald G. (1970):
Stochastic Models of Buying Behavior, Cambridge Massachusetts London 1970.

MATTSSON, Lars-Gunnar (1973):
Systems Selling as a Strategy on Industrial Markets, in: Industrial Marketing
Management, 2(1973): S.107-120.

MAY, Robert M. (1976):
Simple mathematical models with very complicated dynamics, in:
Nature, 261(1976), S.459-467.

MAY, Robert M. (1974):
Biological Populations with Nonoverlapping Generations: Stable Points, Stable
Cycles, and Chaos, in: Science, 186(1974), S.645-647.

MAY, Robert M. (1973):
On relationships among various types of population models, in: The American
Naturalist, 107(1973), No. 953, S.46-57.

MAY, Robert M./ OSTER, George F. (1976):
Bifurcations and Dynamic Complexity in Simple Ecological Models, in:
The American Naturalist, 110(1976), No. 974, S.573-599.

MAYNTZ, Renate/ LANGE, Bernd-Peter/ LANGENBUCHER, Wolfgang R./
LERG, Winfried B./ SCHEUCH, Erwin K./ TREINEN, Heiner (1984):
Abschlußbericht, Wissenschaftliche Begleituntersuchung Feldversuch Bildschirmtext
Düsseldorf/Neuss, Band 1, Landesregierung Nordrhein-Westfalen, o.O. 1984.

MEFFERT, Heribert (1988):
Strategische Unternehmensführung und Marketing, Wiesbaden 1988.

MEFFERT, Heribert (1986):
Marketing, 7. Aufl. Wiesbaden 1986.

MEFFERT, Heribert (1985a):
Marketing und Neue Medien, Stuttgart 1985.

MEFFERT, Heribert (1985b):
Auswirkungen neuer Kommunikationstechnologien auf das Marketing, in:
Marketing, ZFP, 7(1985), Heft 2, S.134-138.

MEFFERT, Heribert (1984):
Unternehmensführung und neue Informationstechnologien, in: DBW, 44(1984),
Nr. 3, S. 461-465.

MEFFERT, Heribert (1983):
Bildschirmtext als Kommunikationsinstrument, Stuttgart Berlin Köln Mainz 1983.

MEFFERT, Heribert (1976):
Die Durchsetzung von Innovationen in der Unternehmung und im Markt, in:
ZfB, 46(1976), Nr. 2, S.77-100.

MEFFERT, Heribert (Hrsg.)(1975):
Marketing heute und morgen, Wiesbaden 1975.

MEFFERT, Heribert (1974a):
Interpretation und Aussagewert des Produktlebenszyklus-Konzeptes, in:
Hammann, P./ Kroeber-Riel, W./ Meyer, C.W. (Hrsg.): Neuere Ansätze der
Marketingtheorie, Berlin 1974, S.85-134.

MEFFERT, Heribert (1974b):
Systemorientierte Absatztheorie, in: Tietz, Bruno (Hrsg.): Handwörterbuch der
Absatztheorie, Stuttgart 1974, Sp.138-158.

MEFFERT, Heribert (1971):
Systemtheorie aus betriebswirtschaftlicher Sicht, in: Schenk, Karl-Ernst (Hrsg.):
Systemanalyse in den Wirtschafts- und Sozialwissenschaften, Berlin 1971,
S.174-206.

MEFFERT, Heribert/ STEFFENHAGEN, Hartwig (1977):
Marketing-Prognosemodelle, Stuttgart 1977.

MEIER, Alfred (Hrsg.)(1991):
Telekommunikation in Deutschland: Umbruch und Fortentwicklung, Kongressband
"online Kongress 1991", Velbert 1991.

MERTENS, Peter (Hrsg.)(1981a):
Prognoserechnung, 4. Aufl. Würzburg Wien 1981.

MERTENS, Peter (1981b):
Mittel- und langfristige Absatzprognose auf der Basis von Sättigungsmodellen,
in: Derselbe (Hrsg.): Prognoserechnung, 4. Aufl. Würzburg Wien 1981, S.189-224.

MIDDELHOFF, Th./ WALTERS, M. (1981):
Akzeptanz neuer Medien - eine empirische Analyse aus Unternehmersicht, Arbeitspapier Nr. 27 des Instituts für Marketing der Universität Münster, Münster 1981.

MOLTER, Wolfgang (1986):
Verzugsrisiken im Industrieanlagengeschäft, Berlin 1986.

MORGAN, Robert A. (1970):
Systems Selling, in: Buell, V. P./ Heyel, C. (Eds.): Handbook of Modern Marketing,
New York 1970, S.12-153-12-163.

MÜLLER-BÖLING, Detlef/ MÜLLER, Michael (1986):
Akzeptanzfaktoren der Bürokommunikation, München Wien 1986.

MUNTER, Heinz (1987):
Ohne Normung keine Kommunikation?, in: Office Management, Nr. 3,
1987, S.34-36.

MURRAY, Thomas J. (1970):
Systems Selling: Industrial Marketing's New Tool, in: Dun's Review, October 1964,
wiederabgedruckt in: Westing, J. H./ Albaum, G.: Modern Marketing Thought,
2. Aufl., London 1970, S.426-432.

NAKICENOVIC, Nebojsa/ GRÜBLER, Arnulf (Eds.)(1991):
Diffusion of Technologies and Social Behavior, Berlin usw. 1991.

NELSON, Phillip (1974):
Advertising as Information, in: The Journal of Political Economy, 82(1974),
S.729-754.

NELSON, Phillip (1970):
Information and Consumer Behavior, in: The Journal of Political Economy,
78(1970), S.311-329.

NEUBAUER, Dirk (1990):
Nepp im Fernsehkanal, in: Wirtschaftswoche, Nr. 43, 44(1990), Special: Computer
und Kommunikation, S.186-189.

NEUE MEDIENGESELLSCHAFT ULM mbH/ SOCIALDATA GmbH
(Hrsg.)(1988):
Videotex-Plus, unveröffentlichter Forschungsbericht, Ulm München 1988.

NORTON, John A./ BASS, Frank M. (1987):
A Diffusion Theory Model of Adoption and Substitution for Successive Generations
of High-Technology Products, in: Management Science, 33(1987), No. 9,
S.1069-1086.

O. V. (1990a):
Akzeptanz für Janussoft-Decoder und Btx-Manager, in: bildschirmtext magazin,
Heft 9, 11(1990), S.36.

O. V. (1990b):
Globales Telefonnetz, in: bild der wissenschaft, Nr. 9/1990, S.138.

O. V. (1988a):
Bald 'kritische Masse' bei Btx erreicht, in: Süddeutsche Zeitung, vom 30.6.1988,
S.33.

O. V. (1988b):
Bonn will X/Open-Standard verbindlich machen, in: Computerwoche,
vom 11.11.1988, Nr. 46, 15(1988), S.1-2.

O. V. (1988c):
Erfolgsstory ohne Ende? Kritische Anmerkungen zum französischen Teletel,
in: Bildschirmtext Aktuell, Nr. 23, 1988, S.10-12.

O. V. (1988d):
Hochkonjunktur für Fusionen, in: Industriemagazin, März 1988, S.114-117.

O. V. (1986):
Lose nach Maß, in: Wirtschaftswoche, Nr. 15, 40(1986), S.98-103.

O. V. (1983):
Erfolgskurs für die Krise, in: Wirtschaftswoche, Nr. 40, 37(1983), S.46-52.

OHMAE, Kenichi (1985):
Macht der Triade - Die neue Form weltweiten Wettbewerbs, Wiesbaden 1985.

OHNSORGE, Horst (1989):
Breitbanddienste, in: Arnold, Franz (Hrsg.): Handbuch der Telekommunikation,
Loseblatt-Ausgabe, (Grundwerk) Köln 1989, Kapitel 5.1.8.0.

OLIVER, Pamela/ MARWELL, Gerald/ TEIXEIRA, Ruy (1985):
A Theory of the Critical Mass. I. Interdependence, Group Heterogeneity, and the
Production of Collective Action, in: American Journal of Sociology, No. 3, 91(1985),
S.552-556.

OREN, Shmuel S./ SMITH, Stephen A. (1981):
Critical mass and tariff structure in electronic communications markets, in: The Bell
Journal of Economics and Management Science, No. 1, 12(1981), S.467-487.

OVERLACK, Jochen (1987):
Wettbewerbsvorteile durch Informationstechnologie, Diss. Nr. 1011 St. Gallen,
Gaggenau 1987.

OZANNE, Urban B./ CHURCHILL, Gilbert A. Jr. (1971):
Five Dimensions of the Industrial Adoption Process, in: Journal of Marketing
Research, 8(1971), S.322-328.

OZGA, S.A. (1960):
Imperfect Markets Through Lack of Knowledge, in: The Quarterly Journal
of Economics, 74(1960), S.29-52.

PERRY, Charles R. (1977):
The British Experience 1876-1912: The Impact of the Telephone During the Years of
Delay, in: de Sola Pool, Ithiel (Ed.): The Social Impact of the Telephone, Cambridge
London 1977, S.69-96.

PETERSON, Robert A./ MAHAJAN, Vijay (1978):
Multi-Product Growth Models, in: Sheth, Jagdish N. (Hrsg.): Research in Marketing,
Vol. I, Greenwich 1978, S.201-231.

PFEIFFER, Simone (1981):
Die Akzeptanz von Neuprodukten im Handel, Wiesbaden 1981.

PFEIFFER, Werner (1965):
Integrale Qualität bei hochautomatisierten Fertigungsanlagen, in: ZfB, 35(1965),
Ergänzungsheft November, S.109-124.

PFEIFFER, Werner/ BISCHOF, Peter (1975):
Marktwiderstände beim Absatz von Investitionsgütern, in: Die Unternehmung,
28(1975), Nr. 1, S.57-71.

PFEIFFER, Werner/ BISCHOF, Peter (1974a):
Produktlebenszyklen als Basis der Unternehmensplanung, in: ZfB, 44(1974),
Nr. 10, S.635-666.

PFEIFFER, Werner/ BISCHOF, Peter (1974b):
Einflußgrößen von Produkt-Marktzyklen, Arbeitspapier Nr. 22 des Betriebswirtschaftlichen Instituts der Friedrich-Alexander-Universität Erlangen-Nürnberg hrsg.
von Werner Pfeiffer, Nürnberg 1974.

PICOT, Arnold/ ANDERS, Wolfgang (1986):
Telekommunikationsnetze als Infrastruktur neuerer Entwicklungen der geschäftlichen
Kommunikation, in: Herrmanns, Arnold (Hrsg.): Neue Kommunikationstechniken:
Grundlagen und betriebswirtschaftliche Perspektiven, München 1986, S.6-15.

PIEPER, Antje K. (1987):
Produktivkraft Information, in: IBM-Nachrichten, 37(1987), S.7-13.

PLEIL, Gerhard J. (1988a):
Bürokommunikation, München 1988.

PLEIL, Gerhard J. (1988b):
Die Zukunft gehört 'offenen' Systemen, in: Computerwoche, Nr. 8, 15(1988),
S.26-30.

PLINKE, Wulff (1985):
Erlösplanung im industriellen Anlagengeschäft, Wiesbaden 1985.

PRAETORIUS, Rainer (1990):
Bildschirmtext - Kleiner Gernegroß, in: Wirtschaftswoche, Nr. 13, 44(1990), Special:
Büro- und Informationstechnik III, S.92-95.

RABE, Uwe (1988a):
Dynamisch-Optimale Gebührenpolitik für einen neuen Telekommunikationsdienst,
Diss. Bonn 1988.

RABE, Uwe (1988b):
Strategische Gebührenpolitik für neue Telekommunikationsdienste, in: ARCHIV für
das Post- und Fernmeldewesen, 40(1988), Nr. 4, S. 301-317.

REICHWALD, Ralf (Hrsg.) (1982):
Neue Systeme der Bürotechnik, Berlin 1982.

REICHWALD, Ralf (1978):
Zur Notwendigkeit der Akzeptanzforschung bei der Entwicklung neuer Systeme der
Bürotechnik, Arbeitsbericht 'Die Akzeptanz neuer Bürotechnologie', Band 1, Hoch-
schule der Bundeswehr, München 1978.

REIHLEN, Helmut/ PETRICK, Klaus (1987):
Made in Germany hat Zukunft - Systematische Qualitätssicherung und ihr Nachweis
anhand von Normen schaffen Vertrauen, in: Lisson, Alfred: Qualität - Die Herausforderung, Berlin Heidelberg New York Tokyo 1987, S.129-150.

REINHOLD, Gerhard (1989):
Btx wird erwachsen, in: PC Magazin, Nr. 32, vom 2.8.1989, S.73-75.

REMMERBACH, Klaus-Ulrich (1987):
Markteintrittsentscheidungen, Wiesbaden 1987.

RIEPER, Bernd (1985):
Hierarchische Entscheidungsmodelle in der Produktionswirtschaft, in:
ZfB, 55(1985), Heft 8, S.770-789.

ROBERTSON, Thomas S. (1971):
Innovative Behavior and Communication, New York Holt Rinehart Winston 1971.

ROBERTSON, Thomas S. (1967):
The Process of Innovation and the Diffusion of Innovation, in: Journal of Marketing,
31(1967), S. 14-19.

ROBINSON, Bruce/ LAKHANI, Chet (1975):
Dynamic Price Models for New-Product Planning, in: Management Science,
21(1975), No. 10, S.1113-1122.

ROGERS, Everett M. (1986):
Communication technology: The new media in society, New York 1986.

ROGERS, Everett M. (1983):
Diffusion of Innovations, 3. Aufl. New York-London 1983.

ROGERS, Everett M. (1976):
New Product Adoption and Diffusion, in: Journal of Consumer Research, 2(1976),
S.290-301.

ROGERS, Everett M. (1962):
Diffusion of Innovations, 1. Aufl. New York London 1962.

ROGERS, Everett M./ KINCAID, D. Lawrence (1981):
Communication Networks: Toward a New Paradigm for Research, New York
London 1981.

ROGERS, Everett M./ SHOEMAKER, F. Floyd (1971):
Communication of Innovations - A Cross-Cultural Approach, 2. Aufl. New York
London 1971.
ROSENBROCK, Karl Heinz/ HENTSCHEL, Günther (1988):
ISDN Praxis, Loseblatt-Ausgabe, (Grundwerk) Ulm 1988.

ROSENSTIEL, Lutz von/ EWALD, Guntram (1979):
Marktpsychologie, Band I, Stuttgart Berlin Köln Mainz 1979.

RÜTSCHI, Klaus/ ZIMMERLI, Hans (1972):
Lebenshilfe für neue Produkte, in: absatzwirtschaft, 15(1972), Nr. 21/22, S.140-148.

RYAN, Bryce/ GROSS, Neal C. (1943):
The Diffusion of Hybrid Seed Corn in Two Iowa Communities, in: Rural Sociology,
8(1943), S.15-24.

SAHAL, Devendra (1981):
Patterns of Technological Innovations, London Massachusetts 1981.

SAUGA, Michael (1989):
Zwang zur Größe, in: Wirtschaftswoche, Nr. 9, 43(1989), S.200-204.

SCHAFFER, William M./ KOT, Mark (1986):
Chaos in Ecological Systems: The Coals that Newcastle Forgot, in:
Trends in Ecology and Evolution Systems, 1(1986), No. 3, S.58-63.

SCHAFFER, William M./ KOT, Mark (1985):
Nearly One Dimensional Dynamics in an Epidemic, in: Journal of Theoretical
Biology, 112(1985), S.403-427.

SCHELLHAAS, Holger/ SCHÖNECKER, Horst (1983):
Kommunikationstechnik und Anwender: Akzeptanzbarrieren, Bedarfsstrukturen,
Einsatzbedingungen, Forschungsprojekt Bürokommunikation Band 1, hrsg. von
Arnold Picot und Ralf Reichwald, München 1983.

SCHENK, Karl-Ernst (Hrsg.) (1971):
Systemanalyse in den Wirtschafts- und Sozialwissenschaften, Berlin 1971.

SCHETTKAT, R./ WAGNER, M. (Hrsg.)(1989):
Technologischer Wandel und Beschäftigung - Fakten, Analysen, Trends, Berlin New
York 1989.

SCHEUING, Eberhard Eugen (1971):
Das Marketing neuer Produkte, Wiesbaden 1971.

SCHIELE, Otto H. (1986):
Auf dem Weg zur Fabrik der Zukunft, Gedanken zur Einführung von CIM,
in: Verlagsbeilage 'Technik, Computer, Kommunikation' zur FAZ, vom 27.10.86,
S.B1/B12.

SCHIRMER, Armin (1985):
Automatisierung der Produktion - Stand und Entwicklungstendenzen,
in: Kreikebaum, Hartmut/ Liesegang, Günter/ Schaible, Siegfried/ Wildemann, Horst
(Hrsg.): Industriebetriebslehre in Wissenschaft und Praxis, Festschrift für Theodor
Ellinger zum 65. Geburtstag, Berlin 1985, S.68-177.

SCHLEICH, Christiane/ WELSCH, Rüdiger (1991):
Die Standardisierungsentwicklung bei den Kommunikationsprotokollen
Manufacturing Automation Protocol (MAP) und Office Protocol (TOP),
in: Kleinaltenkamp, Michael (Hrsg.): Standardisierungsprozesse, Arbeitspapier des
SFB 187 'Neue Informationstechnologien und flexible Arbeitssysteme', Ruhr-
Universität Bochum, 2. Aufl. Bochum 1991, S.24-30.

SCHMALEN, Helmut (1989):
Das Bass-Modell zur Diffusionsforschung, in: zfbf, 41(1989), Heft 3, S. 210-226.

SCHMALEN, Helmut (1987):
Models of Diffusion Resarch in Marketing: Depiction and Computer Based Analysis,
Working Paper, Passau 1987.

SCHMALEN, Helmut (1979):
Marketing-Mix für neuartige Gebrauchsgüter, Wiesbaden 1979.

SCHMIDT, Boris (1989):
Bildschirmtext ist immer noch kein Medium für den privaten Markt, in:
FAZ, vom 4.10.1989, S.22.

SCHMITT-GROHÉ, Jochen (1972):
Produktinnovation - Verfahren und Organisation der Neuproduktplanung,
Wiesbaden 1972.

SCHNEDLITZ, P. (1985):
Ein ganzheitlicher Ansatz zur Selektion von Produktinnovationen, in: Gesellschaft für
Konsum, Markt- und Absatzforschung (Hrsg.): Jahrbuch der Absatz- und
Verbrauchsforschung, Nürnberg 31(1985), Heft 2, S.138-166.

SCHÖNECKER, Horst G. (1985):
Kommunikationstechnik und Bedienerakzeptanz, Forschungsprojekt Bürokommunikation Band 6, hrsg. von Arnold Picot und Ralf Reichwald, München 1985.

SCHÖNECKER, Horst G. (1982):
Akzeptanzforschung als Regulativ bei Entwicklung, Verbreitung und Anwendung
technischer Innovationen, in: REICHWALD, Ralf (Hrsg.): Neue Systeme der
Bürotechnik, Berlin 1982, S.49-69.

SCHÖNECKER, Horst G. (1980):
Bedienerakzeptanz und technische Innovationen: Akzeptanzrelevante Aspekte bei der
Einführung neuer Bürotechniksysteme, München 1980.

SCHUBERT, Frank (1986):
Akzeptanz von Bildschirmtext in Unternehmungen und am Markt, Münster 1986.

SCHUBERT, Wolfgang (1990):
Distanziertes Styling, in: Wirtschaftswoche, Nr. 39, 44(1990), Special: Telekommunikation, S.135-138.

SCHULZ, K. (1991):
Intelligentes Netz: Planungen der Deutschen Bundespost Telekom, in: Meier, Alfred
(Hrsg.): Telekommunikation in Deutschland: Umbruch und Fortentwicklung,
Kongressband "online Kongress 1991", Velbert 1991, S.II.09.01-II.09.08.

SCHULZ, Roland (1972):
Kaufentscheidungsprozesse des Konsumenten, Wiesbaden 1972.

SCHÜNEMANN, Thomas M./ BRUNS, Thomas (1985):
Entwicklung eines Diffusionsmodells für technische Innovationen, in:
ZfB, 55(1985), Heft 2, S.166-185.

SERVATIUS, Hans-Gerd (1987):
Erneuerung von Unternehmen durch innovative Technologien - Vor der Frühaufklä-
rung über Suchfeldanalysen zur Selektion von F&E-Projekten, in: LITTLE, Arthur
D.(Hrsg.): Management der Geschäfte von morgen, 2. Aufl. Wiesbaden 1987,
S.75-95.

SERVATIUS, Hans-Gerd (1985):
Methodik des strategischen Technologie-Managements, Berlin 1985.

SIMON, Hermann (1982):
Preismanagement, Wiesbaden 1982.

SIMON, Hermann/ SEBASTIAN, Karl-Heinz (1987):
Diffusion and Advertising: The German Telephon Campaign,
in: Management Science, 33(1987), No. 4, S.451-466.

SOMBEEK, Peter (1991):
Developing a national telecommunications industry, in: SIEMENS telcom report
international, 14(1991), No. 2, S.8-11.

SMITH, Adam (1978):
Der Wohlstand der Nationen, München 1978.

SPARROW, Colin (1982):
The Lorenz Equations: Bifurcations, Chaos, and Strange Attractors, New York
Heidelberg Berlin 1982.

SPEKTRUM DER WISSENSCHAFT (Hrsg.) (1990):
Chaos und Fraktale, Heidelberg 1990.

SPREMANN, Klaus/ ZUR, Eberhard (Hrsg.)(1989):
Informationstechnologie und strategische Führung, Wiesbaden 1989.

SPUR, G. (1989):
Unternehmensführung in der künftigen Industriegesellschaft, in: Siemens-Zeitschrift,
Heft 6, 63(1989), S.4-9.

STEFFENHAGEN, Hartwig (1975):
Industrielle Adoptionsprozesse als Problem der Marketingforschung, in:
Meffert, Heribert (Hrsg.): Marketing heute und morgen, Wiesbaden 1975,
S.107-125.

STEINBUCH, Karl (1975):
Systemanalyse - Versuch einer Abgrenzung, Methoden und Beispiele, in:
Baetge, Jörg (Hrsg.): Grundlagen der Wirtschafts- und Sozialkybernetik,
Opladen 1975, S.51-72.

STOFFELS, Jörg (1989):
Der elektronische Minitestmarkt, Wiesbaden 1989.

STONEMAN, Paul (1983):
The Economic Analysis of Technological Change, New York Oxford 1983.

STRAßBURGER, Franz Xaver (1990):
ISDN - Chancen und Risiken eines integrierten Telekommunikationskonzeptes
aus betriebswirtschaftlicher Sicht, München 1990.

STRÄTER, Detlev/ FISCHER-KRIPPENDORF, Ruth/ HÄBLER, Hubertus/ IRLE,
Kirsten/ KÖHLER, Stefan (1986):
Sozialräumliche Auswirkungen der neuen Informations- und Kommunikationstech-
niken, München 1986.

STROMER, Wolfgang von (1980):
Eine 'Industrielle Revolution' des Spätmittelalters?, in: Troitzsch, Ulrich/ Wohlauf,
Gabriele (Hrsg.): Technik-Geschichte, Frankfurt am Main 1980, S.105-138.

TAGA, Y./ ISII, K. (1959):
On a Stochastic Model Concerning the Pattern of Communication - Diffusion of
News in a Social Group, in: Annals of the Institute of Statistical Mathematics,
11(1959), S.25-43.
TARDE, Gabriel (1903):
The Law of Imitation, New York 1903.

TAYLOR, Frederik W. (1911):
The Principles of Scientific Management, New York 1911.

THOMPSON, James D. (1967):
Organizations in action, New York: Mc Graw-Hill 1967.

TIETZ, Bruno (Hrsg.) (1974):
Handwörterbuch der Absatztheorie, Stuttgart 1974.

TIGERT, D./ FARIVAR, B. (1981):
The Bass New Product Growth Model: A Sensitivity Analysis for a
High Technology Product, in: Journal of Marketing, 45(1981), S.81-90.

TIMMER, J. D. (1950):
Response of Physical Systems, New York 1950.

TROITZSCH, Ulrich/ WEBER, Wolfhard (Hrsg.)(1987):
Die Technik - Von den Anfängen bis zur Gegenwart, Stuttgart 1987.

TROITZSCH, Ulrich/ WOHLAUF, Gabriele (Hrsg.)(1980a):
Technik-Geschichte, Frankfurt am Main 1980.

TROMMSDORFF, Volker (Hrsg.)(1990):
Innovationsmanagement in kleinen und mittleren Unternehmen, München 1990.

TROMMSDORFF, Volker/ SCHNEIDER, Peter (1990):
Grundzüge des betrieblichen Innovationsmanagement, in: Trommsdorff, Volker
(Hrsg.): Innovationsmanagement in kleinen und mittleren Unternehmen,
München 1990, S.1-25.

UHLIG, Ronald P./ FARBER, David J./ BAIR, James H. (1979):
The office of the future: Communication and Computers, Amsterdam New York
Oxford 1979.

ULRICH, Hans (1975):
Der allgemeine Systembegriff, in: Baetge, Jörg (Hrsg.): Grundlagen der Wirtschafts-
und Sozialkybernetik, Opladen 1975, S.33-39.

ULRICH, Hans (1971):
Die Unternehmung als produktives soziales System, 2. Aufl. Bern 1971.

ULRICH, Hans/ PROBST, Gilbert J.B. (1990):
Anleitung zum ganzheitlichen Denken und Handeln, 2. Aufl. Bern Stuttgart 1990.

VDI-GESELLSCHAFT (Hrsg.)(1986):
Wege zur Branchenspitze, VDI Berichte, Nr. 616, Düsseldorf 1986.

VERBAND DEUTSCHER MASCHINEN- und ANLAGENBAU e.V. (VDMA)/
FORSCHUNGSKURATORIUM MASCHINENBAU e.V. (FKM) (Hrsg.)(1988):
Mit CIM die Zukunft gestalten, Frankfurt am Main 1988.

VERDEN, Elisabeth (1953):
Funk für Anspruchsvolle, in: Die Zeit, vom 14.5.1953, Nr. 20, S.16.

VERSHOFEN, Wilhelm (1940):
Handbuch der Verbrauchsforschung, Band I, Grundlegung, Berlin 1940.

WACKER, W./ BÖHM, E. (1979):
Wachstumsfunktionen mit Sättigungsverhalten und ihre Anwendung in ökonomi-
schen Prognosemodellen für den Fernsprechdienst, in: ARCHIV für das Post- und
Fernmeldewesen, 31(1979), Nr. 4, S.305-330.

WALTERS, Michael (1984):
Marktwiderstände und Marketingplanung, Wiesbaden 1984.

WAYRATHER, Christoph (1987):
Keine Lösungen 'von der Stange' - CIM ist eher ein Organisations- als ein Technikproblem, in: Blick durch die Wirtschaft, vom 10.4.87, S.1.

WEBLUS, Bernhard (1965):
Zur langfristigen Absatzprognose gehobener Gebrauchsgüter, z.B. von Fernseh-
geräten u.a.m., in: ZfB, 35(1965), S.593-607.

WEBSTER, Frederick E. Jr. (1969):
New Product Adoption in Industrial Markets: A Framework for Analysis,
in: Journal of Marketing, 33(1969), S.35-39.

WEIBER, Rolf (1987):
Marktsegmentierung für CAD - Eine empirische Studie, TV-Lehrbrief Weiterbilden-
des Studium Technischer Vertrieb, hrsg. von Wulff Plinke, Berlin 1987.

WEIBER, Rolf (1985):
Dienstleistungen als Wettbewerbsinstrument im internationalen Anlagengeschäft,
Berlin 1985.

WEISS, Peter A. (1992):
Die Kompetenz von Systemanbietern - Ein neuer Ansatz im Marketing für Systemtechnologien, Berlin 1992.

WEISS, Peter A. (1989):
Kompetenz - ein Konstrukt für die Risikoreduktion bei der Beschaffung von
Systemtechnologien, Arbeitspapier des Betriebswirtschaftlichen Instituts für Anlagen
und Systemtechnologien Münster, Nr. 12, hrsg. v. K. Backhaus, Münster 1989.

WEIZSÄCKER, Carl Christian (1987):
Die wirtschaftliche Bedeutung von Mehrwertdiensten, Köln 1987.

WEIZSÄCKER, Carl Christian von (1984):
The costs of substitution, in: Econometrica, No. 5, 52(1984), S.1085-1116.

WESTING, J. H./ ALBAUM, G. (1970):
Modern Marketing Thought, 2. Aufl., London 1970.

WIESE, Harald (1991):
Marktschaffung: Das Startproblem bei Netzeffekt-Gütern, in: Marketing,
ZFP, 13(1991), Nr. 1, S.43-51.

WIESE, Harald (1990):
Netzeffekte und Kompatibilität, Stuttgart 1990.

WITTE, Thomas (1979):
Heuristisches Planen - Vorgehensweisen zur Strukturierung betrieblicher
Planungsprobleme, Wiesbaden 1979.

WOLSCHIN, Georg (1990):
Wege zum Chaos, in: Spektrum der Wissenschaft (Hrsg.): Chaos und Fraktale,
Heidelberg 1990, S.21.

ZUBOFF, Shoshana (1985):
Die neue Welt der computervermittelten Arbeit, in: Harvard manager, 7(1985),
Heft 2, S.103-113.

ZWIßLER, Jürgen (1989):
Telefaxdienst, in: Arnold, Franz (Hrsg.): Handbuch der Telekommunikation,
Loseblatt-Ausgabe, (Grundwerk) Köln 1989, Kap. 5.1.5.0.

Betriebswirtschaftlicher Verlag Dr. Th. Gabler GmbH, Postfach 1546, 6200 Wiesbaden